计算机基础与实训教材系列

Word 2019文档处理实例教程(微课版)

徐薇 编著

清华大学出版社
北京

内容简介

本书由浅入深、循序渐进地介绍使用 Word 2019 进行文档处理的操作方法和使用技巧。全书共分 12 章，分别介绍 Word 2019 基础入门，文本的输入和基础编辑，设置文本和段落格式，添加 Word 表格，图文混排 Word 文档，Word 文档的页面设置，编辑 Word 长文档，使用高级排版功能，使用宏、域和公式，Word 的网络应用，Word 文档的保护、转换与打印，Word 2019 综合实例应用等内容。

本书内容丰富、结构清晰、语言简练、图文并茂，具有很强的实用性和可操作性，是一本适合于高等院校的优秀教材，也是广大初中级计算机用户的自学参考书。

本书对应的电子课件、实例源文件和习题答案可以到 http://www.tupwk.com.cn/edu 网站下载，也可以通过扫描前言中的二维码下载。

图书在版编目(CIP)数据

Word 2019 文档处理实例教程：微课版 / 徐薇编著. —北京：清华大学出版社，2021.1

计算机基础与实训教材系列

ISBN 978-7-302-56550-5

I. ①W… II. ①徐… III. ①文字处理系统—教材 IV. ①TP391.12

中国版本图书馆 CIP 数据核字(2020)第 187012 号

责任编辑： 胡辰浩
封面设计： 高娟妮
版式设计： 孔祥峰
责任校对： 成凤进
责任印制： 杨 艳

出版发行： 清华大学出版社
网　　址： http://www.tup.com.cn，http://www.wqbook.com
地　　址： 北京清华大学学研大厦 A 座　　**邮　　编：** 100084
社 总 机： 010-62770175　　**邮　　购：** 010-62786544
投稿与读者服务： 010-62776969，c-service@tup.tsinghua.edu.cn
质 量 反 馈： 010-62772015，zhiliang@tup.tsinghua.edu.cn

印 装 者：北京鑫海金澳胶印有限公司
经　　销：全国新华书店
开　　本：190mm×260mm　　印　　张：19　　插　　页：2　　字　　数：513 千字
版　　次：2021 年 1 月第 1 版　　印　　次：2021 年 1 月第 1 次印刷
印　　数：1～3000
定　　价：69.00 元

产品编号：083379-01

本书是“计算机基础与实训教材系列”丛书中的一本。本书从教学实际需求出发，合理安排知识结构，由浅入深、循序渐进地讲解使用 Word 2019 处理文档的基本知识和操作方法。全书共分 12 章，主要内容如下。

第 1、2 章介绍 Word 2019 基础入门知识和文本的输入、基础编辑等内容。

第 3、4 章介绍设置文本和段落格式，以及添加 Word 表格的操作方法。

第 5 章介绍图文混排 Word 文档的操作方法。

第 6、7 章介绍 Word 文档的页面设置，以及 Word 长文档编辑的操作方法。

第 8、9 章介绍使用高级排版功能，以及使用宏、域和公式等内容。

第 10、11 章介绍 Word 的网络应用，以及保护、转换和打印 Word 文档的操作方法。

第 12 章介绍使用 Word 2019 制作综合实例的操作方法。

本书图文并茂、条理清晰、通俗易懂、内容丰富，在讲解每个知识点时都配有相应的实例，方便读者上机实践。同时，为了方便老师教学，我们免费提供本书对应的电子课件、实例源文件和习题答案下载。本书提供书中实例操作的二维码教学视频，读者使用手机微信和 QQ 中的“扫一扫”功能，扫描下方的二维码，即可观看本书对应的同步教学视频。

本书配套素材和教学课件的下载地址如下。

http://www.tupwk.com.cn/edu

本书同步教学视频的二维码如下。

扫一扫，看视频

扫码推送配套资源到邮箱

本书由哈尔滨体育学院的徐薇编著。

由于作者水平有限，本书难免有不足之处，欢迎广大读者批评指正。我们的邮箱是 huchenhao@263.net，电话是 010-62796045。

编　者

2020 年 5 月

推荐课时安排

章 名	重点掌握内容	教学课时
第 1 章 Word 2019 基础入门	Word 2019 的工作界面、设置 Word 工作环境、Word 文档基础操作、获取 Word 帮助	1 学时
第 2 章 文本的输入和基础编辑	输入各类型文本、文本的基础编辑、自动更正文本功能、语法和拼写检查	2 学时
第 3 章 设置文本和段落格式	设置文本格式、设置段落格式、使用项目符号和编号、设置边框和底纹	4 学时
第 4 章 添加 Word 表格	插入表格、编辑表格、在表格中输入文本、设置表格格式	3 学时
第 5 章 图文混排 Word 文档	插入图片、插入艺术字、插入 SmartArt 图形、插入形状、插入文本框、插入图表	4 学时
第 6 章 Word 文档的页面设置	设置页面格式、插入页眉和页脚、插入页码	3 学时
第 7 章 编辑 Word 长文档	插入目录、插入索引和书签、插入批注	4 学时
第 8 章 使用高级排版功能	使用模板、使用样式、使用特殊排版方式、使用中文版式	3 学时
第 9 章 使用宏、域和公式	使用宏、使用域、使用公式	3 学时
第 10 章 Word 的网络应用	添加超链接、发送电子邮件、制作中文信封	2 学时
第 11 章 Word 文档的保护、转换与打印	保护 Word 文档、转换 Word 文档、Word 文档打印设置	2 学时
第 12 章 Word 2019 综合实例应用	制作工资表等实例	2 学时

注：1. 教学课时安排仅供参考，授课教师可根据情况进行调整。

2. 建议每章安排与教学课时相同时间的上机练习。

目录

第1章 Word 2019基础入门

Word 2019 是美国 Microsoft 公司推出的最新版本的文字编辑处理软件，是 Office 2019 软件的组件之一，可以方便地进行文字、图形、图像和数据处理，是最常使用的文档处理软件之一。本章将介绍安装和运行 Word 2019 的操作方法，以及软件的工作界面和基本操作。

本章重点

- 运行 Word 2019
- Word 2019 的工作界面
- 设置工作环境
- 文档基础操作

二维码教学视频

【例 1-1】 设置功能区
【例 1-2】 设置快速访问工具栏
【例 1-3】 使用 Word 帮助系统
【例 1-4】 以只读方式打开文档
【例 1-5】 定制界面并新建文档

1.1 安装和运行 Word 2019

Word 2019 功能非常强大，它既能够制作各种简单的办公商务和个人文档，又能满足专业人员制作用于印刷的版式复杂的文档。要使用 Word 2019 进行文档处理，首先需要在计算机上安装这款软件。

1.1.1 Word 2019 功能简介

Word 2019 是一款功能强大的文档处理软件。使用 Word 2019 来处理文件，大大提高了企业和个人办公自动化的效率。

Word 2019 主要有以下几种功能。

- 文字处理功能：Word 2019 是一款功能强大的文字处理软件，利用它可以输入文字，并可为文字设置不同的字体样式和大小。
- 表格制作功能：Word 2019 不仅能处理文字，还能制作各种表格，使文字内容更加清晰，如图 1-1 所示。
- 图形图像处理功能：在 Word 2019 的文档中可以插入图形图像，例如，文本框、艺术字和图表等，制作出图文并茂的文档，如图 1-2 所示。

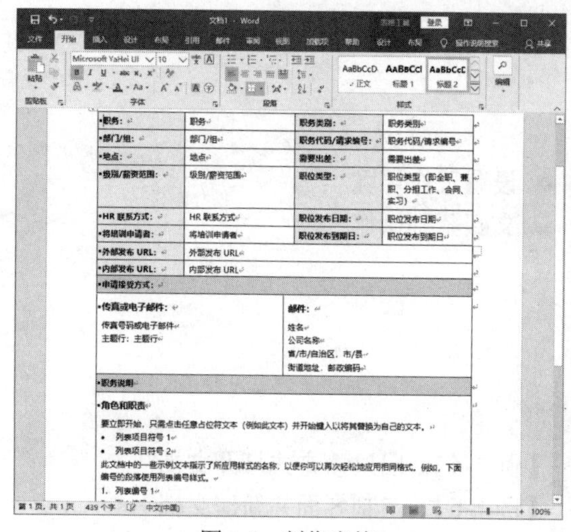

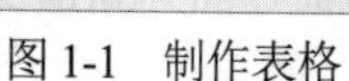

图 1-1 制作表格

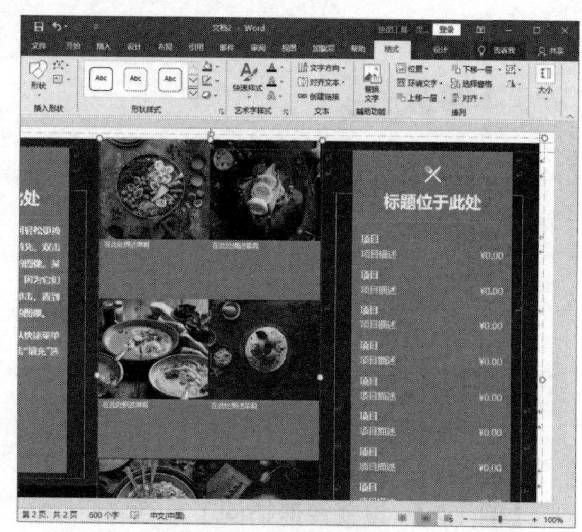

图 1-2 插入图像

- 文档组织功能：在 Word 2019 中可以建立任意长度的文档，还可以对长文档进行各种编辑管理。
- 页面设置及打印功能：在 Word 2019 中可以设置出各种大小不一的版式，以满足不同用户的需求。使用打印功能可以轻松地将电子文本打印到纸上，如图 1-3 所示。

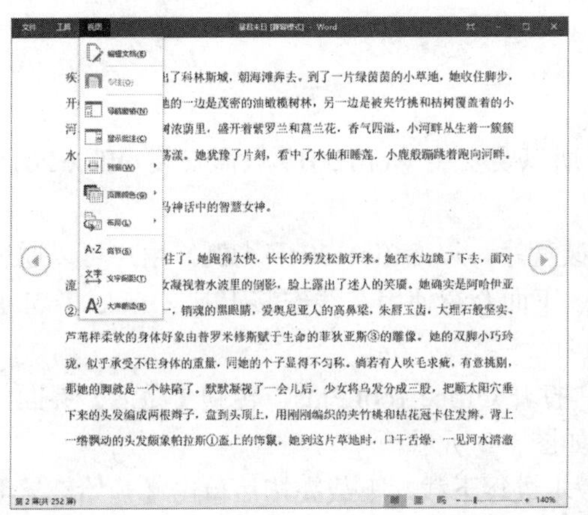
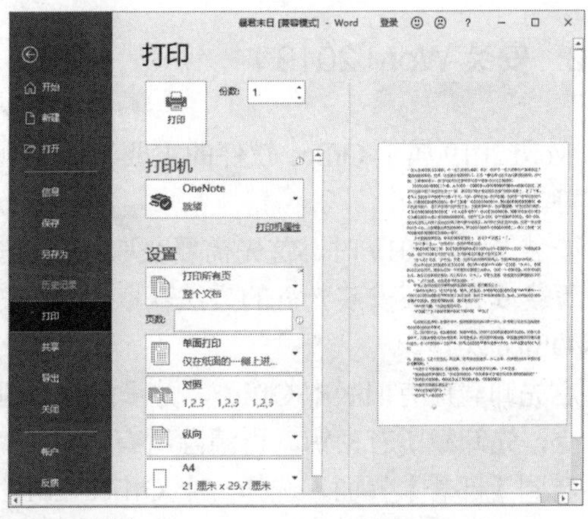

图 1-3　页面和打印设置

比较以前的 Word 版本，Word 2019 还多了一些新的功能。Word 2019 为用户提供了处理文档的全新方式，如改进的数字笔功能、类似图书的页面导航、学习工具和翻译等。

- 使用 Microsoft Translator 工具可以将单词、短语或句子翻译成另一种语言，如图 1-4 所示。可从功能区的【审阅】选项卡完成此操作。
- 添加一组数字笔来进行绘图和书写，可以突出显示重要内容、绘图、将墨迹转换为一种形状或进行数学运算，如图 1-5 所示。

图 1-4　语言翻译

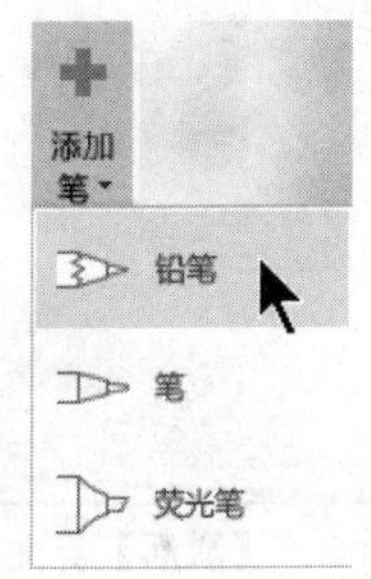

图 1-5　添加笔

- 支持使用 LaTeX 数学语法来创建和编辑数学公式。从【公式】选项卡中选择【LaTeX】进行公式编写，如图 1-6 所示。
- 提供了图标库和大量的 3D 图像，用户可以使用各种方式为文档添加视觉趣味，如图 1-7 所示。

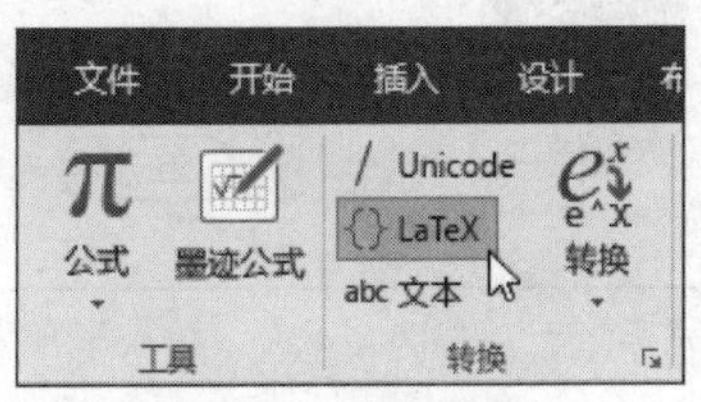

图 1-6　LaTeX 语法

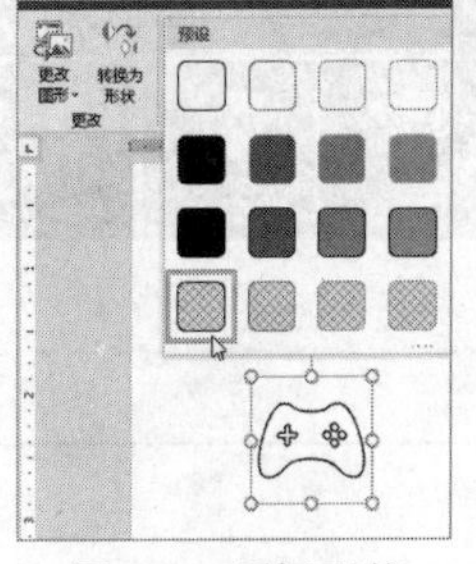

图 1-7　图标形状

1.1.2 安装 Word 2019

Word 2019 属于 Office 软件的主要组件之一，所以要安装 Word 2019 只需安装 Office 2019 软件即可。

安装 Word 2019 时，首先需要获取相关的安装程序，以 Office 2019 为例，用户可以通过在网上下载或者购买安装光盘的方法获取安装程序。下面介绍使用在线安装工具 Office Tool Plus 安装 Office 2019。

首先卸载原有旧版本 Office，并重启计算机，打开 Office Tool Plus，转到【激活】界面，选择命令，先卸载所有密钥，再清除所有许可证，如图 1-8 所示。

转到【部署】界面，选择一个 Office 2019 版本进行下载，下载完毕后单击【开始部署】按钮进行安装，如图 1-9 所示。

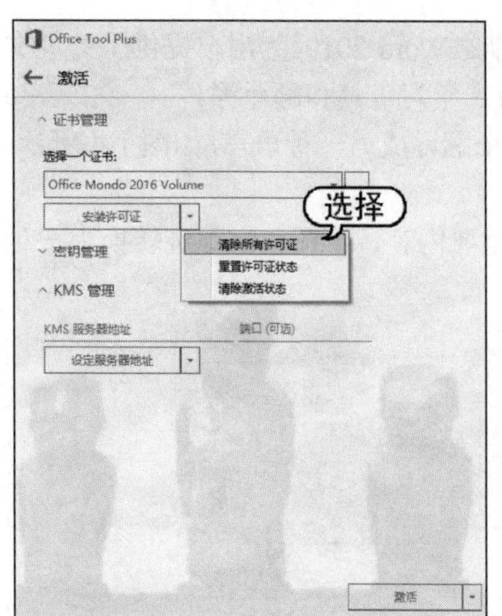

图 1-8 【激活】界面

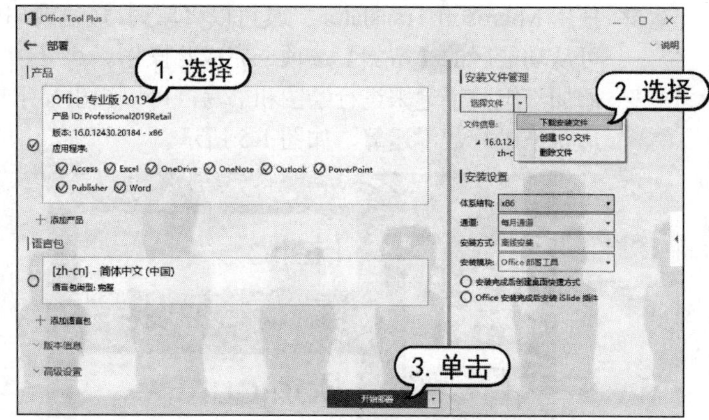

图 1-9 【部署】界面

此时系统自动安装 Office 2019 全系列组件，安装完毕后单击【关闭】按钮即可，如图 1-10 所示。

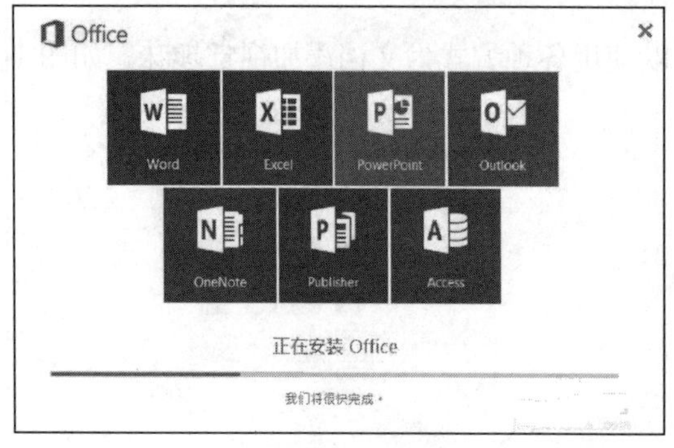

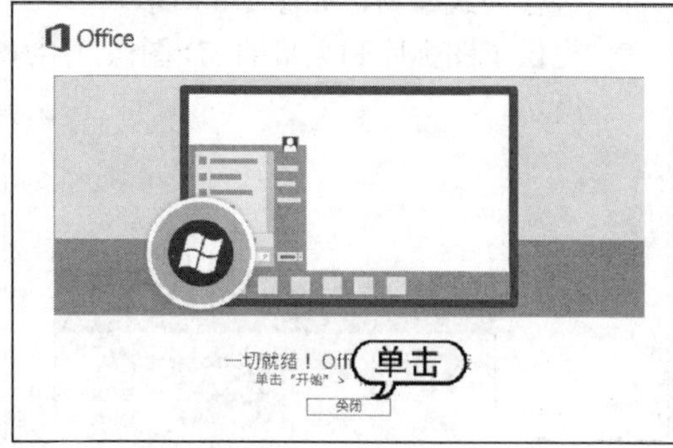

图 1-10 安装完毕

1.1.3　启动和退出 Word 2019

使用 Word 2019 之前，需要先启动软件，使用完软件后，用户可以选择退出 Word 2019。

1. 启动 Word 2019

启动是使用 Word 2019 最基本的操作。下面将介绍启动 Word 2019 的几种常用方法。

- 从【开始】菜单启动：启动 Windows 10 后，打开【开始】菜单，选择【Word】选项，如图 1-11 所示。
- 通过桌面快捷方式启动：当 Word 2019 安装完毕后，桌面上将自动创建 Word 2019 快捷图标。双击该快捷图标，就可以启动 Word 2019，如图 1-12 所示。

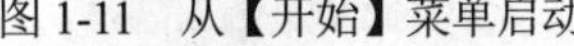

图 1-11　从【开始】菜单启动

图 1-12　通过桌面快捷方式启动

- 通过 Word 文档启动：双击扩展名为.docx 的文件，即可打开该文档，启动 Word 2019 应用程序。

2. 退出 Word 2019

退出 Word 2019 有很多方法，常用的主要有以下几种。

- 选择【文件】|【关闭】命令，如图 1-13 所示。
- 右击标题栏，从弹出的菜单中选择【关闭】命令，如图 1-14 所示。

图 1-13　选择【文件】|【关闭】命令

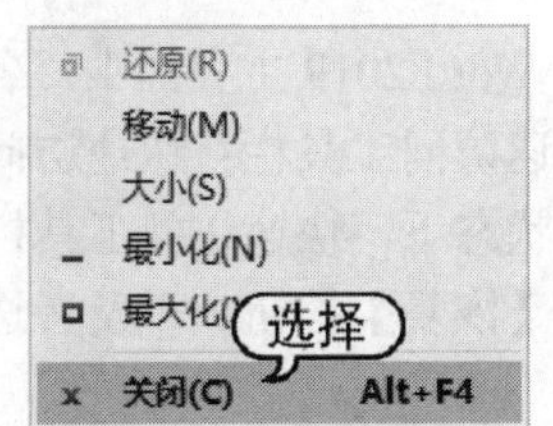

图 1-14　选择【关闭】命令

- 按 Alt+F4 快捷键。
- 单击 Word 2019 窗口右上角的【关闭】按钮✕。

1.2 Word 2019 的工作界面

Word 2019 的工作界面在 Word 2016 版本的基础上，又进行了一些优化。它将所有的操作命令都集成到功能区中不同的选项卡下，各选项卡又分成若干组，用户在功能区中可方便地使用 Word 的各种功能。

1.2.1 Word 2019 的界面元素

启动 Word 2019 后，用户可看到如图 1-15 所示的主界面。该界面主要由标题栏、快速访问工具栏、功能区、文档编辑区和状态栏等组成。

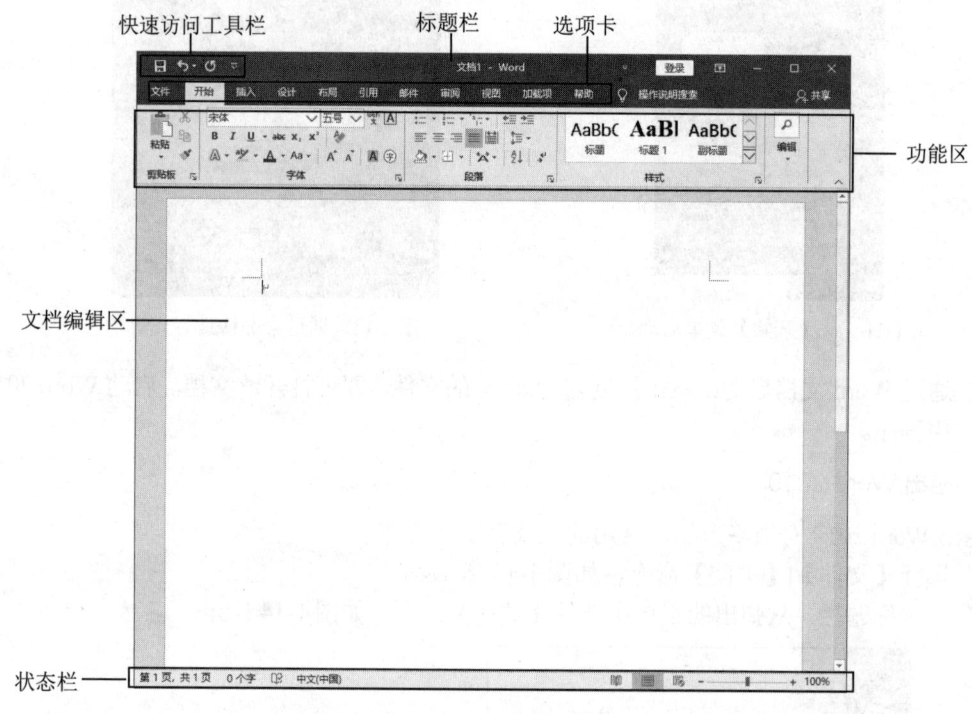

图 1-15　Word 2019 主界面

在 Word 2019 主界面中，各部分的功能如下。

- 快速访问工具栏：快速访问工具栏中包含最常用操作的快捷按钮，方便用户使用。在默认状态下，快速访问工具栏中包含 3 个快捷按钮，分别为【保存】按钮、【撤销】按钮和【恢复】按钮，以及旁边的下拉按钮，如图 1-16 所示。

图 1-16　快速访问工具栏

- 标题栏：标题栏位于窗口的顶端，用于显示当前正在运行的程序名及文件名等信息。标题栏最右端有 3 个按钮，分别用来控制窗口的最小化、最大化和关闭，此外还有一个【功能区显示选项】按钮，单击该按钮可以选择显示或隐藏功能区。在按钮下方有【操作说明搜索】搜索框，以及用来登录 Microsoft 账号和共享文件的按钮，如图 1-17 所示。

图 1-17　标题栏中的按钮

- 功能区：在 Word 2019 中，功能区是完成文本格式操作的主要区域。在默认状态下，功能区主要包含【文件】【开始】【插入】【设计】【布局】【引用】【邮件】【审阅】【视图】【加载项】【帮助】11 个基本选项卡中的工具按钮。
- 文档编辑区：文档编辑区就是输入文本，添加图形、图像以及编辑文档的区域，用户对文本进行的操作结果都将显示在该区域。默认情况下，文档编辑区不显示标尺和制表符。打开【视图】选项卡，在功能区的【显示】组中选中【标尺】复选框，即可在文档编辑区中显示标尺和制表符。标尺常用于对齐文档中的文本、图形、表格或者其他元素。制表符用于选择不同的制表位，如左对齐式制表位、首行缩进、左缩进和右缩进等，如图 1-18 所示。
- 状态栏：状态栏位于 Word 窗口的底部，显示了当前文档的信息，如当前显示的文档是第几页、第几节和当前文档的字数等。在状态栏中还可以显示一些特定命令的工作状态。状态栏中有视图按钮，用于切换文档的视图方式。另外，通过拖动右侧的【显示比例】中的滑块，可以直观地改变文档编辑区的大小。

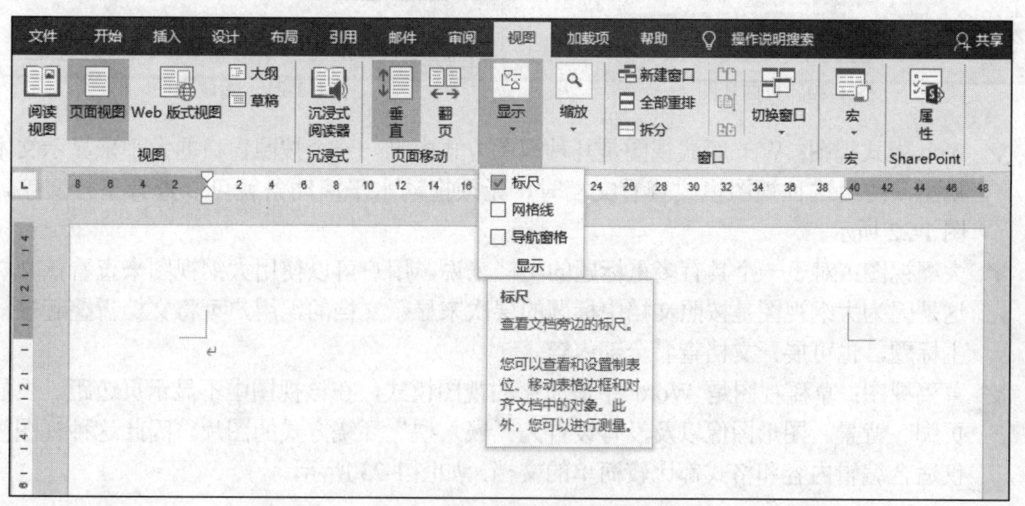

图 1-18　显示标尺和制表符

1.2.2　Word 2019 的视图模式

Word 2019 为用户提供了多种浏览文档的方式，包括页面视图、阅读视图、Web 版式视图、大纲视图和草稿视图。在【视图】选项卡的【视图】组中，单击相应的按钮，即可切换视图模式，如图 1-19 所示。

图 1-19　Word 各视图按钮

- 页面视图：页面视图是 Word 默认的视图模式，该视图中显示的效果和打印的效果完全一致。在页面视图中可看到页眉、页脚、水印和图形等各种对象在页面中的实际打印位置，便于用户对页面中的各种元素进行编辑，如图 1-20 所示。
- 阅读视图：为了方便用户阅读文章，Word 设置了【阅读视图】模式，该视图模式比较适合阅读比较长的文档，如果文字较多，它会自动分成多屏以方便用户阅读。在该视图模式中，可对文字进行勾画和批注，如图 1-21 所示。

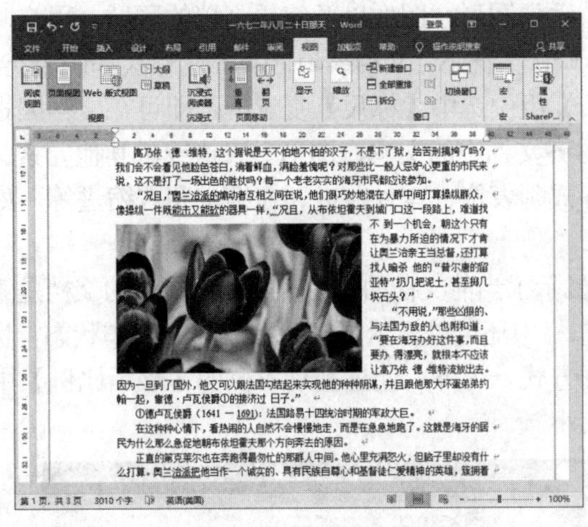

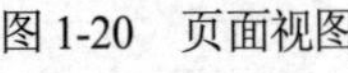

图 1-20　页面视图

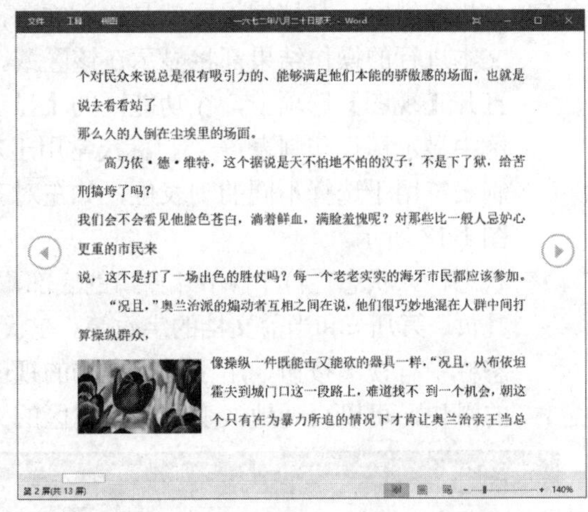

图 1-21　阅读视图

- Web 版式视图：Web 版式视图是几种视图方式中唯一一个按照窗口的大小来显示文本的视图，使用这种视图模式查看文档时，无须拖动水平滚动条就可以查看整行文字，如图 1-22 所示。
- 大纲视图：对于一个具有多重标题的文档来说，用户可以使用大纲视图来查看该文档。这是因为大纲视图是按照文档中标题的层次来显示文档的，用户可将文档折叠起来只看主标题，也可展开文档查看全部内容。
- 草稿视图：草稿视图是 Word 中最简化的视图模式，在该视图中不显示页边距、页眉和页脚、背景、图形图像以及没有设置为“嵌入型”环绕方式的图片。因此这种视图模式仅适合编辑内容和格式都比较简单的文档，如图 1-23 所示。

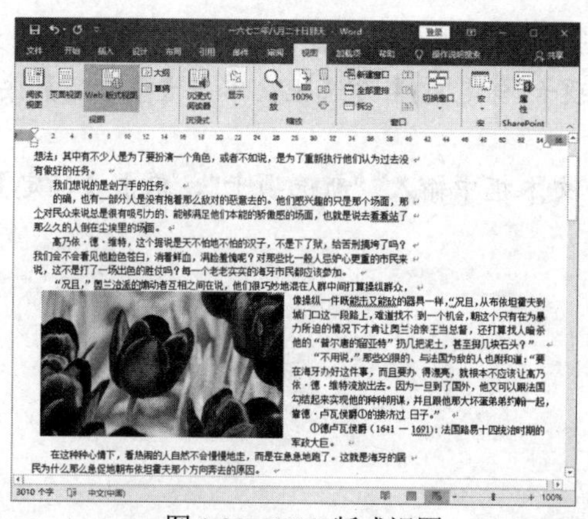

图 1-22　Web 版式视图

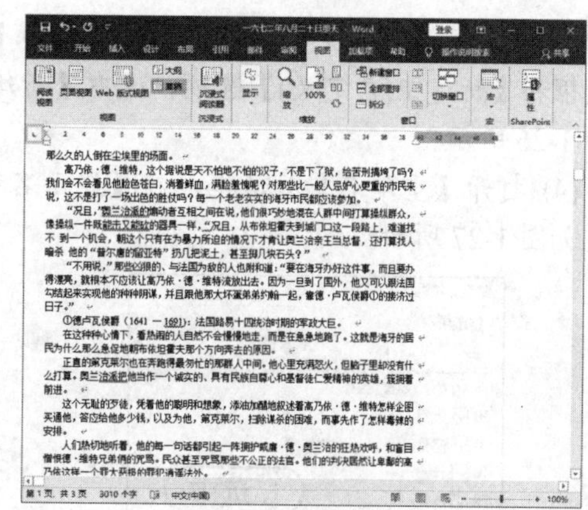

图 1-23　草稿视图

1.3　设置 Word 工作环境

Word 2019 具有统一风格的界面，但为了方便用户操作，可以对软件的工作环境进行自定义设置，例如，设置功能区和设置快速访问工具栏等。

1.3.1　设置功能区

Word 2019 的功能区将所有选项功能巧妙地集中在一起，以便于用户查找与使用。根据用户需要，可以在功能区中添加新选项卡和新组，并增加新组中的按钮。

【例 1-1】 在 Word 2019 的功能区中添加新选项卡、新组和新按钮。 视频

(1) 启动 Word 2019，在功能区任意位置右击，从弹出的快捷菜单中选择【自定义功能区】命令，如图 1-24 所示。

(2) 打开【Word 选项】对话框，打开【自定义功能区】选项卡，单击下方的【新建选项卡】按钮，如图 1-25 所示。

图 1-24　选择【自定义功能区】命令

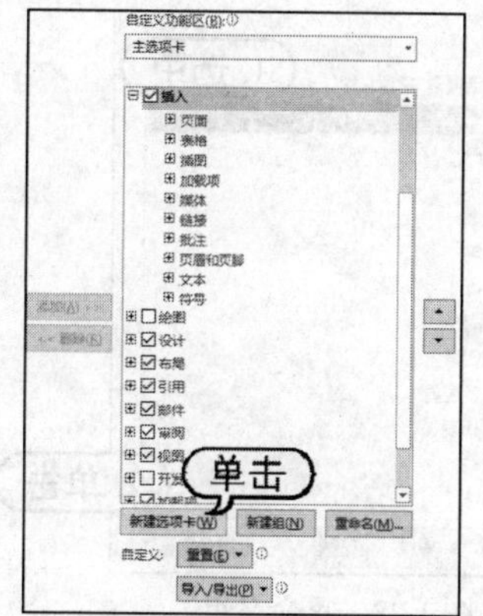

图 1-25　单击【新建选项卡】按钮

(3) 此时，在【自定义功能区】选项组的【主选项卡】列表框中显示【新建选项卡(自定义)】复选框和【新建组(自定义)】选项，选中【新建选项卡(自定义)】复选框，单击【重命名】按钮，如图 1-26 所示。

(4) 打开【重命名】对话框，在【显示名称】文本框中输入“新选项卡”，单击【确定】按钮，如图 1-27 所示。

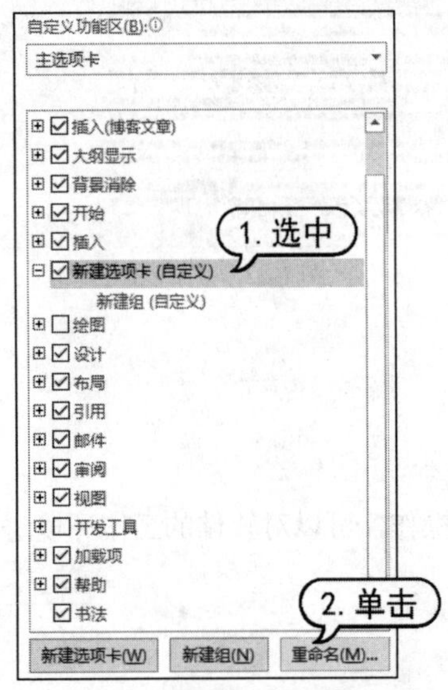

图 1-26　重命名选项卡

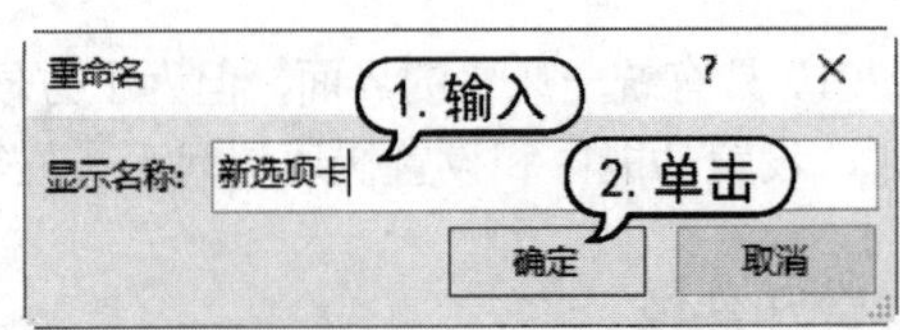

图 1-27　【重命名】对话框

(5) 在【自定义功能区】选项组的【主选项卡】列表框中选择【新建组(自定义)】选项，单击【重命名】按钮，如图 1-28 所示。

(6) 打开【重命名】对话框，在【符号】列表框中选择一种符号，在【显示名称】文本框中输入“运行”，然后单击【确定】按钮，如图 1-29 所示。

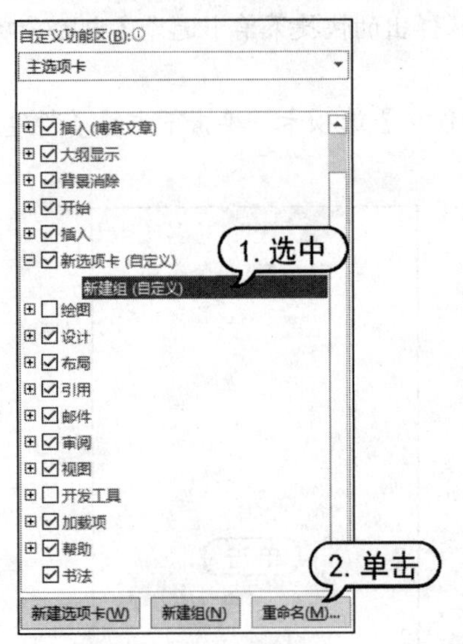

图 1-28　重命名组

图 1-29　输入组名

(7) 返回至【Word 选项】对话框，在【主选项卡】列表框中显示重命名后的选项卡和组，在【从下列位置选择命令】下拉列表中选择【不在功能区中的命令】选项，并在下方的列表框中选择需要添加的按钮，这里选择【帮助改进 Office？】选项，单击【添加】按钮，即可将其添加到新建的【运行】组中，单击【确定】按钮，完成自定义设置，如图 1-30 所示。

(8) 返回至 Word 2019 工作界面，此时显示【新选项卡】选项卡，打开该选项卡，即可看到【运行】组中的【帮助改进 Office？】按钮，如图 1-31 所示。

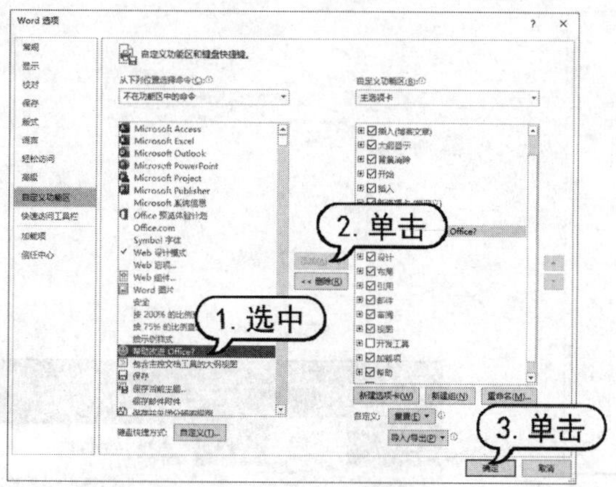

图 1-30　添加按钮

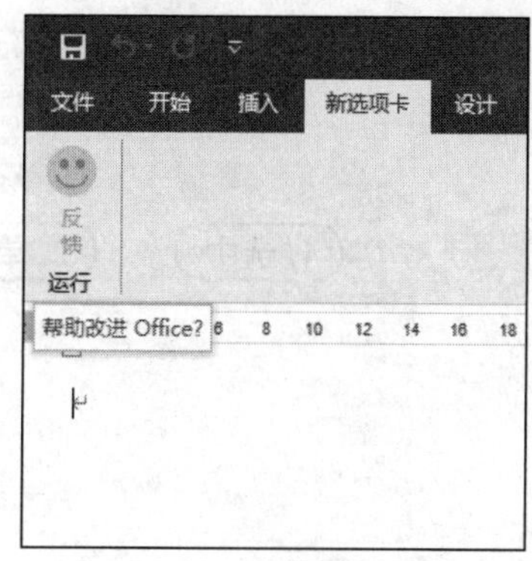

图 1-31　显示新选项卡

1.3.2　设置快速访问工具栏

快速访问工具栏包含一组独立于当前所显示选项卡的命令，是一个可自定义的工具栏。用户可以快速地自定义常用的命令按钮，单击【自定义快速访问工具栏】下拉按钮，从弹出的下拉菜单中选择一种命令，即可将按钮添加到快速访问工具栏中。

提示

如果用户不希望快速访问工具栏出现在当前位置，可以单击【自定义快速访问工具栏】下拉按钮，从弹出的下拉菜单中选择【在功能区下方显示】命令，即可将快速访问工具栏移动到功能区下方。

【例 1-2】 设置 Word 2019 快速访问工具栏中的按钮。视频

(1) 启动 Word 2019，在快速访问工具栏中单击【自定义快速访问工具栏】按钮，在弹出的菜单中选择【新建】命令，将【新建】按钮添加到快速访问工具栏中，如图 1-32 所示。

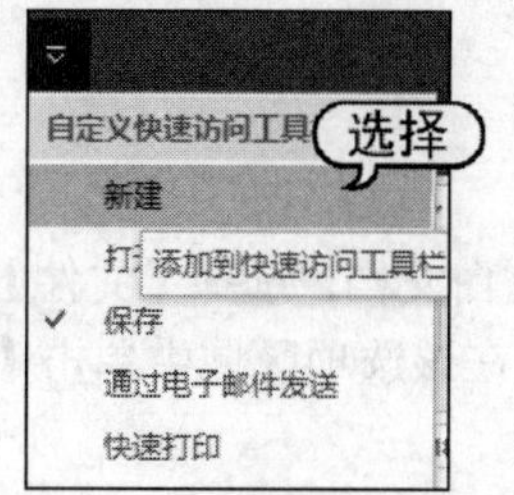

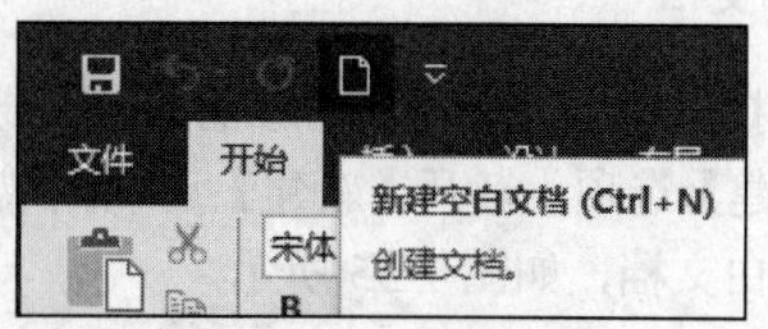

图 1-32　添加【新建】按钮到快速访问工具栏中

(2) 在快速访问工具栏中单击【自定义快速访问工具栏】按钮，在弹出的菜单中选择【其他命令】命令，打开【Word 选项】对话框。打开【快速访问工具栏】选项卡，在【从下列位置选择命令】下拉列表框中选择【常用命令】选项，并且在下面的列表框中选择【查找】选项，然后单击【添加】按钮，将【查找】按钮添加到【自定义快速访问工具栏】列表框中，单击【确定】按钮，如图 1-33 所示。

(3) 完成快速访问工具栏的设置。此时，快速访问工具栏的效果如图 1-34 所示。

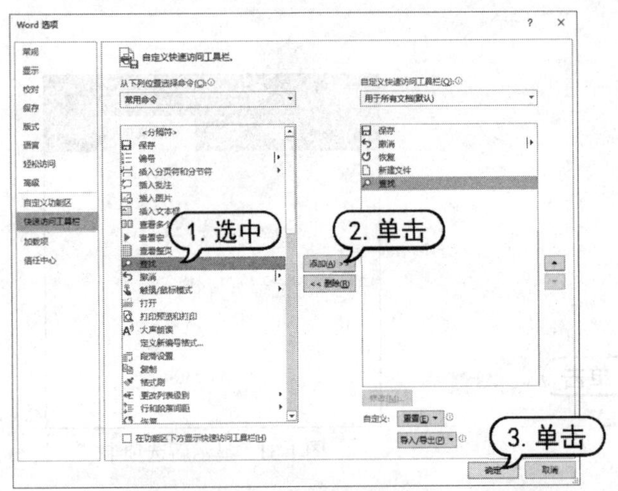

图 1-33　添加【查找】按钮

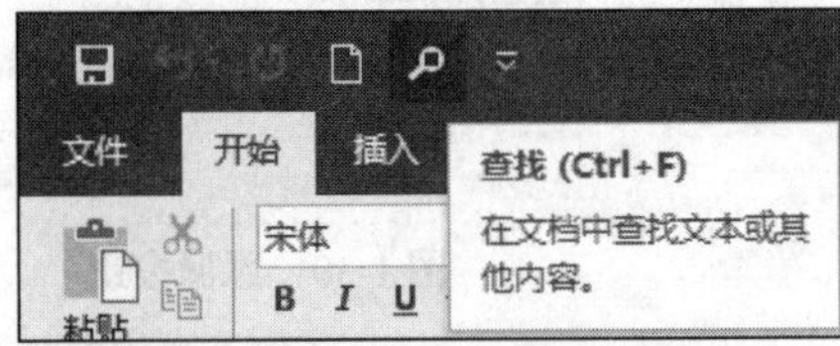

图 1-34　快速访问工具栏

提示

在快速访问工具栏中右击某个按钮，在弹出的快捷菜单中选择【从快速访问工具栏删除】命令，即可将该按钮从快速访问工具栏中删除。

1.4　Word 文档基础操作

在使用 Word 2019 创建文档前，必须掌握文档的一些基本操作，包括新建、保存、打开和关闭文档等。只有熟悉了这些基本操作后，才能更好地操控 Word 2019。

1.4.1　新建文档

Word 文档是文本、图片等对象的载体，要制作出一篇工整、漂亮的文档，首先必须创建一个新文档。

1. 新建空白文档

空白文档是指文档中没有任何内容的文档。要创建空白文档，选择【文件】按钮，在打开的界面中选择【新建】选项，打开【新建】选项区域，然后在该选项区域中单击【空白文档】选项即可创建一个空白文档，如图 1-35 所示。

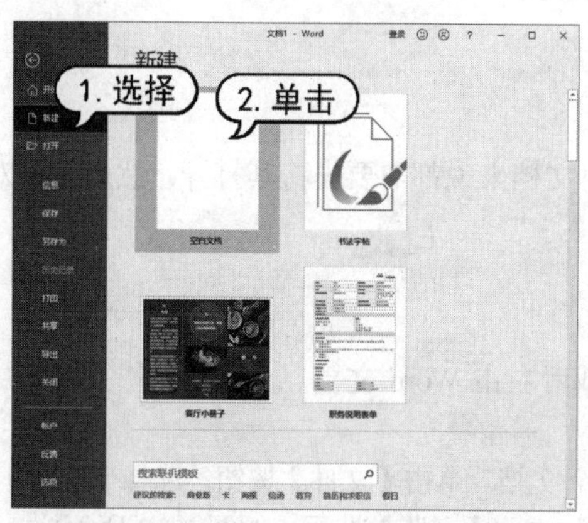

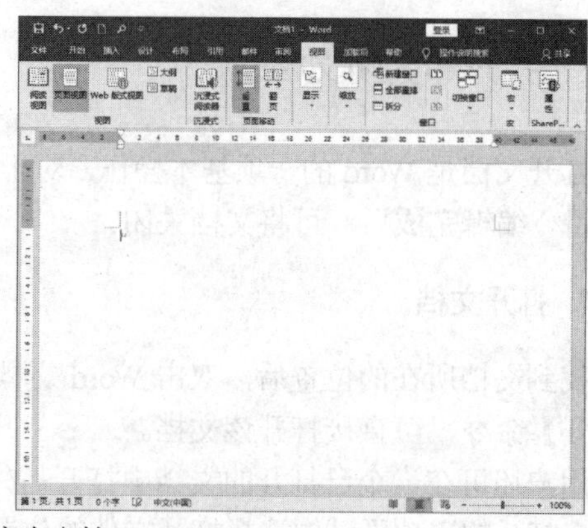

图 1-35　新建空白文档

2. 使用模板创建文档

模板是 Word 预先设置好内容和格式的文档。Word 2019 中为用户提供了多种具有统一规格、统一框架的文档模板，如传真、信函和简历等。

首先打开【文件】界面，选择【新建】选项，打开【新建】选项区域，在【搜索联机模板】搜索框内输入文本，例如“简历”，然后按下 Enter 键，如图 1-36 所示。在打开的界面中单击【蓝色球简历】模板，如图 1-37 所示。

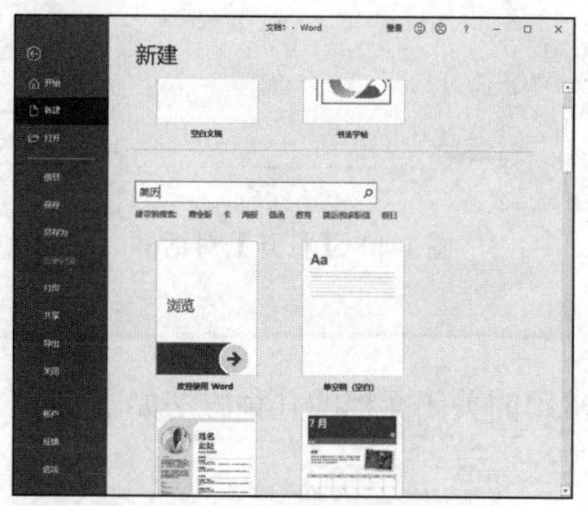

图 1-36　输出“简历”

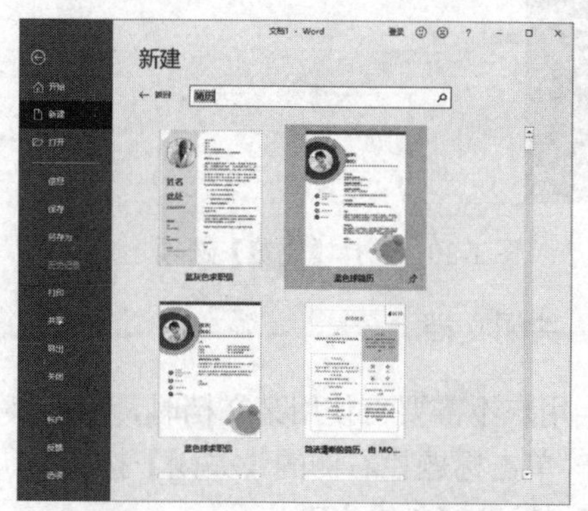

图 1-37　单击【蓝色球简历】模板

在打开的界面中单击【创建】按钮，此时，Word 2019 将通过网络下载模板，并依据该模板创建新文档，如图 1-38 所示。

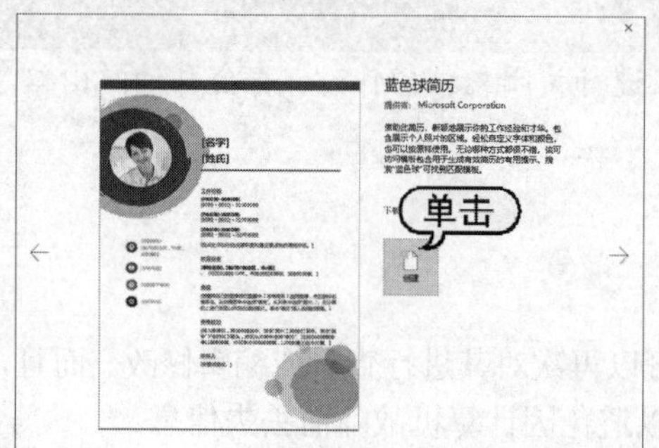

图 1-38　通过模板新建文档

1.4.2　打开和关闭文档

打开文档是 Word 的一项基本操作，对于任何文档来说都需要先将其打开，然后才能对其进行编辑。编辑完成后，可将文档关闭。

1. 打开文档

找到文档所在的位置后，双击 Word 文档，或者右击 Word 文档，从弹出的快捷菜单中选择【打开】命令，可直接打开该文档。

用户还可在一个已打开的文档中打开另外一个文档。单击【文件】按钮，选择【打开】命令，然后在打开的选项区域中选择打开文件的位置(例如选择【浏览】选项)，如图 1-39 所示。打开【打开】对话框，选择需要打开的 Word 文档，单击【打开】按钮，即可将其打开，如图 1-40 所示。

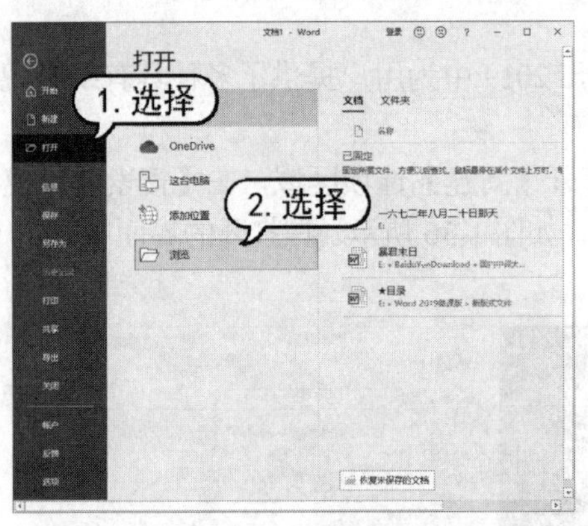

图 1-39　选择【浏览】选项

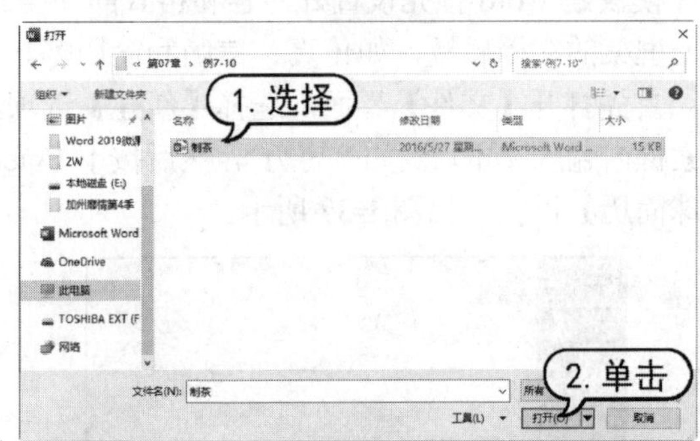

图 1-40　【打开】对话框

2. 关闭文档

当用户不需要再使用某文档时，应将其关闭，常用的关闭文档的几种方法如下。

- 单击标题栏右侧的【关闭】按钮×。
- 按 Alt+F4 组合键。
- 单击【文件】按钮，从弹出的界面中选择【关闭】命令，关闭当前文档。
- 右击标题栏，从弹出的快捷菜单中选择【关闭】命令。

提示

如果文档经过了修改，但没有保存，那么在进行关闭文档操作时，将会自动弹出信息提示框提示用户进行保存。

1.4.3　保存文档

对于新建的文档，只有将其保存起来，才可以再次对其进行查看或编辑修改。而且，在编辑文档的过程中，养成随时保存文档的习惯，可以避免因计算机故障而丢失信息。

保存文档分为保存新建的文档、保存已存档过的文档、将现有的文档另存为其他文档和自动保存 4 种方式。

1. 保存新建的文档

在第一次保存编辑好的文档时，需要指定文件名、文件的保存位置和保存格式等信息。

如果要对新建的文档进行保存，可选择【文件】选项卡，在打开的界面中选择【保存】选项，或单击快速访问工具栏上的【保存】按钮，打开【另存为】窗口，选择【浏览】选项，如图 1-41 所示。打开【另存为】对话框，设置保存路径、名称及保存格式，然后单击【保存】按钮即可，如图 1-42 所示。

在保存新建的文档时，如果在文档中已输入了一些内容，Word 2019 自动将输入的第一行内容作为文件名。

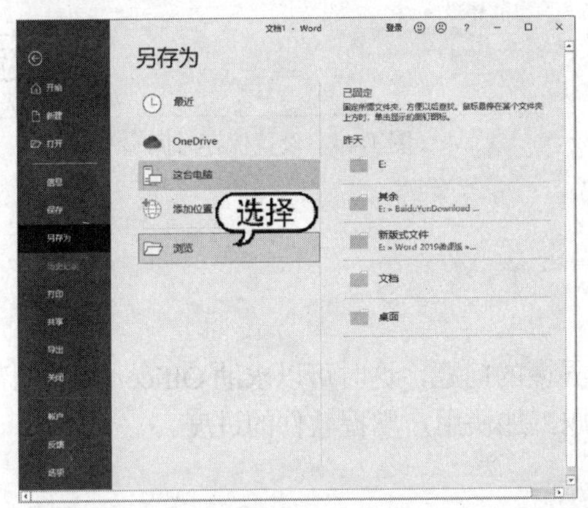

图 1-41　【另存为】窗口

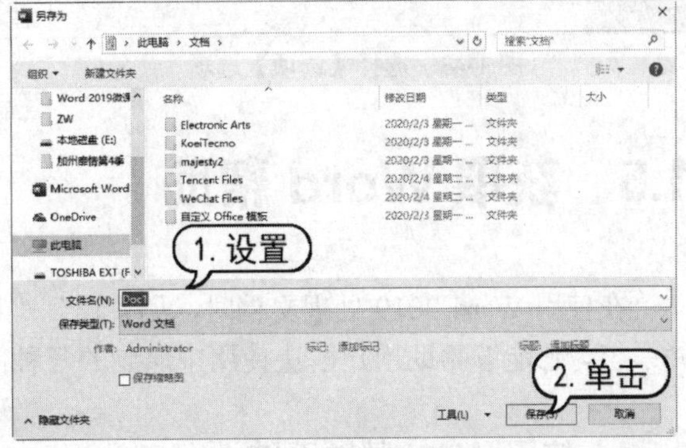

图 1-42　【另存为】对话框

2. 保存已保存过的文档

要对已保存过的文档进行保存，可选择【文件】选项卡，在打开的界面中选择【保存】选项，或单击快速访问工具栏上的【保存】按钮，就可以按照原有的路径、名称以及格式进行保存。

3. 保存经过修改的文档

如果文档已保存过，但在进行了一些编辑操作后，需要将其保存下来，并且希望仍能保存以前的文档，这时就需要对文档进行另存为操作。

要将当前文档另存为其他文档，可以选择【文件】选项卡，在打开的界面中选择【另存为】选项，然后在打开的选项区域中设定文档另存为的位置，并单击【浏览】按钮，打开【另存为】对话框指定文件保存的具体路径。

4. 设置自动保存

用户若不习惯随时对修改的文档进行保存操作，则可以将文档设置为自动保存。设置自动保存后，无论文档是否进行了修改，系统会根据设置的时间间隔在指定的时间自动对文档进行保存。

首先打开一个 Word 文档，选择【文件】|【选项】选项，如图 1-43 所示。打开【Word 选项】对话框的【保存】选项卡，选中【保存自动恢复信息时间间隔】复选框，在其右侧的微调框中输入 8，表示自动保存的时间间隔设置为 8 分钟，单击【确定】按钮完成设置，如图 1-44 所示。

图 1-43　选择【选项】选项

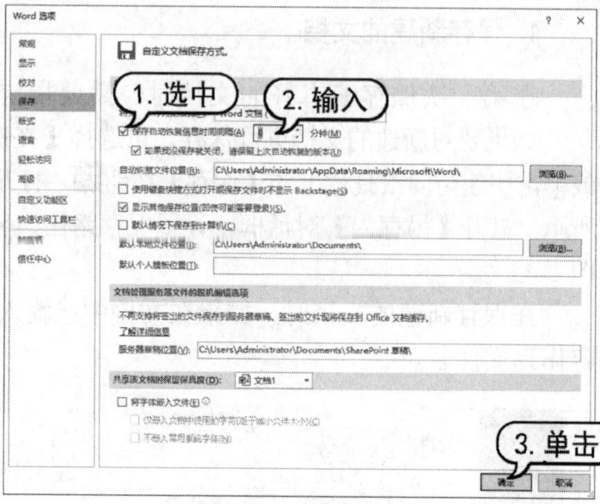

图 1-44　设置保存时间

1.5　获取 Word 帮助

在使用 Word 2019 处理文档时，如果遇到难以弄懂的问题，这时可以求助 Office 2019 的帮助系统。它能够帮助用户解决使用中遇到的各种问题，加快用户掌握软件的进度。

1.5.1　使用 Word 帮助系统

Office 2019 的帮助功能已经融入每一个组件中，用户只需按 F1 键，即可打开帮助窗格。下面以 Word 2019 为例，讲解如何通过帮助系统获取帮助信息。

【例 1-3】 使用 Word 2019 的帮助系统获取帮助信息。视频

(1) 启动 Word 2019，打开一个空白文档，按 F1 键，打开帮助窗格，选择【开始使用】选项，如图 1-45 所示。

(2) 打开选项内容，选择需要了解的项目进行查看，如图 1-46 所示。

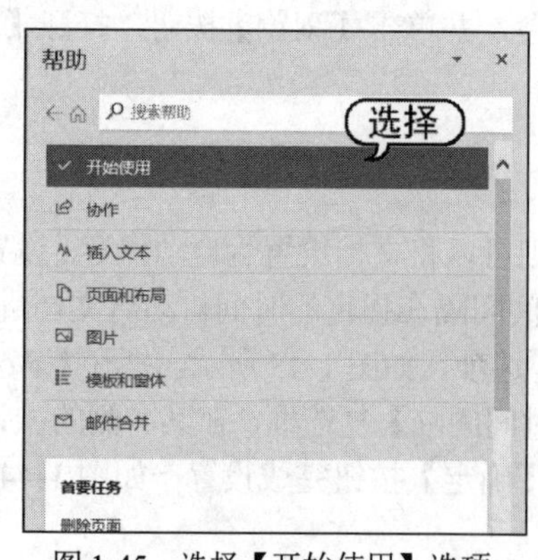

图 1-45　选择【开始使用】选项

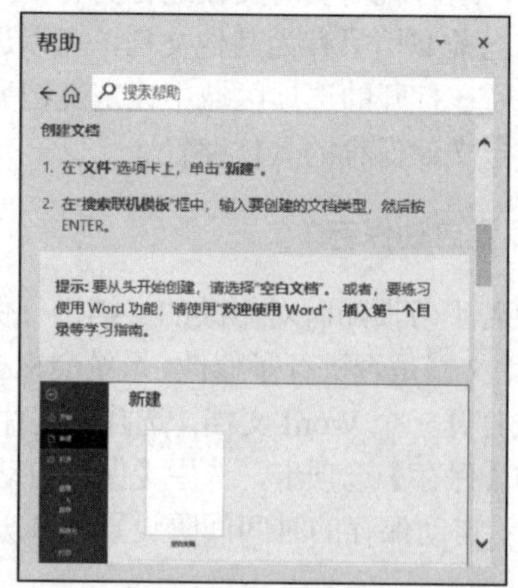

图 1-46　查看项目

(3) 在【搜索】文本框中输入文本“保存文档”，然后按 Enter 键，如图 1-47 所示。

(4) 搜索完毕后，在帮助文本区域将显示搜索结果的相关内容，单击一个标题链接，即可打开页面查看其详细内容，如图 1-48 所示。

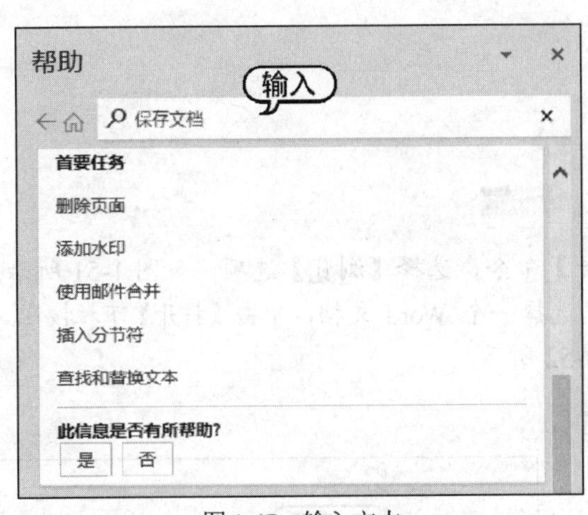

图 1-47　输入文本

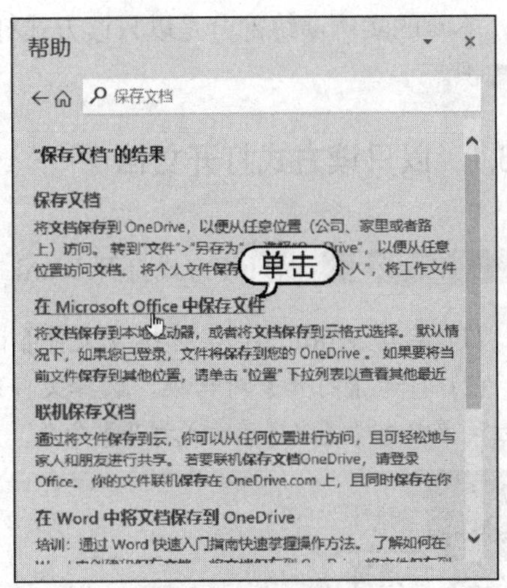

图 1-48　单击链接

1.5.2　联网获取帮助

在计算机已经联网的情况下，用户还可以通过强大的网络搜索到更多的 Office 2019 帮助信息，即通过 Internet 获得更多的技术支持。

首先打开帮助窗格，在【更多帮助】下单击【访问 Word 培训中心】链接，如图 1-49 所示。在打开的 Office 帮助网页中单击任意一条文字链接，就可以搜索到更多的信息，如图 1-50 所示。

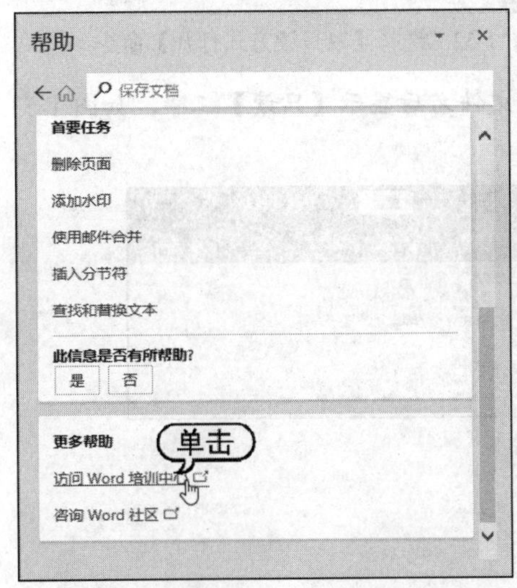

图 1-49　单击【访问 Word 培训中心】链接

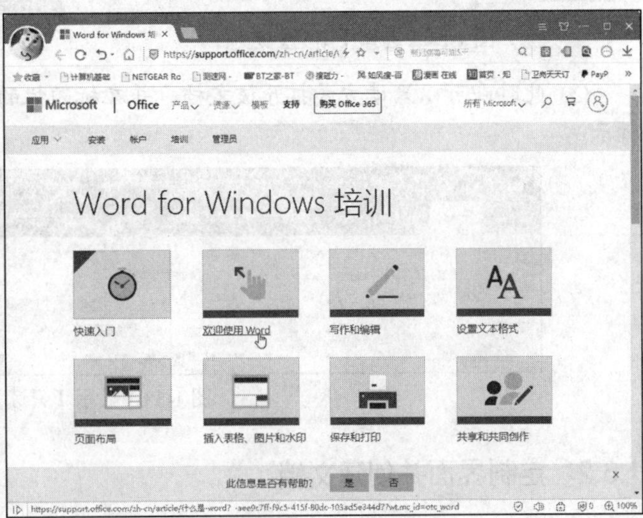

图 1-50　帮助网页

1.6 实例演练

本章的实例演练部分是以只读方式打开文档等几个实例操作，用户通过练习从而巩固本章所学知识。

1.6.1 以只读方式打开文档

【例 1-4】 以只读方式打开 Word 文档。 视频

(1) 启动 Word 2019，选择【文件】|【打开】命令，选择【浏览】选项，如图 1-51 所示。

(2) 打开【打开】对话框，选择文件路径，选择一个 Word 文档，单击【打开】下拉按钮，从下拉菜单中选择【以只读方式打开】命令，如图 1-52 所示。

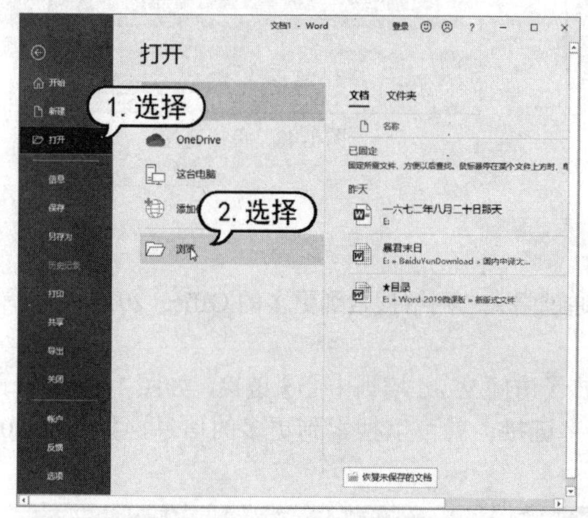

图 1-51 选择【浏览】选项

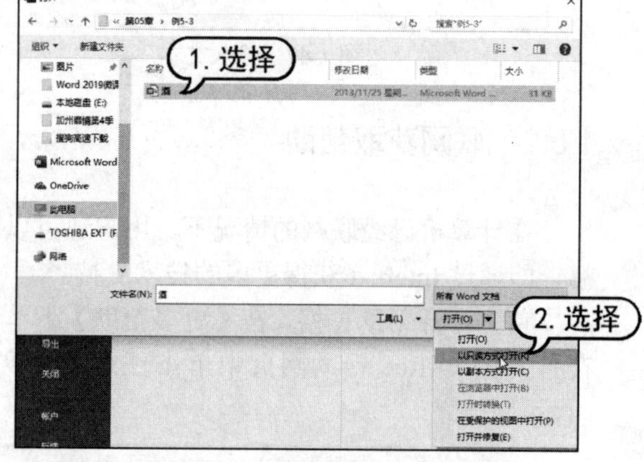

图 1-52 选择【以只读方式打开】命令

(3) 此时即可以只读方式打开该文档，并在标题栏的文件名后显示【只读】二字，如图 1-53 所示。

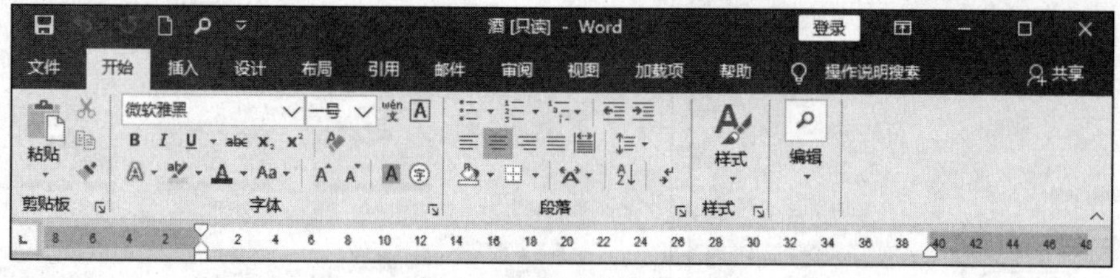

图 1-53 显示【只读】

1.6.2 定制界面并创建文档

【例 1-5】 定制工作界面并创建模板文档。 视频

(1) 启动 Word 2019，单击【自定义快速访问工具栏】下拉按钮，选择【其他命令】命令，

如图 1-54 所示。

(2) 打开【Word 选项】对话框中的【快速访问工具栏】选项卡，在【从下列位置选择命令】下拉列表中选择【常用命令】选项，在其下的列表框中选择【插入图片】选项，单击【添加】按钮，将其添加到右侧的【自定义快速访问工具栏】列表框中，单击【确定】按钮，如图 1-55 所示。

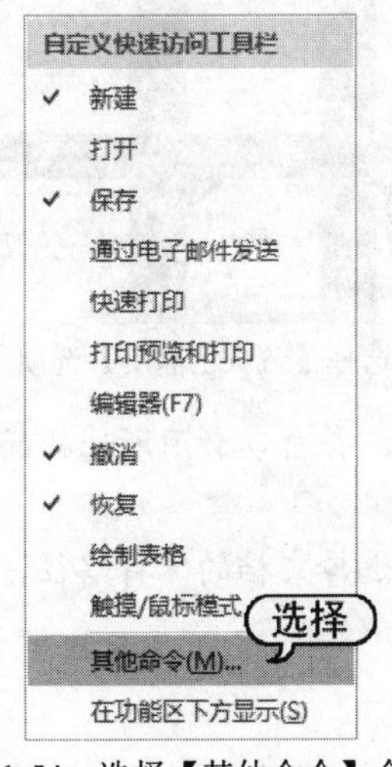

图 1-54　选择【其他命令】命令

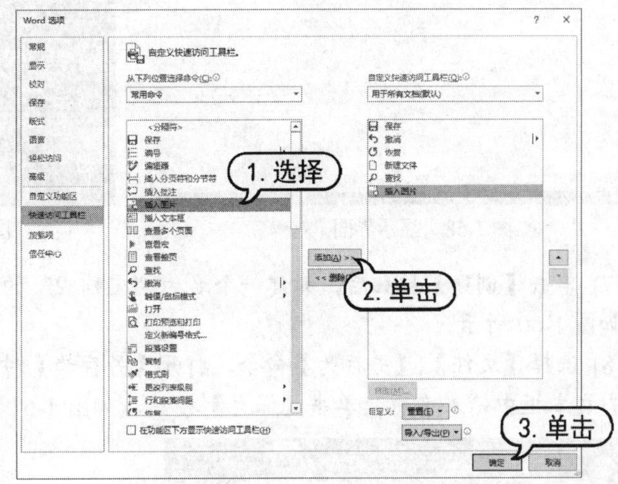

图 1-55　【快速访问工具栏】选项卡

(3) 返回工作界面，查看快速访问工具栏中的按钮，如图 1-56 所示。

(4) 单击【文件】按钮，从弹出的【文件】菜单中选择【选项】命令，打开【Word 选项】对话框，打开【常规】选项卡，在【Office 主题】后的下拉列表中选择【深灰色】选项，单击【确定】按钮，如图 1-57 所示。

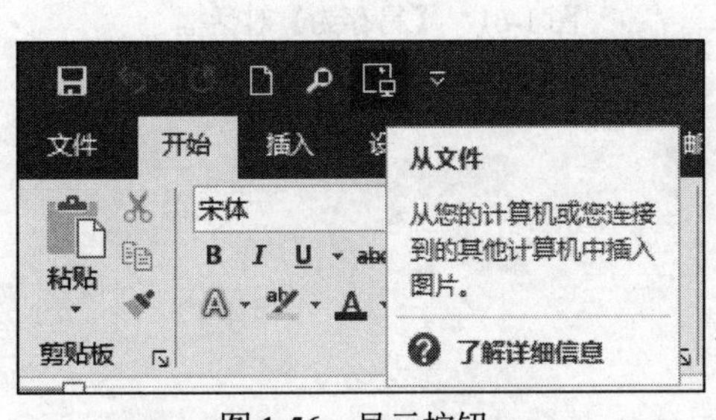

图 1-56　显示按钮

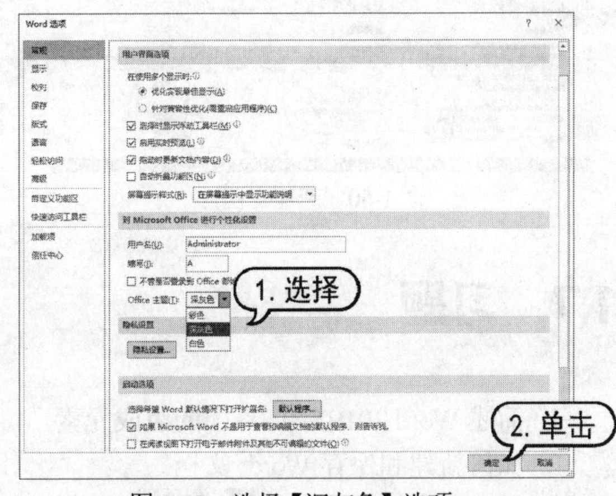

图 1-57　选择【深灰色】选项

(5) 返回工作界面，查看改变了主题后的界面，如图 1-58 所示。

(6) 单击【文件】按钮，从弹出的菜单中选择【新建】命令，在模板中选择【蓝灰色简历】选项，如图 1-59 所示。

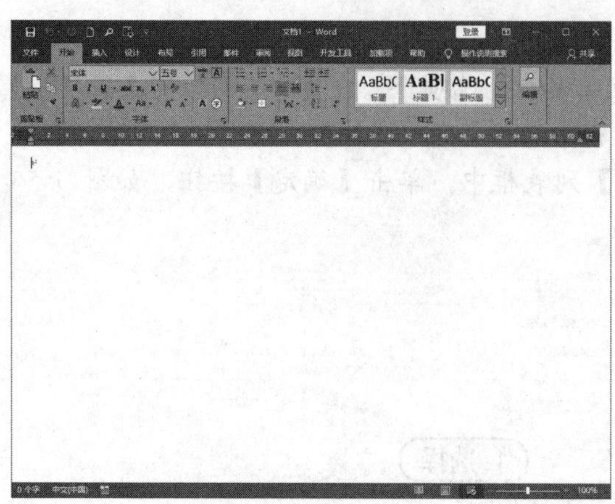

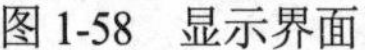

图 1-58　显示界面

图 1-59　选择【蓝灰色简历】选项

(7) 单击【创建】按钮后，新建一个名为“文档 2”的新文档，并自动套用所选择的模板样式，如图 1-60 所示。

(8) 选择【文件】|【另存为】命令，打开【另存为】对话框，选择文档的保存路径，在【文件名】文本框中输入名称，单击【保存】按钮，如图 1-61 所示。

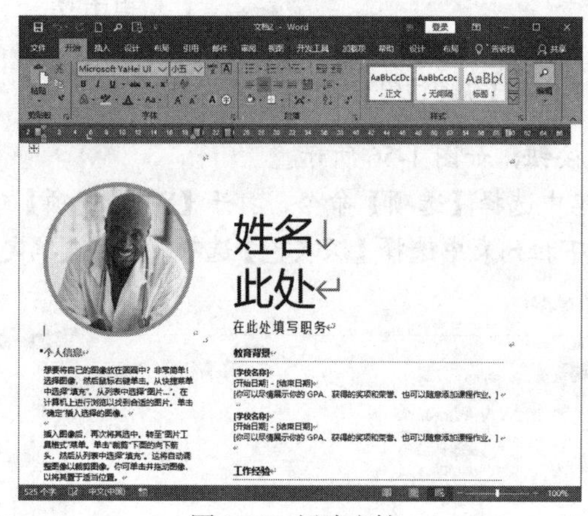

图 1-60　新建文档

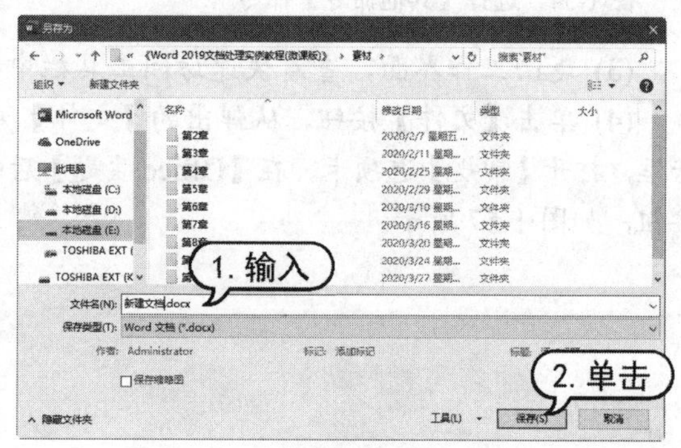

图 1-61　【另存为】对话框

1.7　习题

1. 简述 Word 2019 工作界面的组成元素。
2. 如何新建和保存 Word 文档？
3. 以书法模板新建一个 Word 文档，保存后以只读方式打开。

第 2 章 文本的输入和基础编辑

文本是组成段落的最基本内容，任何一个文档都是从段落文本开始进行编辑的。本章将主要介绍输入文本、查找与替换文本、文本的自动更正、拼写与语法检查等操作，这是整个文档编辑过程的基础。

本章重点

- 输入文本
- 编辑文本
- 查找和替换文本
- 自动更正文本

二维码教学视频

【例 2-1】 输入中文
【例 2-2】 输入符号
【例 2-3】 输入日期和时间
【例 2-4】 查找和替换文本
【例 2-5】 创建自动更正词条
【例 2-6】 编辑文本操作
【例 2-7】 制作问卷调查

2.1 输入各类型文本

在 Word 2019 中，建立文档的目的是输入文本内容。本节将介绍中英文文本、特殊符号、日期和时间等各类型文本的输入方法。

2.1.1 输入英文

当新建一个文档后，在文档的开始位置将出现一个闪烁的光标，称之为“插入点”。在 Word 文档中输入的文本，都将在插入点处出现。定位了插入点的位置后，选择一种输入法，即可开始输入文本。

在英文状态下通过键盘可以直接输入英文、数字及标点符号。需要注意的是以下几点。

- 按 Caps Lock 键可输入英文大写字母，再次按该键输入英文小写字母。
- 按 Shift 键的同时按双字符键将输入上档字符；按 Shift 键的同时按字母键将输入英文大写字母。
- 按 Enter 键，插入点自动移到下一行行首。
- 按空格键，在插入点的左侧插入一个空格符号。

例如，新建一个空白文档后，按住 Shift 键的同时，按两下【“】键，输入双引号，然后将插入点定位在双引号内，按 Caps Lock 键可输入英文大写字母 T，再次按 Caps Lock 键输入英文小写字母 o，然后按空格键，输入 m、e，如图 2-1 所示。

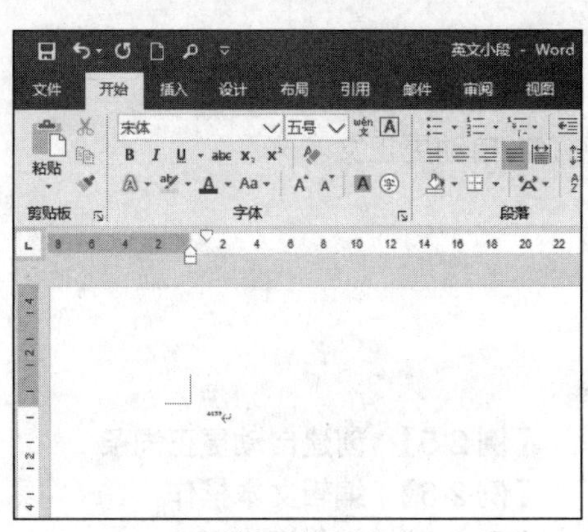

图 2-1 输入英文

2.1.2 输入中文

一般情况下，系统会自带一些基本的输入法，如微软拼音、智能 ABC 等。用户也可以添加和安装其他输入法，这些中文输入法都是通用的。

选择中文输入法也可以通过单击任务栏上的输入法指示图标来完成，这种方法比较直接。在 Windows 桌面的任务栏中，单击代表输入法的图标，在弹出的输入法列表中选择要使用的输入法即可，如图 2-2 所示。

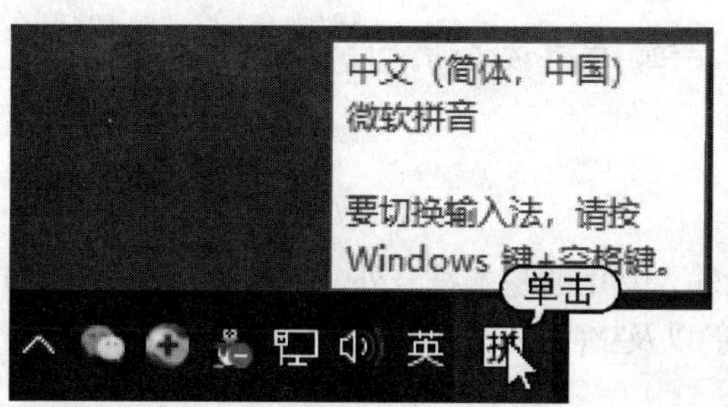

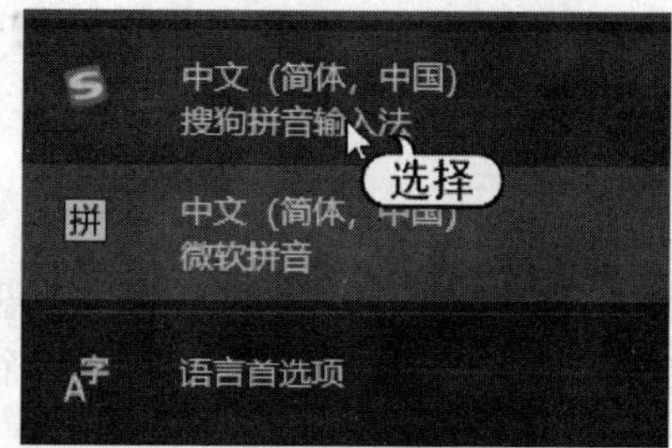

图 2-2　选择输入法

【例 2-1】 新建名为“通知”的文档，在其中输入中文。 视频

(1) 启动 Word 2019，新建一个空白文档，在快速访问工具栏中单击【保存】按钮，打开【另存为】对话框，将其以“通知”为名进行保存，如图 2-3 所示。

(2) 选择中文输入法，按空格键，将插入点移至页面的中间位置，输入标题“校园篮球比赛通知”，如图 2-4 所示。

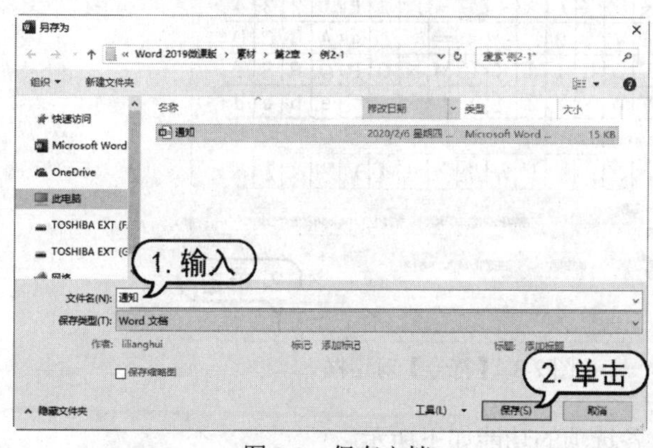

图 2-3　保存文档

图 2-4　输入标题

(3) 按 Enter 键，将插入点跳转至下一行的行首，继续输入文本“南大全体师生:”，如图 2-5 所示。

(4) 按 Enter 键，将插入点跳转至下一行的行首，再按下 Tab 键，首行缩进 2 个字符，继续输入多段正文文本，将插入点定位到文本最右侧，输入文本“南大学生会”，如图 2-6 所示。

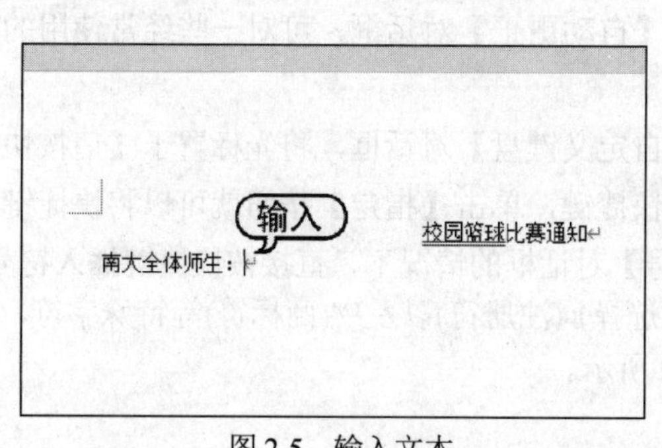

图 2-5　输入文本

图 2-6　继续输入文本

(5) 在快速访问工具栏中单击【保存】按钮，保存该文档。

2.1.3 输入符号

在输入文本时，除了可以直接通过键盘输入常用的基本符号外，还可以通过 Word 2019 的插入符号功能输入一些诸如☆、¤、®(注册符)以及™(商标符)等特殊字符。

1. 插入一般符号

打开【插入】选项卡，单击【符号】组中的【符号】下拉按钮，从弹出的下拉菜单中选择相应的符号，如图 2-7 所示。或者选择【其他符号】命令，打开【符号】对话框，选中要插入的符号，单击【插入】按钮，即可插入符号，如图 2-8 所示。

图 2-7　选择符号

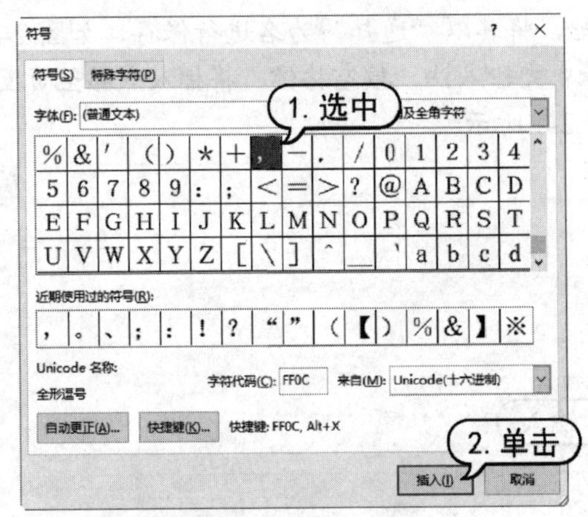

图 2-8　【符号】对话框

在【符号】对话框的【符号】选项卡中，各选项的功能如下所示。

- 【字体】下拉列表：可以从中选择不同的字体集，以输入不同的字符。
- 【子集】下拉列表：显示各种不同的符号。
- 【近期使用过的符号】选项区域：显示了用户最近使用过的 16 个符号，方便用户快速查找符号。
- 【字符代码】框：显示所选的符号的代码。
- 【来自】下拉列表：用于显示符号的进制。
- 【自动更正】按钮：单击该按钮，将打开【自动更正】对话框，可对一些经常使用的符号使用自动更正功能。
- 【快捷键】按钮：单击该按钮，将打开【自定义键盘】对话框，将光标置于【请按快捷键】文本框中，在键盘上按下用户设置的快捷键，单击【指定】按钮就可以将快捷键指定给该符号。这样用户可以在不打开【符号】对话框的情况下，直接按快捷键插入符号。

此外，打开【特殊字符】选项卡，在其中可以选择®(注册符)以及™(商标符)等特殊字符，单击【插入】按钮，即可将其插入文档中，如图 2-9 所示。

2. 插入特殊符号

要插入特殊符号，可以打开【加载项】选项卡，在【菜单命令】组中单击【特殊符号】按钮，打开【插入特殊符号】对话框，在该对话框中选择相应的符号后，单击【确定】按钮，如图 2-10 所示。

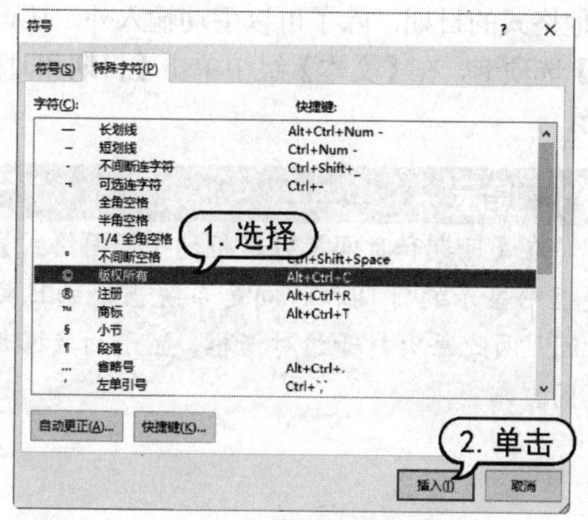

图 2-9　【特殊字符】选项卡

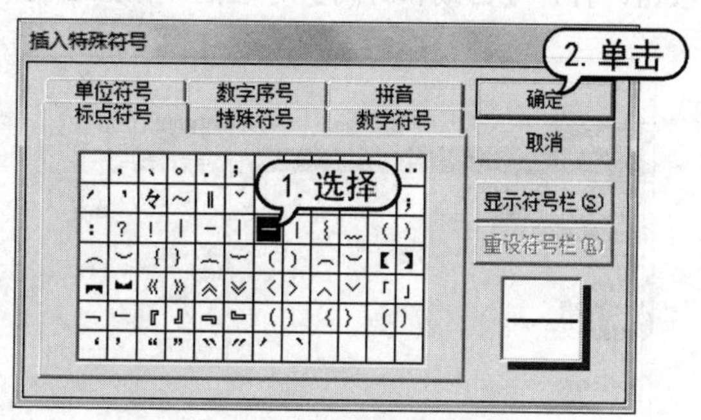

图 2-10　【插入特殊符号】对话框

【例 2-2】 在文档中插入符号。 视频

(1) 启动 Word 2019，打开例 2-1 制作的“通知”文档。

(2) 将插入点定位到文本“时间”左侧，打开【插入】选项卡，在【符号】组中单击【符号】按钮，从弹出的菜单中选择【其他符号】命令，打开【符号】对话框的【符号】选项卡，在【字体】下拉列表中选择 Wingdings 选项，在其下的列表框中选择笑脸形状符号，然后单击【插入】按钮，如图 2-11 所示。

(3) 将插入点定位到文本“地点”左侧，返回【符号】对话框，单击【插入】按钮，继续插入笑脸形状符号。

(4) 单击【关闭】按钮，关闭【符号】对话框，此时在文档中显示所插入的符号，如图 2-12 所示。

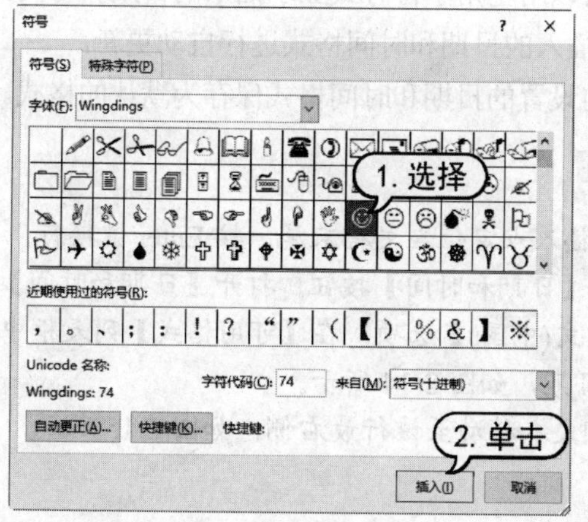

图 2-11　【符号】对话框

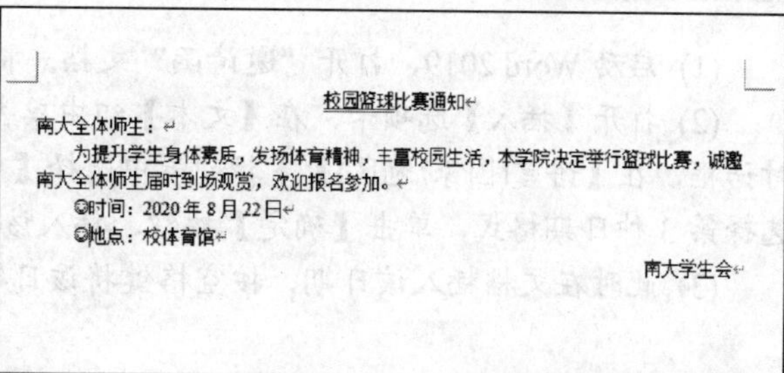

图 2-12　显示符号

2.1.4　输入日期和时间

使用 Word 2019 编辑文档时，可以使用插入日期和时间功能来输入当前的日期和时间。

在 Word 2019 中输入日期类格式的文本时，Word 2019 会自动显示默认格式的当前日期，按 Enter 键即可完成当前日期的输入。如果要输入其他格式的日期，除了可以手动输入外，还可以通过【日期和时间】对话框进行插入。打开【插入】选项卡，在【文本】组中单击【日期和时间】按钮，打开【日期和时间】对话框，如图 2-13 所示。

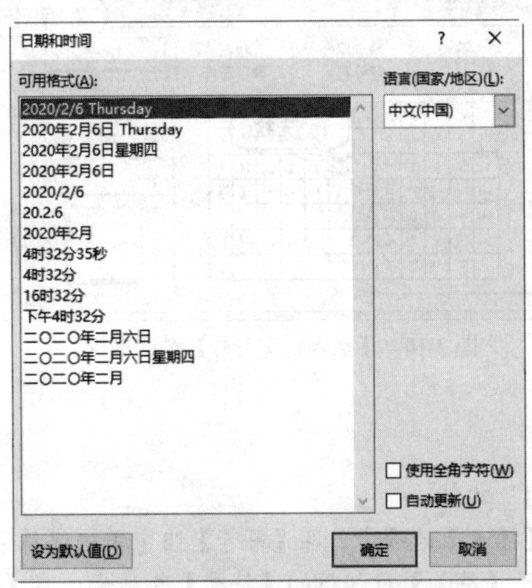

图 2-13　【日期和时间】对话框

> **提示**
>
> 在【日期和时间】对话框的【可用格式】列表框中显示的日期和时间是系统当前的日期和时间，因此每次打开该对话框，显示的数据都会不同。

在【日期和时间】对话框中，各选项的功能如下所示。

- 【可用格式】列表框：用来选择日期和时间的显示格式。
- 【语言(国家/地区)】下拉列表：用来选择日期和时间应用的语言，如中文或英文。
- 【使用全角字符】复选框：选中该复选框，可以用全角字符方式显示插入的日期和时间。
- 【自动更新】复选框：选中该复选框，可对插入的日期和时间格式进行自动更新。
- 【设为默认值】按钮：单击该按钮，可将当前设置的日期和时间格式保存为默认的格式。

【例 2-3】 在文档中输入日期和时间。 视频

(1) 启动 Word 2019，打开“邀请函”文档。将插入点定位在文档末尾，按 Enter 键换行。

(2) 打开【插入】选项卡，在【文本】组中单击【日期和时间】按钮。打开【日期和时间】对话框，在【语言(国家/地区)】下拉列表中选择【中文(中国)】选项，在【可用格式】列表框中选择第 3 种日期格式，单击【确定】按钮，插入该日期，如图 2-14 所示。

(3) 此时在文档插入该日期，按空格键将该日期文本移动至该行最右侧，如图 2-15 所示。

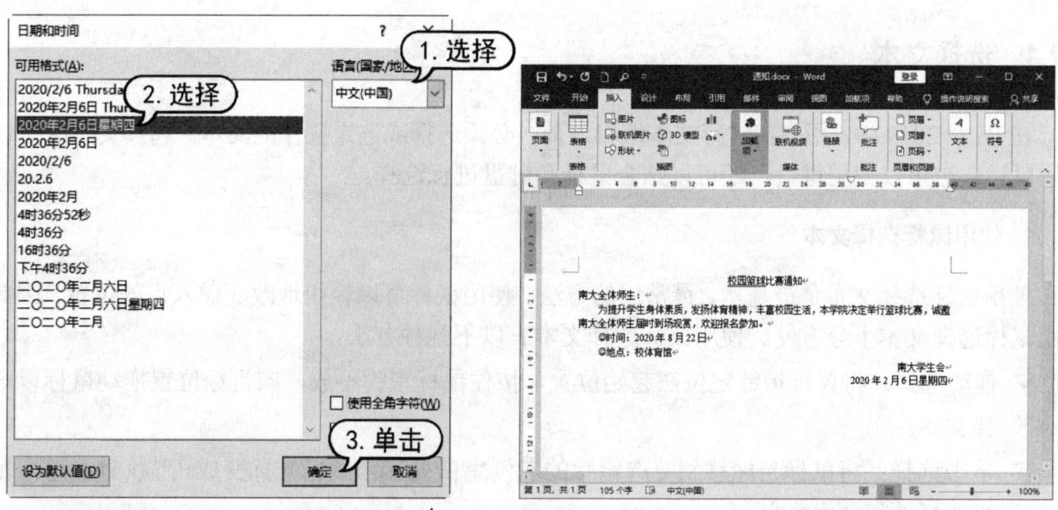

图 2-14　【日期和时间】对话框　　图 2-15　显示日期文本

(4) 将插入点定位在文本“时间：2020 年 8 月 22 日”后，使用同样的方法，打开【日期和时间】对话框，如图 2-16 所示，选择【上午 8 时 30 分】时间格式，单击【确定】按钮，将其插入文档中，如图 2-17 所示。

(5) 在快速访问工具栏中单击【保存】按钮，保存该文档。

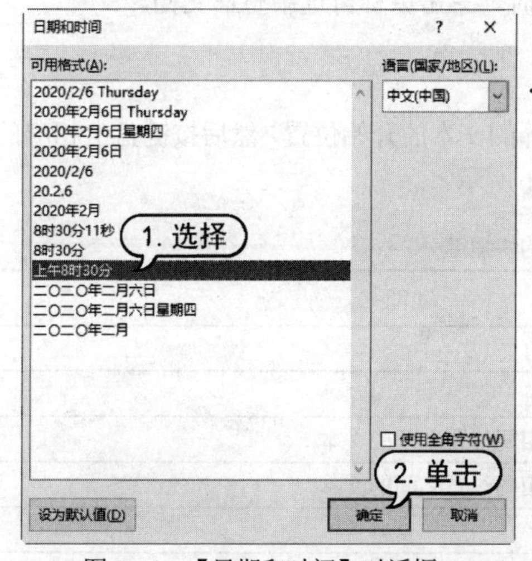

图 2-16　【日期和时间】对话框

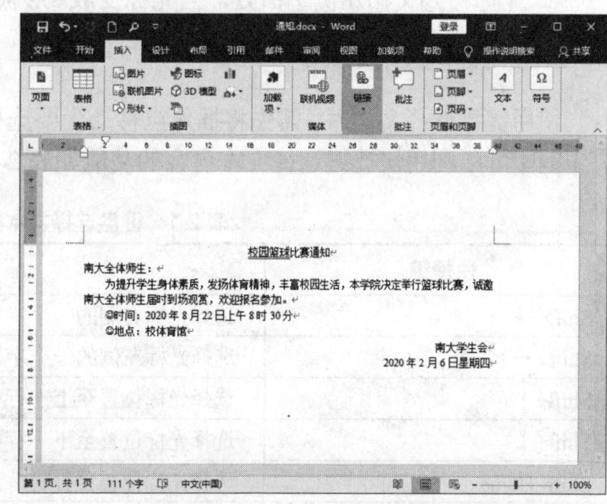

图 2-17　显示时间文本

2.2　文本的基础编辑

在文档录入过程中，通常需要对文本进行选取、复制、移动、删除、查找和替换等操作。熟练地掌握这些基本操作，可以节省大量的时间，提高文档编辑工作的效率。

2.2.1 选择文本

在 Word 2019 中，用户在进行文本编辑之前，必须选择或选定操作的文本。选择文本既可以使用鼠标，也可以使用键盘，还可以结合鼠标和键盘进行选择。

1. 使用鼠标选择文本

使用鼠标选择文本是最基本、最常用的方法。使用鼠标可以轻松地改变插入点的位置，因此使用鼠标选择文本十分方便。使用鼠标选择文本有以下几种方法。

- 拖动选择：将鼠标指针定位在起始位置，按住鼠标左键不放，向目标位置拖动鼠标以选择文本。
- 单击选择：将鼠标光标移到要选定行的左侧空白处，当鼠标光标变成↗形状时，单击鼠标选择该行文本内容。
- 双击选择：将鼠标光标移到文本编辑区左侧，当鼠标光标变成↗形状时，双击鼠标，即可选择该段的文本内容；将鼠标光标定位到词组中间或左侧，双击鼠标可选择该单字或词。
- 三击选择：将鼠标光标定位到要选择的段落，三击鼠标可选中该段的所有文本；将鼠标光标移到文档左侧空白处，当光标变成↗形状时，三击鼠标可选中整篇文档。

2. 使用键盘选择文本

使用键盘选择文本时，需先将插入点移动到要选择的文本的开始位置，然后按键盘上相应的快捷键即可。利用快捷键选择文本内容的功能如表 2-1 所示。

表 2-1　键盘选择文本的快捷键

快捷键	功能
Shift+→	选择光标右侧的一个字符
Shift+←	选择光标左侧的一个字符
Shift+↑	选择光标位置至上一行相同位置之间的文本
Shift+↓	选择光标位置至下一行相同位置之间的文本
Shift+Home	选择光标位置至行首
Shift+End	选择光标位置至行尾
Shift+PageDown	选择光标位置至下一屏之间的文本
Shift+PageUp	选择光标位置至上一屏之间的文本
Ctrl+Shift+Home	选择光标位置至文档开始之间的文本
Ctrl+Shift+End	选择光标位置至文档结尾之间的文本
Ctrl+A	选中整篇文档

3. 结合键盘+鼠标选择文本

使用鼠标和键盘结合的方式，不仅可以选择连续的文本，还可以选择不连续的文本。

- 选择连续的较长文本：将插入点定位到要选择区域的开始位置，按住 Shift 键不放，再移动光标至要选择区域的结尾处，单击鼠标左键即可选择该区域之间的所有文本内容。
- 选择不连续的文本：选择任意一段文本，按住 Ctrl 键，再拖动鼠标选择其他文本，即可同时选择多段不连续的文本。
- 选择整篇文档：按住 Ctrl 键不放，将光标移到文本编辑区左侧空白处，当光标变成形状时，单击鼠标左键即可选择整篇文档。
- 选择矩形文本：将插入点定位到开始位置，按住 Alt 键并拖动鼠标，即可选择矩形文本。

2.2.2　移动和复制文本

在 Word 文档中经常需要重复输入文本时，可以使用移动或复制文本的方法进行操作，以节省时间，加快输入和编辑的速度。

1. 移动文本

移动文本是指将当前位置的文本移到另外的位置，在移动的同时，会删除原来位置上的原版文本。移动文本后，原位置的文本消失。

移动文本有以下几种方法。

- 选择需要移动的文本，按 Ctrl+X 组合键剪切文本，在目标位置处按 Ctrl+V 组合键粘贴文本。
- 选择需要移动的文本，在【开始】选项卡的【剪贴板】组中单击【剪切】按钮，在目标位置处单击【粘贴】按钮。
- 选择需要移动的文本，按下鼠标右键拖动至目标位置，松开鼠标后弹出一个快捷菜单，在其中选择【移动到此位置】命令。
- 选择需要移动的文本后，右击，在弹出的快捷菜单中选择【剪切】命令，在目标位置处右击，在弹出的快捷菜单中选择【粘贴】命令。
- 选择需要移动的文本后，按下鼠标左键不放，此时鼠标光标变为形状，并出现一条虚线，移动鼠标光标，当虚线移动到目标位置时，释放鼠标即可将选取的文本移动到该处。

2. 复制文本

Word 文本的复制，是指将要复制的文本移动到其他的位置，而原版文本仍然保留在原来的位置。

复制文本有以下几种方法。

- 选取需要复制的文本，按 Ctrl+C 组合键，把插入点移到目标位置，再按 Ctrl+V 组合键。
- 选取需要复制的文本，在【开始】选项卡的【剪贴板】组中单击【复制】按钮，将插入点移到目标位置处，单击【粘贴】按钮。

- 选取需要复制的文本，按下鼠标右键拖动到目标位置，松开鼠标会弹出一个快捷菜单，在其中选择【复制到此位置】命令。
- 选取需要复制的文本，右击，从弹出的快捷菜单中选择【复制】命令，把插入点移到目标位置，右击，从弹出的快捷菜单中选择【粘贴】命令。

2.2.3 删除和撤销文本

在编辑文档的过程中，需要对多余或错误的文本进行删除操作。

删除文本的操作方法如下。

- 按 Backspace 键，删除光标左侧的文本；按 Delete 键，删除光标右侧的文本。
- 选择需要删除的文本，在【开始】选项卡的【剪贴板】组中单击【剪切】按钮。
- 选择文本，按 Backspace 键或 Delete 键均可删除所选文本。

提示

Word 2019 状态栏中有【改写】和【插入】两种状态。在改写状态下，输入的文本将会覆盖其后的文本，而在插入状态下，会自动将插入位置后的文本向后移动。Word 默认的状态是插入，若要更改状态，可以在状态栏中单击【插入】按钮，此时将显示【改写】按钮，单击该按钮，返回至插入状态。

编辑文档时，Word 2019 会自动记录最近执行的操作，因此当操作错误时，可以通过撤销功能将错误操作撤销。如果误撤销了某些操作，还可以使用恢复操作将其恢复。

1. 撤销操作

常用的撤销操作主要有以下两种。

- 在快速访问工具栏中单击【撤销】按钮，撤销上一次的操作。单击【撤销】按钮右侧的下拉按钮，可以在弹出的列表中选择要撤销的操作。
- 按 Ctrl+Z 组合键，撤销最近的操作。

2. 恢复操作

恢复操作用来还原撤销操作，恢复至撤销以前的文档。

常用的恢复操作主要有以下两种。

- 在快速访问工具栏中单击【恢复】按钮，恢复操作。
- 按 Ctrl+Y 组合键，恢复最近的撤销操作，这是 Ctrl+Z 组合键的逆操作。

2.2.4 查找和替换文本

在篇幅比较长的文档中，使用 Word 2019 提供的查找与替换功能可以快速地找到文档中的某个信息或更改全文中多次出现的词语，从而无须反复地查找文本，使操作变得较为简单，提高工作效率。

1. 使用查找和替换功能

在编辑一篇长文档的过程中，要查找和替换一个文本，使用 Word 2019 提供的查找和替换功能，将会达到事半功倍的效果。

【例 2-4】 在文档中查找文本“篮球”，并将其替换为“足球”。视频

(1) 启动 Word 2019，打开“通知”文档。在【开始】选项卡的【编辑】组中单击【查找】按钮，打开导航窗格。

(2) 在【导航】文本框中输入文本“篮球”，此时 Word 2019 自动在文档编辑区中以黄色高亮显示所查找到的文本，如图 2-18 所示。

(3) 在【开始】选项卡的【编辑】组中，单击【替换】按钮，打开【查找和替换】对话框，自动打开【替换】选项卡，此时【查找内容】文本框中显示文本“篮球”，在【替换为】文本框中输入文本“足球”，单击【全部替换】按钮，如图 2-19 所示。

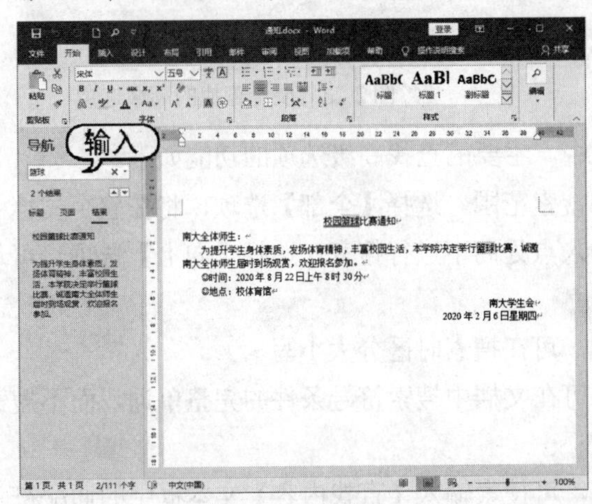

图 2-18 输入文本

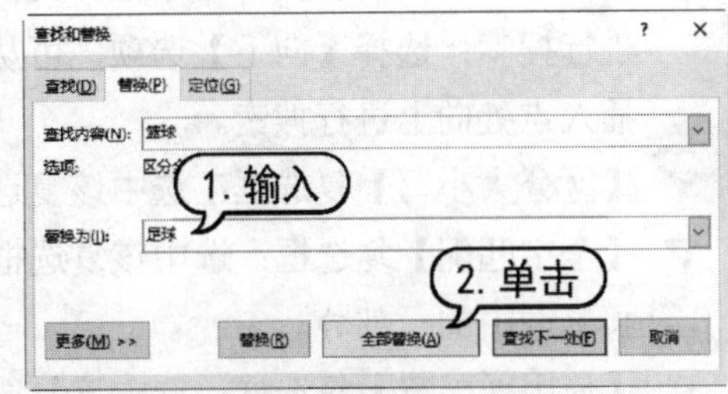

图 2-19 替换文本

(4) 替换完成后，打开完成替换提示框，单击【确定】按钮，如图 2-20 所示。

(5) 返回至【查找和替换】对话框，单击【关闭】按钮，返回文档窗口，查看替换后的文本，如图 2-21 所示。

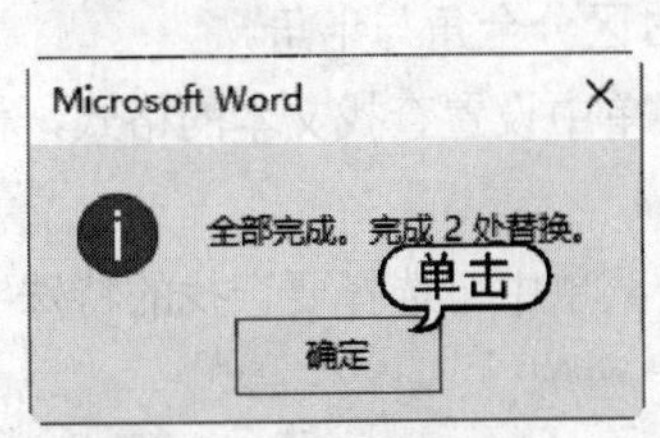

图 2-20 单击【确定】按钮

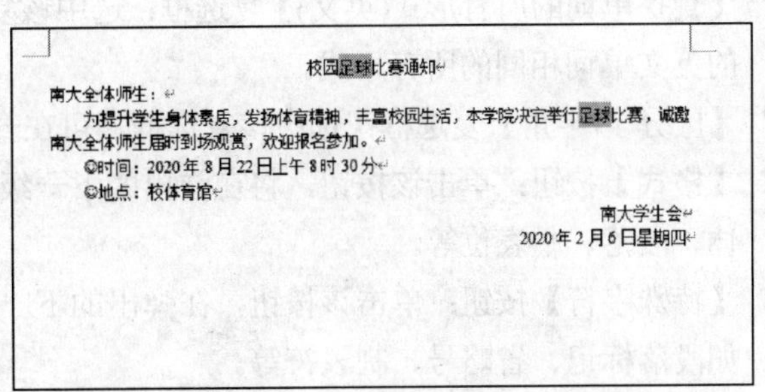

图 2-21 查看替换后的文本

2. 使用高级查找功能

在 Word 2019 中使用高级查找功能不仅可以在文档中查找普通文本，还可以对特殊格式的文本、符号等进行查找。

打开【开始】选项卡，在【编辑】组中单击【查找】下拉按钮，从弹出的下拉菜单中选择【高级查找】命令，打开【查找和替换】对话框的【查找】选项卡，输入查找文本，单击【更多】按钮，如图 2-22 所示，可展开该对话框用来设置文档的查找高级选项，如图 2-23 所示。

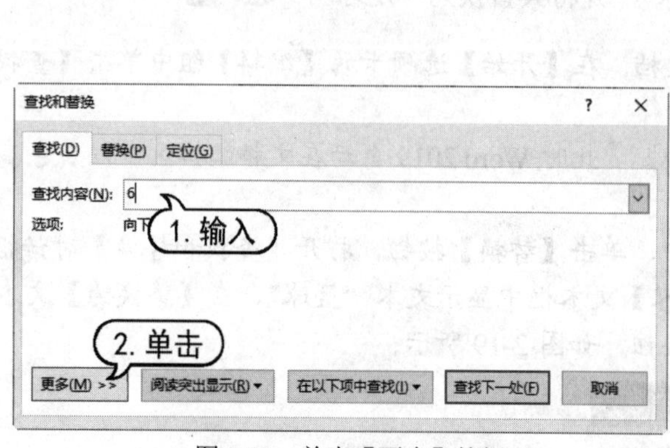

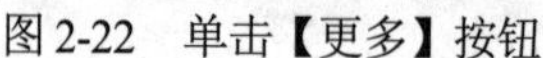
图 2-22　单击【更多】按钮

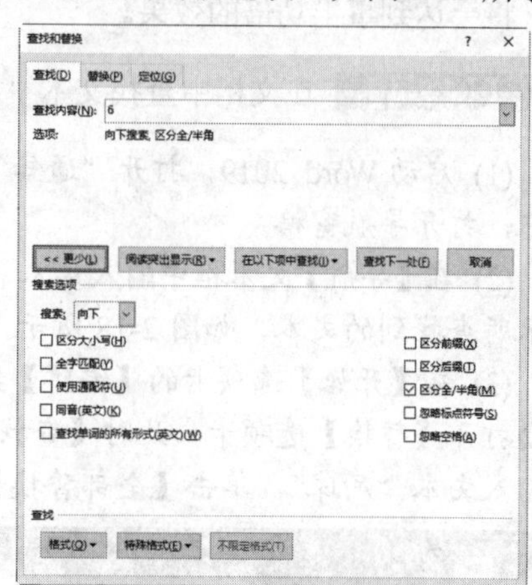

图 2-23　展开查找的高级选项

在如图 2-23 所示的【查找和替换】对话框中，主要的查找高级选项的功能如下。

- 【搜索】下拉列表框：用来选择文档的搜索范围。选择【全部】选项，将在整个文档中进行搜索；选择【向下】选项，可从插入点处向下进行搜索；选择【向上】选项，可从插入点处向上进行搜索。
- 【区分大小写】复选框：选中该复选框，可在搜索时区分大小写。
- 【全字匹配】复选框：选中该复选框，可在文档中搜索符号条件的完整单词，而不搜索长单词中的一部分。
- 【使用通配符】复选框：选中该复选框，可搜索输入【查找内容】文本框中的通配符、特殊字符或特殊搜索操作符。
- 【同音(英文)】复选框：选中该复选框，可搜索与【查找内容】文本框中文字发音相同但拼写不同的英文单词。
- 【查找单词的所有形式(英文)】复选框：选中该复选框，可搜索与【查找内容】文本框中的英文单词相同的所有形式。
- 【区分全/半角】复选框：选中该复选框，可在查找时区分全角与半角。
- 【格式】按钮：单击该按钮，将在弹出的下一级子菜单中设置查找文本的格式，例如字体、段落、制表位等。
- 【特殊字符】按钮：单击该按钮，在弹出的下一级子菜单中可选择要查找的特殊字符，如段落标记、省略号、制表符等。

2.3　自动更正文本功能

在文本的输入过程中，有时会出现一些输入错误，如将“其他”写成“其它”等。在 Word 2019

中提供了自动更正功能，可以通过其自带的更正字库对一些常见的拼写错误进行自动更正。

2.3.1 设置自动更正选项

在使用 Word 2019 的自动更正功能时，可根据需要设置自动更正选项。

单击【文件】按钮，在弹出的菜单中选择【选项】选项，打开【Word 选项】对话框。打开【校对】选项卡，在右侧的【自动更正选项】选项区域中，单击【自动更正选项】按钮，如图 2-24 所示，打开【自动更正】对话框，系统默认打开【自动更正】选项卡，如图 2-25 所示。在该对话框中可以设置自动更正选项。

图 2-24 单击【自动更正选项】按钮

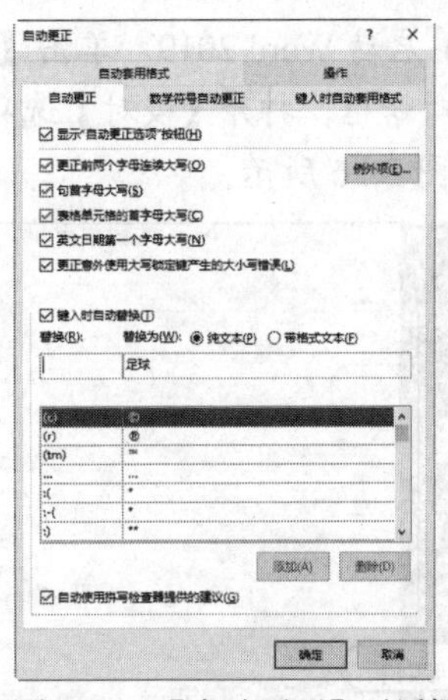

图 2-25 【自动更正】对话框

在【自动更正】选项卡中，各选项的功能如下。

- 【显示“自动更正选项”按钮】复选框：选中该复选框后，可显示【自动更正选项】按钮。
- 【更正前两个字母连续大写】复选框：选中该复选框后，可将前两个字母连续大写的单词更正为首字母大写。
- 【句首字母大写】复选框：选中该复选框后，可将句首字母没有大写的单词更正为句首字母大写。
- 【例外项】按钮：单击该按钮后，可打开【“自动更正”例外项】对话框，在对话框中可设置不需要 Word 进行自动更正的缩略语。
- 【表格单元格的首字母大写】复选框：选中该复选框后，可将表格单元格中的单词设置为首字母大写。
- 【英文日期第一个字母大写】复选框：选中该复选框后，可将英文日期的首字母设置为大写。
- 【更正意外使用大写锁定键产生的大小写错误】复选框：选中该复选框后，可对由于误按 Caps Lock 键产生的大小写错误进行更正。
- 【键入时自动替换】复选框：选中该复选框后，可打开自动更正和替换功能，并在文档中显示【自动更正】图标。

- 【自动使用拼写检查器提供的建议】复选框：选中该复选框后，可在键入时自动用拼写检查功能词典中的单词替换拼写有误的单词。

2.3.2 创建自动更正词条

创建或更改自动更正词条后，当输入某种常见的错误词条时，系统会给予更正提示，并用正确的词条加以替代。

【例 2-5】 创建自动更正词条，将“其它”更正为“其他”。 视频

(1) 启动 Word 2019，单击【文件】按钮，在弹出的菜单中选择【选项】选项，打开【Word 选项】对话框，打开【校对】选项卡，在【自动更正选项】选项区域中单击【自动更正选项】按钮，如图 2-26 所示。

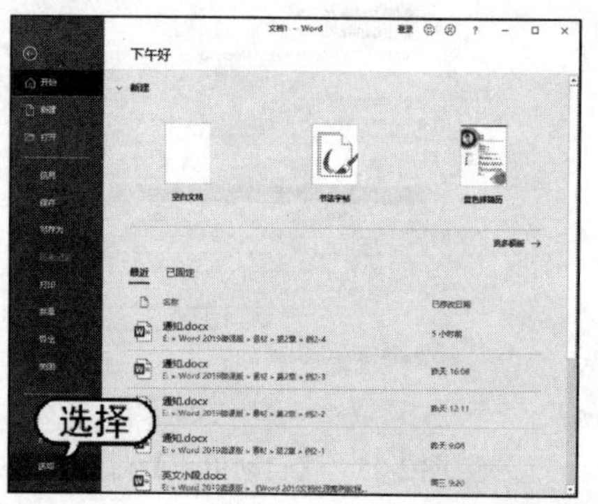

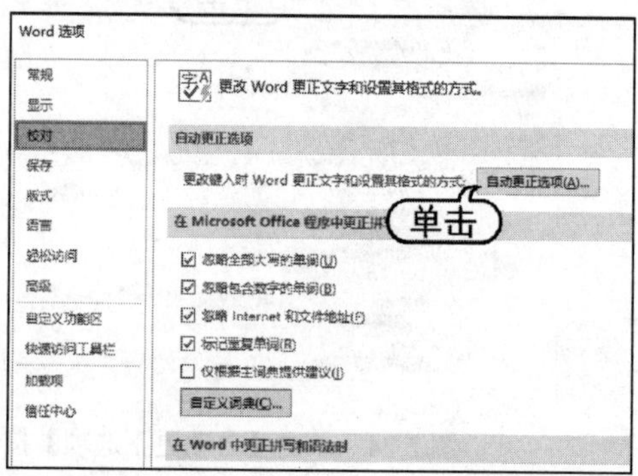

图 2-26 单击【自动更正选项】按钮

(2) 打开【自动更正】对话框的【自动更正】选项卡，选中【键入时自动替换】复选框，并在【替换】文本框中输入“其它”，在【替换为】文本框中输入“其他”，单击【添加】按钮，如图 2-27 所示。

(3) 此时将其添加到自动更正词条中并显示在列表框中，单击【确定】按钮，关闭【自动更正】对话框，如图 2-28 所示。

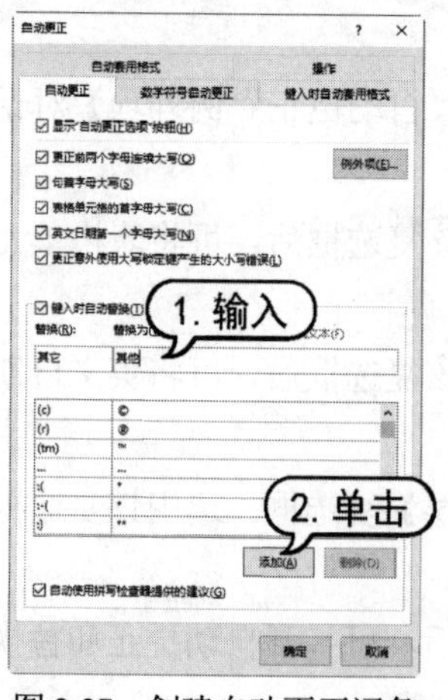

图 2-27 创建自动更正词条

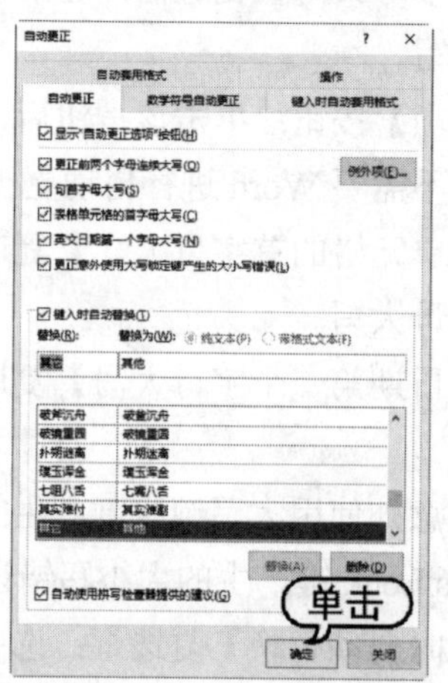

图 2-28 单击【确定】按钮

(4) 打开 Word 文档，并在文档编辑窗口中输入“其它”，然后按 Enter 键或空格键，即可看到输入的词组“其它”被替换为“其他”，如图 2-29 所示。

(5) 如果要撤销自动更正的效果，将鼠标指针移动到更正的词条左下角，出现一个小蓝框，当小蓝框变为【自动更正选项】按钮时，单击该按钮，从弹出的如图 2-30 所示的下拉列表中选择【改回至“其它”】或【停止自动更正“其它”】命令。选择【停止自动更正“其它”】命令相当于在自动更正中删除该词条。

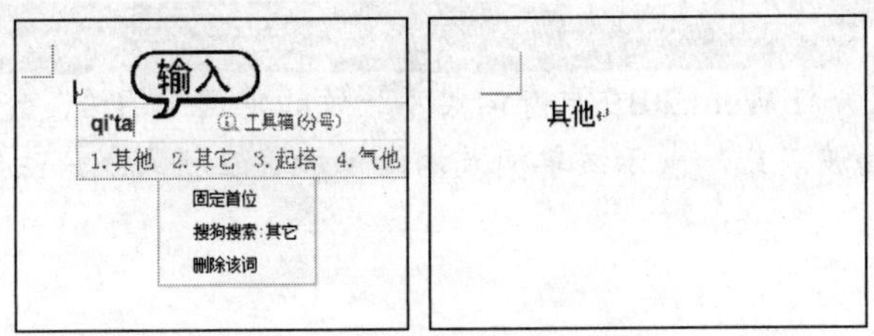

图 2-29　自动更正文本

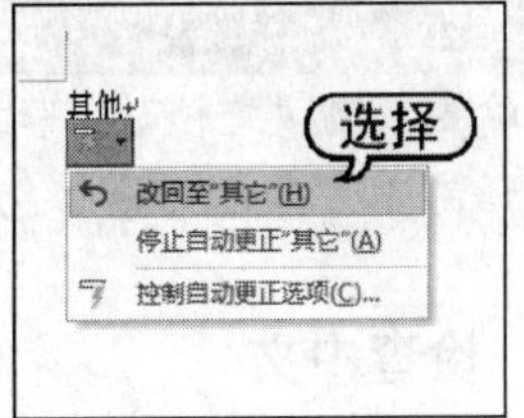

图 2-30　撤销自动更正

2.4 语法和拼写检查

Word 2019 提供了拼写和语法检查功能，用户使用该功能，可以减少文档中的单词拼写错误和中文语法错误。

2.4.1 检查英文

在输入长篇英文文档时，难免会在英文拼写与语法方面出错。Word 2019 提供了几种自动检查英文拼写和语法错误的方法，具体如下所示。

- 自动更改拼写错误。例如，如果输入 accidant，在输入空格或其他标点符号后，将自动用 accident 替换 accidant。
- 提供更改拼写提示。如果在文档中输入一个错误单词，在输入空格后，该单词将被加上红色的波浪形下画线。将插入点定位在该单词中，右击，将弹出如图 2-31 所示的快捷菜单，在该菜单中可选择更改后的单词、忽略错误、添加到词典等命令。
- 提供标点符号提示。如果在文档中使用了错误的标点符号，例如，连续输入逗号和句号，将会出现蓝色波浪形下画线。将插入点定位在其中，右击，将弹出如图 2-32 所示的快捷菜单，在该菜单中选择相应命令进行处理。

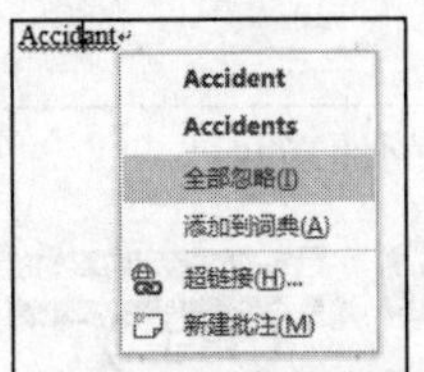

图 2-31　更改拼写提示

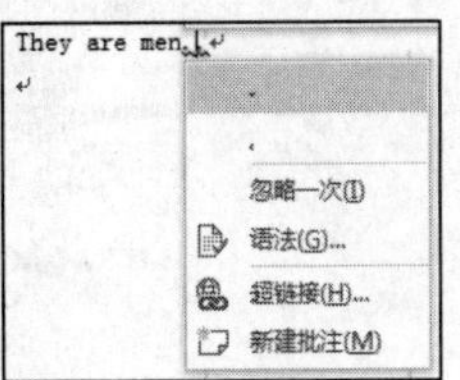

图 2-32　标点符号提示

- 在行首自动大写。在行首无论输入什么单词，在输入空格或其他标点符号后，该单词将自动把第一个字母改为大写。例如，在行首输入单词“they”，输入空格后，该单词就变为“They”。
- 自动添加空格。如果在输入单词时，忘记用空格隔开，Word 将会自动添加空格。例如，在输入“forthe”后，继续输入，系统自动变成“for the”。

> **提示**
>
> 在输入、编辑文档时，若文档中包含与 Word 2019 自身词典不一致的单词或词语，会在该单词或词语的下方显示一条红色或绿色的波浪线，表示该单词或词语可能存在拼写或语法错误。

2.4.2　检查中文

中文语法检查与英文类似，只是在输入过程中，对出现的中文语法错误右击后，在弹出的菜单中不会显示相近的字或词。中文语法检查主要通过【校对】窗格和标记下画线等方式来实现。

例如，输入一行文本，其中有两个语法错误。打开【审阅】选项卡，在【校对】组中单击【拼写和语法】按钮，打开【校对】窗格，在该窗格中列出了第一个输入错误，并将“菜单菜单”用红色波浪线画出来，如图 2-33 所示。

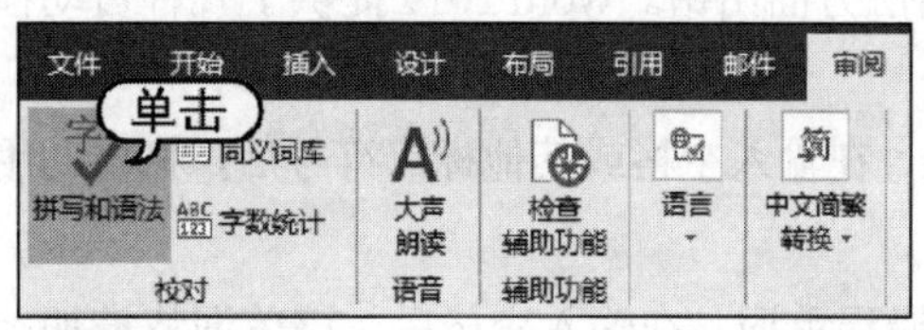

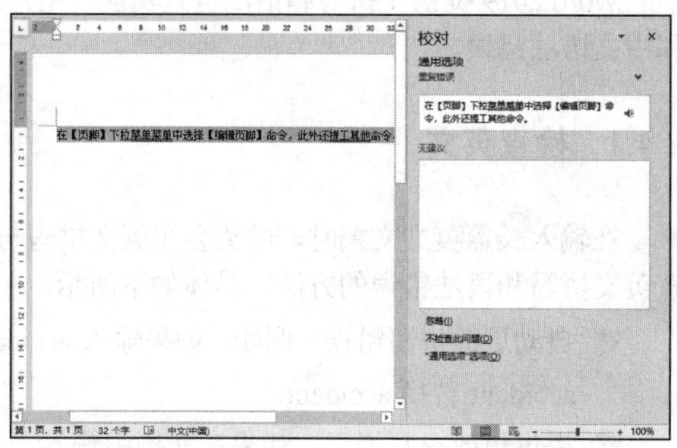

图 2-33　打开【校对】窗格

将插入点定位在“菜单菜单”字右侧，删除文本“菜单”。继续查找第 2 个错误，将插入点定位在“提工”字中，删除“工”字，输入“供”字，然后单击【继续】按钮，如图 2-34 所示。查找错误完毕后，将打开提示对话框，提示文本中的拼写和语法错误检查已完成，单击【是】按钮，即可完成检查工作，如图 2-35 所示。

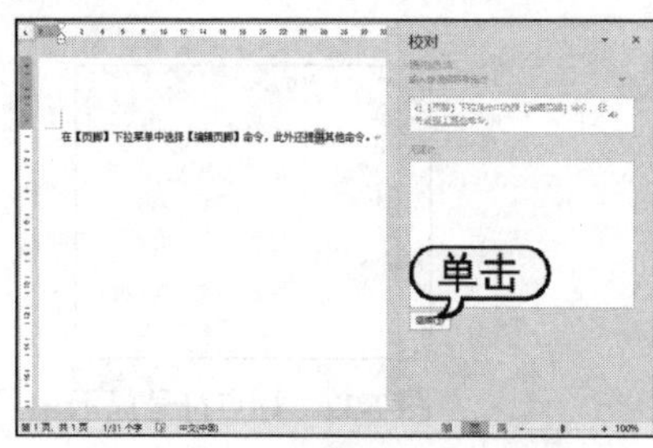

图 2-34　单击【继续】按钮

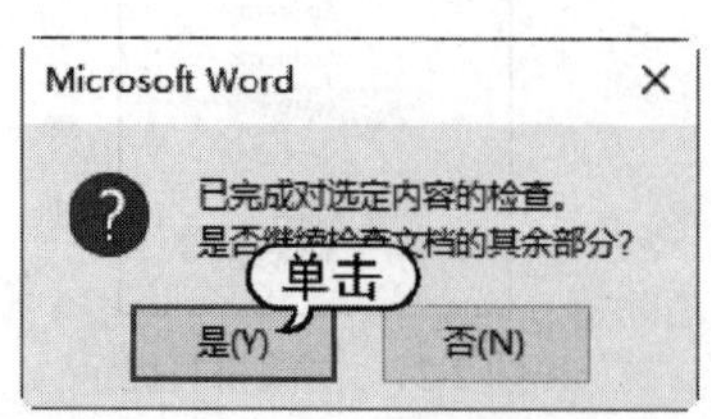

图 2-35　单击【是】按钮

2.4.3　设置检查选项

在输入文本时自动进行拼写和语法检查是 Word 2019 默认的操作，但若是文档中包含有较多的特殊拼写或特殊语法时，启用键入时自动检查拼写和语法功能，就会对编辑文档产生一些不便。因此，在编辑一些专业性较强的文档时，可暂时将键入时自动检查拼写和语法功能关闭。

打开一个要关闭自动拼写和语法检查的文档，单击【文件】按钮，在弹出的菜单中选择【选项】选项，打开【Word 选项】对话框，打开【校对】选项卡，在【在 Word 中更正拼写和语法时】选项区域中取消选中【键入时检查拼写】和【键入时标记语法错误】复选框，单击【确定】按钮，即可暂时关闭自动检查拼写和语法功能，如图 2-36 所示。

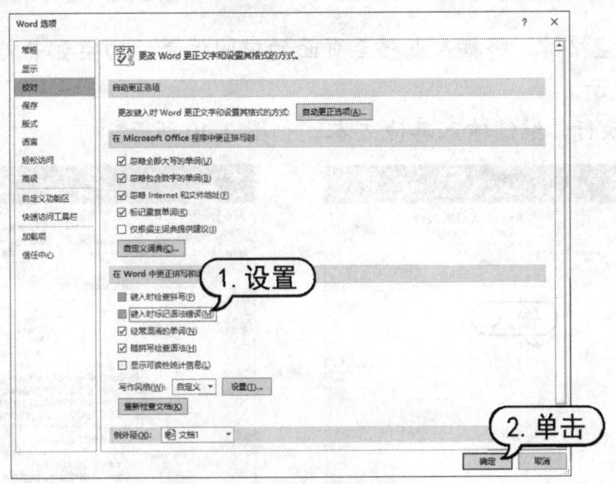

图 2-36　取消选中复选框

提示

在 Word 2019 工作界面的状态栏任意位置右击，从弹出的快捷菜单中取消选中【拼写和语法检查】命令，此时状态栏中的 按钮被隐藏，即关闭了拼写与语法检查功能。

2.5　实例演练

本章的实例演练部分包括制作邀请函等几个综合实例操作，用户通过练习从而巩固本章所学知识。

2.5.1　制作邀请函

【例 2-6】　创建名为“邀请函”的文档，输入文本内容，进行查找和替换操作。 视频

(1) 启动 Word 2019，新建一个空白文档，单击【文件】按钮，从弹出的菜单中选择【保存】选项，选择【浏览】选项，如图 2-37 所示。

(2) 打开【另存为】对话框，将该文档以“邀请函”为名保存，如图 2-38 所示。

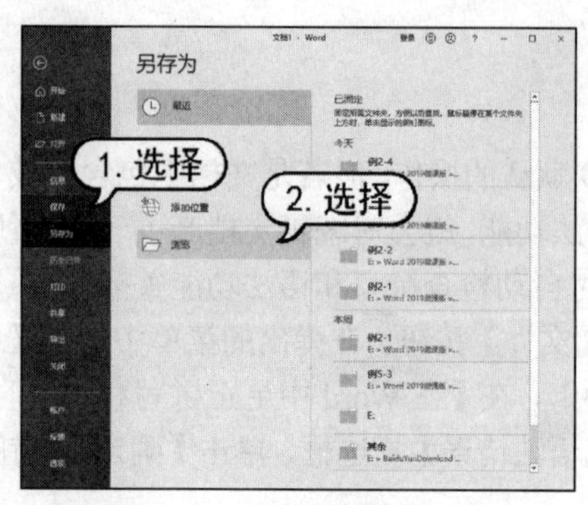

图 2-37　选择【浏览】选项

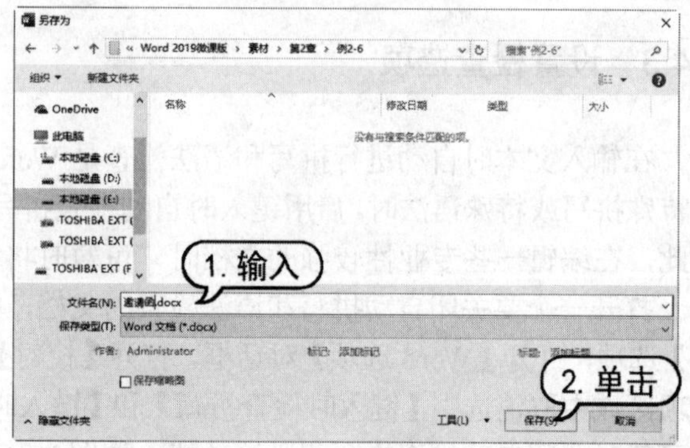

图 2-38　【另存为】对话框

(3) 在文档中按空格键，将插入点移至页面的中间位置，切换至中文输入法，输入标题“邀请函”，如图 2-39 所示。

(4) 按 Enter 键换行，继续输入其他文本，如图 2-40 所示。

图 2-39　输入文本

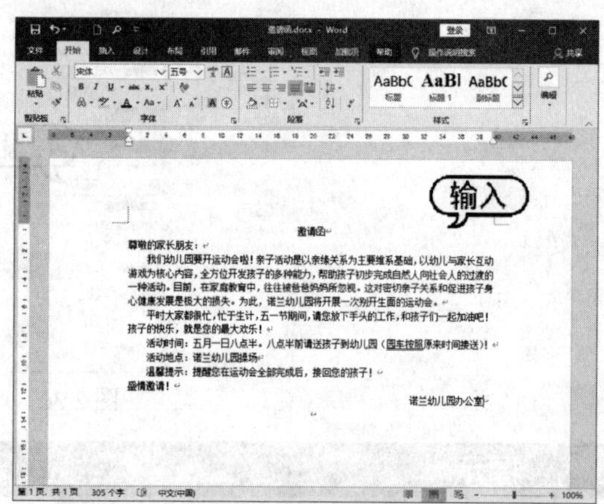

图 2-40　输入其他文本

(5) 将插入点定位到文本“活动时间”开头处，打开【插入】选项卡，在【符号】组中单击【符号】按钮，从弹出的菜单中选择【其他符号】命令，如图 2-41 所示。

(6) 打开【符号】对话框的【符号】选项卡，在【字体】下拉列表中选择【Wingdings】选项，在下边的列表框中选择手指形状符号，然后单击【插入】按钮，如图 2-42 所示。

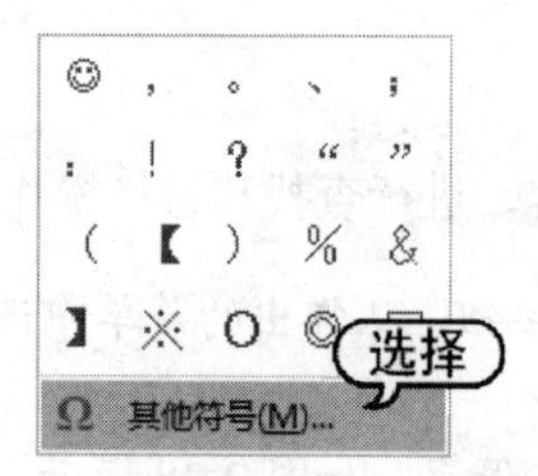

图 2-41　选择【其他符号】命令

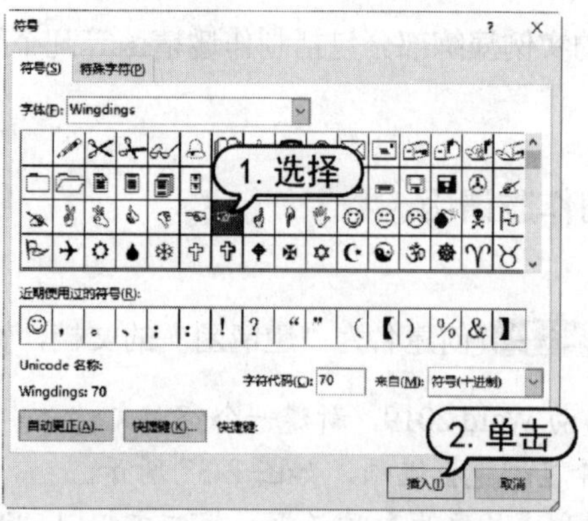

图 2-42　【符号】对话框

(7) 将插入点定位到文本“活动地点”开头处，返回【符号】对话框，单击【插入】按钮，继续插入手指形状符号。单击【关闭】按钮，关闭【符号】对话框，此时在文档中显示所插入的符号，如图 2-43 所示。

(8) 将插入点定位在文档末尾，按 Enter 键换行。打开【插入】选项卡，在【文本】组中单击【日期和时间】按钮，如图 2-44 所示。

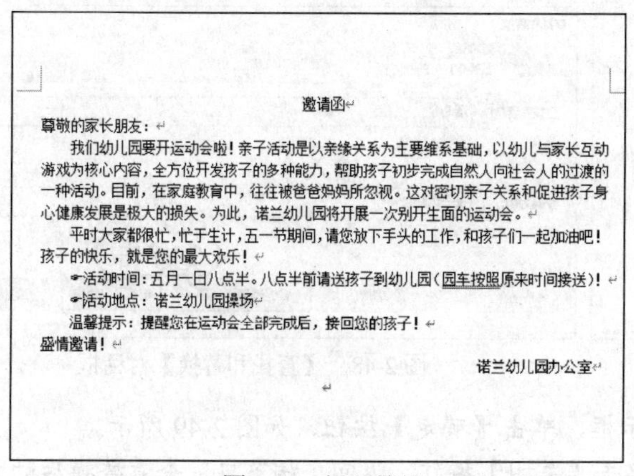

邀请函

尊敬的家长朋友：

我们幼儿园要开运动会啦！亲子活动是以亲缘关系为主要维系基础，以幼儿与家长互动游戏为核心内容，全方位开发孩子的多种能力，帮助孩子初步完成自然人向社会人的过渡的一种活动。目前，在家庭教育中，往往被爸爸妈妈所忽视。这对密切亲子关系和促进孩子身心健康发展是极大的损失。为此，诺兰幼儿园将开展一次别开生面的运动会。

平时大家都很忙，忙于生计，五一节期间，请您放下手头的工作，和孩子们一起加油吧！孩子的快乐，就是您的最大欢乐！

☛活动时间：五月一日八点半。八点半前请送孩子到幼儿园（园车按照原来时间接送）！

☛活动地点：诺兰幼儿园操场

温馨提示：提醒您在运动会全部完成后，接回您的孩子！

盛情邀请！

诺兰幼儿园办公室

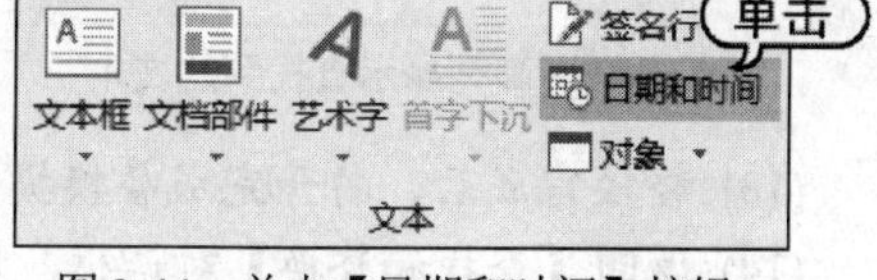

图 2-43　插入符号　　　　图 2-44　单击【日期和时间】按钮

(9) 打开【日期和时间】对话框，在【语言(国家/地区)】下拉列表中选择【中文(中国)】选项，在【可用格式】列表框中选择第 3 种日期格式，单击【确定】按钮，如图 2-45 所示。

(10) 此时在文档插入该日期，按空格键将该日期文本移动至结尾处，如图 2-46 所示。

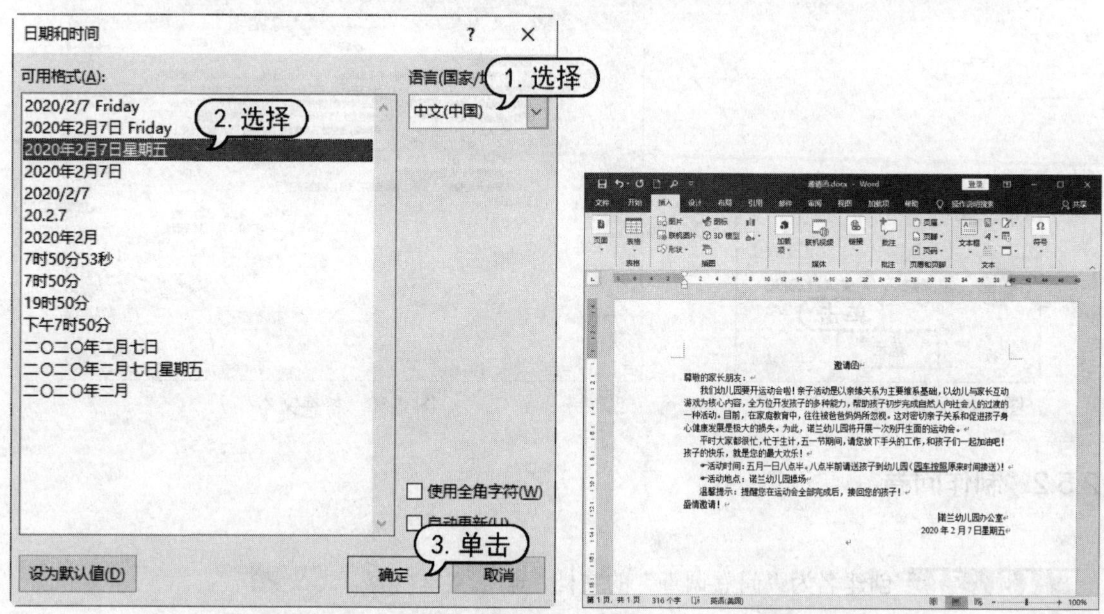

图 2-45　【日期和时间】对话框　　　　图 2-46　插入日期

(11) 在【开始】选项卡的【编辑】组中单击【查找】按钮，打开导航窗格。在【导航】文本框中输入文本“运动会”，此时在文档编辑区中以黄色高亮显示所查找到的文本，如图 2-47 所示。

(12) 在【开始】选项卡的【编辑】组中单击【替换】按钮，打开【查找和替换】对话框，打开【替换】选项卡，此时【查找内容】文本框中显示文本“运动会”，在【替换为】文本框中输入文本“亲子运动会”，单击【全部替换】按钮，如图 2-48 所示。

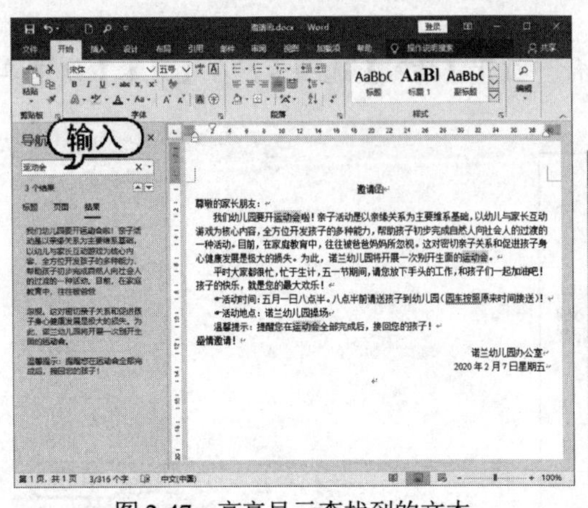

图 2-47 高亮显示查找到的文本

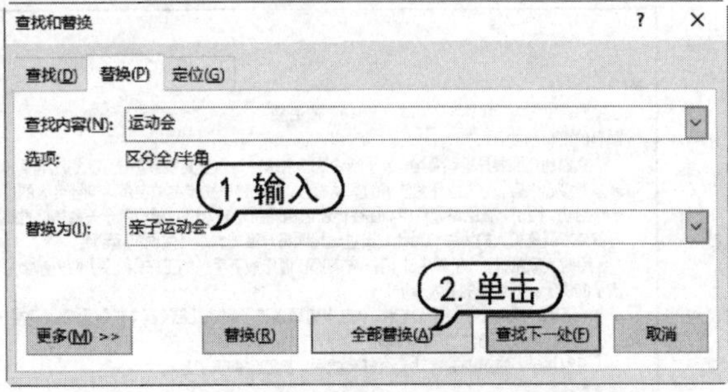

图 2-48 【查找和替换】对话框

(13) 替换完成后，打开完成替换提示框，单击【确定】按钮，如图 2-49 所示。

(14) 返回【查找和替换】对话框，单击【关闭】按钮，返回文档窗口，查看替换后的文本，如图 2-50 所示。

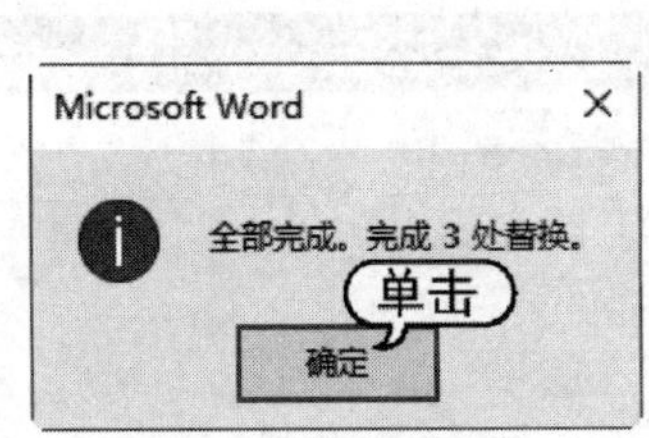

图 2-49 单击【确定】按钮

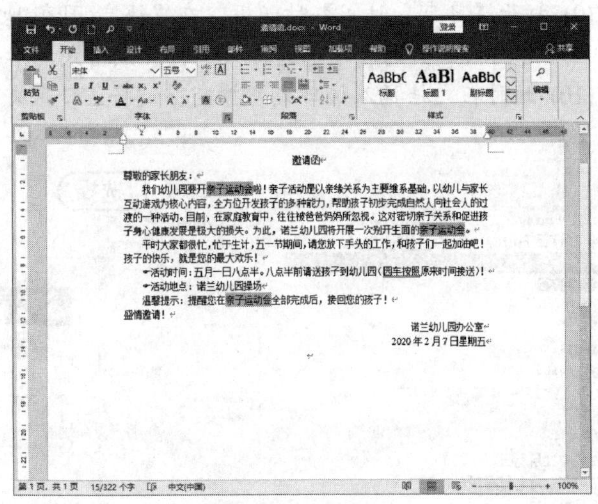

图 2-50 替换文本

2.5.2 制作问卷

【例 2-7】 创建名为“问卷调查”的文档，输入文本内容。 视频

(1) 启动 Word 2019，新建一个空白文档，单击【文件】按钮，从弹出的菜单中选择【保存】选项，选择【浏览】选项，打开【另存为】对话框，将该文档以“问卷调查”为名保存，如图 2-51 所示。

(2) 在文档中按空格键，将插入点移至页面的中间位置，切换至中文输入法，输入标题“大学生问卷调查”，如图 2-52 所示。

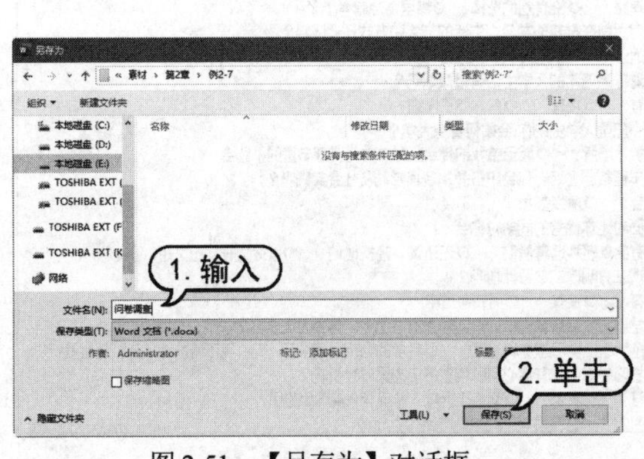

图 2-51　【另存为】对话框

图 2-52　输入文本

(3) 按 Enter 键，将插入点跳转至下一行的行首，继续输入中文文本。使用同样的方法输入其他文本内容，如图 2-53 所示。

(4) 按 Enter 键换行，按空格键将插入点定位到页面右下角的合适位置，打开【插入】选项卡，在【文本】组中单击【日期和时间】按钮，打开【日期和时间】对话框。在【语言(国家/地区)】下拉列表中选择【中文(中国)】选项，在【可用格式】列表框中选择一种日期格式，单击【确定】按钮，如图 2-54 所示，此时即可在文档中插入日期。

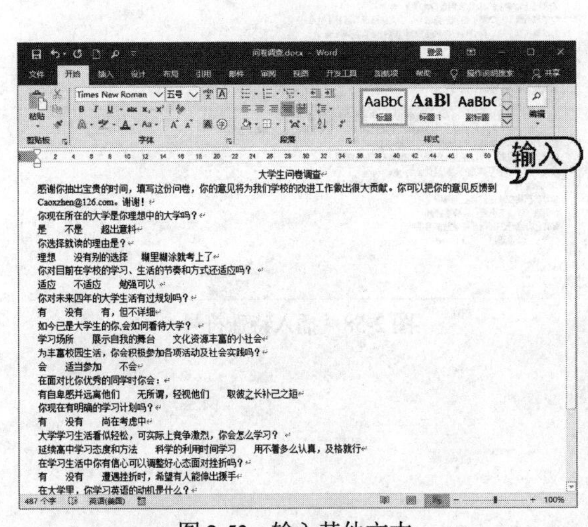

图 2-53　输入其他文本

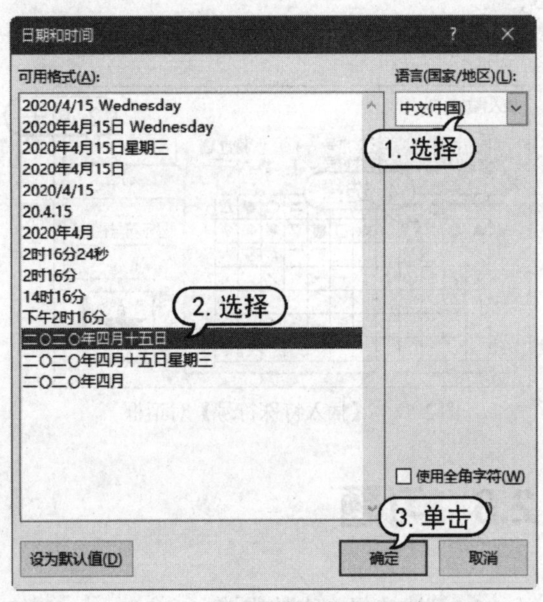

图 2-54　【日期和时间】对话框

(5) 将插入点定位在第 5 行文本“是”前面，打开【插入】选项卡，在【符号】组中单击【符号】下拉按钮，从弹出的菜单中选择【其他符号】命令，打开【符号】对话框。打开【符号】选项卡，在【字体】下拉列表中选择【Wingdings】选项，在下面的列表框中选择空心圆形符号，然后单击【插入】按钮，如图 2-55 所示。

(6) 使用同样的方法，在其他文本前插入相同符号，如图 2-56 所示。

图 2-55 【符号】对话框

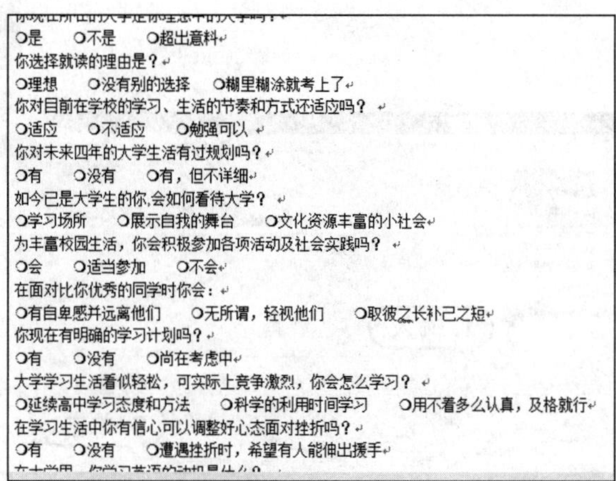
○是 ○不是 ○超出意料
你选择就读的理由是？
○理想 ○没有别的选择 ○糊里糊涂就考上了
你对目前在学校的学习、生活的节奏和方式还适应吗？
○适应 ○不适应 ○勉强可以
你对未来四年的大学生活有过规划吗？
○有 ○没有 ○有，但不详细
如今已是大学生的你,会如何看待大学？
○学习场所 ○展示自我的舞台 ○文化资源丰富的小社会
为丰富校园生活，你会积极参加各项活动及社会实践吗？
○会 ○适当参加 ○不会
在面对比你优秀的同学时你会：
○有自卑感并远离他们 ○无所谓，轻视他们 ○取彼之长补己之短
你现在有明确的学习计划吗？
○有 ○没有 ○尚在考虑中
大学学习生活看似轻松，可实际上竞争激烈，你会怎么学习？
○延续高中学习态度和方法 ○科学的利用时间学习 ○用不着多么认真，及格就行
在学习生活中你有信心可以调整好心态面对挫折吗？
○有 ○没有 ○遭遇挫折时，希望有人能伸出援手

图 2-56 插入符号

(7) 将插入点定位在第 8 行文本后，打开【加载项】选项卡，在【菜单命令】组中单击【特殊符号】按钮，打开【插入特殊符号】对话框。打开【特殊符号】选项卡，在其中选择星形特殊符号，单击【确定】按钮，如图 2-57 所示，在文档中插入星形特殊符号。

(8) 使用同样的方法，在其他文本后插入星形特殊符号，效果如图 2-58 所示。

图 2-57 【插入特殊符号】对话框

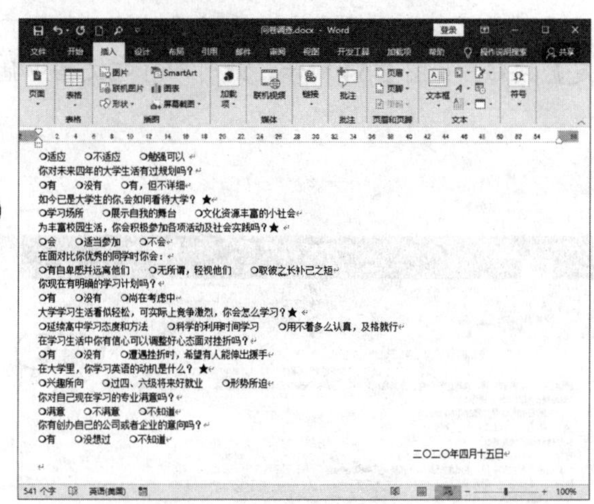

图 2-58 插入特殊符号

2.6 习题

1. 简述选择文本的方法。
2. 简述在 Word 中查找和替换文本的方法。
3. 新建一个 Word 文档，输入文本和符号并检查语法错误。

第 3 章

设置文本和段落格式

在 Word 文档中，文字是组成段落的最基本内容，任何一个文档都是从段落文本开始进行编辑的。当编辑完文本内容后，即可对相应的段落文本进行格式化操作。本章将主要介绍 Word 2019 中文本和段落格式设置的操作内容。

本章重点

- 设置文本格式
- 设置段落格式
- 设置项目符号和编号
- 设置边框和底纹

二维码教学视频

【例 3-1】 设置文本格式
【例 3-2】 设置段落对齐方式
【例 3-3】 设置段落缩进
【例 3-4】 设置段落间距
【例 3-5】 添加项目符号和编号
【例 3-6】 自定义项目符号
【例 3-7】 设置文本和段落边框
【例 3-8】 设置页面边框
【例 3-9】 设置底纹
【例 3-10】 制作宣传单
【例 3-11】 制作招聘启事

3.1 设置文本格式

在 Word 文档中输入的文本默认字体为宋体，默认字号为五号，为了使文档更加美观、条理更加清晰，通常需要对文本进行格式化操作，如设置字体、字号、字体颜色、字形、字体效果和字符间距等。

3.1.1 设置文本的方法

要设置文本格式，可以使用以下几种方法进行操作。

1. 使用【字体】组设置

选中要设置格式的文本，在功能区中打开【开始】选项卡，使用【字体】组中提供的按钮即可设置文本格式，如图 3-1 所示。

其中各字符格式按钮的功能分别如下。

- 字体：文字的外观，Word 2019 提供了多种字体，默认字体为宋体。
- 字形：文字的一些特殊外观，例如，加粗、倾斜、下画线、上标和下标等，单击【删除线】按钮 abc，可以为文本添加删除线效果。
- 字号：文字的大小，Word 2019 提供了多种字号。
- 字符边框：为文本添加边框，单击带圈字符按钮，可为字符添加圆圈效果。
- 文本效果：为文本添加特殊效果，单击该按钮，从弹出的菜单中可以为文本设置轮廓、阴影、映像和发光等效果。
- 字体颜色：文字的颜色，单击【字体颜色】按钮右侧的下拉箭头，在弹出的菜单中选择需要的颜色命令。
- 字符缩放：增大或者缩小字符。
- 字符底纹：为文本添加底纹效果。

2. 使用浮动工具栏设置

选中要设置格式的文本，此时选中文本区域的右上角将出现浮动工具栏，使用工具栏提供的命令按钮可以进行文本格式的设置，如图 3-2 所示。

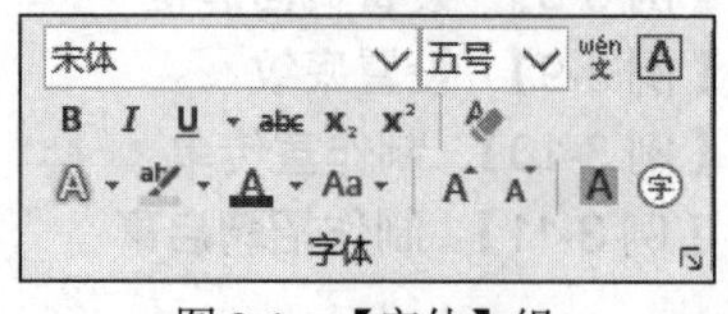

图 3-1 【字体】组

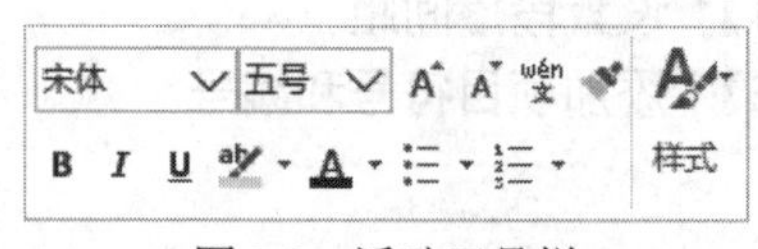

图 3-2 浮动工具栏

3. 使用【字体】对话框设置

打开【开始】选项卡，单击【字体】对话框启动器按钮，打开【字体】对话框，即可进行文本格式的相关设置。其中，【字体】选项卡可以设置字体、字形、字号、字体颜色和效果等，如图 3-3 所示。【高级】选项卡可以设置文本之间的间隔距离和位置，如图 3-4 所示。

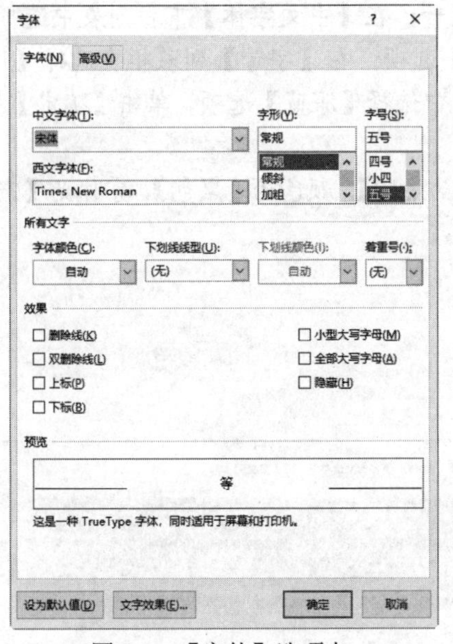

图 3-3　【字体】选项卡

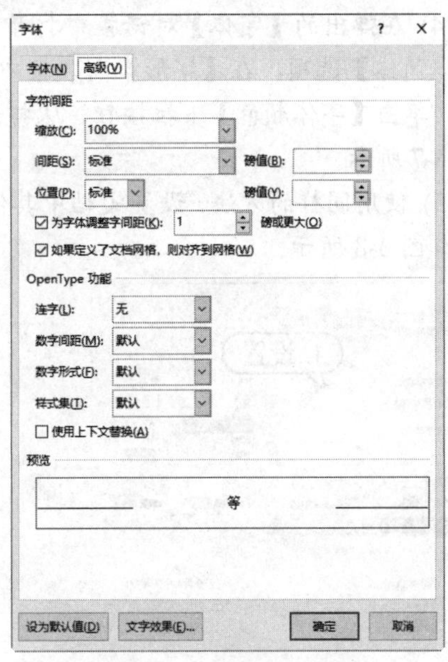

图 3-4　【高级】选项卡

3.1.2　进行文本设置

下面使用一个具体实例介绍文本格式的设置方法。

【例 3-1】 在“酒”文档中设置文本格式。 视频

(1) 启动 Word 2019，打开“酒”文档，如图 3-5 所示。

(2) 选中标题文本“酒”，然后在【开始】选项卡的【字体】组中单击【字体】下拉按钮，并在弹出的下拉列表中选择【微软雅黑】选项；单击【字体颜色】下拉按钮，在打开的颜色面板中选择【黑色，文字 1，淡色 15%】选项；单击【字号】下拉按钮，从弹出的下拉列表中选择【26】选项，在【段落】组中单击【居中】按钮，此时标题文本效果如图 3-6 所示。

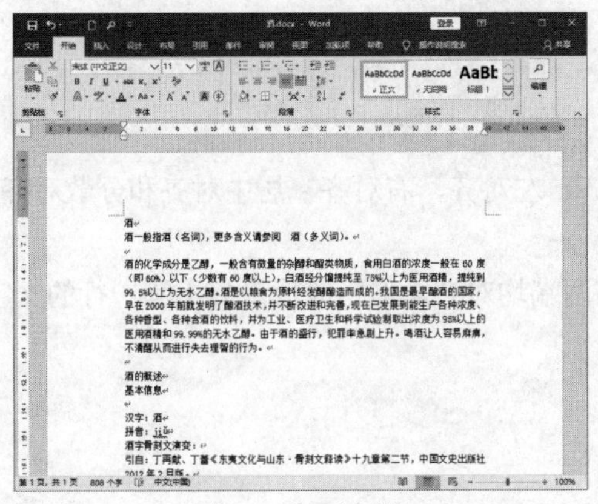

图 3-5　打开文档

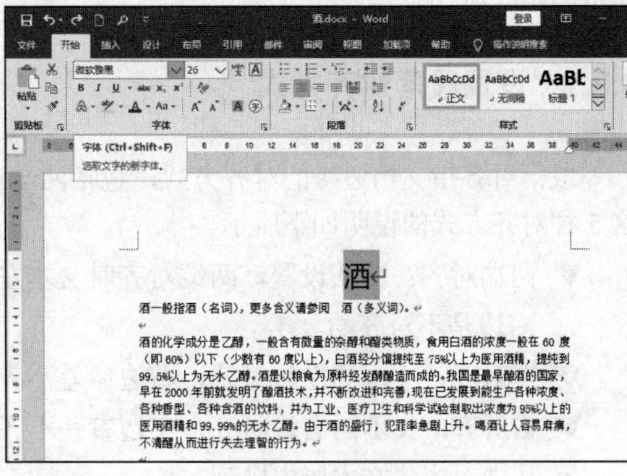

图 3-6　设置标题文本

(3) 选中正文的第一段文本，在【字体】组中单击对话框启动器按钮。

(4) 在弹出的【字体】对话框中打开【字体】选项卡，在【中文字体】下拉列表中选择【方正黑体简体】选项，在【字形】列表框中选择【常规】选项；在【字号】列表框中选择【10.5】选项，单击【字体颜色】下拉按钮，从打开的颜色面板中选择【深蓝】选项，单击【确定】按钮，如图 3-7 所示。

(5) 使用同样的方法，设置文档中其他文本的大小为【10】，颜色为【黑色】，字体为【宋体】，效果如图 3-8 所示。

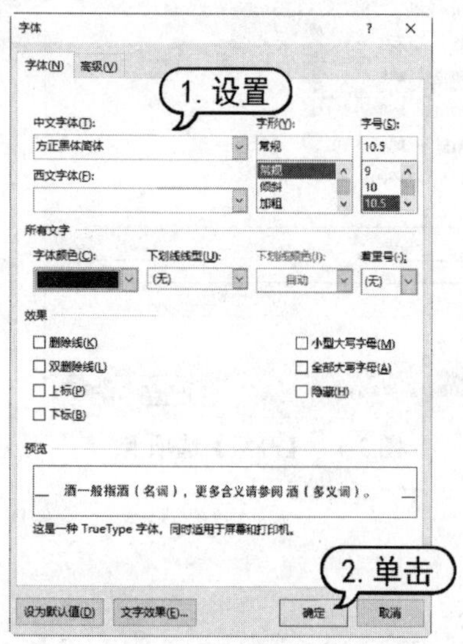

图 3-7 【字体】选项卡

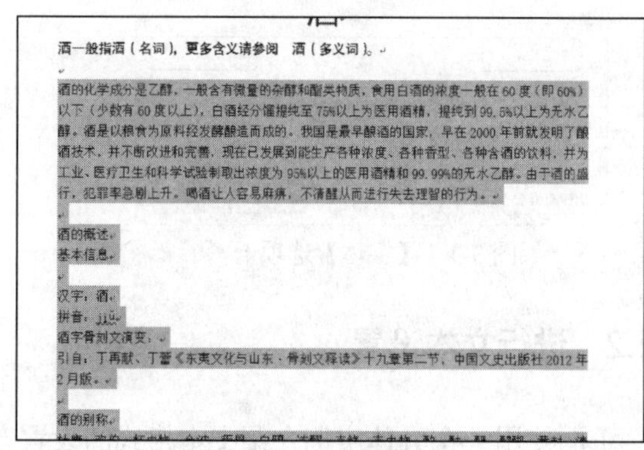

图 3-8 设置文本

3.2 设置段落格式

段落是构成整个文档的骨架，它由正文、图表和图形等加上一个段落标记构成。为使文档的结构更清晰、层次更分明，Word 2019 提供了段落格式设置功能，包括段落对齐方式、段落缩进、段落间距等。

3.2.1 设置段落对齐方式

段落对齐指文档边缘的对齐方式，包括两端对齐、左对齐、右对齐、居中对齐和分散对齐。这 5 种对齐方式的说明如下所示。

- 两端对齐：默认设置，两端对齐时文本左右两端均对齐，但是段落最后不满一行的文字右边是不对齐的。
- 左对齐：文本的左边对齐，右边参差不齐。
- 右对齐：文本的右边对齐，左边参差不齐。
- 居中对齐：文本居中排列。

- 分散对齐：文本左右两边均对齐，而且每个段落的最后一行不满一行时，将拉开字符间距使该行均匀分布。

设置段落对齐方式时，先选定要对齐的段落，然后可以通过单击【开始】选项卡的【段落】组(或浮动工具栏)中的相应按钮来实现，也可以通过【段落】对话框来实现。

【例 3-2】 在“酒”文档中设置段落对齐方式。 视频

(1) 启动 Word 2019，打开“酒”文档。

(2) 选中正文第 1 段文本，然后在【开始】选项卡的【段落】组中单击对话框启动器按钮，打开【段落】对话框，打开【缩进和间距】选项卡，单击【对齐方式】下拉按钮，在弹出的下拉列表中选择【居中】选项，单击【确定】按钮，如图 3-9 所示。

(3) 此时文档中第一段文字的效果如图 3-10 所示。

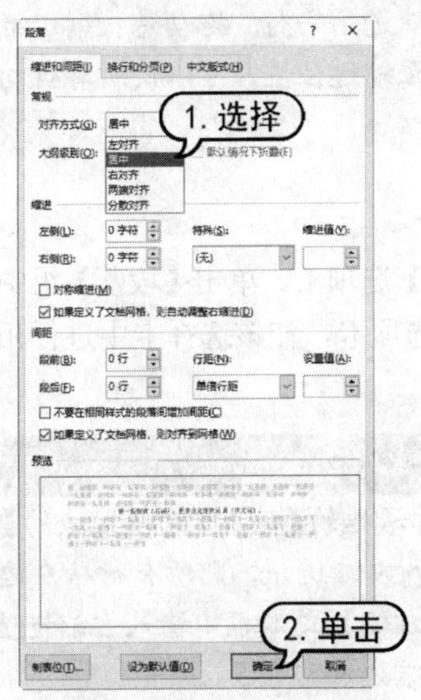

图 3-9　设置【对齐方式】

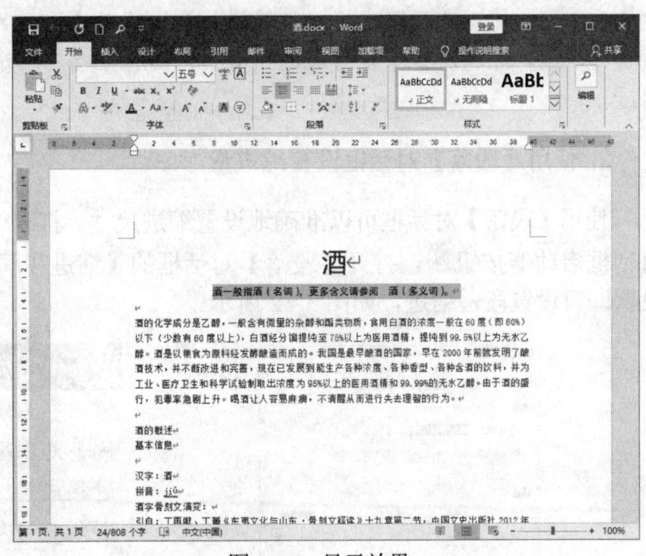
图 3-10　显示效果

3.2.2　设置段落缩进

段落缩进是指段落中的文本与页边距之间的距离。Word 2019 提供了以下 4 种段落缩进的方式。

- 左缩进：设置整个段落左边界的缩进位置。
- 右缩进：设置整个段落右边界的缩进位置。
- 悬挂缩进：设置段落中除首行以外的其他行的起始位置。
- 首行缩进：设置段落中首行的起始位置。

1. 使用标尺设置缩进量

通过水平标尺可以快速设置段落的缩进方式及缩进量。水平标尺包括首行缩进、悬挂缩进、左缩进和右缩进 4 个标记，如图 3-11 所示。拖动各标记就可以设置相应的段落缩进方式。

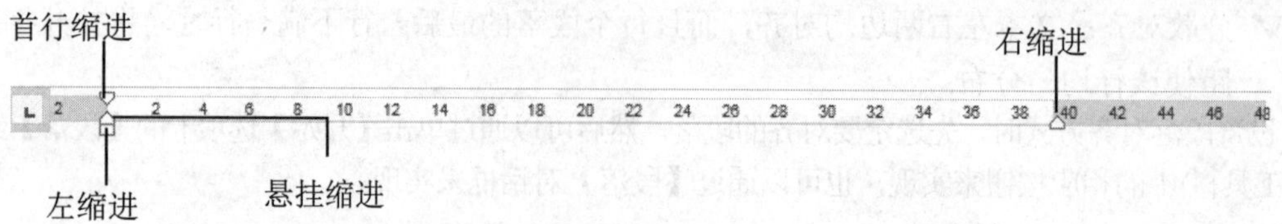

图 3-11　水平标尺

使用标尺设置段落缩进时，在文档中选择要改变缩进的段落，然后拖动缩进标记到缩进位置，可以使某些行缩进。在拖动鼠标时，整个页面上出现一条垂直虚线，以显示新边距的位置。

提示

在使用水平标尺格式化段落时，按住 Alt 键不放，使用鼠标拖动标记，水平标尺上将显示具体的度量值。拖动首行缩进标记到缩进位置，将以左边界为基准缩进第一行。拖动悬挂缩进标记至缩进位置，可以设置除首行外的所有行缩进。拖动左缩进标记至缩进位置，可以使所有行均左缩进。

2. 使用【段落】对话框设置缩进量

使用【段落】对话框可以准确地设置缩进尺寸。打开【开始】选项卡，单击【段落】组中的对话框启动器按钮，打开【段落】对话框的【缩进和间距】选项卡，在该选择卡中进行相关设置即可设置段落缩进，如图 3-12 所示。

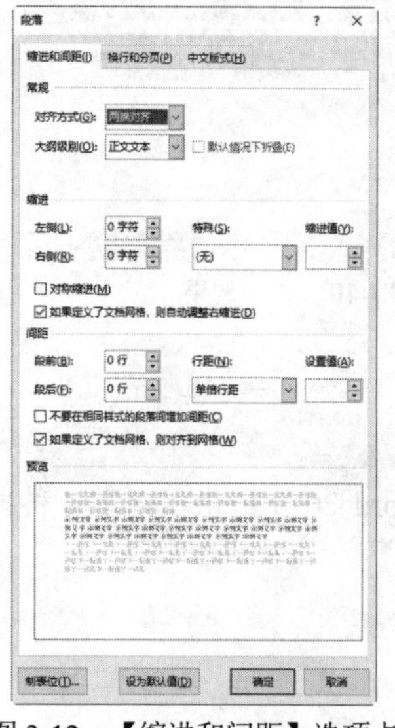

图 3-12　【缩进和间距】选项卡

提示

在【段落】对话框的【缩进】选项区域的【左侧】文本框中输入左缩进值，则所有行从左边缩进相应值；在【右侧】文本框中输入右缩进值，则所有行从右边缩进相应值。

【例 3-3】 在“酒”文档中设置文本段落的首行缩进 2 个字符。视频

(1) 启动 Word 2019，打开“酒”文档。

(2) 选中正文第 2 段文本，然后在【开始】选项卡的【段落】组中单击对话框启动器按钮，打开【段落】对话框，打开【缩进和间距】选项卡，在【缩进】选项区域的【特殊】下拉列表中

选择【首行】选项，并在【缩进值】微调框中输入“2 字符”，单击【确定】按钮，如图 3-13 所示。

(3) 此时文档中第 2 段文字的效果如图 3-14 所示。

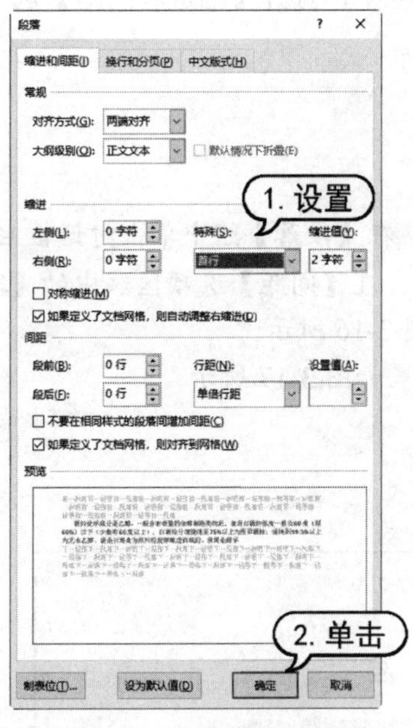

图 3-13　设置首行缩进

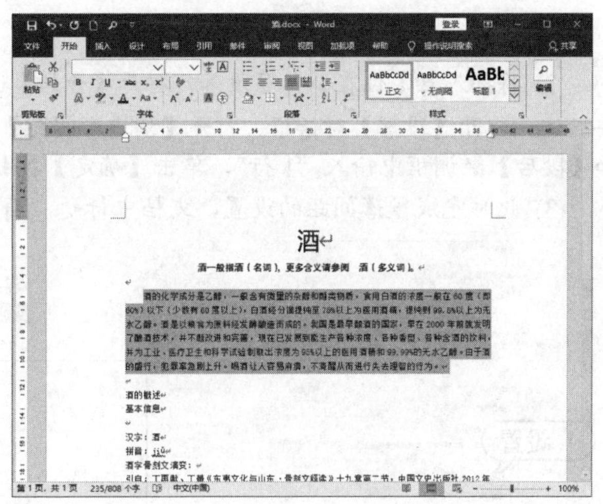

图 3-14　显示效果

3.2.3　设置段落间距

段落间距的设置包括对文档行间距与段间距的设置。其中，行间距是指段落中行与行之间的距离；段间距是指前后相邻的段落之间的距离。

1. 设置行间距

行间距决定段落中各行文本之间的垂直距离。Word 2019 默认的行间距值是单倍行距，用户可以根据需要重新对其进行设置。在【段落】对话框中，打开【缩进和间距】选项卡，在【行距】下拉列表中选择相应选项，并在【设置值】微调框中输入数值即可，如图 3-15 所示。

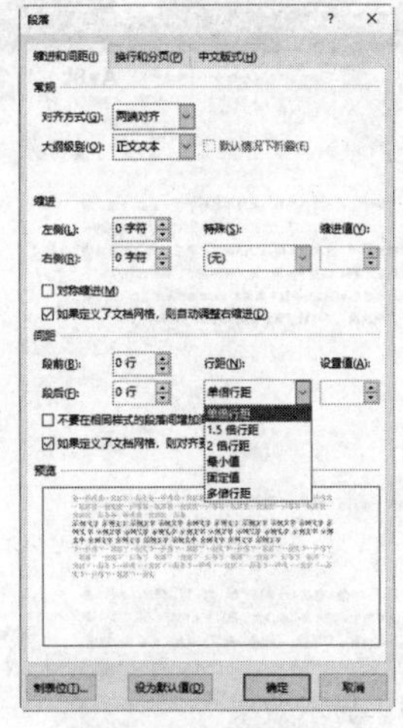

图 3-15　设置行距

> **提示**
>
> 用户在排版文档时，为了使段落更加紧凑，经常会把段落的行距设置为【固定值】，这样做可能会导致一些高度大于此固定值的图片或文字只能显示一部分。因此，建议用户设置行距时慎用固定值。

2. 设置段间距

段间距决定段落前后空白距离的大小。在【段落】对话框中，打开【缩进和间距】选项卡，在【段前】和【段后】微调框中输入值，就可以设置段间距。

【例 3-4】 在“酒”文档中设置段落间距。 视频

(1) 启动 Word 2019，打开“酒”文档。

(2) 将插入点定位在副标题段落，打开【开始】选项卡，在【段落】组中单击对话框启动器按钮，打开【段落】对话框。打开【缩进和间距】选项卡，在【间距】选项区域中的【段前】和【段后】微调框中输入“1 行”，单击【确定】按钮，如图 3-16 所示。

(3) 此时完成段落间距的设置，文档中标题“酒”的效果如图 3-17 所示。

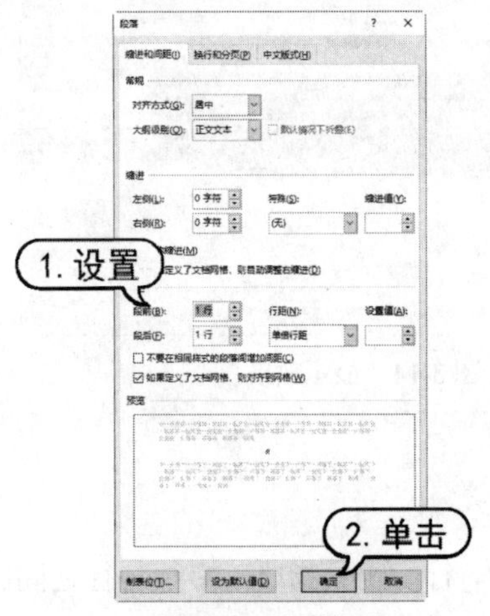

图 3-16 设置间距

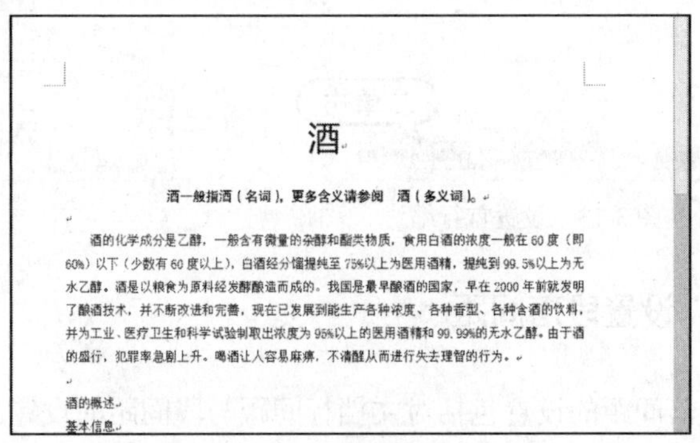

图 3-17 标题显示效果

(4) 按住 Ctrl 键选中从第 3 段开始的所有正文，再次打开【段落】对话框的【缩进和间距】选项卡。在【行距】下拉列表中选择【固定值】选项，在其右侧的【设置值】微调框中输入“18 磅”，单击【确定】按钮，如图 3-18 所示。

(5) 完成以上设置后，文档中正文的效果如图 3-19 所示。

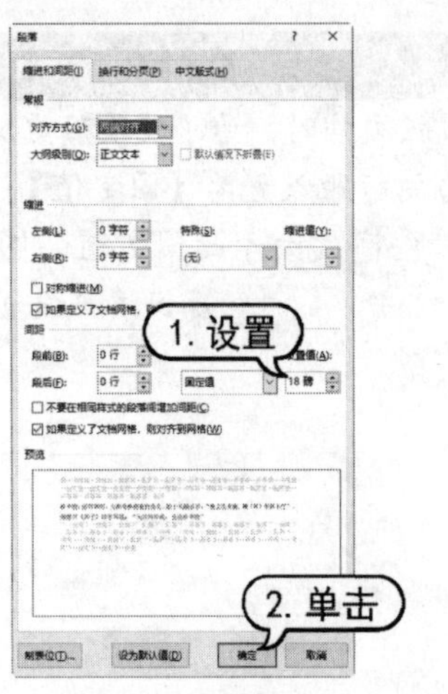

图 3-18 设置行距

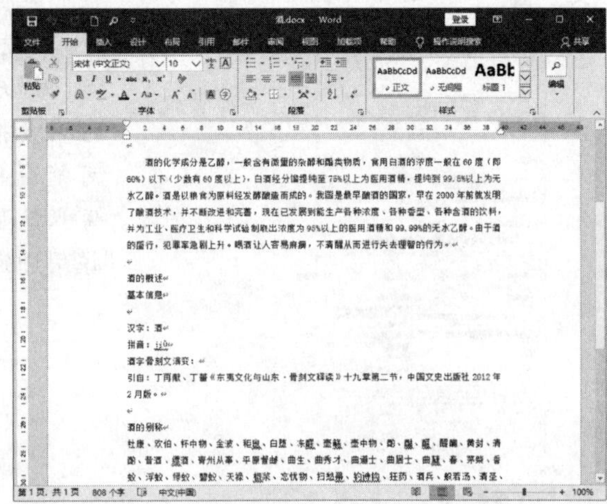

图 3-19 显示效果

3.3　使用项目符号和编号

使用项目符号和编号，可以对文档中并列的项目进行组织，或者将内容的顺序进行编号，以使这些项目的层次结构更加清晰、更有条理。Word 2019 提供了多种标准的项目符号和编号，并且允许用户自定义项目符号和编号。

3.3.1　添加项目符号和编号

Word 2019 提供了自动添加项目符号和编号的功能。在以“1.”“(1)”“a”等字符开始的段落中按 Enter 键，下一段的开始将会自动出现“2.”“(2)”“b”等字符。

此外，选取要添加符号的段落，打开【开始】选项卡，在【段落】组中单击【项目符号】按钮，将自动在每一段落前面添加项目符号；单击【编号】按钮，将以“1.”“2.”“3.”的形式编号。

若用户要添加其他样式的项目符号和编号，可以打开【开始】选项卡，在【段落】组中单击【项目符号】下拉按钮，从弹出的如图 3-20 所示的下拉菜单中选择项目符号的样式；单击【编号】下拉按钮，从弹出的如图 3-21 所示的下拉菜单中选择编号的样式。

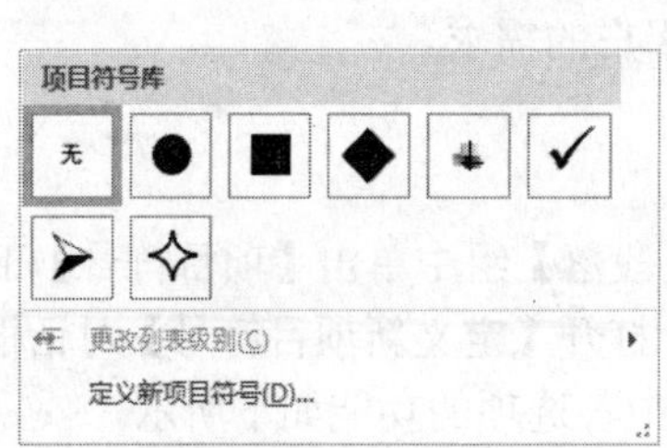

图 3-20　项目符号样式

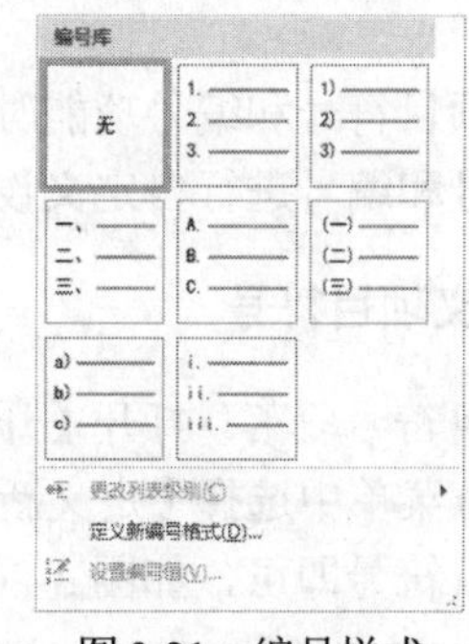

图 3-21　编号样式

【例 3-5】 在“酒”文档中添加项目符号和编号。 视频

(1) 启动 Word 2019，打开“酒”文档。选中文档中需要设置编号的文本，如图 3-22 所示。

(2) 打开【开始】选项卡，在【段落】组中单击【编号】下拉按钮，从弹出的列表框中选择一种编号样式，即可为所选段落添加编号，如图 3-23 所示。

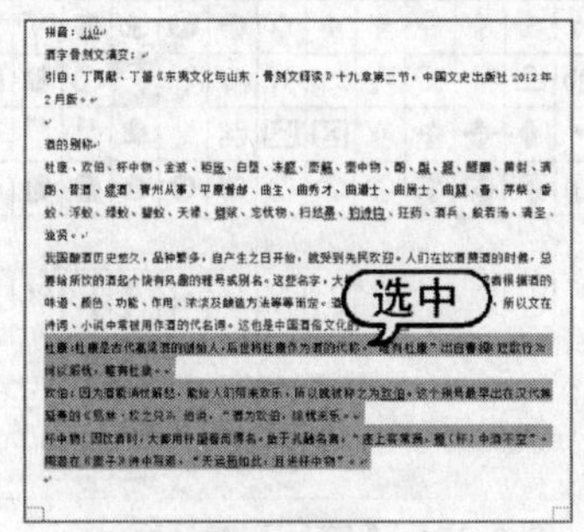

图 3-22　选中文本

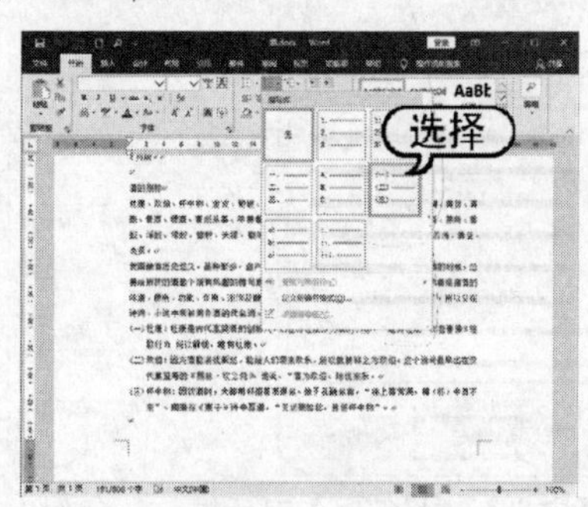

图 3-23　选择编号

(3) 选中文档中需要添加项目符号的文本段落，如图 3-24 所示。

(4) 在【段落】组中单击【项目符号】下拉按钮，从弹出的列表框中选择一种项目样式，即可为段落添加项目符号，如图 3-25 所示。

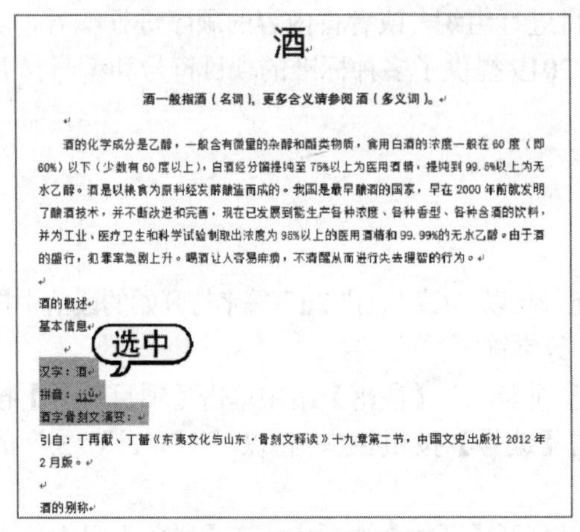

图 3-24　选中文本段落

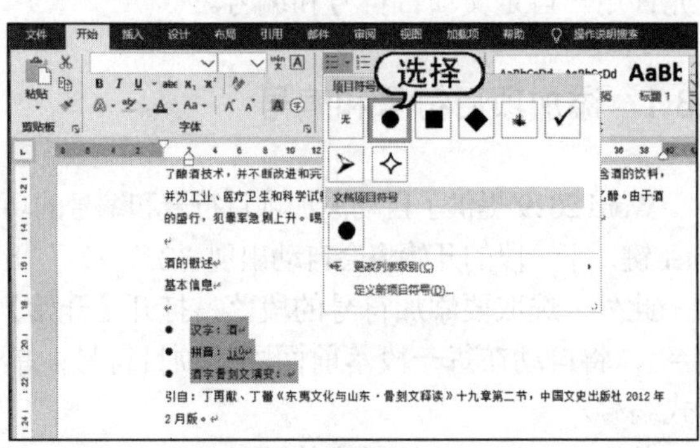

图 3-25　选择项目符号

3.3.2　设置项目符号和编号

在使用项目符号和编号功能时，用户除了可以使用系统自带的项目符号和编号样式外，还可以对项目符号和编号进行自定义设置，以满足不同用户的需求。

1. 自定义项目符号

选取项目符号段落，打开【开始】选项卡，在【段落】组中单击【项目符号】下拉按钮，在弹出的下拉菜单中选择【定义新项目符号】命令，打开【定义新项目符号】对话框，在其中自定义一种项目符号即可，如图 3-26 所示。该对话框中各选项的功能如下所示。

- 【符号】按钮：单击该按钮，打开【符号】对话框，可从中选择合适的符号作为项目符号，如图 3-27 所示。

图 3-26　【定义新项目符号】对话框

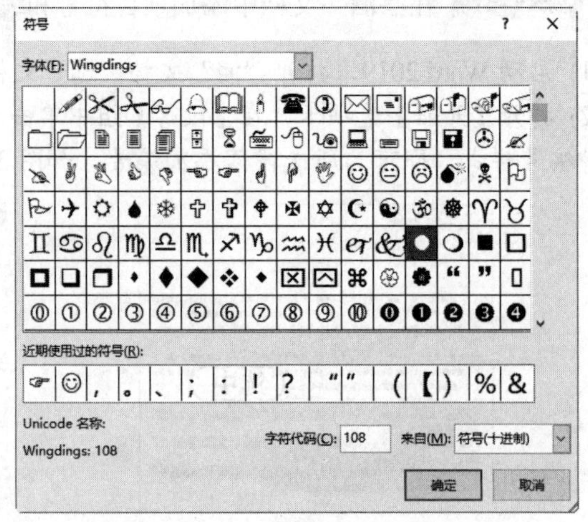

图 3-27　【符号】对话框

- 【图片】按钮：单击该按钮，打开【插入图片】窗格，可联网搜索选择合适的图片作为项目符号，也可以单击【从文件】区域的【浏览】按钮，导入一个图片作为项目符号，如图 3-28 所示。
- 【字体】按钮：单击该按钮，打开【字体】对话框，在该对话框中可设置项目符号的字体格式，如图 3-29 所示。
- 【对齐方式】下拉列表：在该下拉列表中列出了 3 种项目符号的对齐方式，分别为左对齐、居中对齐和右对齐。
- 【预览】框：可以预览用户设置的项目符号的效果。

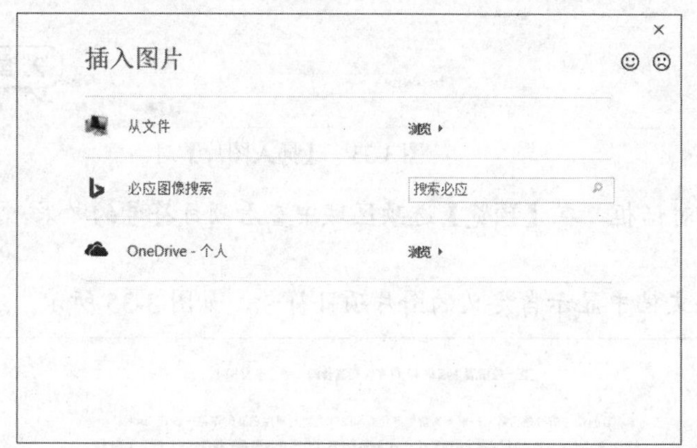

图 3-28 【插入图片】窗格

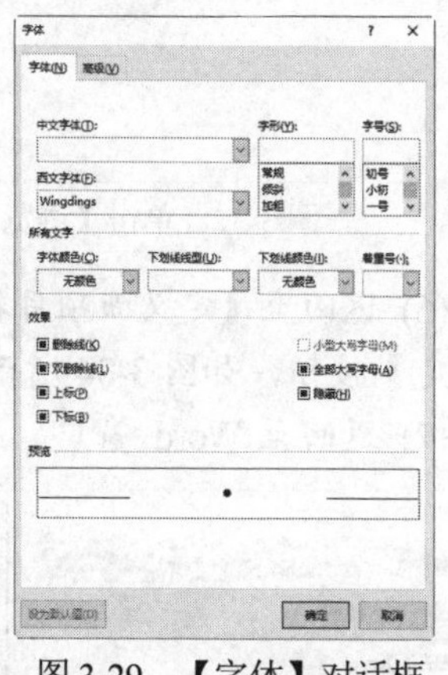

图 3-29 【字体】对话框

【例 3-6】 在“酒”文档中，自定义项目符号。 视频

(1) 启动 Word 2019，打开“酒”文档。

(2) 选取项目符号段落，打开【开始】选项卡，在【段落】组中单击【项目符号】下拉按钮，从弹出的下拉菜单中选择【定义新项目符号】命令，如图 3-30 所示。

(3) 打开【定义新项目符号】对话框，单击【图片】按钮，如图 3-31 所示。

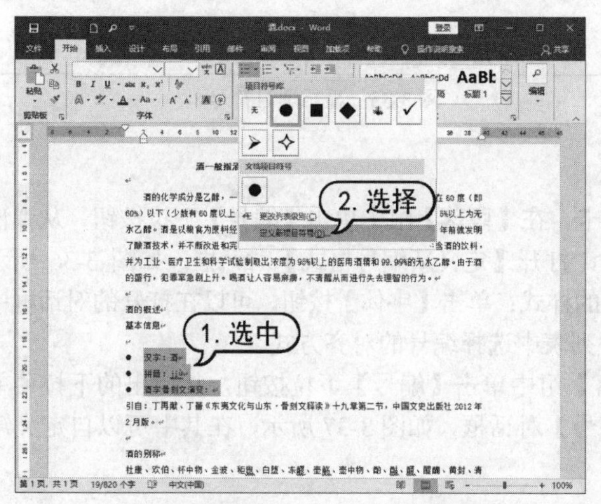

图 3-30 选择【定义新项目符号】命令

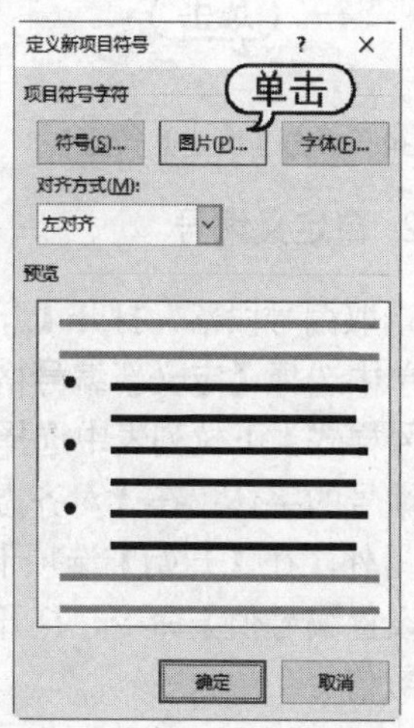

图 3-31 单击【图片】按钮

(4) 打开【插入图片】窗格，单击【从文件】中的【浏览】按钮，如图 3-32 所示。

(5) 打开【插入图片】对话框，选择保存在计算机中的图片，单击【插入】按钮，如图 3-33 所示。

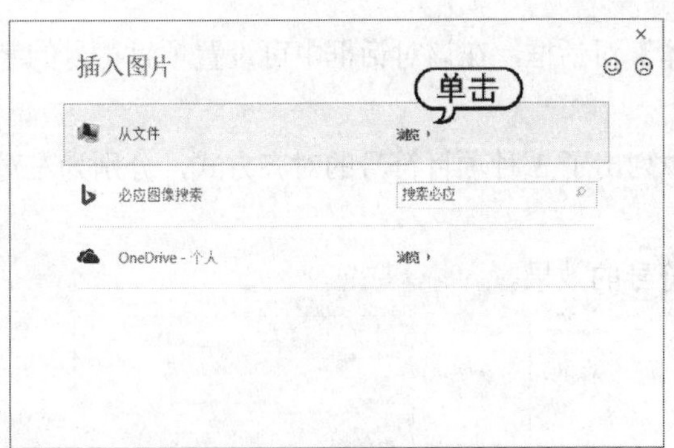

图 3-32　单击【浏览】按钮

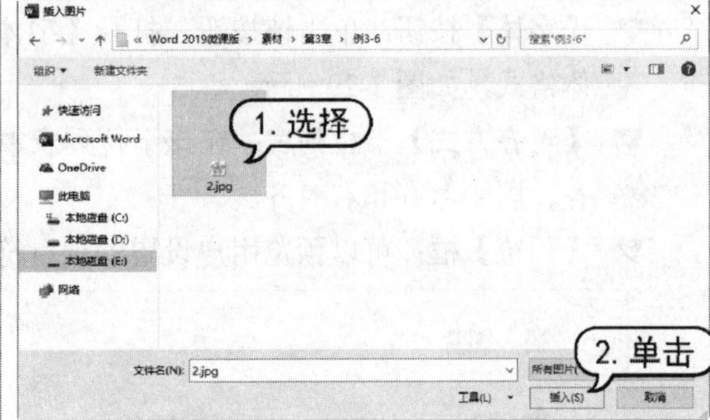

图 3-33　【插入图片】对话框

(6) 返回至【定义新项目符号】对话框，在【预览】选项区域中查看项目符号的效果，单击【确定】按钮，如图 3-34 所示。

(7) 返回至 Word 窗口，此时在文档中显示自定义的图片项目符号，如图 3-35 所示。

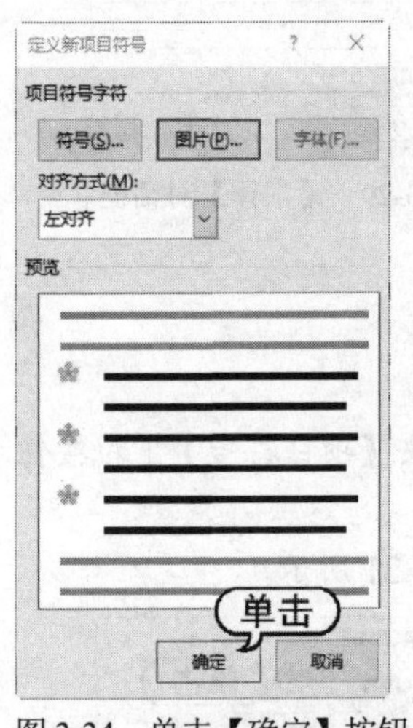

图 3-34　单击【确定】按钮

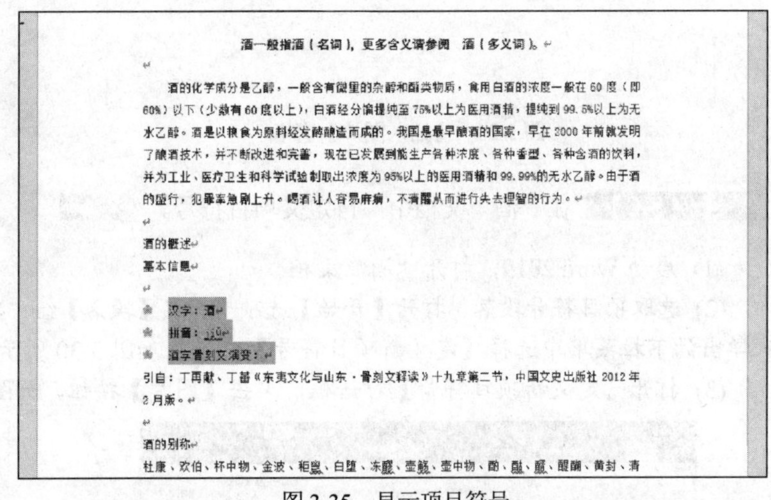

图 3-35　显示项目符号

2. 自定义编号

选取编号段落，打开【开始】选项卡，在【段落】组中单击【编号】下拉按钮，从弹出的下拉菜单中选择【定义新编号格式】命令，打开【定义新编号格式】对话框，如图 3-36 所示。在【编号样式】下拉列表中选择一种编号的样式；单击【字体】按钮，可以在打开的对话框中设置项目编号的字体；在【对齐方式】下拉列表中选择编号的对齐方式。

另外，在【开始】选项卡的【段落】组中单击【编号】下拉按钮，从弹出的下拉菜单中选择【设置编号值】命令，打开【起始编号】对话框，如图 3-37 所示，在其中可以自定义编号的起始数值。

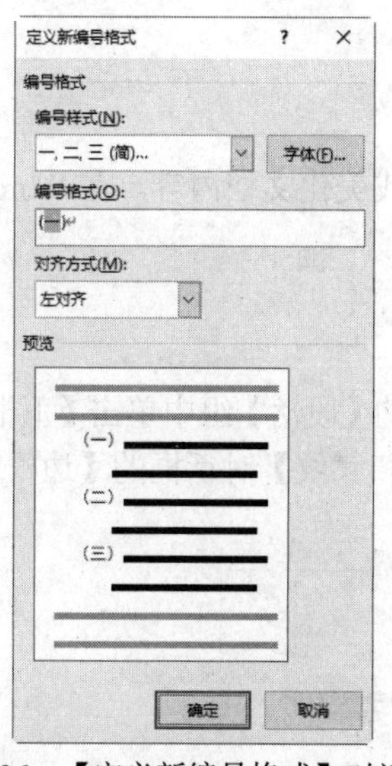

图 3-36　【定义新编号格式】对话框

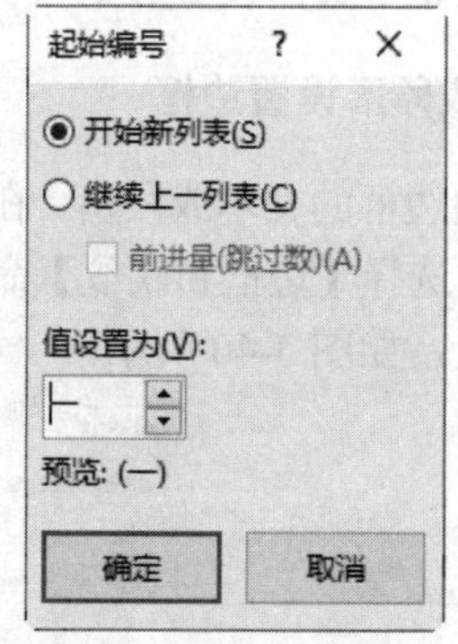

图 3-37　【起始编号】对话框

3. 删除项目符号和编号

要删除项目符号，可以在【开始】选项卡中单击【段落】组的【项目符号】下拉按钮，从弹出的【项目符号库】列表框中选择【无】选项，如图 3-38 所示。

要删除编号，可以在【开始】选项卡中单击【编号】下拉按钮，从弹出的【编号库】列表框中选择【无】选项，如图 3-39 所示。

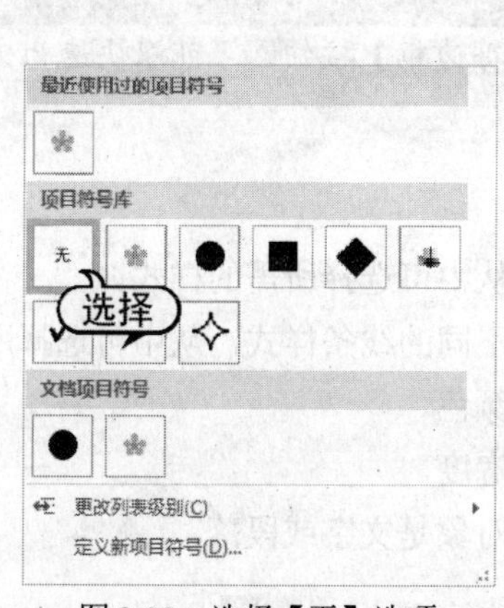

图 3-38　选择【无】选项

图 3-39　选择【无】选项

3.4　设置边框和底纹

在使用 Word 2019 进行文字处理时，为了使文档更加引人注目，可根据需要为文字和段落添加各种各样的边框和底纹，以增加文档的生动性和实用性。

3.4.1 设置边框

Word 2019 提供了多种边框供用户选择，用来强调或美化文档内容。在 Word 2019 中可以为文字、段落以及整个页面设置边框。

1. 为文字或段落设置边框

选择要添加边框的文本或段落，在【开始】选项卡的【段落】组中单击【下框线】下拉按钮，在弹出的菜单中选择【边框和底纹】命令，打开【边框和底纹】对话框的【边框】选项卡，在其中进行相关设置，如图 3-40 所示。

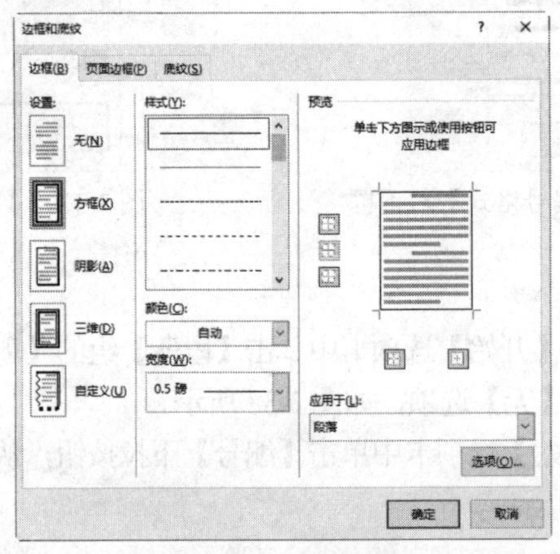

图 3-40 设置边框

提示

打开【开始】选项卡，在【字体】组中单击【字符边框】按钮A，可以快速为文字添加简单的边框。

【边框】选项卡中各选项的功能如下所示。

- 【设置】选项区域：提供了 5 种边框样式，从中可选择所需的样式。
- 【样式】列表框：在该列表框中列出了各种不同的线条样式，从中可选择所需的线型。
- 【颜色】下拉列表：可以为边框设置所需的颜色。
- 【宽度】下拉列表：可以为边框设置相应的宽度。
- 【应用于】下拉列表：可以设定边框应用的对象是文字或段落。

【例 3-7】 在“酒”文档中，为文本和段落设置边框。 视频

(1) 启动 Word 2019，打开“酒”文档，选中全文。

(2) 打开【开始】选项卡，在【段落】组中单击【下框线】下拉按钮，在弹出的菜单中选择【边框和底纹】命令，打开【边框和底纹】对话框，打开【边框】选项卡，在【设置】选项区域中选择【三维】选项；在【样式】列表框中选择一种线型样式；在【颜色】下拉列表中选择【红色】色块，在【宽度】下拉列表中选择【1.5 磅】选项，单击【确定】按钮，如图 3-41 所示。

(3) 此时，即可为文档中的所有段落添加一个边框效果，如图 3-42 所示。

图 3-41 【边框和底纹】对话框

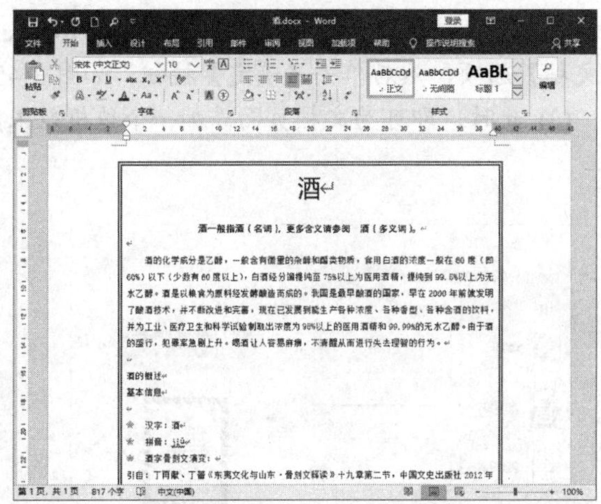

图 3-42 显示效果

(4) 选取其中一段中的文字，使用同样的方法，打开【边框和底纹】对话框，打开【边框】选项卡，在【设置】选项区域中选择【阴影】选项；在【样式】列表框中选择一种虚线样式；在【颜色】下拉列表中选择【绿色】色块，单击【确定】按钮，如图 3-43 所示。

(5) 此时，即可为这段文字添加一个边框效果，如图 3-44 所示。

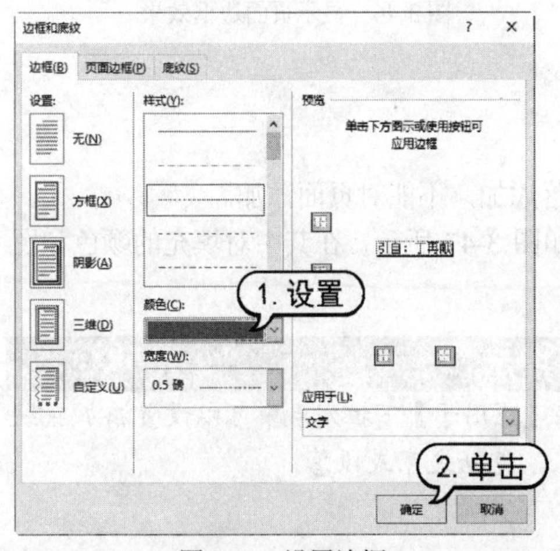

图 3-43 设置边框

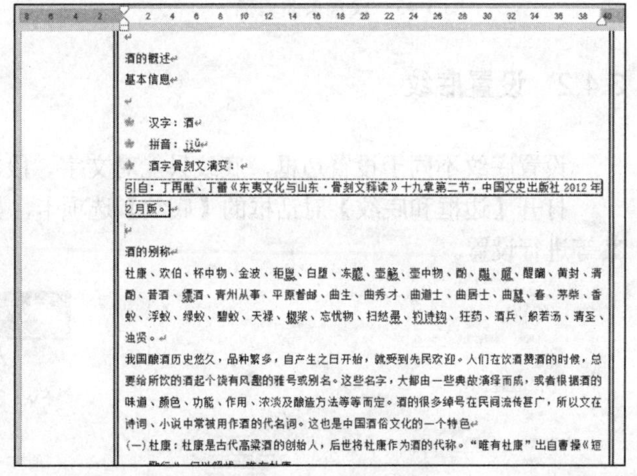

图 3-44 显示文字边框

2. 为页面设置边框

设置页面边框可以使打印出的文档更加美观。特别是要设置一篇精美的文档时，添加页面边框是一个很好的办法。

打开【边框和底纹】对话框的【页面边框】选项卡，在【艺术型】选项区域或者【样式】选项区域里选择一种样式，即可为页面应用该样式边框。

【例 3-8】 在“酒”文档中为页面设置边框。 视频

(1) 启动 Word 2019，打开“酒”文档。

(2) 打开【开始】选项卡，在【段落】组中单击【下框线】下拉按钮，在弹出的菜单中选择【边框和底纹】命令，打开【边框和底纹】对话框，选择【页面边框】选项卡，在【艺术型】下

拉列表中选择一种样式；在【宽度】输入框中输入“15 磅”；在【应用于】下拉列表中选择【整篇文档】选项，然后单击【确定】按钮，如图 3-45 所示。

(3) 此时，即可为文档页面添加一个边框效果，如图 3-46 所示。

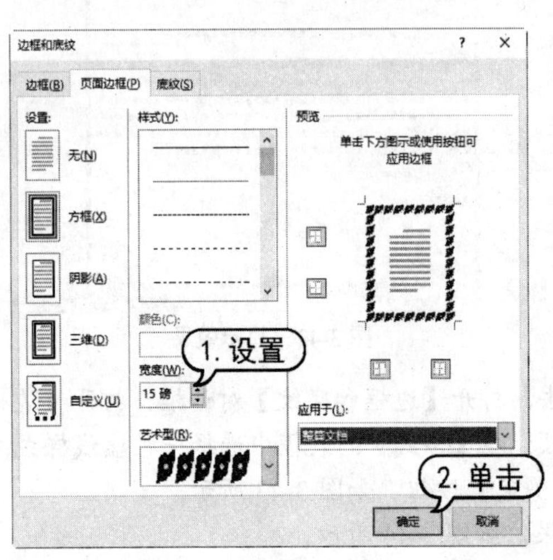

图 3-45　设置页面边框

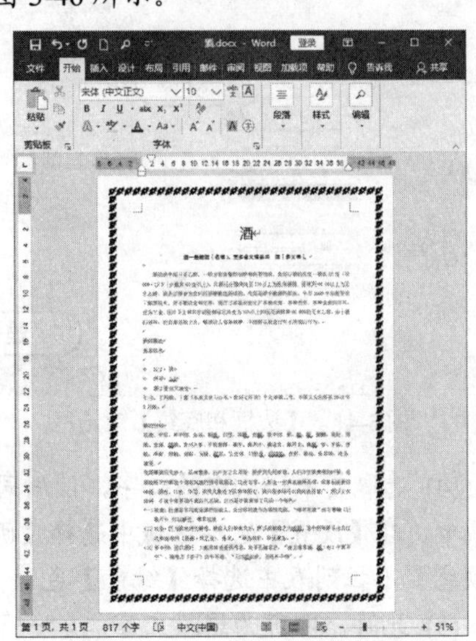

图 3-46　显示页面边框效果

3.4.2　设置底纹

设置底纹不同于设置边框，底纹只能对文字、段落添加，不能对页面添加。

打开【边框和底纹】对话框的【底纹】选项卡，如图 3-47 所示，在其中对填充的颜色和图案等进行设置。

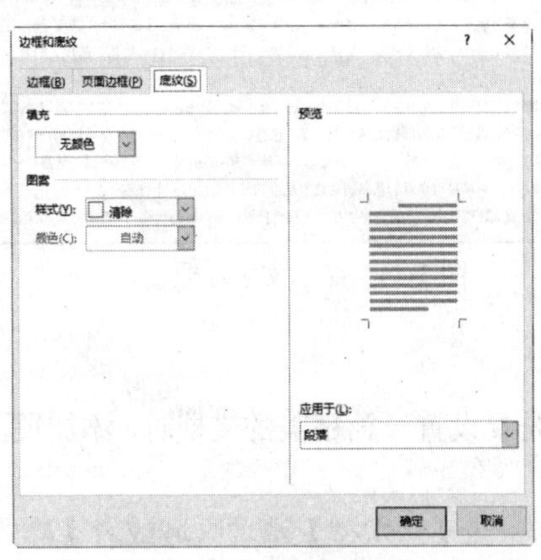

图 3-47　【底纹】选项卡

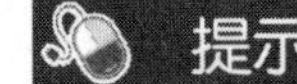

在【应用于】下拉列表中可以设置添加底纹的对象，包括文字或段落。

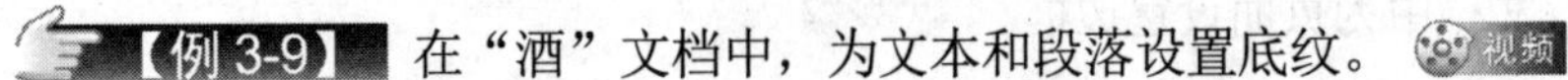

【例 3-9】 在“酒”文档中，为文本和段落设置底纹。

(1) 启动 Word 2019，打开“酒”文档。

(2) 选取第 3 段文本，打开【开始】选项卡，在【字体】组中单击【文本突出显示颜色】按钮，即可快速为文本添加黄色底纹，如图 3-48 所示。

(3) 选取所有的文本，打开【开始】选项卡，在【段落】组中单击【下框线】下拉按钮，在弹出的菜单中选择【边框和底纹】命令，打开【边框和底纹】对话框，打开【底纹】选项卡，单击【填充】下拉按钮，从弹出的颜色面板中选择【浅绿】色块，然后单击【确定】按钮，如图 3-49 所示。

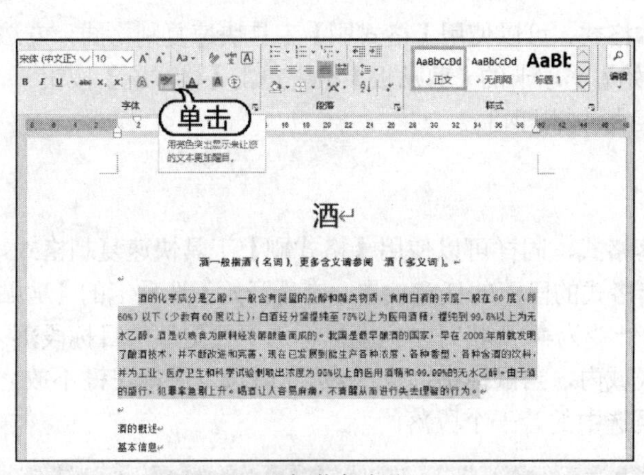

图 3-48　添加黄色底纹　　　　图 3-49　【底纹】选项卡

(4) 此时，即可为文档中的所有段落添加一种浅绿色的底纹。如图 3-50 所示。

(5) 使用同样的方法，为最后 3 段文本添加青绿色底纹，如图 3-51 所示。

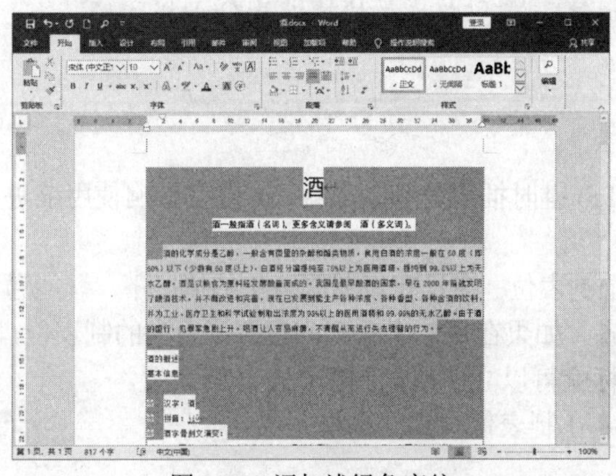

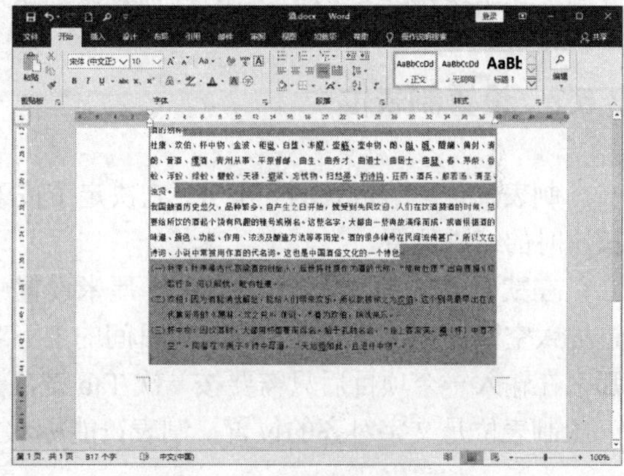

图 3-50　添加浅绿色底纹　　　　图 3-51　添加青绿色底纹

3.5　使用格式刷和制表位

Word 2019 提供了格式刷和制表位功能，使用这些功能可以精确并快速地设定文字和段落的格式。

3.5.1 使用格式刷

使用【格式刷】功能，可以快速地将指定的文本、段落格式复制到目标文本、段落上，从而大大提高工作效率。

1. 应用文本格式

要在文档中不同的位置应用相同的文本格式，可以使用【格式刷】工具快速复制格式，方法很简单，选中要复制其格式的文本，在【开始】选项卡的【剪贴板】组中单击【格式刷】按钮，当鼠标指针变为形状时，拖动鼠标选中目标文本即可。

2. 应用段落格式

要在文档中不同的位置应用相同的段落格式，同样可以使用【格式刷】工具快速复制格式，方法很简单，将光标定位在某个将要复制其格式的段落的任意位置，在【开始】选项卡的【剪贴板】组中单击【格式刷】按钮，当鼠标指针变为形状时，拖动鼠标选中要更改的目标段落。如果移动鼠标指针到目标段落所在的左边区域内，当鼠标指针变成形状时按下鼠标左键不放，在垂直方向上进行拖动，可以将格式复制至选中的若干个段落。

提示

单击【格式刷】按钮复制一次格式后，系统会自动退出复制状态。如果是双击而不是单击时，则可以多次复制格式，要退出格式复制状态，可以再次单击【格式刷】按钮或按 Esc 键。另外，复制格式的快捷键是 Ctrl+Shift+C(即格式刷的快捷键)，粘贴格式的快捷键是 Ctrl+Shift+V。

3.5.2 设置制表位

制表位是段落格式的一部分，它决定了按下 Tab 键时插入符移动的距离，并且影响使用缩进按钮时的缩进位置。

在默认状态下，Word 每隔 0.75 厘米设置一个制表位。在没有设置制表位的情况下，只能通过插入空格来实现不同行上同一项目间的上下对齐。如果在每一个项目间设置了适当的制表位，那么在输入一个项目后只需要按一次 Tab 键，光标就可以立即移动到下一个项目位置。

制表位是文字对齐的位置，制表符能标示文字在制表位位置上的排列方式。

1. 使用标尺设置制表位

水平标尺的最左端有一个制表位按钮，默认情况下的制表符为【左对齐式制表符】，单击制表位按钮可以在制表符间进行切换，如图 3-52 所示。选中需要的制表符类型后，在水平标尺上单击一个位置即可设置一个制表位。

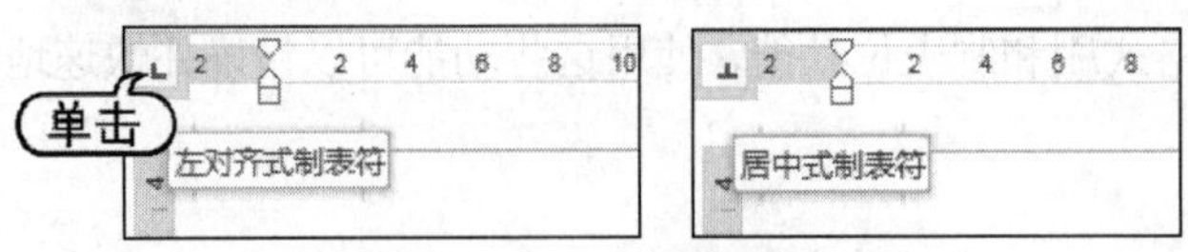

图 3-52 单击制表位按钮

2. 使用对话框设置制表位

用户如果需要精确设置制表位，可以使用【制表位】对话框来完成操作。

选择【开始】选项卡，在【段落】组中单击对话框启动器按钮，打开【段落】对话框，如图 3-53 所示，在该对话框中单击【制表位】按钮，打开【制表位】对话框，可以在【制表位位置】文本框中输入一个制表位位置，在【对齐方式】区域下设置制表位的文本对齐方式，在【引导符】区域下选择制表位的引导字符，如图 3-54 所示。

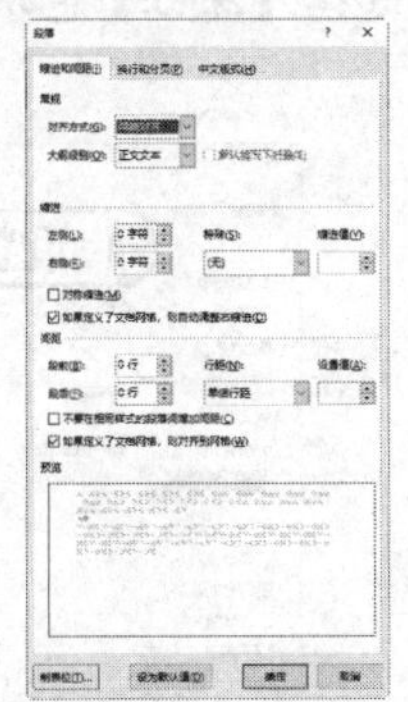

图 3-53　【段落】对话框

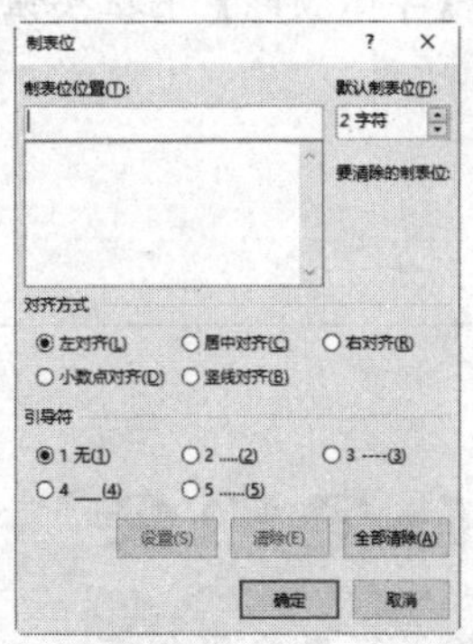

图 3-54　【制表位】对话框

3.6　实例演练

本章的实例演练部分为制作宣传单和招聘启事两个综合实例操作，用户通过练习从而巩固本章所学知识。

3.6.1　制作宣传单

【例 3-10】　制作"宣传单"文档，在其中设置文本和段落格式。　视频

(1) 启动 Word 2019，新建一个名为"宣传单"的文档，输入文本内容，如图 3-55 所示。

(2) 选中正标题文本"我和大奖有个约会"，打开【开始】选项卡，在【字体】组中单击【字体】下拉按钮，在弹出的下拉列表框中选择【方正粗倩简体】选项；单击【字号】下拉按钮，在弹出的下拉列表框中选择【二号】选项；单击【字体颜色】下拉按钮，从弹出的颜色面板中选择【红色】色块，然后单击【加粗】按钮，文本效果如图 3-56 所示。

我和大奖有个约会
——菡饰异族官方旗舰店
为答谢新老顾客过菡饰异族女士精品馆的厚爱，本店特举行此次抽奖活动，欢迎新老顾客参加，也许大奖就是你的哦！
抽奖规则：
在本店购物单次消费满 300 元奖励奖券一张
在本店购物单次消费满 500 元奖励奖券二张
在本店购物单次消费满 700 元奖励奖券三张
在本店购物单次消费满 900 元奖励奖券四张
在本店购物单次消费满 1000 元奖励奖券十张
兑奖规则：
每月 16 号上午 10 点举行抽奖活动，抽中的奖券号码将获得相应奖项。
奖品设置：
一等奖一名：iPad air 一台
二等奖二名：每人安卓智能手机一台
三等奖三名：每人高品质移动电源一台
活动官方网址：http://kimebaby.taobao.com/

图 3-55　输入文本

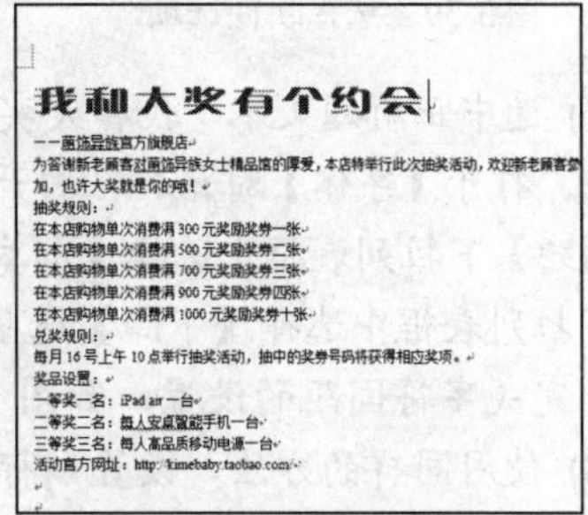
我和大奖有个约会
——菡饰异族官方旗舰店
为答谢新老顾客过菡饰异族女士精品馆的厚爱，本店特举行此次抽奖活动，欢迎新老顾客参加，也许大奖就是你的哦！
抽奖规则：
在本店购物单次消费满 300 元奖励奖券一张
在本店购物单次消费满 500 元奖励奖券二张
在本店购物单次消费满 700 元奖励奖券三张
在本店购物单次消费满 900 元奖励奖券四张
在本店购物单次消费满 1000 元奖励奖券十张
兑奖规则：
每月 16 号上午 10 点举行抽奖活动，抽中的奖券号码将获得相应奖项。
奖品设置：
一等奖一名：iPad air 一台
二等奖二名：每人安卓智能手机一台
三等奖三名：每人高品质移动电源一台
活动官方网址：http://kimebaby.taobao.com/

图 3-56　设置文本

(3) 选中副标题文本“——萌饰异族官方旗舰店”，打开浮动工具栏，在【字体】下拉列表框中选择【汉仪中圆简】选项，在【字号】下拉列表框中选择【三号】选项，然后单击【加粗】和【倾斜】按钮，如图 3-57 所示。

(4) 选中第 10 段正文文本，打开【开始】选项卡，在【字体】组中单击对话框启动器按钮，打开【字体】对话框。打开【字体】选项卡，单击【中文字体】下拉按钮，从弹出的下拉列表框中选择【微软雅黑】选项；在【字形】列表框中选择【加粗】选项；在【字号】列表框中选择【四号】选项；单击【字体颜色】下拉按钮，在弹出的颜色面板中选择【深红】色块，单击【确定】按钮，如图 3-58 所示。

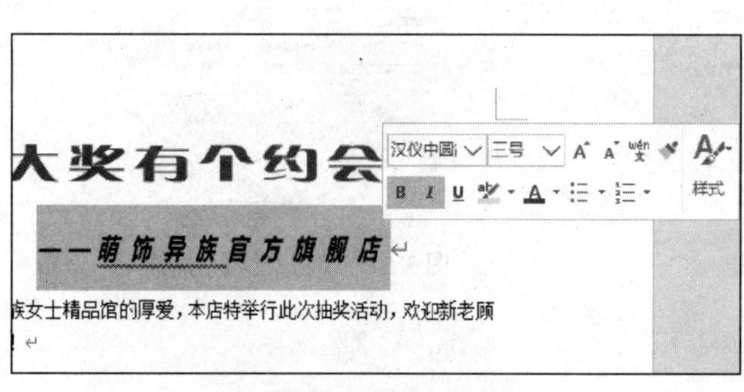

图 3-57　设置文本格式

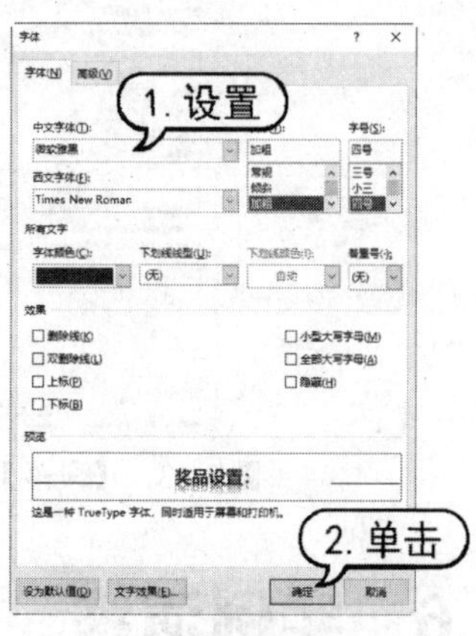

图 3-58　【字体】对话框

(5) 在【字体】组中单击【文本效果】按钮，从弹出的菜单中选择【映像】|【紧密映像：4 磅 偏移量】选项，为文本应用效果，如图 3-59 所示。

(6) 使用同样的方法，设置最后一段文本的字体为【华文新魏】，字号为【四号】，字体颜色为【深蓝】，效果如图 3-60 所示。

图 3-59　选择映像选项

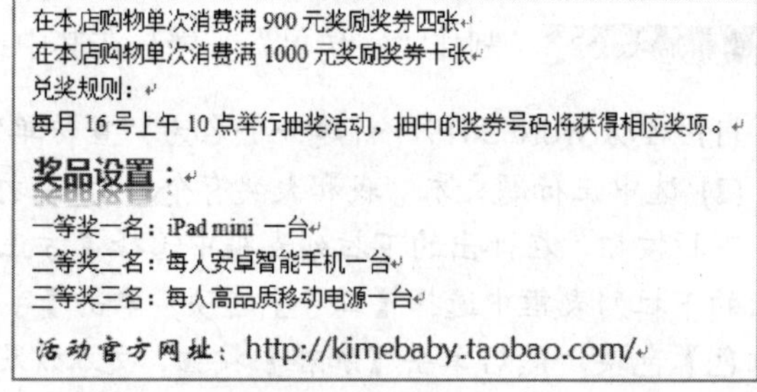

图 3-60　设置文本

(7) 选中正标题文本“我和大奖有个约会”，在【开始】选项卡中单击【字体】对话框启动器按钮，打开【字体】对话框，打开【高级】选项卡，在【缩放】下拉列表框中选择 150%选项，在【间距】下拉列表框中选择【加宽】选项，并在其后的【磅值】微调框中输入“2 磅”，在【位置】下拉列表框中选择【下降】选项，并在其后的【磅值】微调框中输入“2 磅”，单击【确定】按钮，完成字符间距的设置，如图 3-61 所示。

(8) 使用同样的方法，设置副标题文本的缩放比例为 80%，字符间距为加宽 3 磅，然后调整副标题文本的位置，效果如图 3-62 所示。

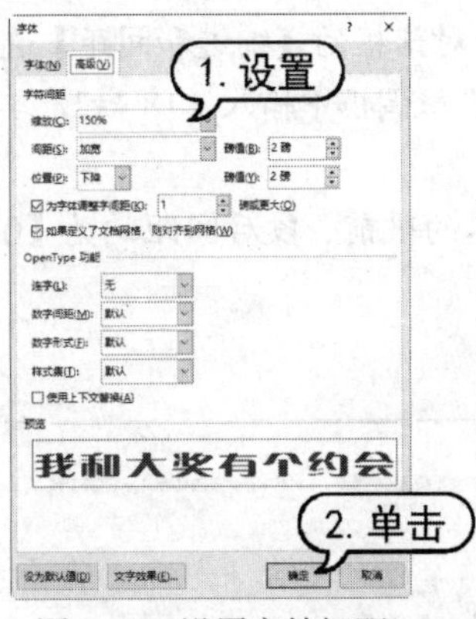

图 3-61　设置字符间距

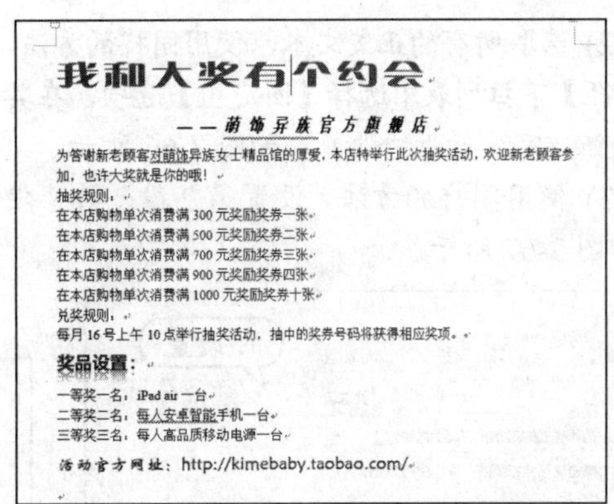
我和大奖有个约会

——萌饰异族官方旗舰店

为答谢新老顾客对萌饰异族女士精品馆的厚爱，本店特举行此次抽奖活动，欢迎新老顾客参加，也许大奖就是你的哦！

抽奖规则：

在本店购物单次消费满 300 元奖励奖券一张

在本店购物单次消费满 500 元奖励奖券二张

在本店购物单次消费满 700 元奖励奖券三张

在本店购物单次消费满 900 元奖励奖券四张

在本店购物单次消费满 1000 元奖励奖券十张

兑奖规则：

每月 16 号上午 10 点举行抽奖活动，抽中的奖券号码将获得相应奖项。

奖品设置：

一等奖一名，iPad air 一台

二等奖二名，每人安卓智能手机一台

三等奖三名，每人高品质移动电源一台

活动官方网址：http://kimebaby.taobao.com/

图 3-62　调整文本

(9) 将插入点定位在副标题段落，在【开始】选项卡的【段落】组中单击对话框启动器按钮，打开【段落】对话框。打开【缩进和间距】选项卡，单击【对齐方式】下拉按钮，从弹出的下拉列表中选择【居中】选项，单击【确定】按钮，完成段落对齐方式的设置，如图 3-63 所示。

(10) 将插入点定位于正文第一段文本前，然后按空格键 2 次，此时文本段落的首行缩进 2 个字符，效果如图 3-64 所示。

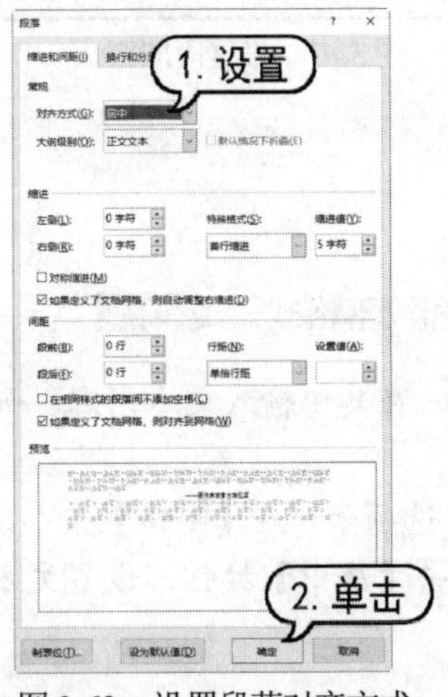

图 3-63　设置段落对齐方式

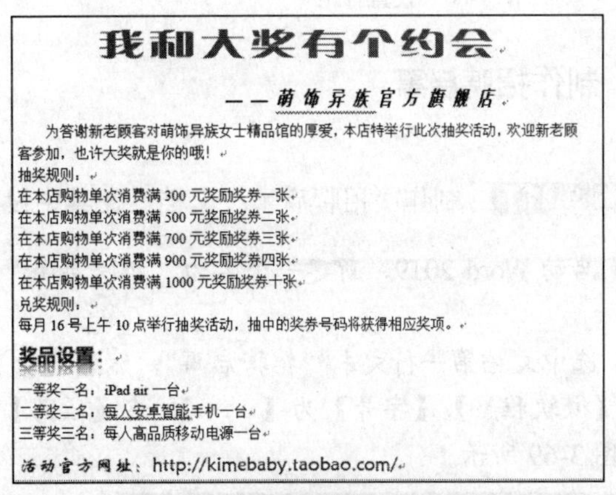
我和大奖有个约会

——萌饰异族官方旗舰店

为答谢新老顾客对萌饰异族女士精品馆的厚爱，本店特举行此次抽奖活动，欢迎新老顾客参加，也许大奖就是你的哦！

抽奖规则：

在本店购物单次消费满 300 元奖励奖券一张

在本店购物单次消费满 500 元奖励奖券二张

在本店购物单次消费满 700 元奖励奖券三张

在本店购物单次消费满 900 元奖励奖券四张

在本店购物单次消费满 1000 元奖励奖券十张

兑奖规则：

每月 16 号上午 10 点举行抽奖活动，抽中的奖券号码将获得相应奖项。

奖品设置：

一等奖一名，iPad air 一台

二等奖二名，每人安卓智能手机一台

三等奖三名，每人高品质移动电源一台

活动官方网址：http://kimebaby.taobao.com/

图 3-64　首行缩进

(11) 将插入点定位在副标题段落，打开【开始】选项卡，在【段落】组中单击对话框启动器按钮，打开【段落】对话框。打开【缩进和间距】选项卡，在【间距】选项区域中的【段前】和【段后】微调框中输入“0.5 行”，单击【确定】按钮，设置副标题的段间距，如图 3-65 所示。

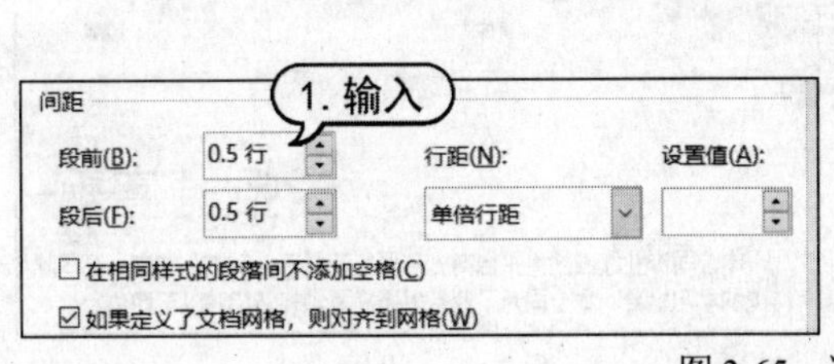

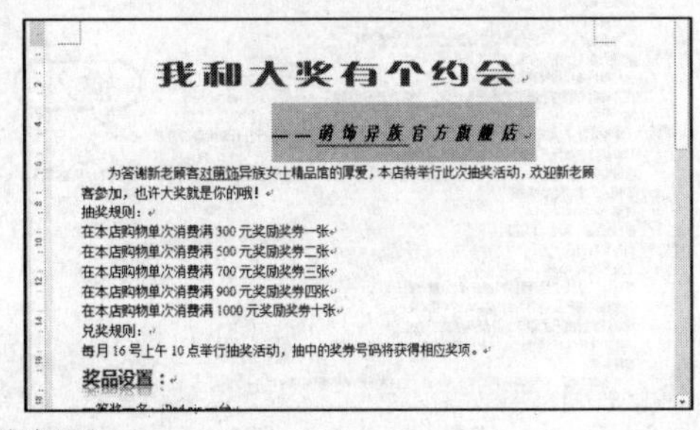

图 3-65　设置段间距

(12) 选取所有的正文文本，使用同样的方法，打开【段落】对话框的【缩进和间距】选项卡，在【行距】下拉列表中选择【固定值】选项，在其后的【设置值】微调框中输入“18 磅”，单击【确定】按钮，完成行距的设置，如图 3-66 所示。

(13) 使用同样的方法，设置第 2 段、第 8 段和第 10 段文本的段前、段后间距均为【0.5 行】，效果如图 3-67 所示。

图 3-66　设置行距

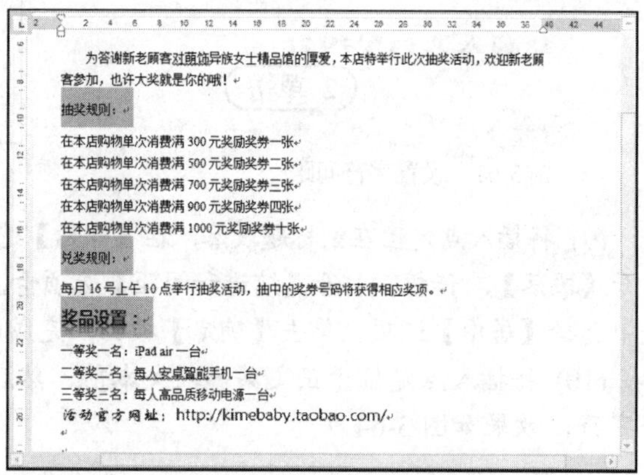

图 3-67　设置段间距

3.6.2　制作招聘启事

【例 3-11】 制作“招聘启事”文档，在其中设置文本和段落格式。 视频

(1) 启动 Word 2019，新建一个名为“招聘启事”的文档，在其中输入文本内容，如图 3-68 所示。

(2) 选中文档第一行文本“招聘启事”，然后选择【开始】选项卡，在【字体】组中设置【字体】为【微软雅黑】，【字号】为【小一】，在【段落】组中单击【居中】按钮，设置文本居中，效果如图 3-69 所示。

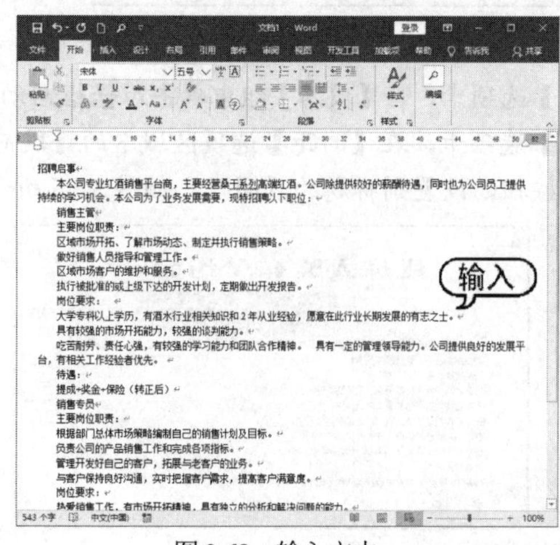

图 3-68　输入文本

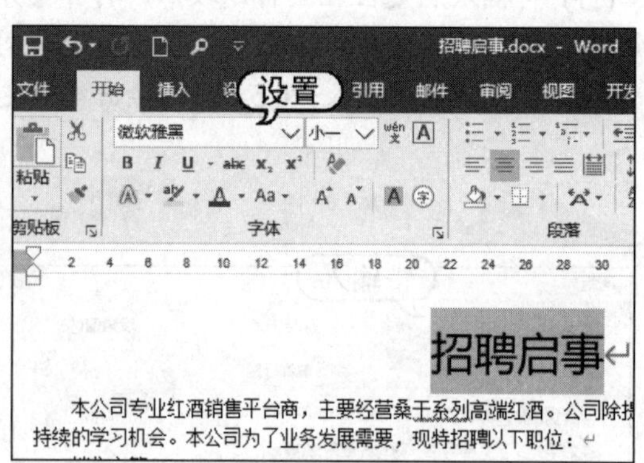

图 3-69　设置文本

(3) 选中正文第 3 段内容，然后使用同样的方法，设置文本的字体、字号和对齐方式，效果如图 3-70 所示。

(4) 保持文本的选中状态，然后单击【剪贴板】组中的【格式刷】按钮，在需要套用格式的文本上单击并按住鼠标左键拖动，套用文本格式，效果如图 3-71 所示。

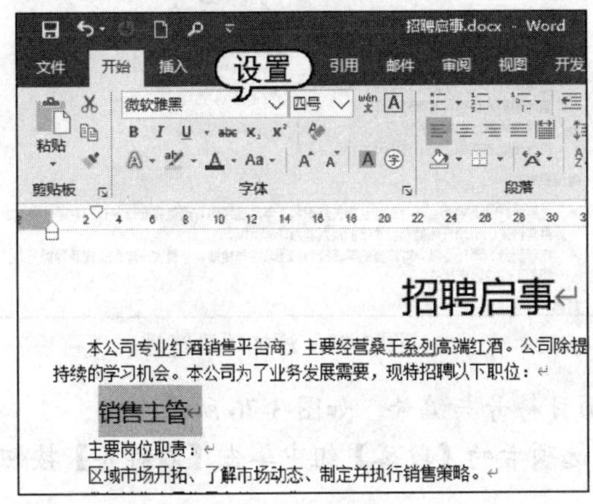

图 3-70 设置文本

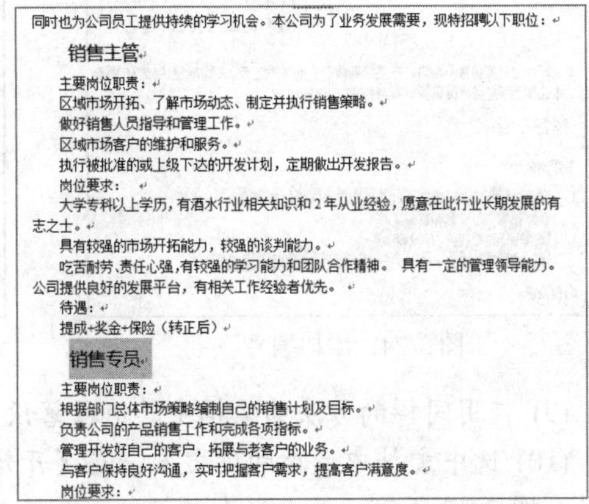
同时也为公司员工提供持续的学习机会。本公司为了业务发展需要，现特招聘以下职位：

销售主管

主要岗位职责：

区域市场开拓、了解市场动态、制定并执行销售策略。

做好销售人员指导和管理工作。

区域市场客户的维护和服务。

执行被批准的或上级下达的开发计划，定期做出开发报告。

岗位要求：

大学专科以上学历，有酒水行业相关知识和 2 年从业经验，愿意在此行业长期发展的有志之士。

具有较强的市场开拓能力，较强的谈判能力。

吃苦耐劳、责任心强，有较强的学习能力和团队合作精神。具有一定的管理领导能力。

公司提供良好的发展平台，有相关工作经验者优先。

待遇：

提成+奖金+保险（转正后）

销售专员

主要岗位职责：

根据部门总体市场策略编制自己的销售计划及目标。

负责公司的产品销售工作和完成各项指标。

管理开发好自己的客户，拓展与老客户的业务。

与客户保持良好沟通，实时把握客户需求，提高客户满意度。

岗位要求：

图 3-71 套用格式

(5) 选中文档中的文本“主要岗位职责:”，然后在【开始】选项卡的【字体】组中单击【加粗】按钮，在【开始】选项卡的【段落】组中单击对话框启动器按钮，打开【段落】对话框，在【段前】和【段后】文本框中输入“0.5 行”后，单击【确定】按钮，如图 3-72 所示。

(6) 使用同样的方法，为文档中其他段落的文字添加“加粗”效果并设置段落间距，效果如图 3-73 所示。

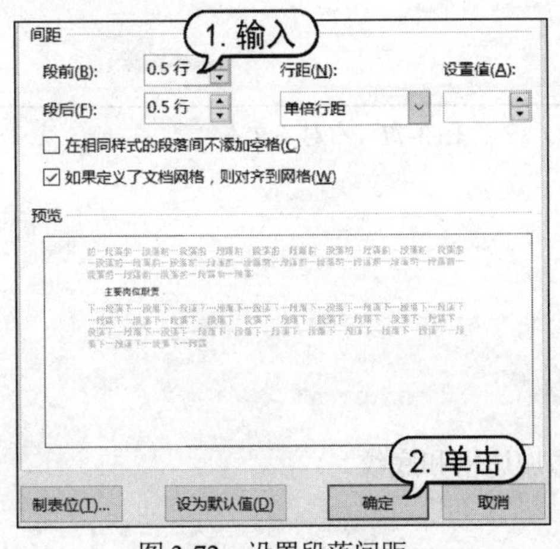

图 3-72 设置段落间距

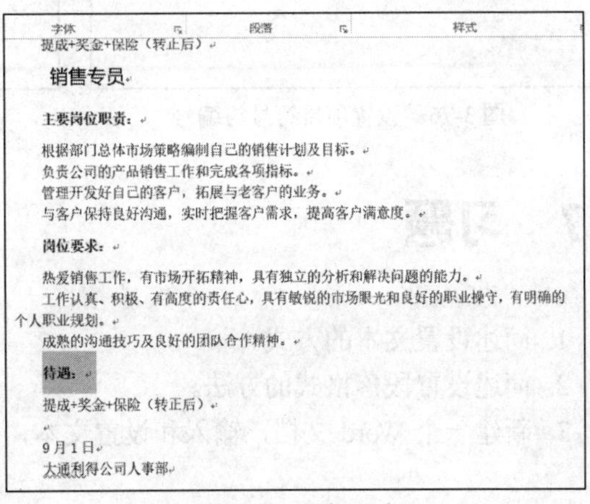
提成+奖金+保险（转正后）

销售专员

主要岗位职责：

根据部门总体市场策略编制自己的销售计划及目标。

负责公司的产品销售工作和完成各项指标。

管理开发好自己的客户，拓展与老客户的业务。

与客户保持良好沟通，实时把握客户需求，提高客户满意度。

岗位要求：

热爱销售工作，有市场开拓精神，具有独立的分析和解决问题的能力。

工作认真、积极、有高度的责任心，具有敏锐的市场眼光和良好的职业操守，有明确的个人职业规划。

成熟的沟通技巧及良好的团队合作精神。

待遇：

提成+奖金+保险（转正后）

9 月 1 日

太oo利得公司人事部

图 3-73 加粗文本

(7) 选中文档中第 5~8 段文本，在【开始】选项卡的【段落】组中单击【编号】按钮，为段落添加编号，如图 3-74 所示。

(8) 选中文档中第 10~12 段文本，在【开始】选项卡中单击【项目符号】下拉列表按钮，在弹出的下拉列表中，选择一种项目符号样式，如图 3-75 所示。

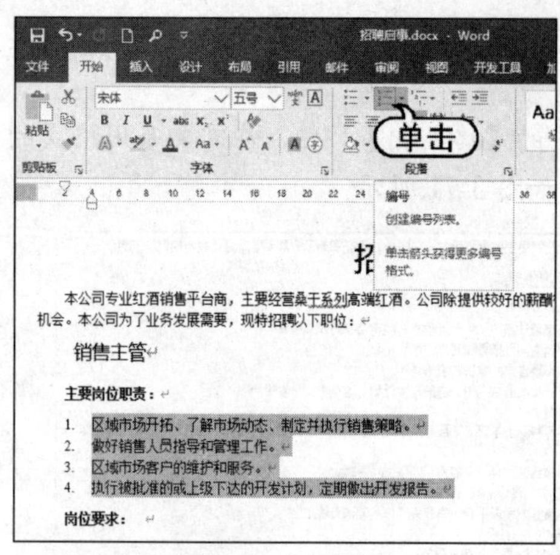

图 3-74　添加编号

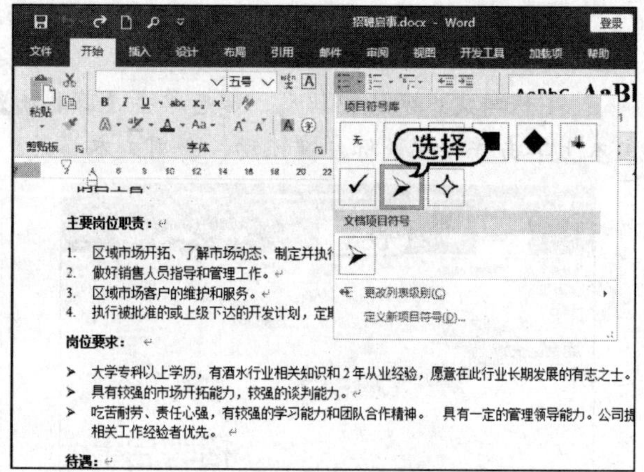

图 3-75　添加项目符号

(9) 使用同样的方法为文档中其他段落设置项目符号与编号，如图 3-76 所示。

(10) 选中文档中最后两段文本，在【开始】选项卡的【段落】组中单击【右对齐】按钮，效果如图 3-77 所示，最后保存文档。

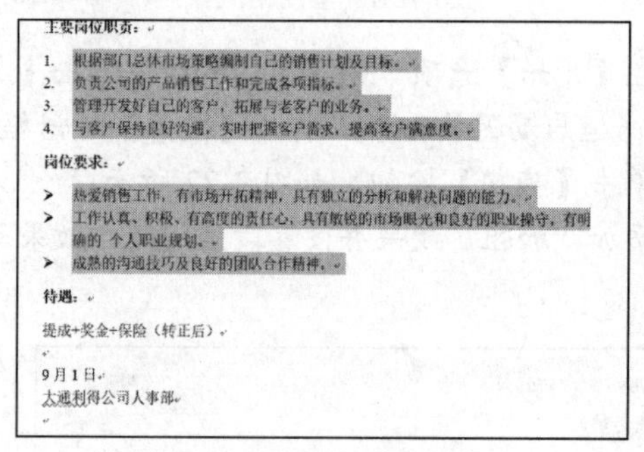

图 3-76　设置项目符号与编号

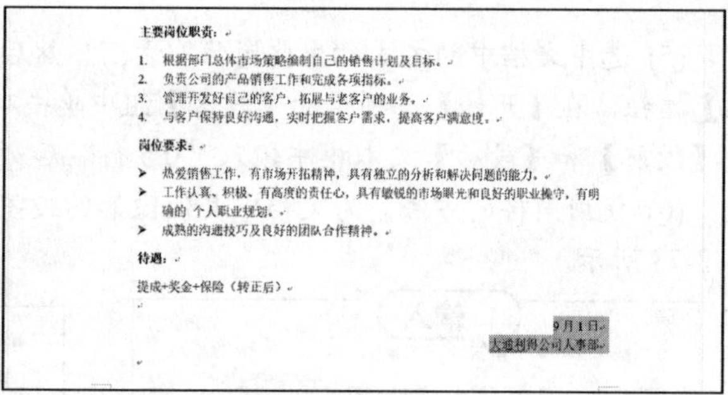

图 3-77　右对齐文本

3.7　习题

1. 简述设置文本的方式。
2. 简述设置段落格式的方法。
3. 新建一个 Word 文档，输入和设置文本，并添加边框和底纹。

第 4 章

添加Word表格

在编辑文档时，为了更形象地说明问题，常常需要在文档中制作各种各样的表格。如课程表、学生成绩表、个人简历表、商品数据表和财务报表等。本章主要介绍 Word 2019 的表格制作和编辑等功能。

本章重点

- 插入表格
- 输入文本
- 编辑表格
- 设置表格格式

二维码教学视频

【例 4-1】 创建表格
【例 4-2】 合并和拆分单元格
【例 4-3】 输入表格文本
【例 4-4】 设置表格文本
【例 4-5】 调整表格的行高和列宽
【例 4-6】设置边框和底纹
【例 4-7】计算表格数据
【例 4-8】排序表格数据
【例 4-9】制作价目表
【例 4-10】制作考勤表

4.1　插入表格

Word 2019 中提供了多种创建表格的方法，不仅可以通过按钮或对话框完成表格的创建，还可以根据内置样式快速插入表格。如果表格比较简单，还可以直接拖动鼠标来绘制表格。

4.1.1　使用【表格】按钮

使用【表格】按钮可以快速打开表格网格框，使用表格网格框可以直接在文档中插入一个最大为 8 行 10 列的表格，这也是最快捷的创建表格的方法。

将光标定位在需要插入表格的位置，然后打开【插入】选项卡，单击【表格】组中的【表格】按钮，在弹出的菜单中会出现如图 4-1 所示的网格框，拖动鼠标确定要创建表格的行数和列数，然后单击就可以完成一个规则表格的创建，如图 4-2 所示为 6×5 表格的效果图。

图 4-1　表格网格框

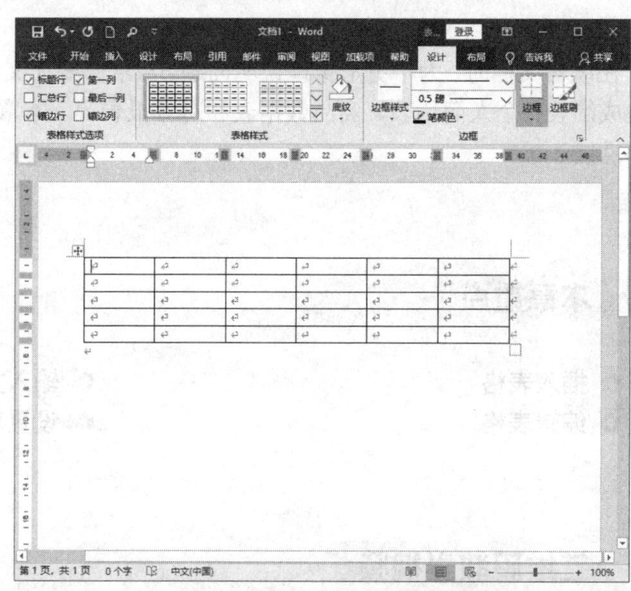

图 4-2　创建的规则表格

> **提示**
>
> 网格框顶部出现的“m×n 表格”表示要创建的表格是 m 列 n 行。通过【表格】按钮创建表格虽然很方便，但是这种方法一次最多只能插入 8 行 10 列的表格，并且不套用任何样式，列宽是按窗口调整的。所以这种方法只适用于创建行、列数较少的表格。

4.1.2　使用【插入表格】对话框

使用【插入表格】对话框创建表格时，可以在建立表格的同时精确设置表格的大小。

选择【插入】选项卡，在【表格】组中单击【表格】按钮，在弹出的菜单中选择【插入表格】命令，打开【插入表格】对话框。在【列数】和【行数】微调框中可以指定表格的列数和行数，单击【确定】按钮，如图 4-3 所示。

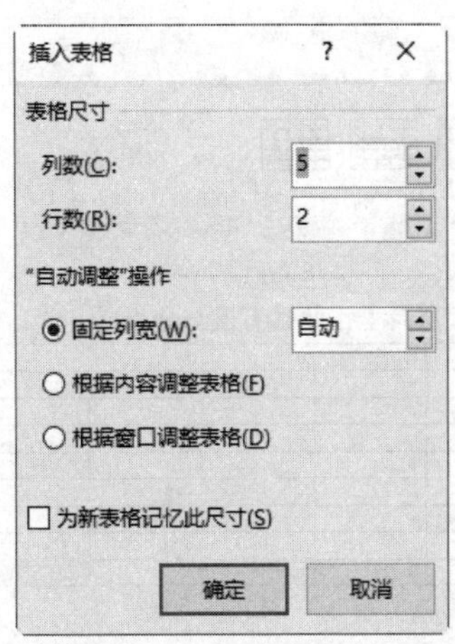

图 4-3　【插入表格】对话框

> **提示**
>
> 如果需要将某表格尺寸设置为默认的表格大小，则在【插入表格】对话框中选中【为新表格记忆此尺寸】复选框即可。

【例 4-1】 创建名为“员工考核表”的文档，在其中创建 9 行 6 列的表格。视频

(1) 启动 Word 2019，新建一个名为“员工考核表”的文档，在插入点处输入标题“员工每月工作业绩考核与分析”，设置其格式为【华文细黑】【小二】【加粗】【深蓝】【居中】，效果如图 4-4 所示。

(2) 将插入点定位到表格标题下一行，打开【插入】选项卡，在【表格】组中单击【表格】按钮，从弹出的菜单中选择【插入表格】命令，如图 4-5 所示。

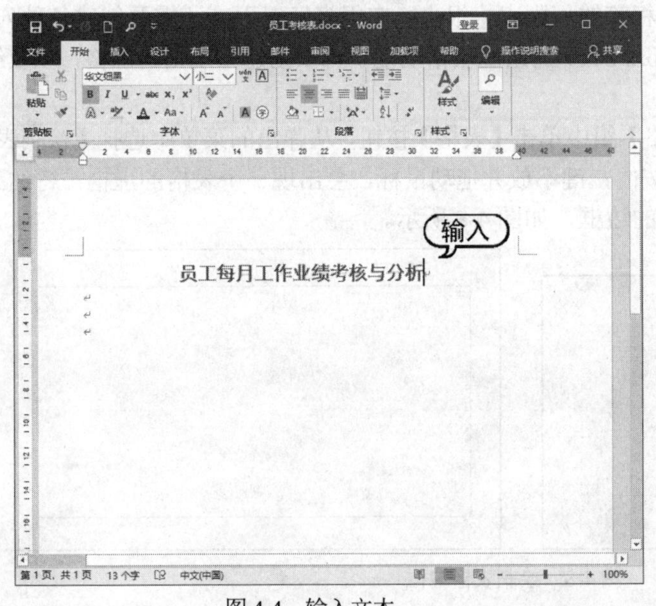

图 4-4　输入文本

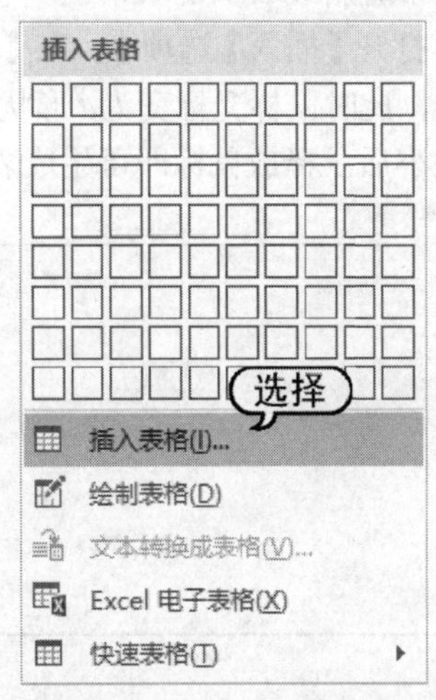

图 4-5　选择【插入表格】命令

(3) 打开【插入表格】对话框，在【列数】和【行数】文本框中分别输入 6 和 9，单击【确定】按钮，如图 4-6 所示。

(4) 此时，可在文档中插入一个 6×9 的规则表格，如图 4-7 所示。

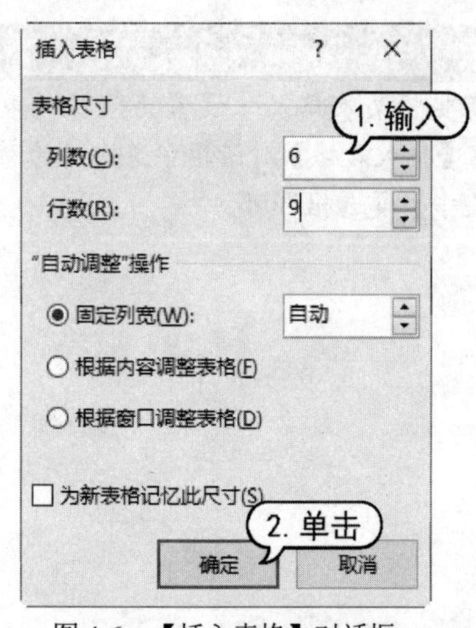

图 4-6 【插入表格】对话框

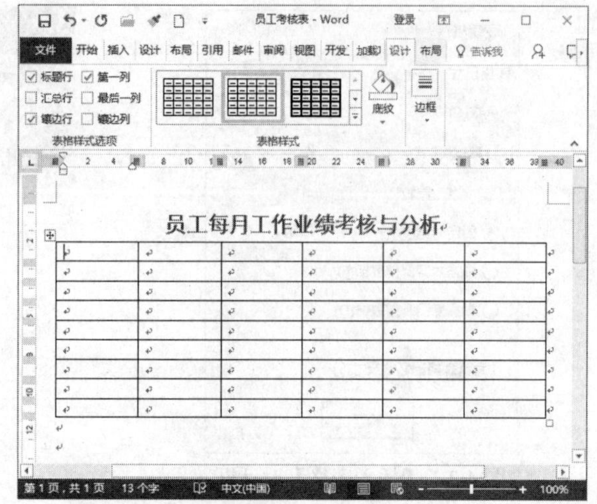

图 4-7 显示表格

提示

表格中的每一格称为单元格，单元格是用来描述信息的，每个单元格中的信息称为一个项目，项目可以是正文、数据，也可以是图形。

4.1.3 手动绘制表格

在实际应用中，行高或列宽都相等的规则表格很少，在很多情况下，还需要创建各种列宽、行高都不等的不规则表格。通过 Word 2019 的绘制表格功能，可以创建不规则的表格，以及绘制一些带有斜线表头的表格。

打开【插入】选项卡，在【表格】组中单击【表格】按钮，从弹出的菜单中选择【绘制表格】命令，此时鼠标光标变为✎形状，按住左键不放并拖动鼠标，会出现一个表格的虚框，待达到合适大小后，释放鼠标即可生成表格的边框，如图 4-8 所示。

图 4-8 绘制表格边框

在表格边框的任意位置，单击选择一个起点，按住左键不放并向右(或向下)拖动绘制出表格中的横线(或竖线)，如图 4-9 所示。

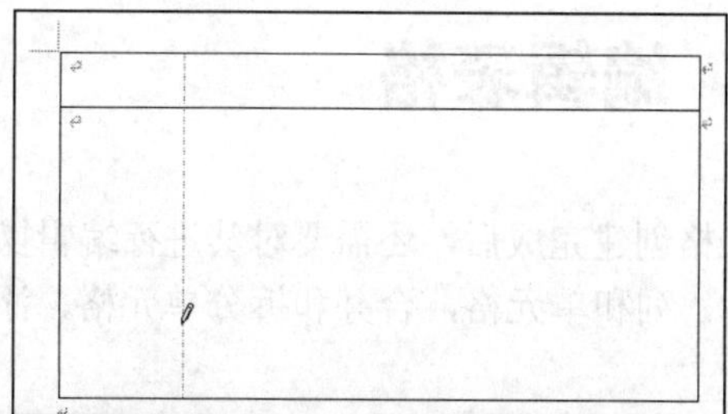

图 4-9　绘制横线和竖线

提示

如果在绘制过程中出现错误，打开【表格工具】的【布局】选项卡，在【绘图】组中单击【橡皮擦】按钮，待鼠标指针变成橡皮擦形状时，单击要删除的表格线段，按照线段的方向拖动鼠标，该线段呈高亮显示，松开鼠标，该线段即被删除。

在表格的第 1 个单元格中，单击选择一个起点，按住左键向右下方拖动即可绘制一个斜线表头，如图 4-10 所示。

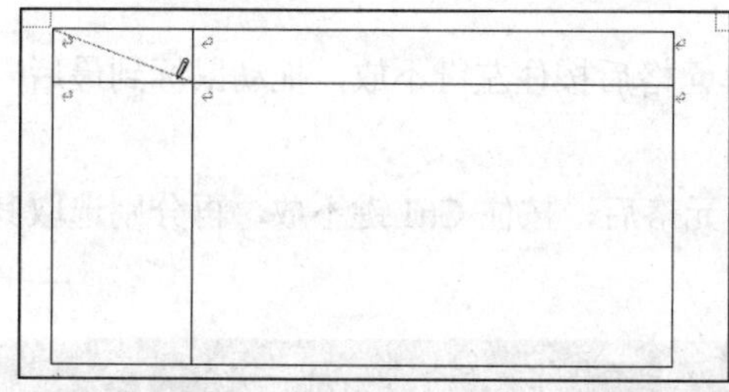
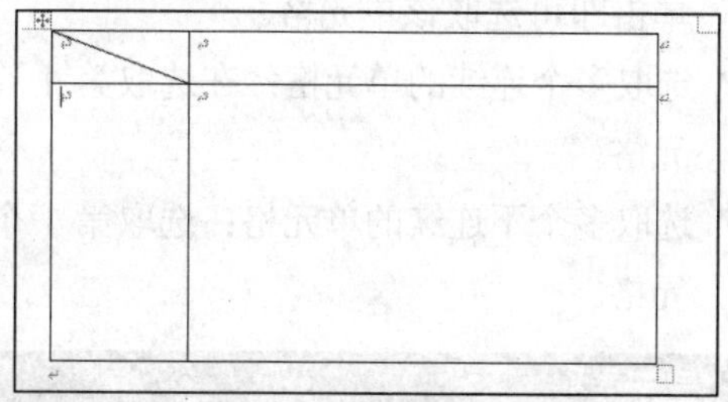

图 4-10　绘制斜线表头

4.1.4　插入带有格式的表格

为了快速制作出美观的表格，Word 2019 提供了许多内置表格。使用内置表格可以快速地创建具有特定样式的表格。

打开【插入】选项卡，在【表格】组中单击【表格】按钮，从弹出的菜单中选择【快速表格】命令，将弹出子菜单列表框，在其中选择表格样式，即可快速创建具有特定样式的表格，如图 4-11 所示。

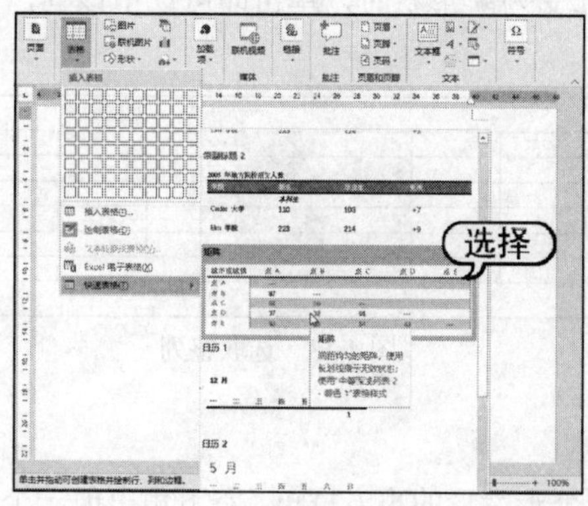

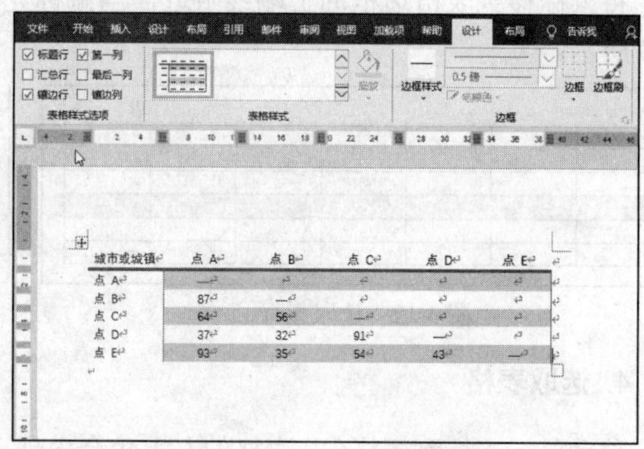

图 4-11　套用表格样式

4.2 编辑表格

表格创建完成后，还需要对其进行编辑操作，如在表格中选定对象，插入行、列和单元格，删除行、列和单元格，合并和拆分单元格，添加文本等，以满足不同需要。

4.2.1 选取表格

对表格进行格式化之前，首先要选取表格编辑对象，然后才能对表格进行操作。

1. 选取单元格

选取单元格的方法可分为 3 种：选取一个单元格、选取多个连续的单元格和选取多个不连续的单元格。

- 选取一个单元格：在表格中，移动鼠标到单元格的左端线上，当鼠标光标变为⬈形状时，单击即可选取该单元格。
- 选取多个连续的单元格：在选取第 1 个单元格后按住左键不放，拖动鼠标到最后一个单元格。
- 选取多个不连续的单元格：选取第 1 个单元格后，按住 Ctrl 键不放，再分别选取其他单元格。

> **提示**
>
> 在表格中，将鼠标光标定位在任意单元格中，然后按 Shift 键，在另一个单元格中单击，则以两个单元格为对角顶点的矩形区域内的所有单元格都被选中。

2. 选取整行

将鼠标移到表格边框的左端线附近，当鼠标光标变为⬀形状时，单击即可选中该行，如图 4-12 所示。

3. 选取整列

将鼠标移到表格边框的上端线附近，当鼠标光标变为⬇形状时，单击即可选中该列，如图 4-13 所示。

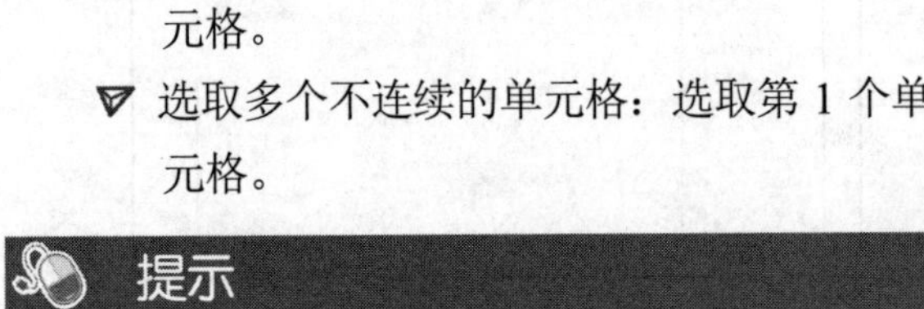

图 4-12　选取整行

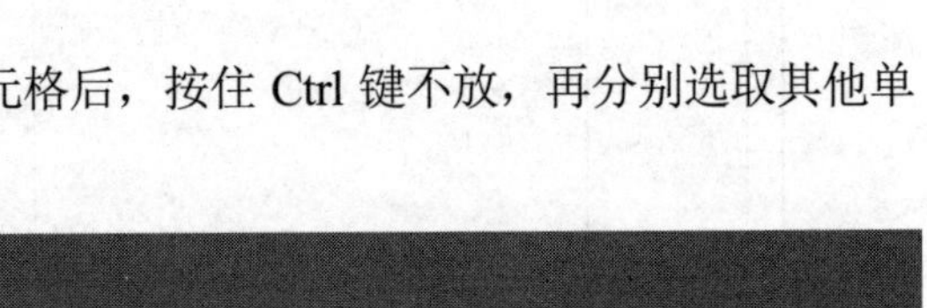

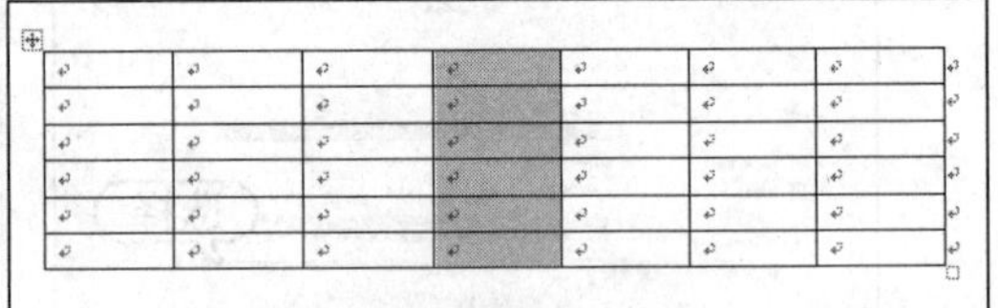

图 4-13　选取整列

4. 选取表格

移动鼠标光标到表格内，表格的左上角会出现一个十字形的小方框⊞，右下角出现一个小方框□，单击这两个符号中的任意一个，则可以选取整个表格，如图 4-14 所示。

提示

将鼠标光标移到左上角的⊞上，按住左键不放拖动，整个表格将会随之移动。将鼠标光标移到右下角的□上，按住左键不放拖动，可以改变表格的大小。

5. 使用选项卡选取表格

除了使用鼠标选定对象外，还可以使用【布局】选项卡来选定表格、行、列和单元格。操作方法很简单，将鼠标定位在目标单元格内，打开【表格工具】的【布局】选项卡，在【表】组中单击【选择】按钮，从弹出的如图 4-15 所示的菜单中选择相应的命令即可。

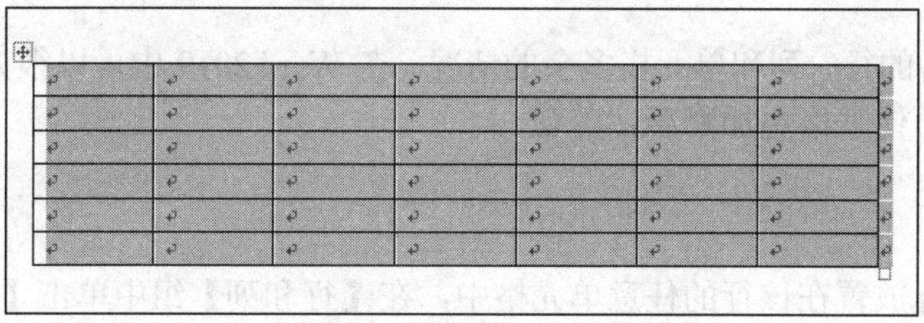

图 4-14　选取整个表格

图 4-15　选择命令

4.2.2　插入行、列和单元格

创建好表格后，经常会因为一些原因需要插入一些新的行、列或单元格。

1. 插入行和列

要向表格中添加行，先选定与需要插入行的位置相邻的行，选择的行数和要增加的行数相同，然后打开【表格工具】的【布局】选项卡，在如图 4-16 所示的【行和列】组中单击【在上方插入】或【在下方插入】按钮即可。插入列的操作与插入行基本类似，只需在【行和列】组中单击【在左侧插入】或【在右侧插入】按钮。

另外，单击【行和列】对话框启动器按钮⧅，打开【插入单元格】对话框，选中【整行插入】或【整列插入】单选按钮，如图 4-17 所示，同样可以插入行和列。

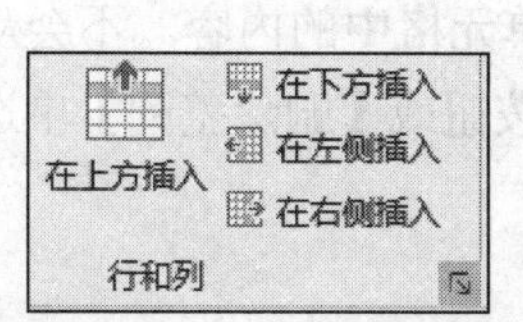

图 4-16　【行和列】组

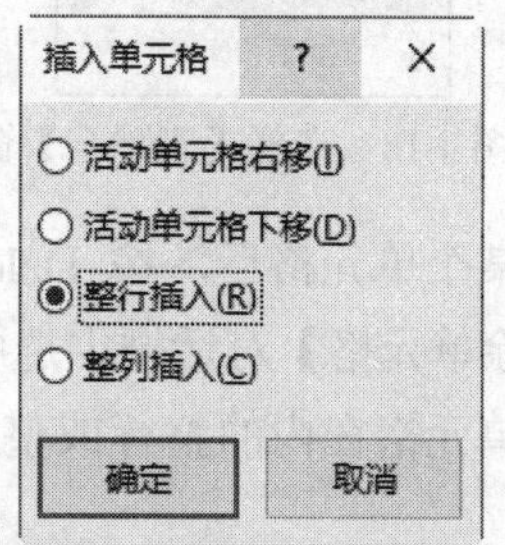

图 4-17　【插入单元格】对话框

提示

若要在表格后面添加一行，先单击最后一行的最后一个单元格，然后按 Tab 键即可；也可以将光标定位在表格末尾结束箭头处，按 Enter 键即可插入新行。

2. 插入单元格

要插入单元格，可先选定若干单元格，打开【表格工具】的【布局】选项卡，单击【行和列】对话框启动器按钮，打开【插入单元格】对话框。

如果要在选定的单元格左边添加单元格，可选中【活动单元格右移】单选按钮，此时增加的单元格会将选定的单元格和此行中其余的单元格向右移动相应的列数；如果要在选定的单元格上边添加单元格，可选中【活动单元格下移】单选按钮，此时增加的单元格会将选定的单元格和此列中其余的单元格向下移动相应的行数，而且在表格最下方也增加了相应数目的行。

4.2.3 删除行、列和单元格

创建表格后，经常会遇到表格的行、列和单元格多余的情况。在 Word 2019 中可以很方便地完成行、列和单元格的删除操作，使表格更加紧凑、美观。

1. 删除行和列

选定需要删除的行，或将鼠标放置在该行的任意单元格中，在【行和列】组中单击【删除】按钮，在打开的菜单中选择【删除行】命令即可，如图 4-18 所示。删除列的操作与删除行基本类似，在弹出的删除菜单中选择【删除列】命令即可。

2. 删除单元格

要删除单元格，可先选定若干单元格，然后打开【表格工具】的【布局】选项卡，在【行和列】组中单击【删除】按钮，在弹出的菜单中选择【删除单元格】命令，打开【删除单元格】对话框，如图 4-19 所示，选择移动单元格的方式即可。

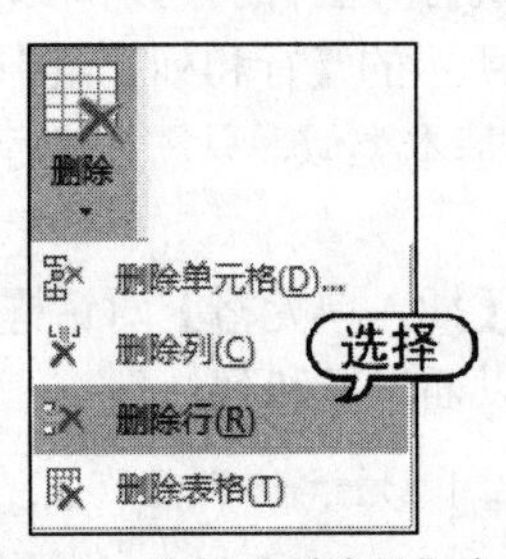

图 4-18　选择【删除行】命令

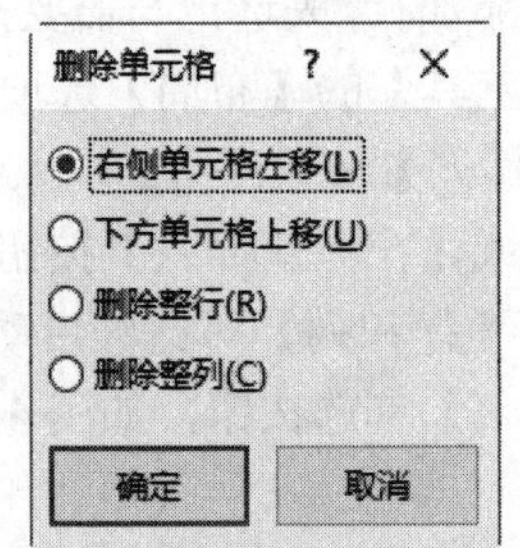

图 4-19　【删除单元格】对话框

如果选取某个单元格后，按 Delete 键，只会删除该单元格中的内容，不会从结构上删除。在打开的【删除单元格】对话框中选中【删除整行】单选按钮或【删除整列】单选按钮，可以删除包含选定的单元格在内的整行或整列。

4.2.4 合并和拆分单元格

在 Word 2019 中，允许将相邻的两个或多个单元格合并成一个单元格，也可以把一个单元格拆分为多个单元格，达到减少或增加行数和列数的目的。

1. 合并单元格

在表格中选取要合并的单元格，打开【表格工具】的【布局】选项卡，在【合并】组中单击【合并单元格】按钮，如图 4-20 所示，或者在选中的单元格中右击，从弹出的快捷菜单中选择【合并单元格】命令，此时 Word 就会删除所选单元格之间的边界，建立起一个新的单元格，并将原来单元格的列宽和行高合并为当前单元格的列宽和行高，如图 4-21 所示。

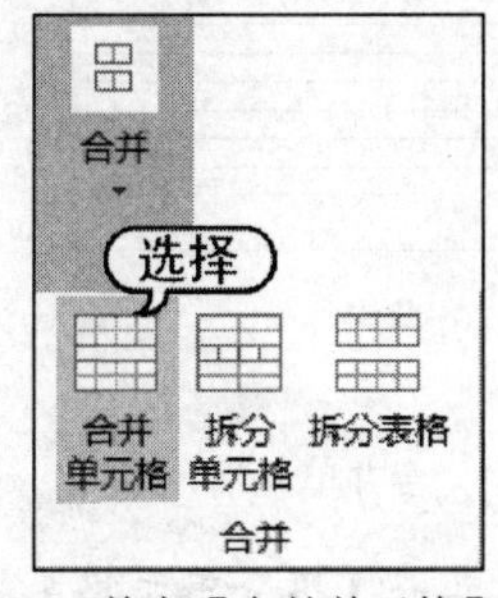

图 4-20　单击【合并单元格】按钮

图 4-21　合并单元格

2. 拆分单元格

选取要拆分的单元格，打开【表格工具】的【布局】选项卡，在【合并】组中单击【拆分单元格】按钮，或者右击选中的单元格，在弹出的快捷菜单中选择【拆分单元格】命令，打开【拆分单元格】对话框，在【列数】和【行数】文本框中输入列数和行数，单击【确定】按钮，如图 4-22 所示。

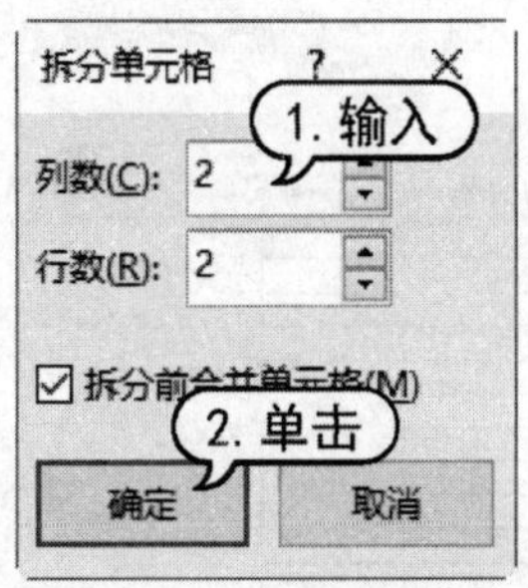

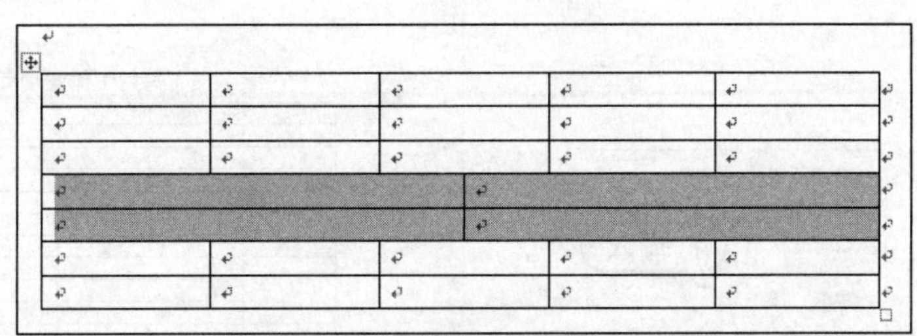

图 4-22　将合并后的单元格进行拆分

【例 4-2】 在"员工考核表"文档中，对单元格进行合并和拆分。 视频

(1) 启动 Word 2019，打开"员工考核表"文档。

(2) 选取表格的第 2 行的后 5 个单元格，打开【表格工具】的【布局】选项卡，在【合并】组中单击【合并单元格】按钮，合并这 5 个单元格，如图 4-23 所示。

(3) 使用同样的方法，合并其他的单元格，如图 4-24 所示。

图 4-23　单击【合并单元格】按钮

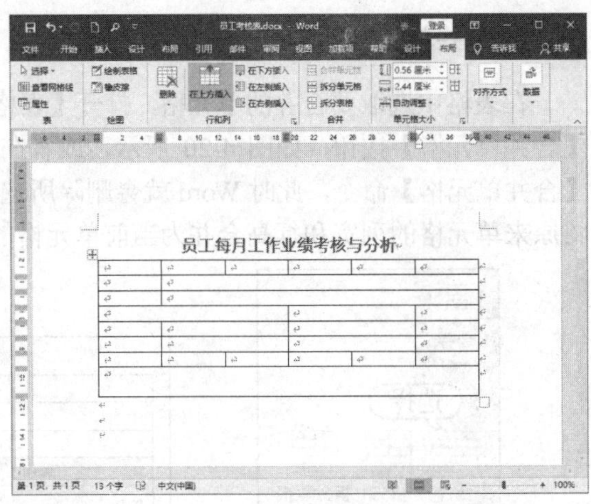

图 4-24　合并单元格

(4) 将插入点定位在第 5 行第 2 列的单元格中，在【合并】组中单击【拆分单元格】按钮，打开【拆分单元格】对话框。在该对话框的【列数】和【行数】文本框中分别输入 1 和 3，单击【确定】按钮，如图 4-25 所示，此时该单元格被拆分成 3 个单元格。

(5) 使用同样的方法，拆分其他的单元格，最终效果如图 4-26 所示。

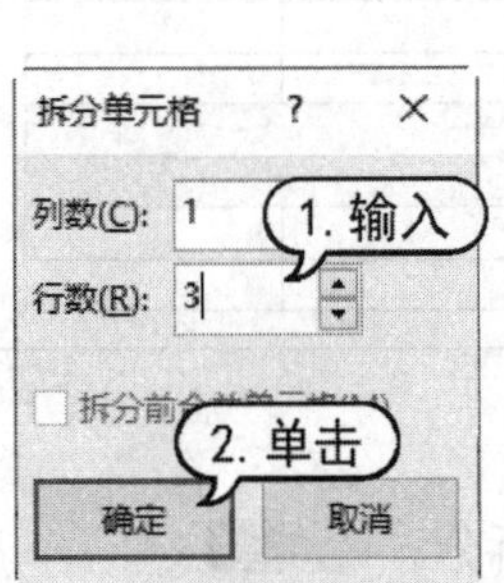

图 4-25　【拆分单元格】对话框

图 4-26　拆分单元格

提示

用户还可以拆分表格，就是将一个表格拆分为两个独立的子表格，拆分表格时，将插入点置于要拆分的行的分界处，也就是拆分后形成的第二个表格的第一行处，打开【表格工具】的【布局】选项卡，在【合并】组中单击【拆分表格】按钮，或者按 Shift+Ctrl+Enter 组合键，这时，插入点所在行以下的部分就从原表格中分离出来，形成另一个独立的表格。

4.3　在表格中输入文本

用户可以在表格的各个单元格中输入文字，也可以对各个单元格中的内容进行剪切和粘贴等操作，这和正文文本中所做的操作基本相同。

4.3.1　输入表格文本

将插入点定位在表格的单元格中，然后直接利用键盘输入文本。在表格中输入文本，Word 2019 会根据文本的多少自动调整单元格的大小。下面举例介绍在表格中输入文本的操作。

【例 4-3】 在单元格中输入文本。 视频

(1) 启动 Word 2019，打开“员工考核表”文档。

(2) 将鼠标光标移动到第 1 行第 1 列的单元格处，单击鼠标左键，将插入点定位到该单元格中，输入文本“姓名”，如图 4-27 所示。

(3) 将插入点定位到第 1 行第 3 列的单元格中并输入表格文本，然后按 Tab 键，继续输入表格内容，如图 4-28 所示。

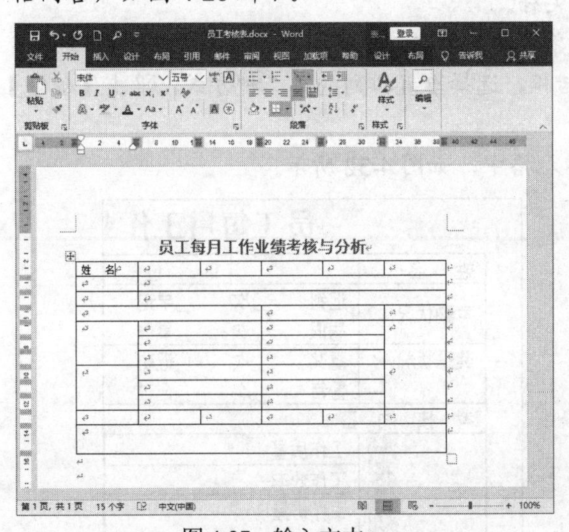

图 4-27　输入文本

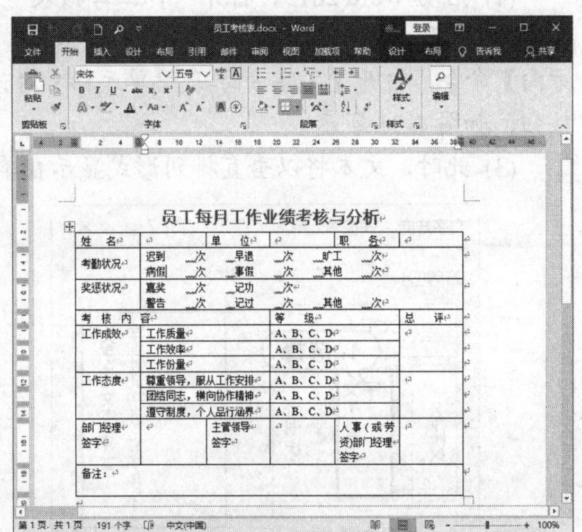

图 4-28　继续输入文本

(4) 在快速访问工具栏中单击【保存】按钮，将“员工考核表”文档进行保存。

4.3.2　设置表格文本

用户也可以使用 Word 文本格式的设置方法设置表格中文本的格式。选择单元格区域或整个表格，打开表格工具的【布局】选项卡，在【对齐方式】组中单击相应的按钮即可设置文本对齐方式，如图 4-29 所示。或者右击选中的单元格区域或整个表格，在弹出的快捷菜单中选择【表格属性】命令，打开【表格属性】对话框的【表格】选项卡，选择对齐方式或文字环绕方式，如图 4-30 所示。

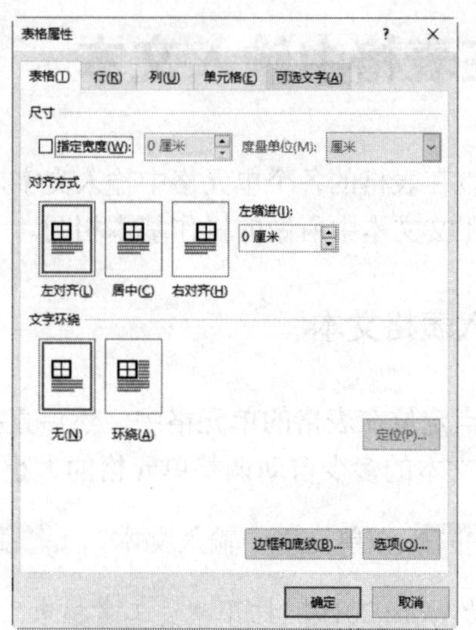

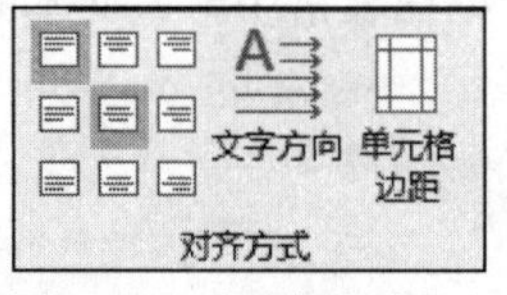

图 4-29 【对齐方式】组

图 4-30 【表格属性】对话框

【例 4-4】 在“员工考核表”文档中，对单元格文本设置格式。 视频

(1) 启动 Word 2019，打开“员工考核表”文档。

(2) 选取文本“工作成效”和“工作态度”单元格，右击，从弹出的快捷菜单中选择【文字方向】命令，打开【文字方向-表格单元格】对话框，选择垂直排列的第二种方式，单击【确定】按钮，如图 4-31 所示。

(3) 此时，文本将以垂直排列形式显示在单元格中，如图 4-32 所示。

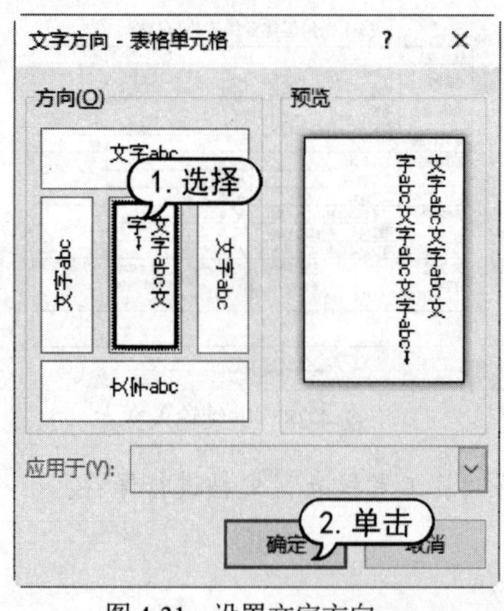

图 4-31 设置文字方向

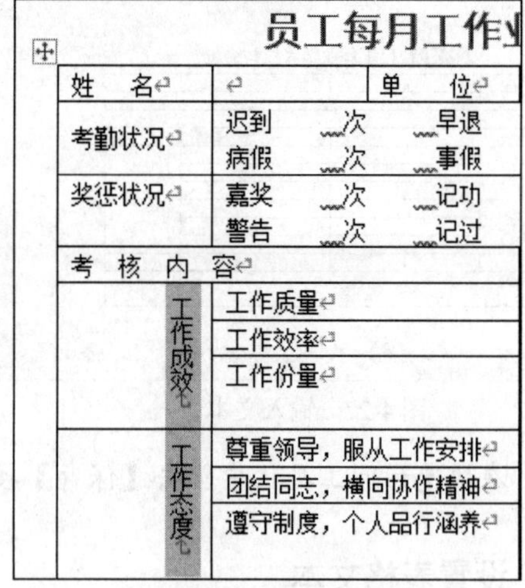

图 4-32 显示效果

(4) 选取整个表格，打开【表格工具】的【布局】选项卡，在【单元格大小】组中单击【自动调整】按钮，从弹出的菜单中选择【根据窗口自动调整表格】命令，调整表格的尺寸，如图 4-33 所示。

(5) 选中表格，打开【表格工具】的【布局】选项卡，在【对齐方式】组中单击【水平居中】按钮，设置文本水平居中对齐，如图 4-34 所示。

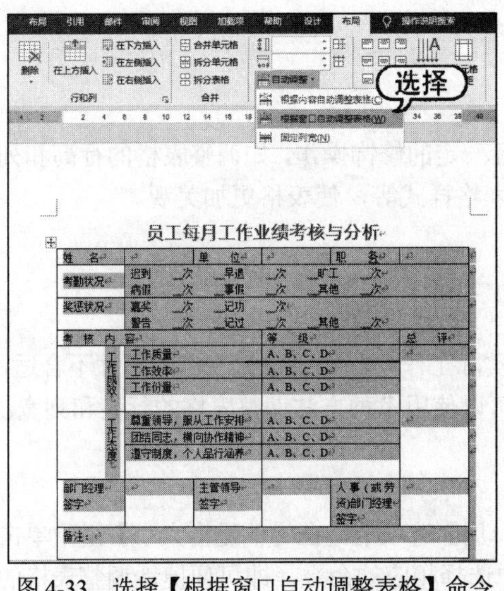

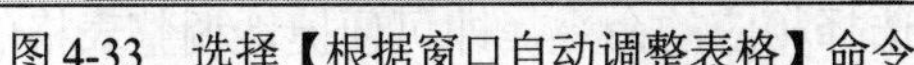

图 4-33 选择【根据窗口自动调整表格】命令

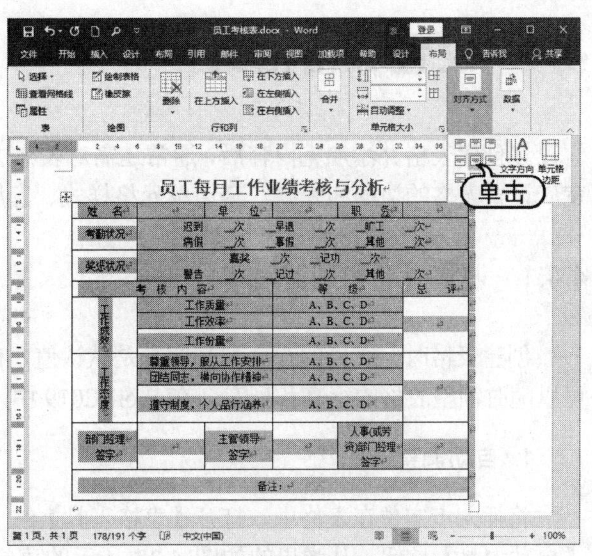

图 4-34 单击【水平居中】按钮

(6) 选取“考核内容”下的 6 个单元格，打开【表格工具】的【布局】选项卡，在【对齐方式】组中单击【中部两端对齐】按钮，选取的单元格中的文本将按该方式对齐，如图 4-35 所示。

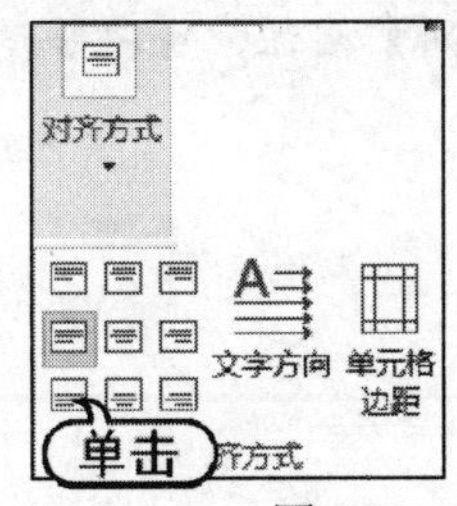

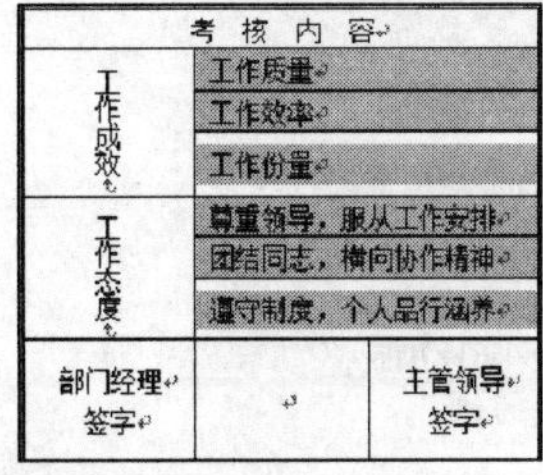

图 4-35 单击【中部两端对齐】按钮

(7) 选中表格，在【开始】选项卡中单击【文字颜色】按钮，在弹出的面板中选择蓝色，如图 4-36 所示。

(8) 此时表格中的文本全部显示为蓝色，如图 4-37 所示，最后保存文档。

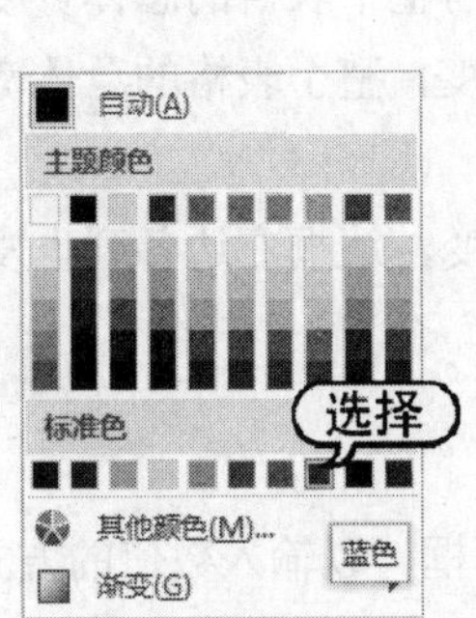

图 4-36 选择蓝色

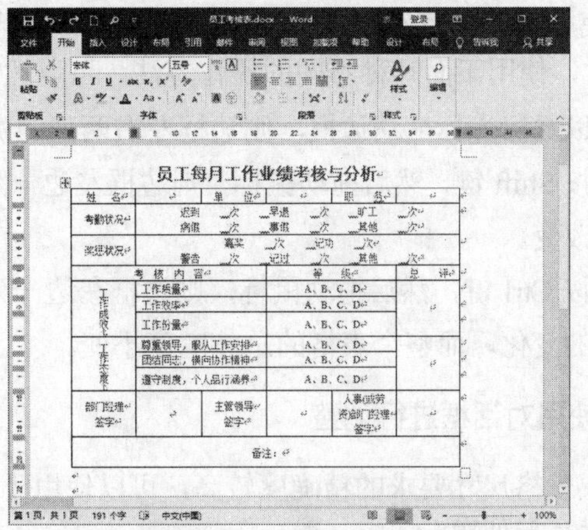

图 4-37 显示文本效果

4.4 设置表格格式

在创建表格并添加完内容后，通常还需对表格进行一定的修饰操作，如调整表格的行高和列宽、设置表格的边框和底纹、套用单元格样式、套用表格样式等，使表格更加美观。

4.4.1 调整行高和列宽

创建表格时，表格的行高和列宽都是默认值。在实际工作中，如果觉得表格的尺寸不合适，可以随时调整表格的行高和列宽。在 Word 2019 中，可以使用多种方法调整表格的行高和列宽。

1. 自动调整

将插入点定位在表格中，打开【表格工具】的【布局】选项卡，在【单元格大小】组中单击【自动调整】按钮，从弹出的如图 4-38 所示的菜单中选择相应的命令，即可便捷地调整表格的行与列。

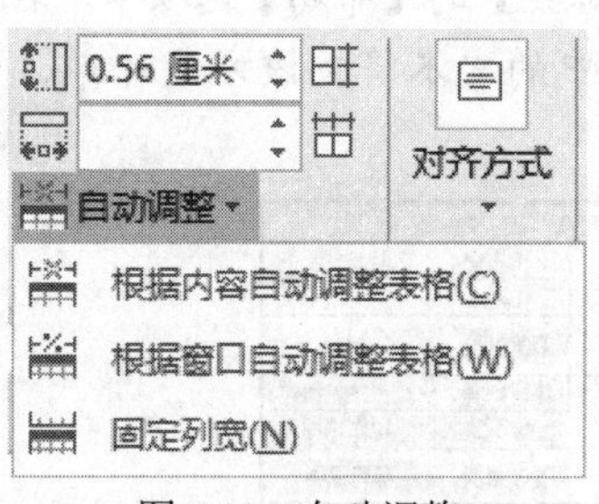

图 4-38　自动调整

> **提示**
>
> 在【单元格大小】组中，单击【分布行】和【分布列】按钮，可以平均分布行或列。

2. 使用鼠标拖动进行调整

使用鼠标拖动的方法也可以调整表格的行高和列宽。先将鼠标光标指向需调整的行的下边框，待鼠标光标变成双向箭头÷时，拖动鼠标至所需位置，整个表格的高度会随着行高的改变而改变。

在使用鼠标调整列宽时，先将鼠标光标指向表格中需要调整列的边框，待鼠标光标变成双向箭头⇹时，使用下面几种不同的操作方法，可以达到不同的调整列宽效果。

- 以鼠标光标拖动边框，则边框左右两列的宽度发生变化，而整个表格的总体宽度不变。
- 按 Shift 键，然后拖动鼠标，则边框左边一列的宽度发生改变，整个表格的总体宽度随之改变。
- 按 Ctrl 键，然后拖动鼠标，则边框左边一列的宽度发生改变，边框右边各列也发生均匀的变化，而整个表格的总体宽度不变。

3. 使用对话框进行调整

如果表格尺寸要求的精确度较高，可以使用【表格属性】对话框，以输入数值的方式精确地调整行高与列宽。

将插入点定位在表格中，在【表格工具】的【布局】选项卡的【单元格大小】组中单击对话框启动器按钮，打开【表格属性】对话框。

打开【行】选项卡，如图 4-39 所示。选中【指定高度】复选框，在其后的数值微调框中输入数值。单击【下一行】按钮，将鼠标光标定位在表格的下一行，进行相同的设置即可。

打开【列】选项卡，选中【指定宽度】复选框，在其后的微调框中输入数值，如图 4-40 所示。单击【后一列】按钮，将鼠标光标定位在表格的下一列，可以进行相同的设置。

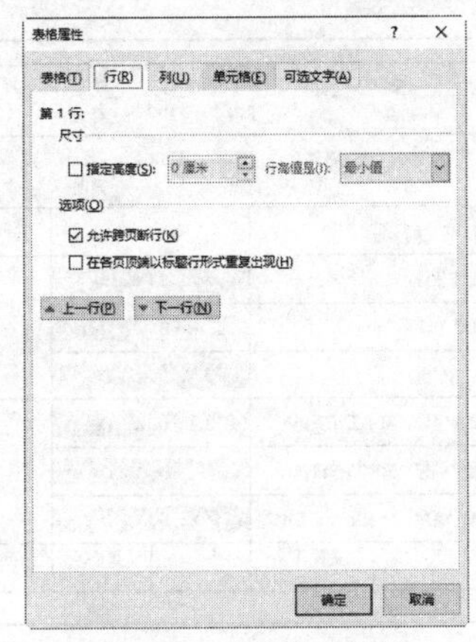

图 4-39　【行】选项卡

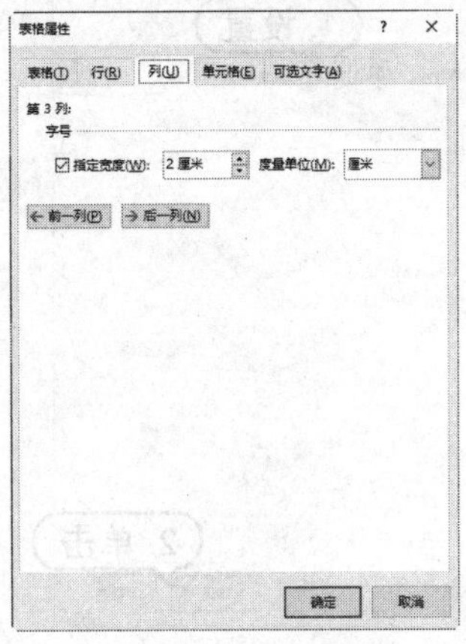

图 4-40　【列】选项卡

【例 4-5】 在“员工考核表”文档中，调整表格的行高和列宽。 视频

(1) 启动 Word 2019，打开“员工考核表”文档。

(2) 将插入点定位在第 1 行任意单元格中，在【表格工具】的【布局】选项卡的【单元格大小】组中单击对话框启动器按钮，打开【表格属性】对话框。打开【行】选项卡，选中【指定高度】复选框，在【指定高度】文本框中输入“1 厘米”，在【行高值是】下拉列表中选择【固定值】选项，如图 4-41 所示。

(3) 单击【下一行】按钮，使用同样的方法设置第 2 行的【指定高度】为 1.5 厘米、【行高值是】为【固定值】选项。使用同样的方法设置所有行的【指定高度】和【行高值是】选项值，单击【确定】按钮，如图 4-42 所示。

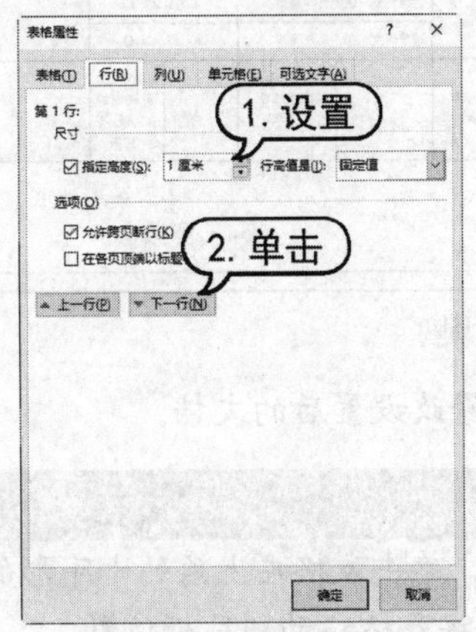

图 4-41　【行】选项卡

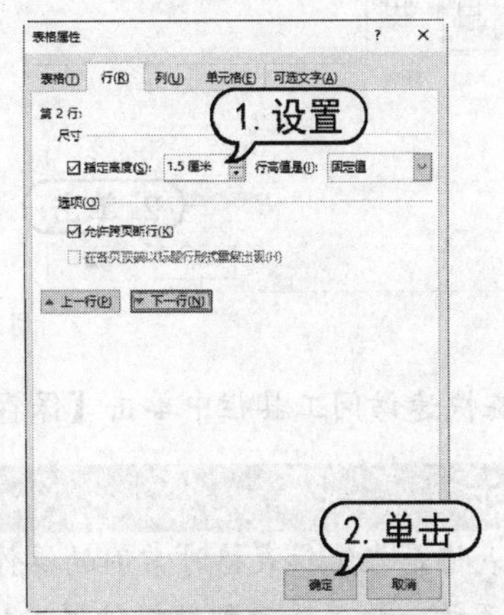

图 4-42　设置行

(4) 选择“A、B、C、D”所在单元格，在【表格工具】的【布局】选项卡的【单元格大小】组中单击对话框启动器按钮，打开【表格属性】对话框。打开【列】选项卡，选中【指定宽度】复选框，在其后的微调框中输入“2 厘米”，单击【确定】按钮，如图 4-43 所示。

(5) 此时，即可完成选中单元格列宽的设置，效果如图 4-44 所示。

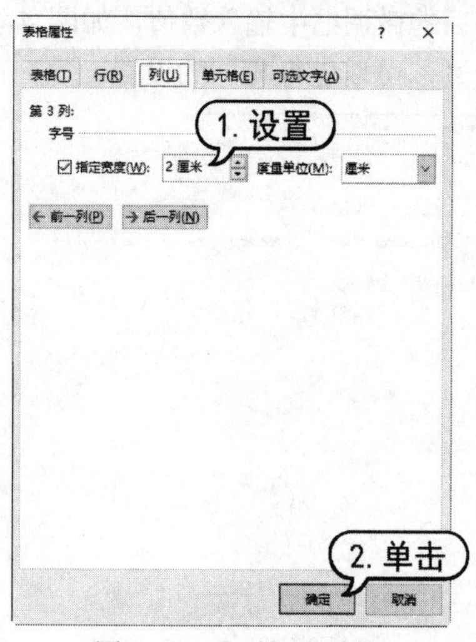

图 4-43 【列】选项卡

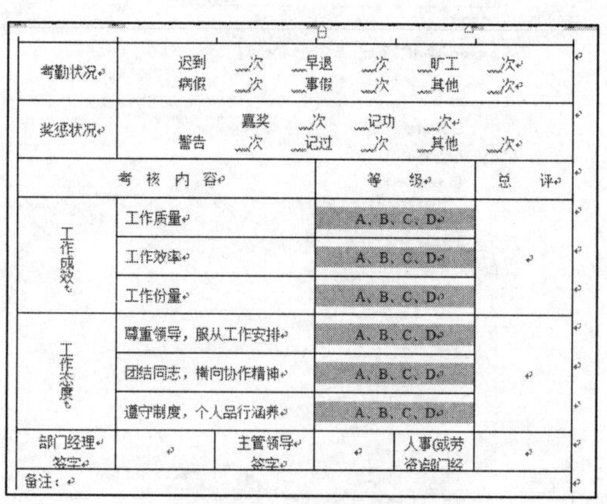

图 4-44 设置列宽

(6) 将插入点定位在表格任意单元格中，使用同样的方法打开【表格属性】对话框的【表格】选项卡，在【对齐方式】选项区域中选择【居中】选项，单击【确定】按钮，设置表格在文档中居中对齐，如图 4-45 所示。

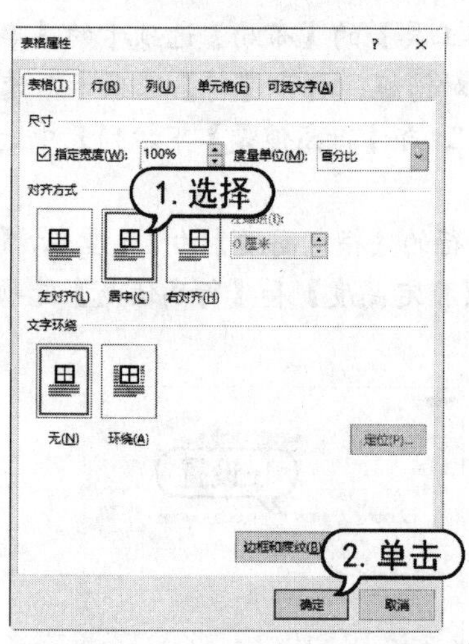

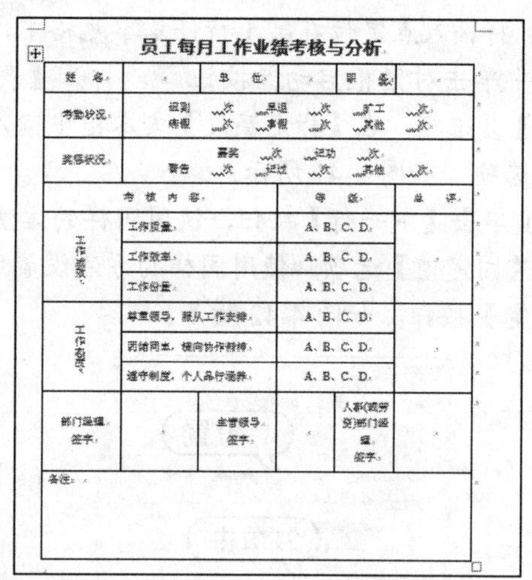

图 4-45 设置表格居中

(7) 在快速访问工具栏中单击【保存】按钮，保存修改设置后的文档。

提示

移动表格是在编辑表格时常用的操作，方法很简单，单击表格左上角的十字形的小方框，按住左键不放，将其拖动到目标位置，松开鼠标，即可将表格移动到目标位置。

4.4.2　设置边框和底纹

一般情况下，Word 2019 会自动设置表格使用 0.5 磅的单线边框。如果用户对表格的样式不满意，则可以重新设置表格的边框和底纹，从而使表格结构更为合理、美观。

1. 设置表格边框

表格的边框包括整个表格的外边框和表格内部各单元格的边框线，对这些边框线设置不同的样式和颜色可以使表格所表达的内容一目了然。

打开表格工具的【设计】选项卡，在【表格样式】组中单击【边框】下拉按钮，在弹出的下拉菜单中可以为表格设置边框，如图 4-46 所示。若选择【边框和底纹】命令，则打开【边框和底纹】对话框的【边框】选项卡，如图 4-47 所示，在【设置】选项区域中可以选择表格边框的样式；在【样式】下拉列表框中可以选择边框线条的样式；在【颜色】下拉列表框中可以选择边框的颜色；在【宽度】下拉列表框中可以选择边框线条的宽度；在【应用于】下拉列表框中可以设定边框应用的对象。

图 4-46　【边框】下拉菜单

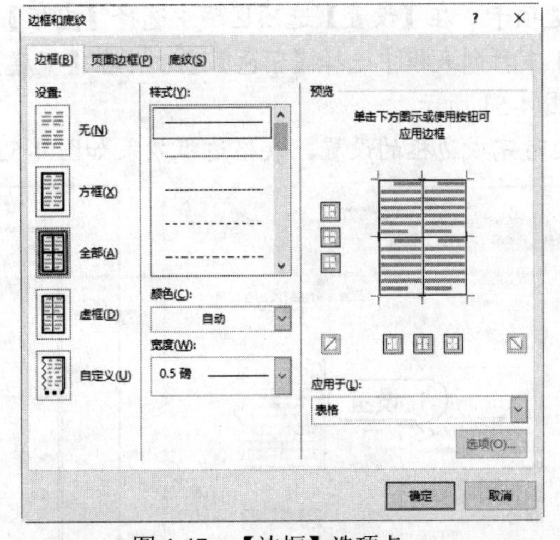

图 4-47　【边框】选项卡

2. 设置单元格和表格底纹

设置单元格和表格底纹就是对单元格和表格设置填充颜色，起到美化及强调文字的作用。

打开【表格工具】的【设计】选项卡，在【表格样式】组中单击【底纹】下拉按钮，在弹出的下拉列表中选择一种底纹颜色，如图 4-48 所示。其中，在【底纹】下拉列表中还包含两个命令，选择【其他颜色】命令，打开【颜色】对话框，如图 4-49 所示。在该对话框中对底纹的颜色选择标准色或自定义设置需要的颜色。

打开【边框和底纹】对话框的【底纹】选项卡，如图 4-50 所示。在【填充】下拉列表框中可以设置表格底纹的填充颜色；在【图案】选项区域中的【样式】下拉列表框中可以选择填充图案的其他样式；在【应用于】下拉列表框中可以设定底纹应用的对象。

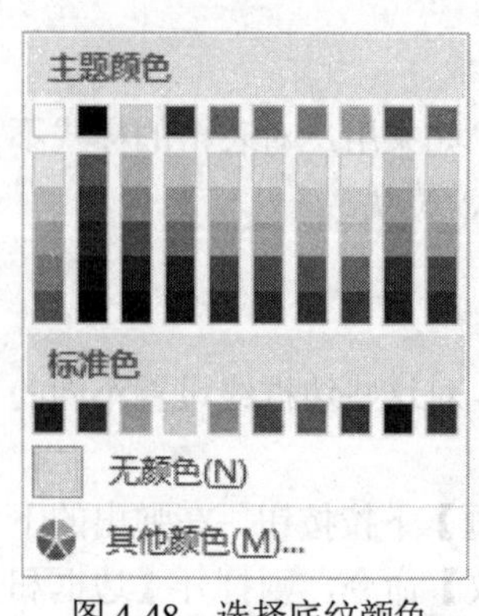

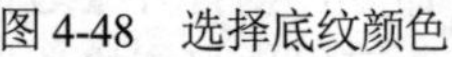

图 4-48　选择底纹颜色

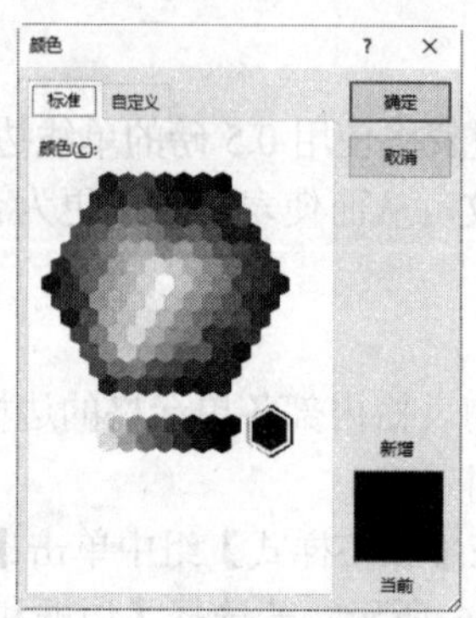

图 4-49　【颜色】对话框

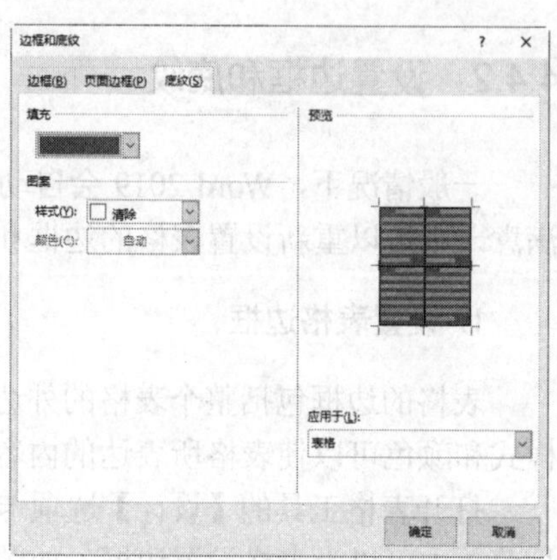

图 4-50　【底纹】选项卡

【例 4-6】 在“员工考核表”文档中，设置表格边框和单元格底纹。视频

(1) 启动 Word 2019，打开“员工考核表”文档。

(2) 将插入点定位在表格中，打开【表格工具】的【设计】选项卡，在【表格样式】组中单击【边框】按钮，从弹出的菜单中选择【边框和底纹】命令，打开【边框和底纹】对话框。打开【边框】选项卡，在【设置】选项区域中选择【虚框】选项，在【样式】列表框中选择双线型，在【颜色】下拉列表框中选择【紫色】色块，在【宽度】下拉列表框中选择 1.5 磅，单击【确定】按钮，如图 4-51 所示。

(3) 此时完成边框的设置，表格边框效果如图 4-52 所示。

图 4-51　【边框】选项卡

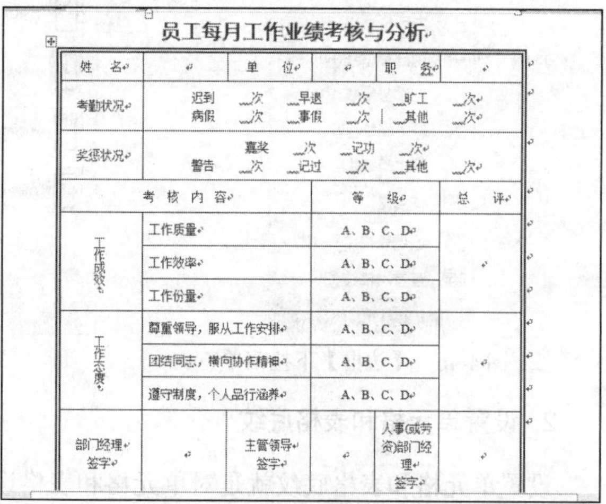

图 4-52　边框效果

(4) 将插入点定位在表格的第 1、4 行，在【表格样式】组中单击【底纹】按钮，从弹出的颜色面板中选择【浅绿】色块，如图 4-53 所示。

(5) 此时完成底纹的设置，选中表格行的底纹效果如图 4-54 所示。

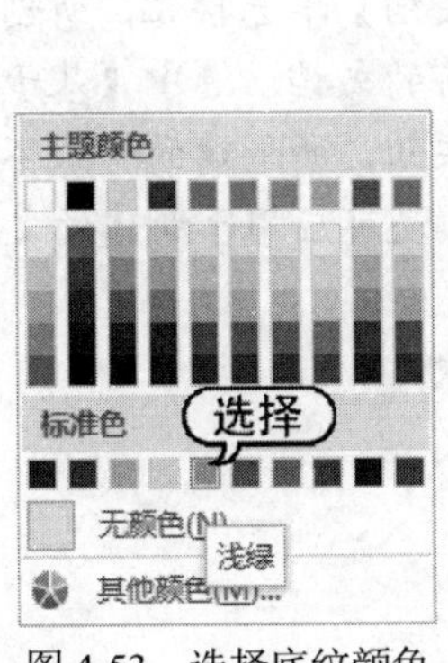

图 4-53　选择底纹颜色

员工每月工作业绩考核与分析

姓　名		单　位		职　务	
考勤状况	迟到 __次 __早退 __次 __旷工 __次 病假 __次 __事假 __次 __其他 __次				
奖惩状况	嘉奖 __次 __记功 __次 警告 __次 __记过 __次 __其他 __次				
考　核　内　容			等　级		总　评
工作成效	工作质量		A、B、C、D		
	工作效率		A、B、C、D		
	工作份量		A、B、C、D		
工作态度	尊重领导，服从工作安排		A、B、C、D		
	团结同志，横向协作精神		A、B、C、D		
	遵守制度，个人品行涵养		A、B、C、D		
部门经理签字		主管领导签字		人事(或劳资)部门经理签字	

图 4-54　底纹效果

4.4.3　套用表格样式

Word 2019 为用户提供了 100 多种内置的表格样式，这些内置的表格样式提供了各种现成的边框和底纹设置，方便用户快速设置合适的表格样式。

打开【表格工具】的【设计】选项卡，在【表格样式】组中单击【其他】按钮，在弹出的下拉列表中选择需要的外观样式，即可为表格套用样式，如图 4-55 所示。

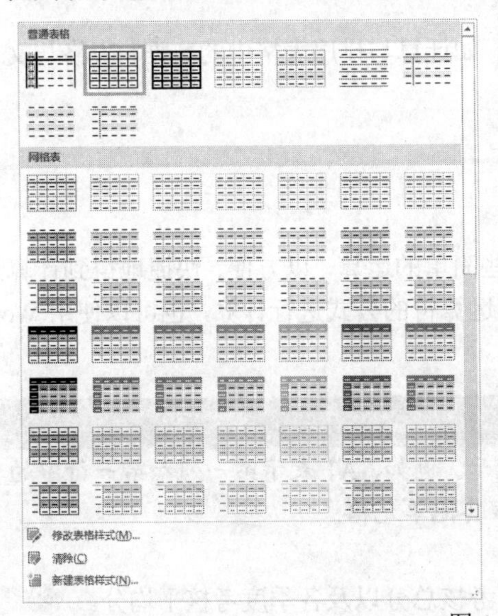

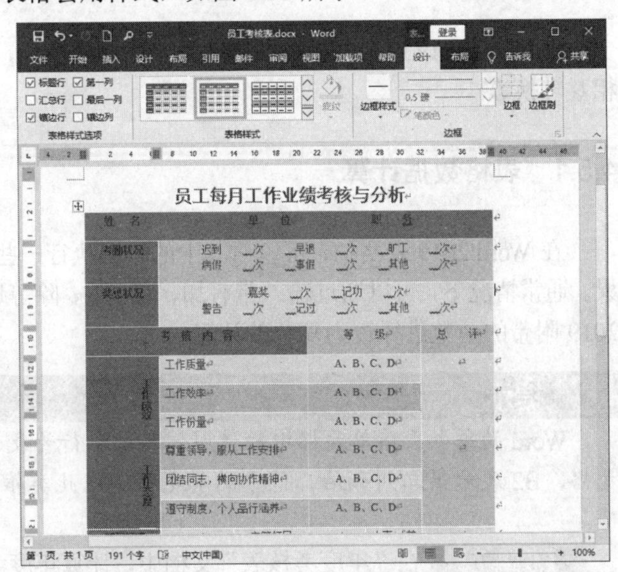

图 4-55　套用表格样式

在如图 4-55 所示的菜单中选择【新建表格样式】命令，打开【根据格式化创建新样式】对话框，如图 4-56 所示。在该对话框中用户可以自定义表格样式。其中，【属性】选项区域用于设置样式的名称、类型和样式基准；【格式】选项区域用于设置表格文本的字体、字号、字体颜色等格式。

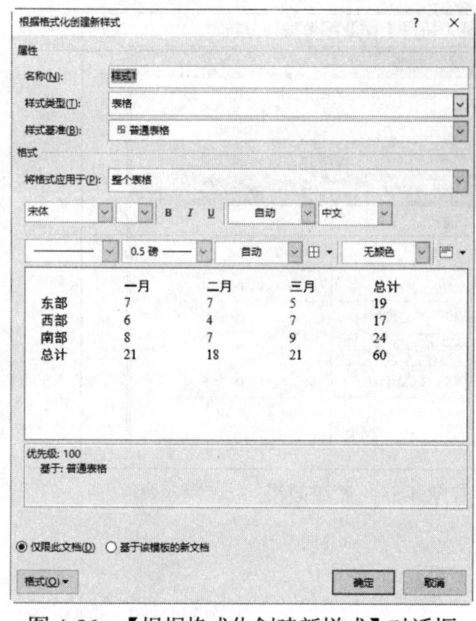

图 4-56 【根据格式化创建新样式】对话框

提示

在【根据格式化创建新样式】对话框中，选中【仅限此文档】单选按钮，所创建的样式只能应用于当前的文档；选中【基于该模板的新文档】单选按钮，所创建的样式不仅可以应用于当前文档，还可应用于新建的文档。

4.5 表格的高级操作

在 Word 2019 中，可以对表格进行一些高级操作，如计算与排序表格中的数据、表格与文本相互转换等。

4.5.1 表格数据计算

在 Word 2019 表格中，可以对其中的数据执行一些简单的运算，以方便、快捷地得到计算结果。通常情况下，可以通过输入带有加、减、乘、除等运算符的公式进行计算，也可以使用 Word 2019 附带的函数进行较为复杂的计算。

提示

Word 的每个表格单元格中的值用列字母和行号表示。例如，A1 表示第一列和第一行中的单元格，B2 表示第二列和第二行中的单元格，以此类推其他单元格。

【例 4-7】 在“年度考核表”文档中，计算年度考核总分以及各季度考核平均分。 视频

(1) 启动 Word 2019，打开“年度考核表”文档，如图 4-57 所示。

(2) 将插入点定位在 G2 单元格中，打开【表格工具】的【布局】选项卡，在【数据】组中单击【公式】按钮，如图 4-58 所示。

年度考核表

员工编号	员工姓名	第一季度考核成绩	第二季度考核成绩	第三季度考核成绩	第四季度考核成绩	年度考核总分
0001	曹阳	94.5	97.5	92	96	
0002	陈东	100	98	99	100	
0003	孙可	95	90	95	90	
0004	蒋天	90	88	96	87.4	
0005	陈晓丽	85.6	85.8	97	85	
0006	王小波	84	85	95.8	84.1	
0007	陈春华	83	82	94.6	83.6	
0008	李长法	83	90	93.4	84.6	
各季度考核平均分：						

图 4-57　打开文档

图 4-58　单击【公式】按钮

(3) 打开【公式】对话框，在【公式】文本框中输入“=SUM(LEFT)”，然后单击【确定】按钮，计算出员工“曹阳”的年度考核总分，如图 4-59 所示。

提示

在使用 LEFT、RIGHT、ABOVE 函数求和时，如果对应的左侧、右侧、上面的单元格有空白单元格时，Word 将从最后一个不为空且是数字的单元格开始计算。如果要计算的单元格内存在异常的对象如文本时，Word 公式在计算时会忽略这些文本。

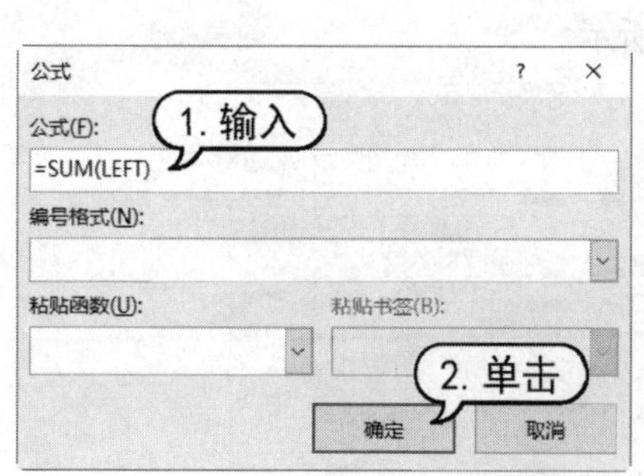

年度考核表

员工编号	员工姓名	第一季度考核成绩	第二季度考核成绩	第三季度考核成绩	第四季度考核成绩	年度考核总分
0001	曹阳	94.5	97.5	92	96	380
0002	陈东	100	98	99	100	
0003	孙可	95	90	95	90	
0004	蒋天	90	88	96	87.4	
0005	陈晓丽	85.6	85.8	97	85	
0006	王小波	84	85	95.8	84.1	
0007	陈春华	83	82	94.6	83.6	
0008	李长法	83	90	93.4	84.6	
各季度考核平均分：						

图 4-59　使用【公式】对话框进行计算

(4) 使用相同的方法，计算出其他员工的年度考核总分，如图 4-60 所示。

(5) 将插入点定位在第 10 行第 2 列的单元格中，打开【表格工具】的【布局】选项卡，在【数据】组中单击【公式】按钮，打开【公式】对话框，在【公式】文本框中输入“=AVERAGE(C2:C9)”，表示对 C2 到 C9 单元格区域内的数据求平均值，如图 4-61 所示，单击【确定】按钮。

年度考核表

员工编号	员工姓名	第一季度考核成绩	第二季度考核成绩	第三季度考核成绩	第四季度考核成绩	年度考核总分
0001	曹阳	94.5	97.5	92	96	380
0002	陈东	100	98	99	100	397
0003	孙可	95	90	95	90	370
0004	蒋天	90	88	96	87.4	361.4
0005	陈晓丽	85.6	85.8	97	85	353.4
0006	王小波	84	85	95.8	84.1	348.9
0007	陈春华	83	82	94.6	83.6	343.2
0008	李长法	83	90	93.4	84.6	351
各季度考核平均分：						

图 4-60　显示计算结果

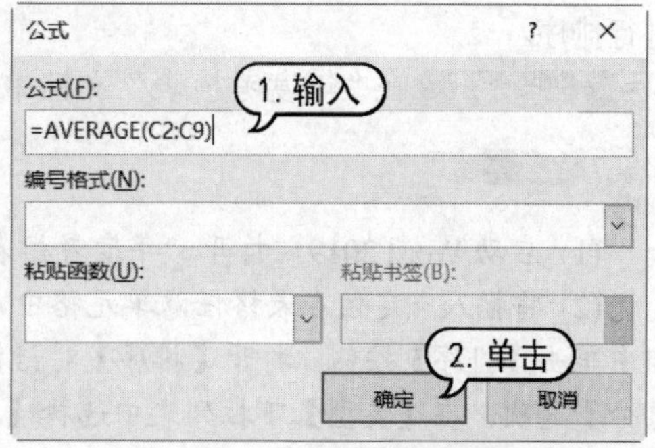

图 4-61　【公式】对话框

(6) 此时计算出第一季度考核的平均成绩，如图 4-62 所示。

(7) 使用同样的方法，计算出其他季度考核的平均成绩，如图 4-63 所示。

年度考核表

员工编号	员工姓名	第一季度考核成绩	第二季度考核成绩	第三季度考核成绩	第四季度考核成绩	年度考核总分
0001	曹阳	94.5	97.5	92	96	380
0002	陈东	100	98	99	100	397
0003	孙可	95	90	95	90	370
0004	蒋天	90	88	96	87.4	361.4
0005	陈晓丽	85.6	85.8	97	85	353.4
0006	王小波	84	85	95.8	84.1	348.9
0007	陈春华	83	82	94.6	83.6	343.2
0008	李长法	83	90	93.4	84.6	351
各季度考核平均分：		89.39				

图 4-62 显示计算结果

年度考核表

员工编号	员工姓名	第一季度考核成绩	第二季度考核成绩	第三季度考核成绩	第四季度考核成绩	年度考核总分
0001	曹阳	94.5	97.5	92	96	380
0002	陈东	100	98	99	100	397
0003	孙可	95	90	95	90	370
0004	蒋天	90	88	96	87.4	361.4
0005	陈晓丽	85.6	85.8	97	85	353.4
0006	王小波	84	85	95.8	84.1	348.9
0007	陈春华	83	82	94.6	83.6	343.2
0008	李长法	83	90	93.4	84.6	351
各季度考核平均分：		89.39	89.54	95.35	88.84	

图 4-63 显示计算结果

4.5.2 表格数据排序

在 Word 2019 中，可以方便地将表格中的文本、数字、日期等数据按升序或降序的顺序进行排序。

选中需要排序的表格或单元格区域，打开【表格工具】的【布局】选项卡，在【数据】组中单击【排序】按钮，打开【排序】对话框，如图 4-64 所示。

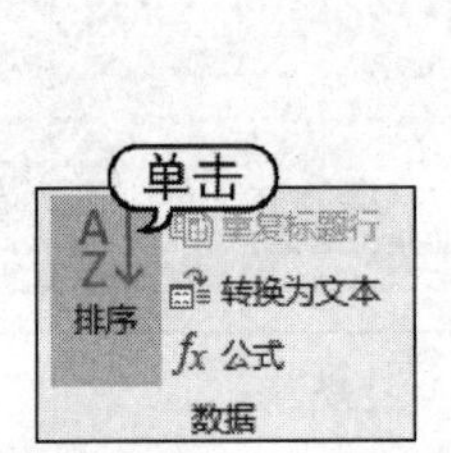

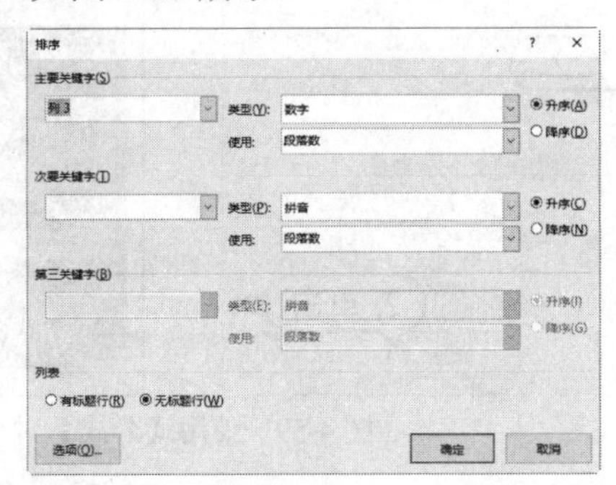

图 4-64 打开【排序】对话框

在【排序】对话框中有 3 种关键字，分别为【主要关键字】【次要关键字】和【第三关键字】。在排序过程中，将优先依照【主要关键字】进行排序；当有相同的记录时，则依照【次要关键字】进行排序；最后当【主要关键字】和【次要关键字】都有相同的记录时，则依照【第三关键字】进行排序。

【例 4-8】 在“年度考核表”文档中，将数据年度考核总分以从高到低的顺序进行排序。 视频

(1) 启动 Word 2019，打开“年度考核表”文档。

(2) 将插入点定位在表格任意单元格中，打开【表格工具】的【布局】选项卡，在【数据】组中单击【排序】按钮，打开【排序】对话框，在【主要关键字】下拉列表框中选择【年度考核总分】选项，在【类型】下拉列表中选择【数字】选项，选中【降序】单选按钮，单击【确定】按钮，如图 4-65 所示。

(3) 此时表格中的数据按年度考核总分从高到低的顺序进行排序，效果如图 4-66 所示。

图 4-65　【排序】对话框

年度考核表

员工编号	员工姓名	第一季度考核成绩	第二季度考核成绩	第三季度考核成绩	第四季度考核成绩	年度考核总分
0002	陈东	100	98	99	100	397
0001	曹阳	94.5	97.5	92	96	380
0003	孙可	95	90	95	90	370
0004	蒋天	90	88	96	87.4	361.4
0005	陈晓丽	85.6	85.8	97	85	353.4
0008	李长法	83	90	93.4	84.6	351
0006	王小波	84	85	95.8	84.1	348.9
0007	陈春华	83	82	94.6	83.6	343.2
各季度考核平均分		89.39	89.54	95.35	88.84	

图 4-66　数据排序

4.5.3　表格与文本之间的转换

在 Word 2019 中，可以将文本转换为表格，也可以将表格转换为文本。要把文本转换为表格，应首先将需要进行转换的文本格式化，即把文本中的每一行用段落标记隔开，每一列用分隔符(如逗号、空格、制表符等)分开，否则系统将不能正确识别表格的行列分隔，从而导致不能正确转换。

1. 将表格转换为文本

将表格转换为文本，可以去除表格线，仅将表格中的文本内容按原来的顺序提取出来，但会丢失一些特殊的格式。

选取表格，打开【表格工具】的【布局】选项卡，在【数据】组中单击【转换为文本】按钮，打开【表格转换成文本】对话框，如图 4-67 所示。在该对话框中选择将原表格中的单元格文本转换成文字后的分隔符的类型，这里选中【制表符】单选按钮，单击【确定】按钮即可。如图 4-68 所示是将表格转换为文本后的效果。

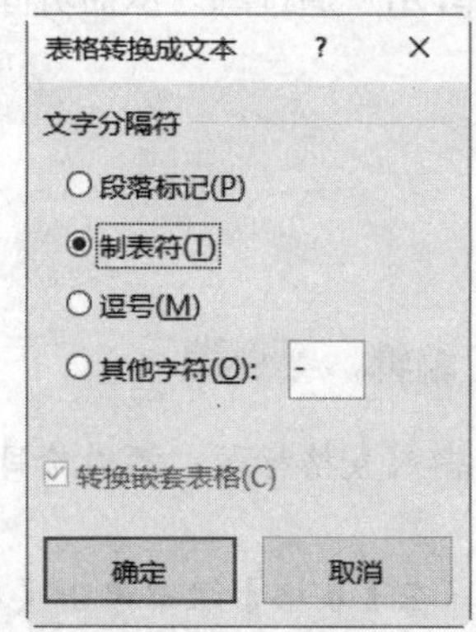

图 4-67　【表格转换成文本】对话框

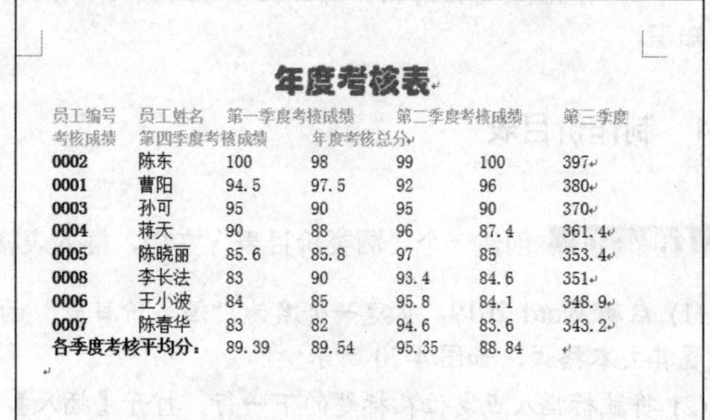

年度考核表

员工编号　员工姓名　第一季度考核成绩　第二季度考核成绩　第三季度考核成绩　第四季度考核成绩　年度考核总分
0002　陈东　100　98　99　100　397
0001　曹阳　94.5　97.5　92　96　380
0003　孙可　95　90　95　90　370
0004　蒋天　90　88　96　87.4　361.4
0005　陈晓丽　85.6　85.8　97　85　353.4
0008　李长法　83　90　93.4　84.6　351
0006　王小波　84　85　95.8　84.1　348.9
0007　陈春华　83　82　94.6　83.6　343.2
各季度考核平均分：　89.39　89.54　95.35　88.84

图 4-68　表格转换为文本

2. 将文本转换为表格

将文本转换为表格与将表格转换为文本不同，在转换前必须对要转换的文本进行格式化。文本的每一行之间要用段落标记符隔开，每一列之间要用分隔符隔开。列之间的分隔符可以是逗号、空格、制表符等。

将文本格式化后，打开【插入】选项卡，在【表格】组中单击【表格】按钮，在弹出的菜单中选择【文本转换成表格】命令，打开【将文字转换成表格】对话框，如图 4-69 所示。在【表格尺寸】选项区域中，【行数】和【列数】文本框中的数值都是根据段落标记符和文字之间的分隔符来确定的，用户也可自己修改。在【“自动调整”操作】选项区域中，用户除了可以设置固定列宽外，还可以根据窗口或内容来调整表格的大小。

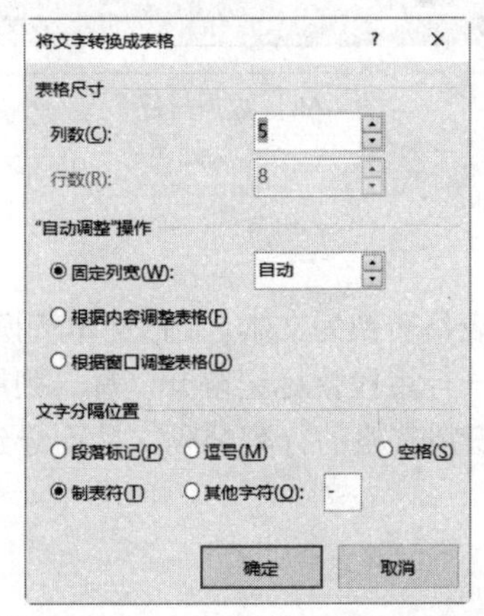

图 4-69 【将文字转换成表格】对话框

> **提示**
>
> 使用文本创建的表格，与直接创建的表格一样，可进行套用表格样式、编辑表格、设置表格的边框和底纹等操作。

4.6 实例演练

本章的实例演练部分为制作价目表和考勤表两个综合实例操作，用户通过练习从而巩固本章所学知识。

4.6.1 制作价目表

【例 4-9】 创建一个“酒类价目表”文档，插入表格并进行编辑。 视频

(1) 启动 Word 2019，新建一个名为“酒类价目表”的文档，输入表格标题“酒类价目表”并设置其文本格式，如图 4-70 所示。

(2) 将鼠标插入点定位在标题的下一行，打开【插入】选项卡，在【表格】组中单击【表格】按钮，在弹出的下拉菜单中选择【插入表格】命令，打开【插入表格】对话框，在【列数】和【行数】文本框中分别输入 6 和 10，单击【确定】按钮，如图 4-71 所示。

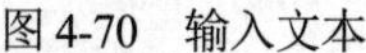
图 4-70　输入文本

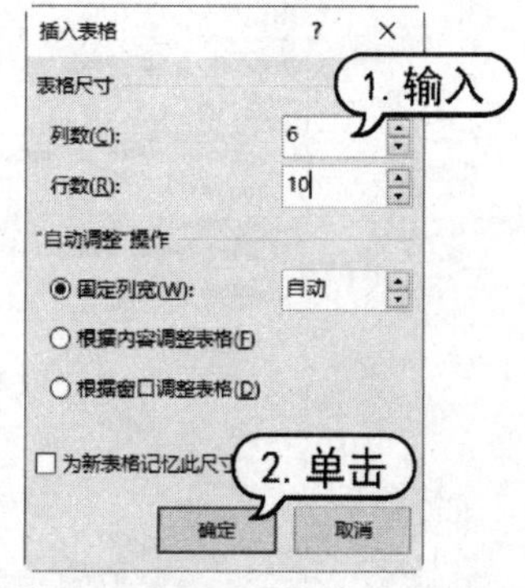

图 4-71　【插入表格】对话框

(3) 此时在文档中插入一个 6 × 10 的规则表格，如图 4-72 所示。

(4) 将插入点定位到表格第 1 行第 1 列单元格中，输入文本“品名”，如图 4-73 所示。

图 4-72　插入表格

图 4-73　输入文本

(5) 使用同样的方法，依次在单元格中输入文本，如图 4-74 所示。

(6) 选中文档中表格的第 1 行，打开【表格工具】的【布局】选项卡，在【单元格大小】组中单击对话框启动器按钮，如图 4-75 所示。

图 4-74　输入文本

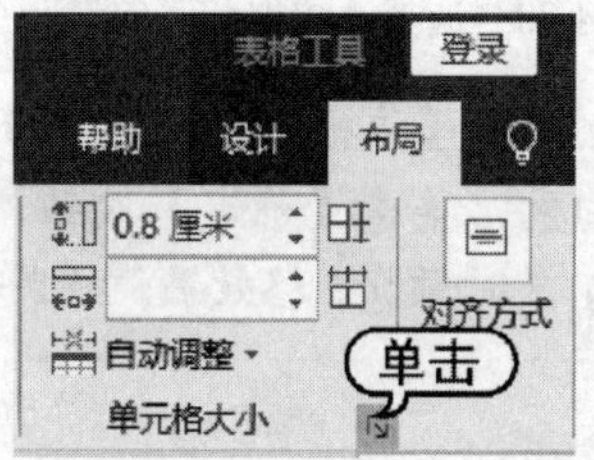

图 4-75　单击按钮

(7) 打开【表格属性】对话框的【行】选项卡，在【尺寸】选项区域中选中【指定高度】复选框，在其右侧的微调框中输入“0.8 厘米”，在【行高值是】下拉列表中选择【固定值】选项，单击【确定】按钮，完成行高的设置，如图 4-76 所示。

(8) 选定表格的第 2、3、4、5、6 列，打开【表格属性】对话框的【列】选项卡。选中【指定宽度】复选框，在其右侧的微调框中输入“2 厘米”，单击【确定】按钮，完成列宽的设置，如图 4-77 所示。

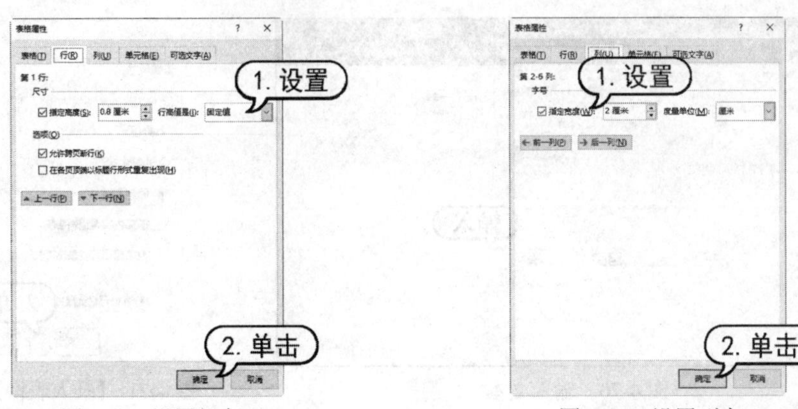

图 4-76　设置行高　　　　图 4-77　设置列宽

(9) 选中整个表格，打开【表格工具】的【设计】选项卡，在【边框】组中单击【边框】下拉按钮，在弹出的菜单中选择【边框和底纹】命令，如图 4-78 所示。

(10) 打开【边框和底纹】对话框，在【边框】选项卡中设置【虚框】、双线样式、颜色为浅绿、宽度为 1.5 磅，完成表格边框的设置，如图 4-79 所示。

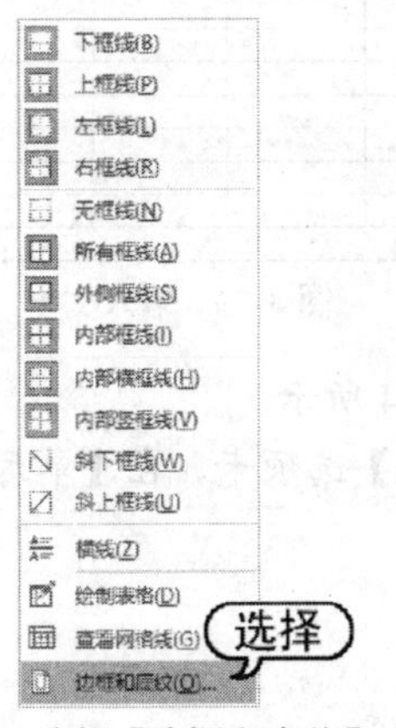

图 4-78　选择【边框和底纹】命令

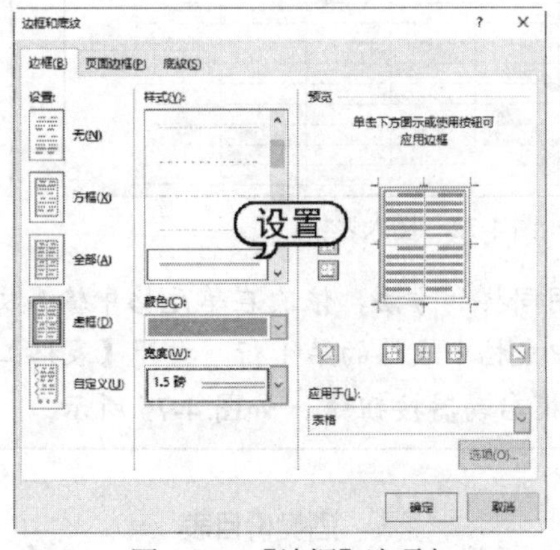

图 4-79　【边框】选项卡

(11) 打开【边框和底纹】对话框的【底纹】选项卡，设置【填充】为浅蓝色、【样式】为 5%、颜色为白色，单击【确定】按钮，完成表格底纹的设置，如图 4-80 所示。

(12) 此时预览表格效果，效果如图 4-81 所示。

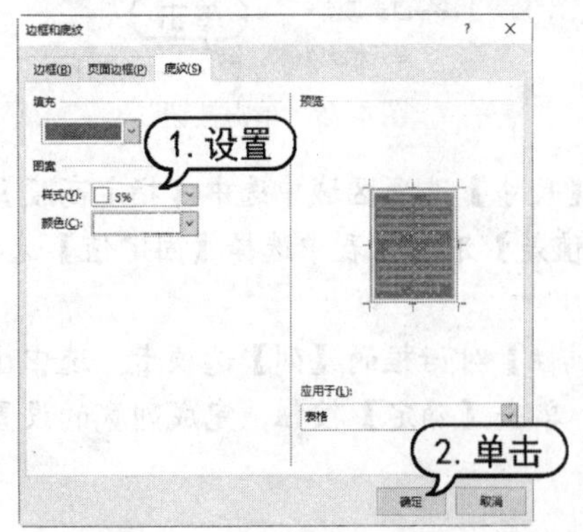

图 4-80　【底纹】选项卡

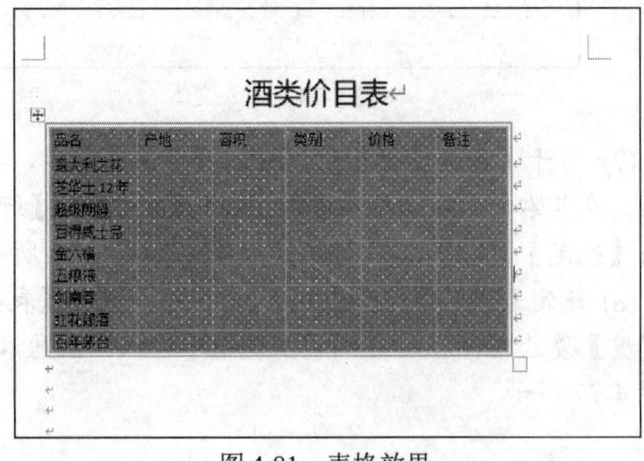

图 4-81　表格效果

4.6.2　制作考勤表

【例 4-10】　创建“公司考勤表”文档，插入表格并进行编辑。视频

(1) 启动 Word 2019，新建一个名为“公司考勤表”的文档，输入标题“公司考勤表”，设置其字体为【方正粗活意简体】、字号为【二号】、对齐方式为【居中】，效果如图 4-82 所示。

(2) 将光标定位在第 2 行，输入相关文本，其中下画线可配合【下画线】按钮和空格键来完成，如图 4-83 所示。

图 4-82　输入标题

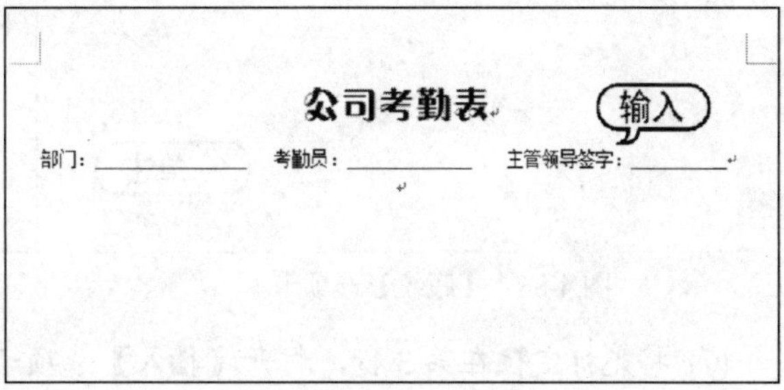

图 4-83　输入文本

(3) 选中标题“公司考勤表”，在【开始】选项卡的【段落】组中，单击对话框启动器按钮，打开【段落】对话框，在【缩进和间距】选项卡中设置段后间距为【0.5 行】，行距为【最小值】、【0 磅】，然后单击【确定】按钮，如图 4-84 所示。

(4) 继续保持选中标题文本，在【段落】组中单击【边框和底纹】下拉按钮，在弹出的菜单中选择【边框和底纹】命令，如图 4-85 所示。

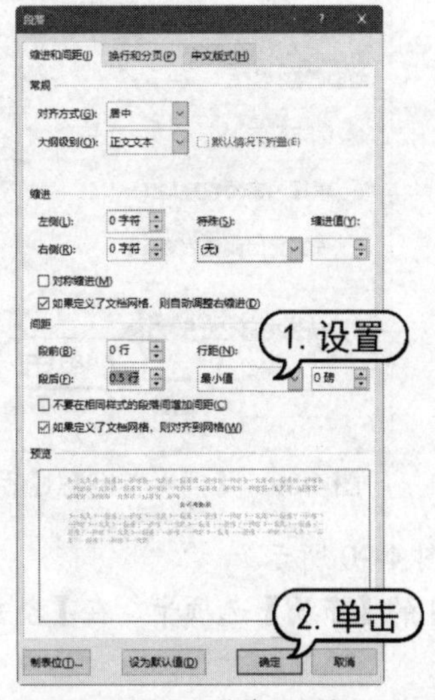

图 4-84　【段落】对话框

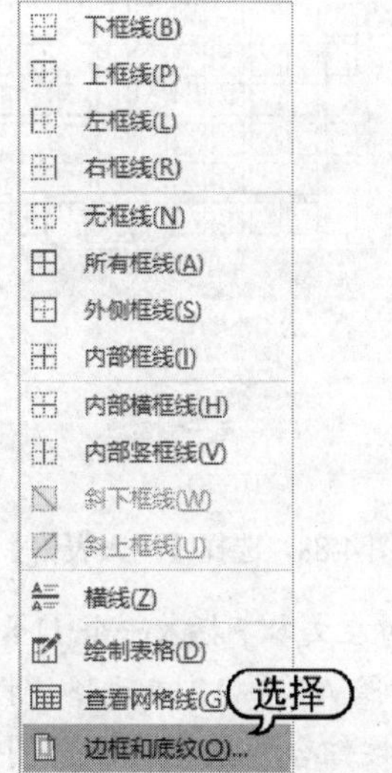

图 4-85　选择【边框和底纹】命令

(5) 打开【边框和底纹】对话框，切换至【底纹】选项卡，在【填充】下拉列表中选择【蓝色，个性色 1，淡色 60%】；在【应用于】下拉列表框中选择【段落】选项，然后单击【确定】按钮，如图 4-86 所示。

(6) 此时为标题文本添加底纹，效果如图 4-87 所示。

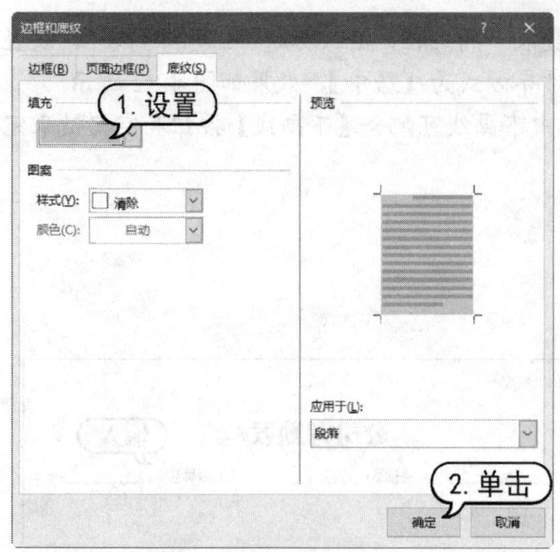

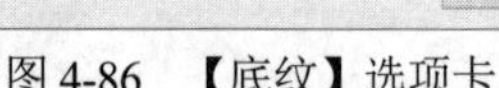

图 4-86 【底纹】选项卡

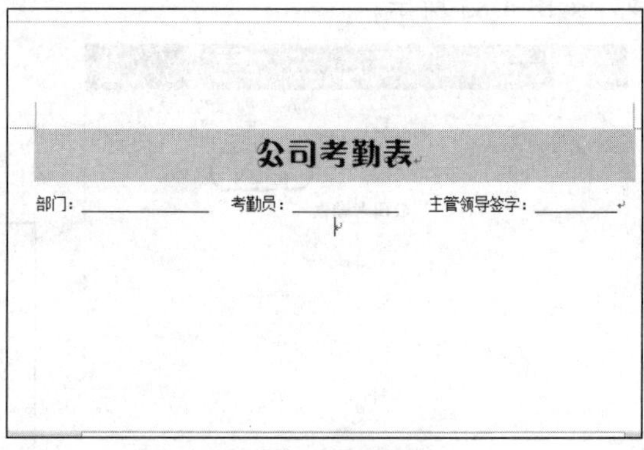

图 4-87 底纹效果

(7) 将光标定位在第 3 行，打开【插入】选项卡，在【表格】组中单击【表格】按钮，从弹出的菜单中选择【插入表格】命令，如图 4-88 所示。

(8) 打开【插入表格】对话框，在【列数】微调框中输入“11”，在【行数】微调框中输入“16”，单击【确定】按钮，如图 4-89 所示。

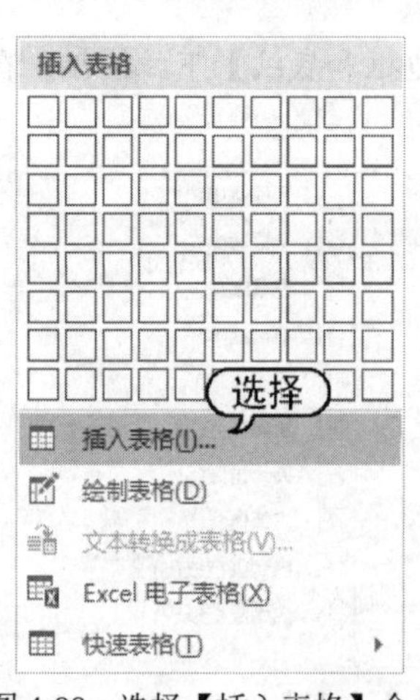

图 4-88 选择【插入表格】命令

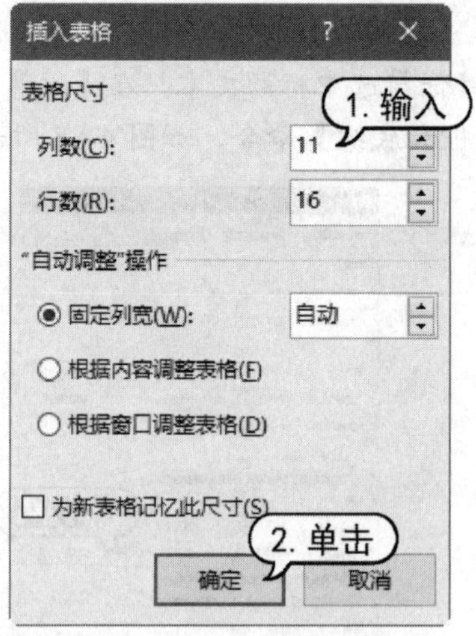

图 4-89 【插入表格】对话框

(9) 此时在文本下插入一个 11 × 16 的表格，如图 4-90 所示。

(10) 选择 A1 和 A2 单元格，打开【表格工具】的【布局】选项卡，在【合并】组中单击【合并单元格】按钮合并单元格，如图 4-91 所示。

图 4-90　插入表格

图 4-91　单击【合并单元格】按钮

(11) 使用同样的方法，合并其他单元格并输入相应文本，如图 4-92 所示。

(12) 选中整个表格，打开【表格工具】的【布局】选项卡，在【对齐方式】组中单击【水平居中】按钮，设置表格中文本的对齐方式，如图 4-93 所示。

姓名	周次	2020 年第十周							正常上班天数	请假天数
	星期	一	二	三	四	五	六	日		
王茜茜	上午									
	下午									
李瑞云	上午									
	下午									
江华	上午									
	下午									
刘萌	上午									
	下午									
高小慧	上午									
	下午									
李晶晶	上午									
	下午									
王云帆	上午									
	下午									

图 4-92　合并单元格并输入文本

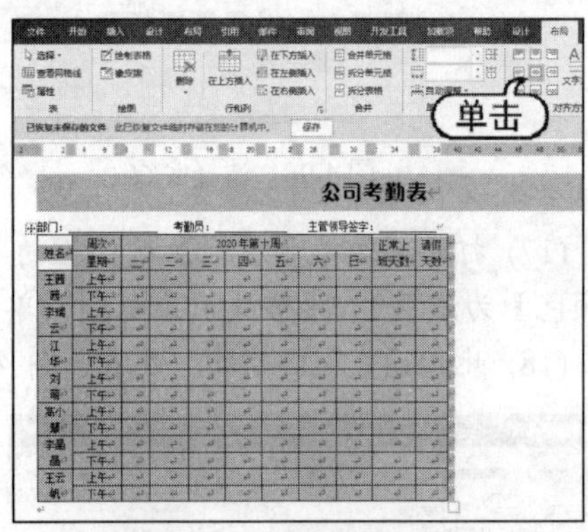

图 4-93　单击【水平居中】按钮

(13) 在【开始】选项卡中设置表格内文本的字体格式，并使用鼠标拖动的方法调整表格的行高和列宽，效果如图 4-94 所示。

(14) 选中“六”和“日”两个单元格，在【开始】选项卡的【段落】组中单击【底纹】下拉按钮，在弹出的面板中为单元格选择深红色底纹，如图 4-95 所示。

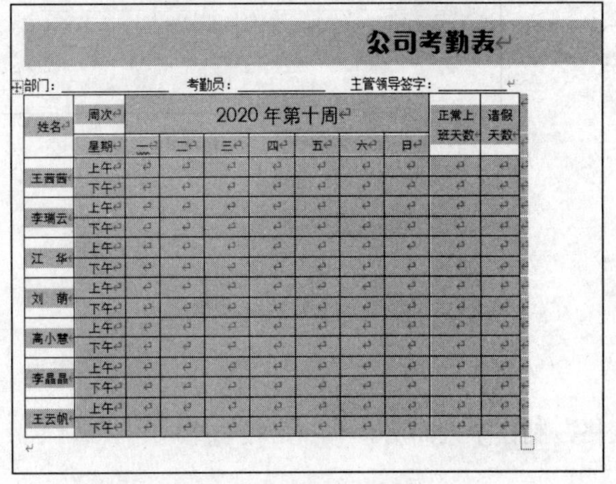

图 4-94　调整表格

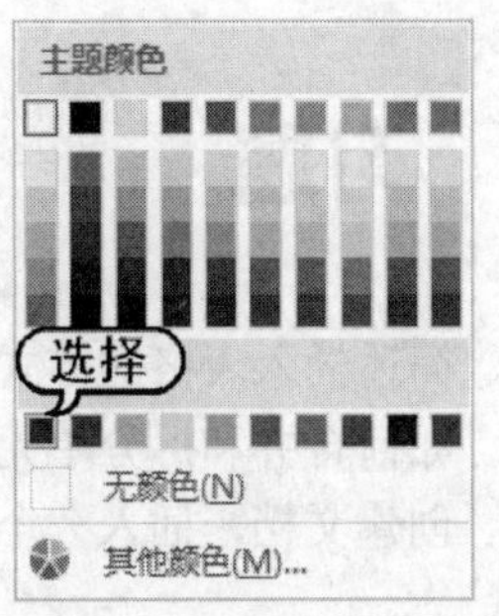

图 4-95　选择深红色底纹

(15) 选择表格内其余带文字的单元格，在【开始】选项卡的【段落】组中单击【底纹】下拉按钮，在弹出的面板中选择【蓝色，个性色 1，淡色 60%】底纹，如图 4-96 所示。

(16) 选中整个表格，单击【边框】下拉按钮，在弹出的菜单中选择【边框和底纹】命令，打开【边框和底纹】对话框，切换至【边框】选项卡，在左侧选中【全部】选项，在【颜色】下拉列表中选择【蓝色】选项，如图 4-97 所示。

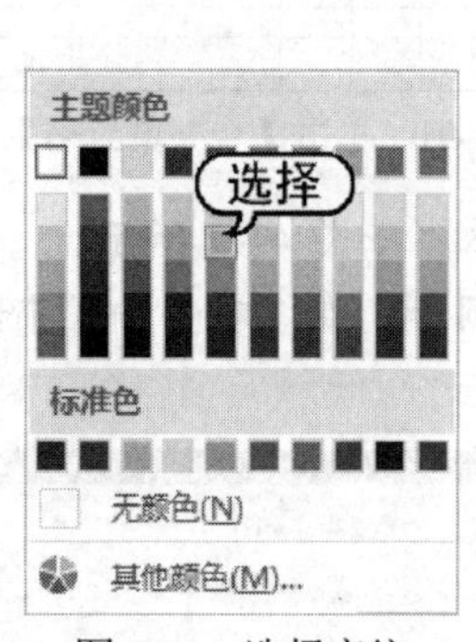

图 4-96 选择底纹

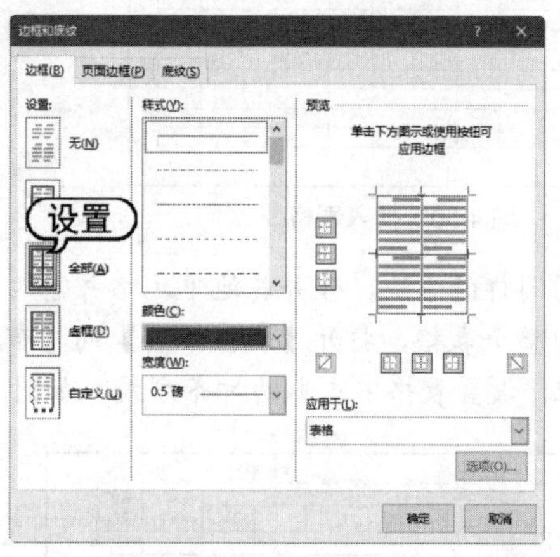

图 4-97 设置边框

(17) 打开【边框和底纹】对话框的【页面边框】选项卡，在左侧选中【方框】选项，设置【颜色】为浅蓝色、【样式】为双线，单击【确定】按钮，如图 4-98 所示。

(18) 此时预览表格效果，效果如图 4-99 所示。

图 4-98 设置页面边框

图 4-99 表格效果

4.7 习题

1. 简述插入表格的方式。
2. 如何合并和拆分单元格？
3. 创建文档，插入一个 6×10 的表格，制作个人简历。

第5章 图文混排Word文档

在 Word 文档中适当地插入一些图形和图片，不仅会使文章显得生动有趣，还能帮助读者更直观地理解文章内容。本章将主要介绍 Word 2019 的绘图和图形处理功能，从而实现文档的图文混排。

本章重点

- 插入图片
- 插入形状
- 插入艺术字
- 插入文本框

二维码教学视频

【例 5-1】 插入计算机中的图片
【例 5-2】 插入艺术字
【例 5-3】 插入 SmartArt 图形
【例 5-4】 插入形状
【例 5-5】插入文本框
【例 5-6】插入图表
【例 5-7】制作入场券
【例 5-8】练习图文混排

5.1 插入图片

为了使文档更加美观、生动，可以在其中插入图片。在 Word 2019 中，不仅可以插入系统提供的联机图片；还可以从其他程序或位置导入图片；甚至可以使用屏幕截图功能直接从屏幕中截取画面。

5.1.1 插入联机图片

Office 网络所提供的联机图片内容非常丰富，设计精美、构思巧妙，能够表达不同的主题，适合制作各种文档。

在 Word 2019 中插入联机图片时，用户可以选择通过“必应”搜索引擎搜索出的图片，也可以选择保存在 OneDrive 中的图片。

在打开的文档中，打开【插入】选项卡，在【插图】组中单击【联机图片】按钮，如图 5-1 所示。打开【插入图片】窗格，在搜索框中输入关键字，比如“酒”，然后单击【搜索】按钮，如图 5-2 所示。

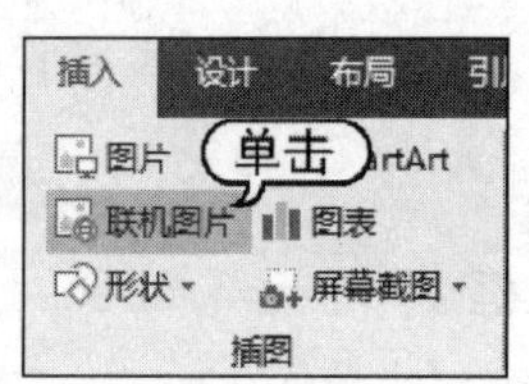

图 5-1 单击【联机图片】按钮

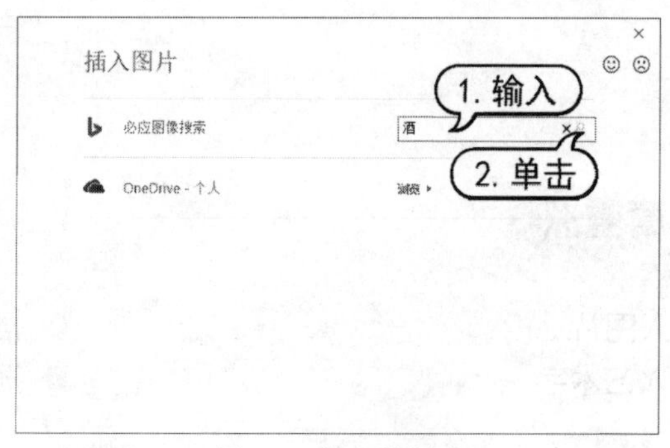

图 5-2 输入关键字

稍后将显示搜索出来的联机图片，选择一张图片，单击【插入】按钮，即可将图片插入文档中，如图 5-3 所示。

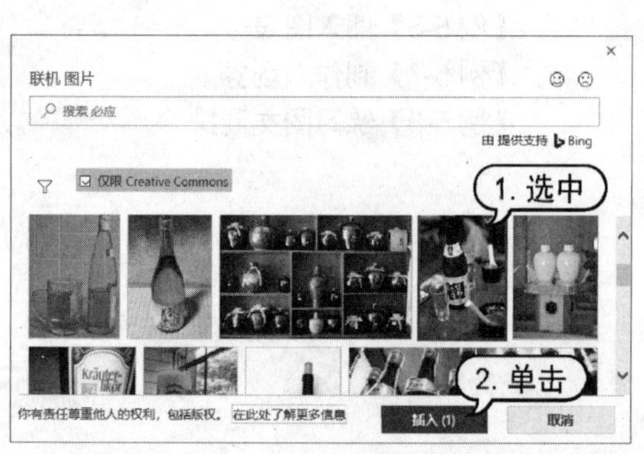

图 5-3 选择图片并插入文档中

5.1.2　插入屏幕截图

如果需要在 Word 文档中使用网页中的某个图片或者图片的一部分，则可以使用 Word 提供的【屏幕截图】功能来实现。

打开【插入】选项卡，在【插图】组中单击【屏幕截图】按钮，在弹出的菜单中选择一个需要截图的窗口，即可将该窗口截取并显示在文档中，如图 5-4 所示。

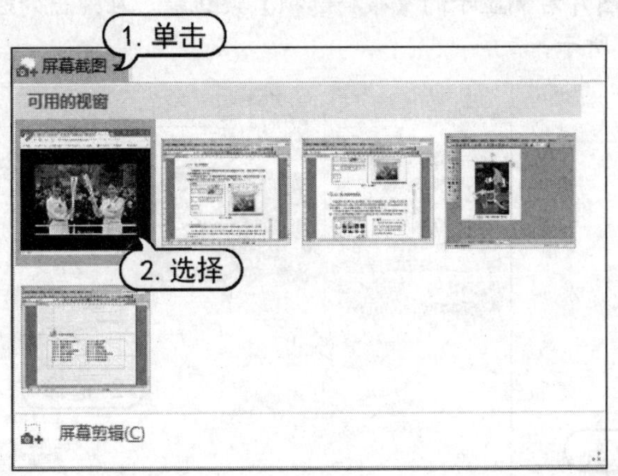

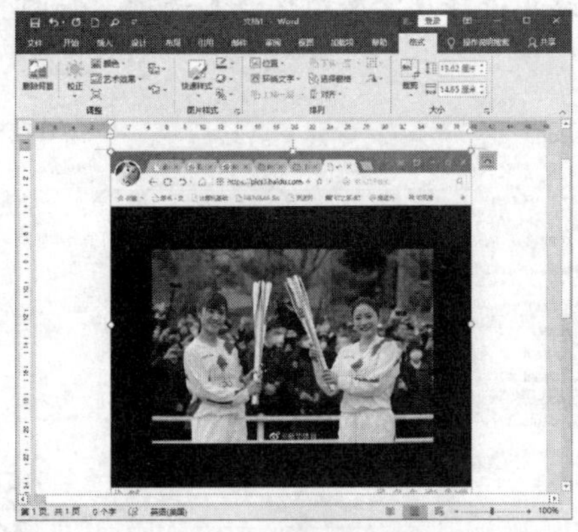

图 5-4　插入屏幕截图

5.1.3　插入计算机中的图片

在计算机磁盘的其他位置中可以选择要插入 Word 文档的图片文件。这些图片文件可以是 Windows 的标准 BMP 位图，也可以是其他应用程序所创建的图片，如 CorelDRAW 的 CDR 格式的矢量图片、JPEG 压缩格式的图片、TIFF 格式的图片等。

打开【插入】选项卡，在【插图】组中单击【图片】按钮，打开【插入图片】对话框，如图 5-5 所示，在其中选择要插入的图片，单击【插入】按钮，即可将图片插入文档中。

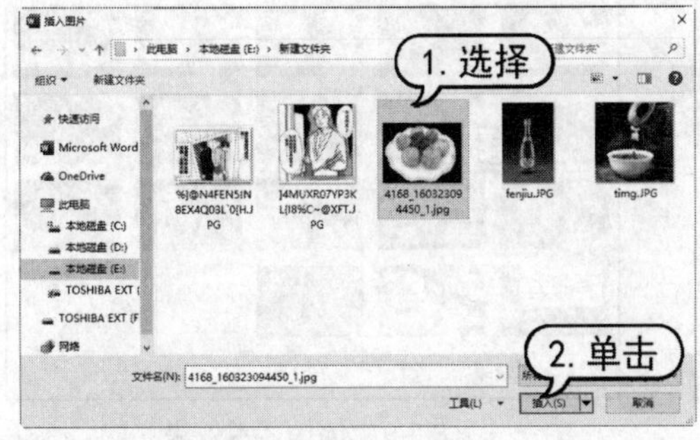

图 5-5　【插入图片】对话框

> **提示**
>
> 在 Word 2019 中可以一次插入多个图片，在打开的【插入图片】对话框中，使用 Shift 或 Ctrl 键配合选择多张图片，再单击【插入】按钮即可。

5.1.4　编辑图片

在文档中插入图片后，经常还需要进行设置才能达到用户的需求。插入图片后，自动打开【图片工具】的【格式】选项卡，使用相应功能工具，可以设置图片的颜色、大小、版式和样

式等。

【例 5-1】 打开“元宵灯会”文档，插入图片并设置图片格式。 视频

(1) 启动 Word 2019，打开“元宵灯会”文档，将插入点定位在文档中合适的位置上，然后打开【插入】选项卡，在【插图】组中单击【图片】按钮，在打开的【插入图片】对话框中选择图片，单击【插入】按钮，如图 5-6 所示。

(2) 选中文档中插入的图片，然后单击图片右侧显示的【布局选项】按钮，在弹出的选项区域中选择【紧密型环绕】选项，如图 5-7 所示。

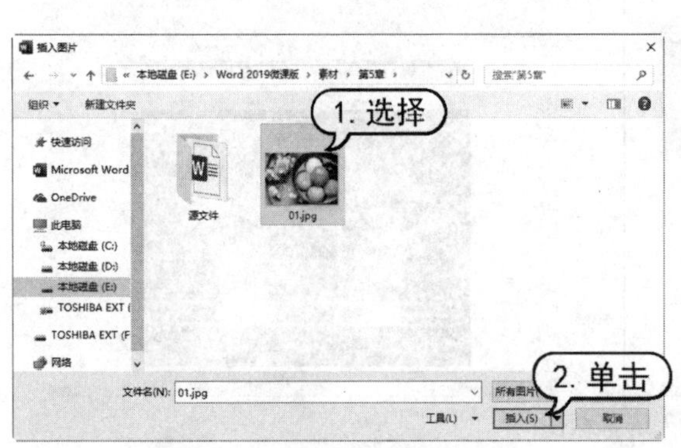

图 5-6 【插入图片】对话框

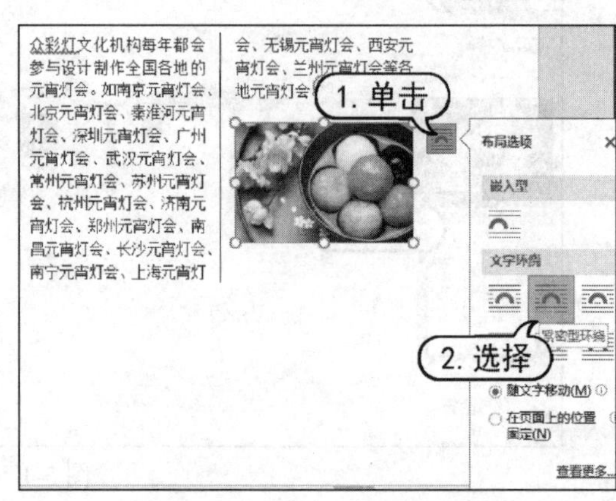

图 5-7 选择【紧密型环绕】选项

(3) 使用鼠标拖动图片调整其位置，选中图片，然后拖动边框的调节框，调节其大小，使其效果如图 5-8 所示。

(4) 在【格式】选项卡中单击【艺术效果】按钮，在下拉菜单中选择一个效果选项，如图 5-9 所示。

图 5-8 调整位置和大小

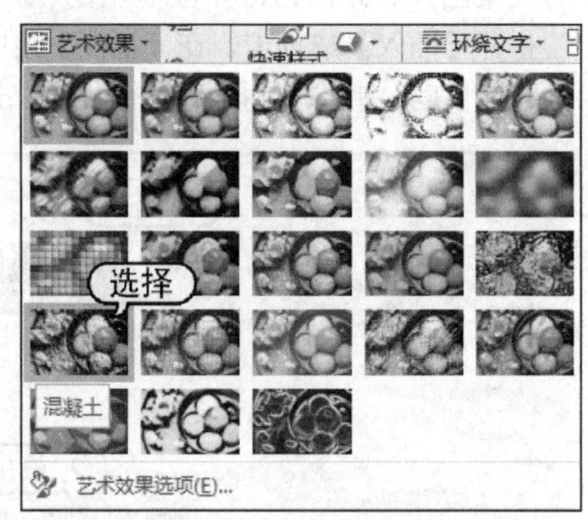

图 5-9 选择艺术效果

(5) 在【格式】选项卡的【图片样式】组中，单击【其他】按钮，从弹出的列表框中选择【居中矩形阴影】样式，为图片应用该样式，如图 5-10 所示。

(6) 图片在文档中的最终效果如图 5-11 所示。

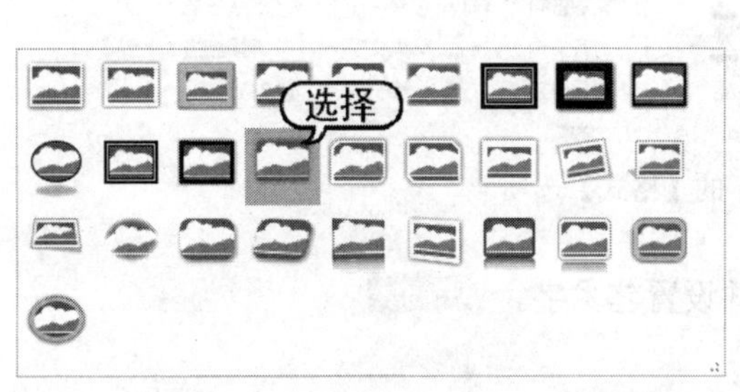

图 5-10　选择图片样式

元宵灯会

正月是农历的元月，古人称夜为"宵"，所以称正月十五为元宵节。正月十五日是一年中第一个月圆之夜，也是一元复始，大地回春的夜晚，人们对此加以庆祝，也是庆贺新春的延续。元宵节又称为"上元节"。

元宵灯会简介

每年农历的正月十五日，春节刚过，迎来的就是中国的传统节日——元宵节。正月是农历的元月，古人称夜为"宵"，所以称正月十五为元宵节。正月十五日是一年中第一个月圆之夜，也是一元复始，大地回春的夜晚，人们对此加以庆祝，也是庆贺新春的延续。元宵节又称为"上元节"。上海欣众彩灯文化机构每年都会参与设计制作全国各地的元宵灯会。如南京元宵灯会、北京元宵灯会、秦淮河元宵灯会、深圳元宵灯会、广州元宵灯会、武汉元宵灯会、常州元宵灯会、苏州元宵灯会、杭州元宵灯会、济南元宵灯会、郑州元宵灯会、南昌元宵灯会、长沙元宵灯会、南宁元宵灯会、上海元宵灯会、无锡元宵灯会、西安元宵灯会、兰州元宵灯会等各地元宵灯会。

图 5-11　图片效果

5.2　插入艺术字

Word 2019 提供了艺术字功能，可以把文档的标题以及需要特别突出的地方用艺术字显示出来。使用 Word 2019 可以创建出各种文字的艺术效果，使文章内容更加生动醒目。

5.2.1　添加艺术字

打开【插入】选项卡，在【文本】组中单击【插入艺术字】按钮，打开艺术字列表框，在其中选择一种艺术字的样式，即可在 Word 文档中插入艺术字，如图 5-12 所示。插入艺术字的方法有两种：一种是先输入文本，再将输入的文本应用为艺术字样式；另一种是先选择艺术字样式，再输入需要的艺术字文本。

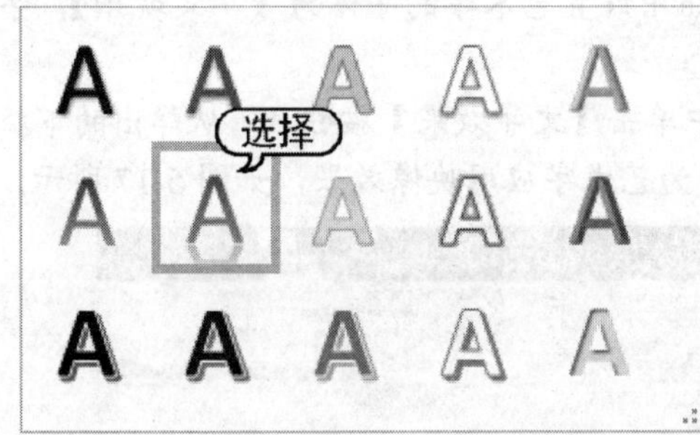

图 5-12　插入艺术字

5.2.2　编辑艺术字

选中艺术字，系统会自动打开【绘图工具】的【格式】选项卡，如图 5-13 所示。单击该选项卡内相应功能组中的工具按钮，可以设置艺术字的样式、填充效果等属性，还可以对艺术字进行大小调整、旋转或添加阴影、三维效果等操作。

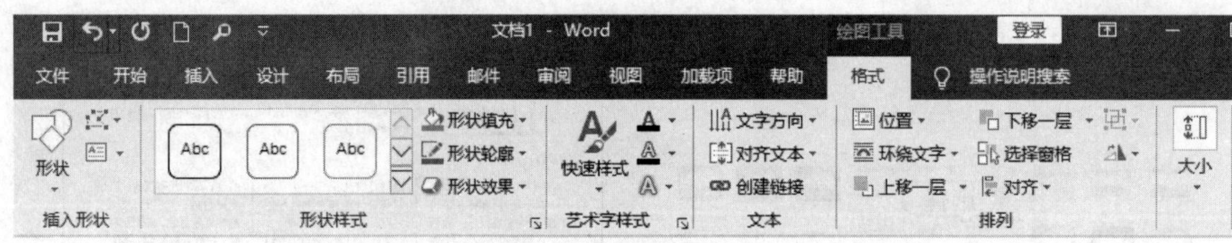

图 5-13 【绘图工具】的【格式】选项卡

【例 5-2】 在“元宵灯会”文档中，插入并设置艺术字。 视频

(1) 启动 Word 2019，打开“元宵灯会”文档。

(2) 选取“元宵灯会简介”文本，在【插入】选项卡的【文本】组中单击【插入艺术字】按钮，在弹出的列表框中选择艺术字样式，如图 5-14 所示。

(3) 此时该文本显示艺术字效果，如图 5-15 所示。

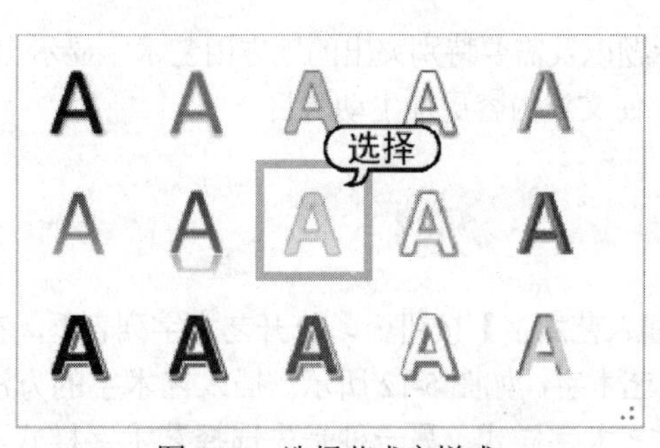

图 5-14 选择艺术字样式

图 5-15 艺术字效果

(4) 选中艺术字，在【开始】选项卡的【字体】组中设置艺术字的字体为【华文琥珀】，字号为【小三】，如图 5-16 所示。

(5) 打开【格式】选项卡，在【艺术字样式】组中单击【文字效果】按钮，从弹出的下拉菜单中选择【映像】|【全映像：4 磅 偏移量】选项，为艺术字应用映像效果，如图 5-17 所示。

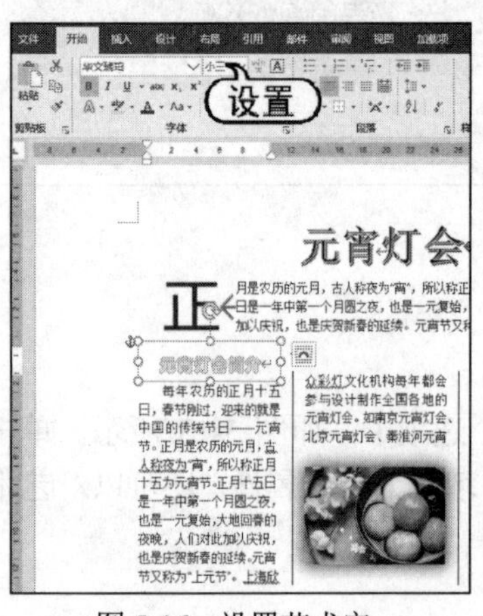

图 5-16 设置艺术字

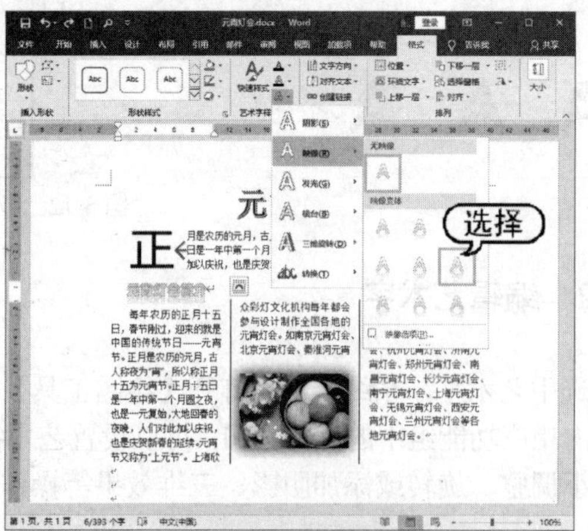

图 5-17 选择映像效果

5.3　插入 SmartArt 图形

Word 2019 提供了 SmartArt 图形功能，用来说明各种概念性的内容。使用该功能，可以轻松地制作各种流程图，如层次结构图、矩阵图、关系图等，从而使文档更加形象生动。

5.3.1　创建 SmartArt 图形

要创建 SmartArt 图形，打开【插入】选项卡，在【插图】组中单击 SmartArt 按钮，打开【选择 SmartArt 图形】对话框，根据需要选择合适的类型即可插入图形，如图 5-18 所示。

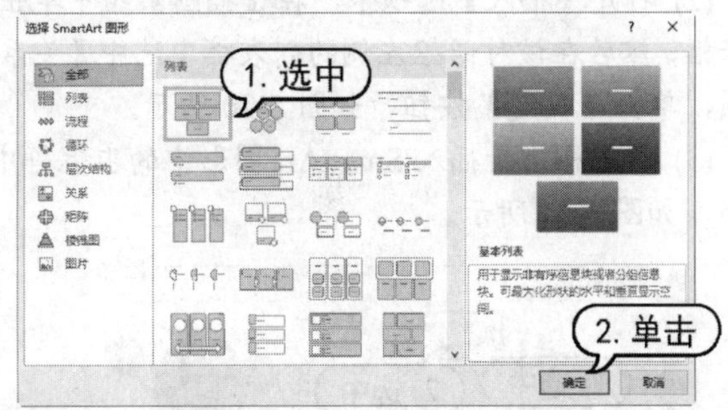

图 5-18　创建 SmartArt 图形

在【选择 SmartArt 图形】对话框中，主要列出了如下几种 SmartArt 图形类型。

- 列表：显示无序信息。
- 流程：在流程或时间线中显示步骤。
- 循环：显示连续的流程。
- 层次结构：创建组织结构图，显示决策树。
- 关系：对连接进行图解。
- 矩阵：显示各部分如何与整体关联。
- 棱锥图：显示与顶部或底部最大一部分之间的比例关系。
- 图片：显示嵌入图片和文字的结构图。

5.3.2　编辑 SmartArt 图形

在文档中插入 SmartArt 图形后，如果对预设的效果不满意，则可以在 SmartArt 工具的【设计】和【格式】选项卡中对其进行编辑操作，如图 5-19 所示。

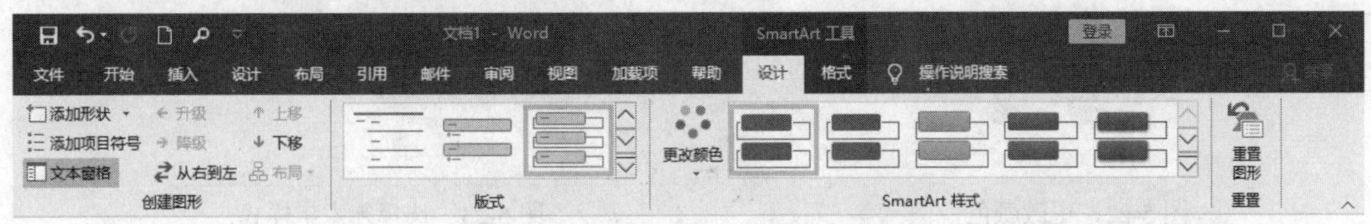

图 5-19　【SmartArt 工具】的【设计】和【格式】选项卡

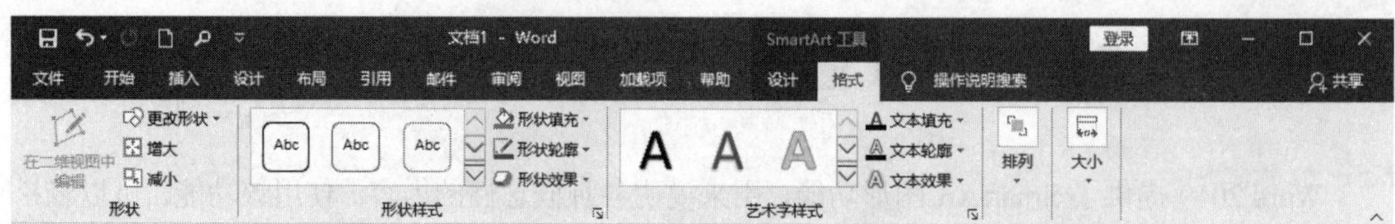

图 5-19　【SmartArt 工具】的【设计】和【格式】选项卡(续)

【例 5-3】 在“元宵灯会”文档中，插入并设置 SmartArt 图形。视频

(1) 启动 Word 2019，打开“元宵灯会”文档。将鼠标指针插入文档中需要插入 SmartArt 图形的位置。

(2) 打开【插入】选项卡，在【插图】组中单击 SmartArt 按钮，打开【选择 SmartArt 图形】对话框，然后在该对话框左侧的列表框中选中【关系】选项，在右侧的列表框中选中【循环关系】选项，单击【确定】按钮，如图 5-20 所示。

(3) 将鼠标指针插入 SmartArt 图形中的占位符中，然后在其中输入文本，并设置文本的字号大小，如图 5-21 所示。

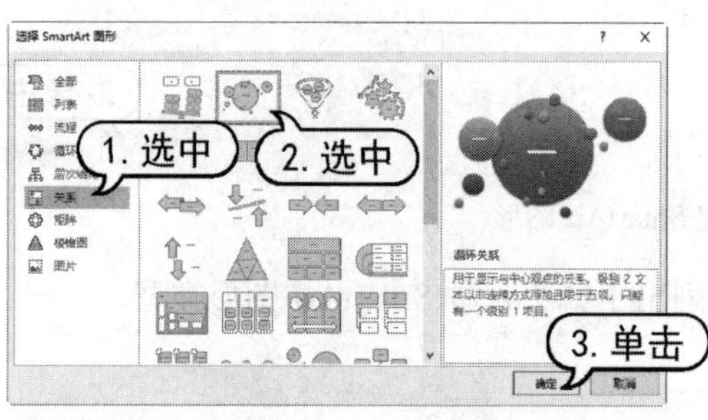

图 5-20　【选择 SmartArt 图形】对话框

图 5-21　输入文本

(4) 选择【设计】选项卡，然后在【SmartArt 样式】组中单击【更改颜色】下拉按钮，在弹出的下拉列表中选择一个选项，如图 5-22 所示。

(5) 选择【格式】选项卡，然后在【艺术字样式】组中单击【其他】按钮，在弹出的列表框中选择 SmartArt 图形中艺术字的样式，如图 5-23 所示。

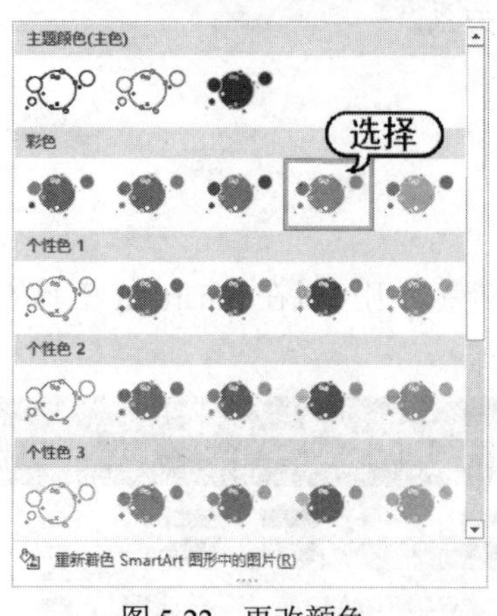

图 5-22　更改颜色

图 5-23　选择艺术字样式

5.4　插入形状

Word 2019 包含一套可以手工绘制的现成形状，包括直线、箭头、流程图、星与旗帜、标注等，这些图形称为形状图形。

5.4.1　绘制形状

使用 Word 2019 提供的功能强大的绘图工具，可以在文档中绘制各种形状图形。在文档中，用户可以使用这些形状图形添加一个形状，或合并多个形状生成一个绘图或一个更为复杂的形状。

打开【插入】选项卡，在【插图】组中单击【形状】按钮，从弹出的菜单中选择形状按钮，如图 5-24 所示，在文档中拖动鼠标绘制对应的图形，效果如图 5-25 所示。

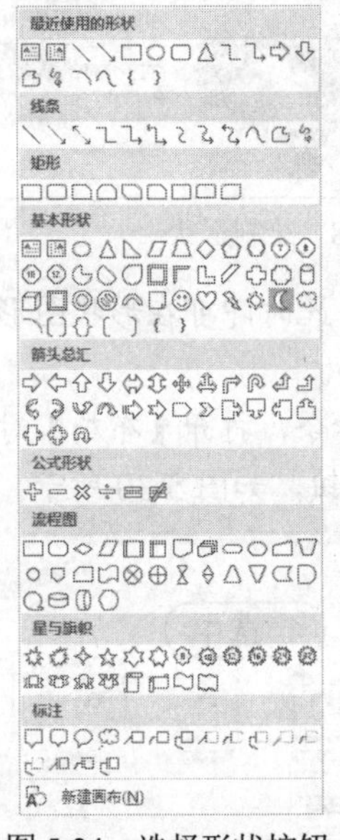

图 5-24　选择形状按钮

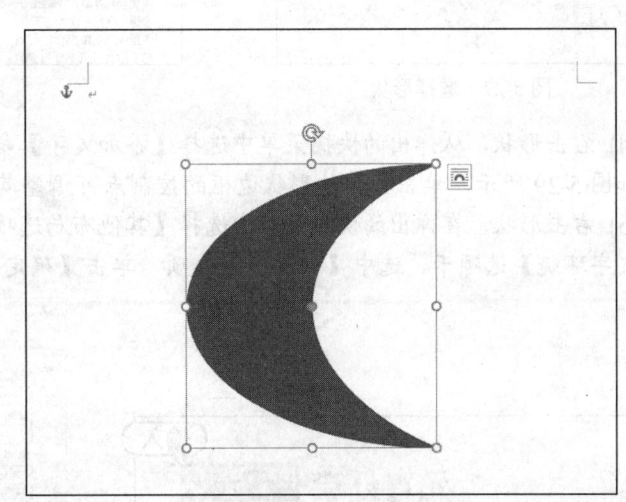

图 5-25　拖动鼠标绘制图形

5.4.2　编辑形状

绘制完形状图形后，系统自动打开【绘图工具】的【格式】选项卡，单击该功能区中相应的命令按钮可以设置形状图形的格式，如图 5-26 所示。例如，设置形状图形的大小、形状样式和位置等。

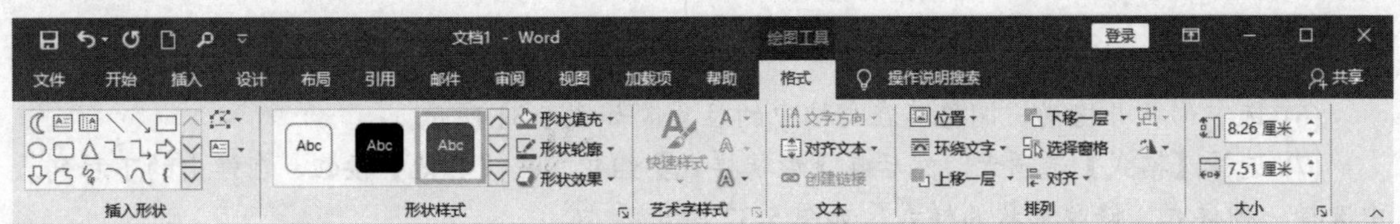

图 5-26　【格式】选项卡

【例 5-4】 在“元宵灯会”文档中，绘制形状并设置其格式。 视频

(1) 启动 Word 2019，打开“元宵灯会”文档。

(2) 打开【插入】选项卡，在【插图】组中单击【形状】下拉按钮，在弹出的列表框的【基本形状】区域中选择【矩形：折角】选项，如图 5-27 所示。

(3) 将鼠标指针移至文档中，按住左键并拖动鼠标绘制形状，如图 5-28 所示。

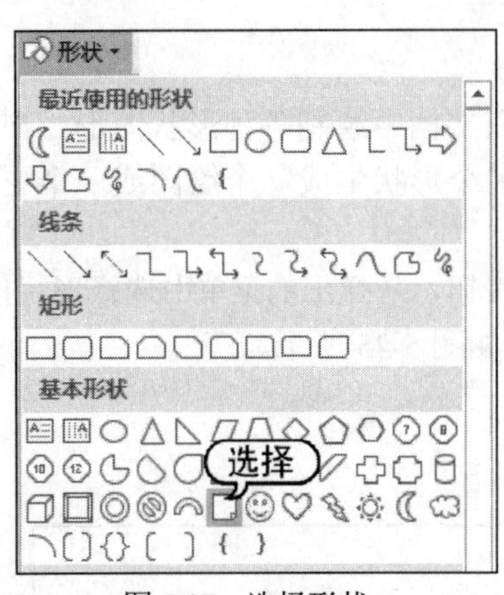

图 5-27 选择形状

图 5-28 绘制形状

(4) 右击形状，从弹出的快捷菜单中选择【添加文字】命令，此时即可在形状图形中输入文字，如图 5-29 所示，单击并按住形状边框的控制点可调整其大小。

(5) 右击形状，在弹出的快捷菜单中选择【其他布局选项】命令，打开【布局】对话框，选中【文字环绕】选项卡，选中【四周型】选项，单击【确定】按钮，如图 5-30 所示。

图 5-29 输入文字

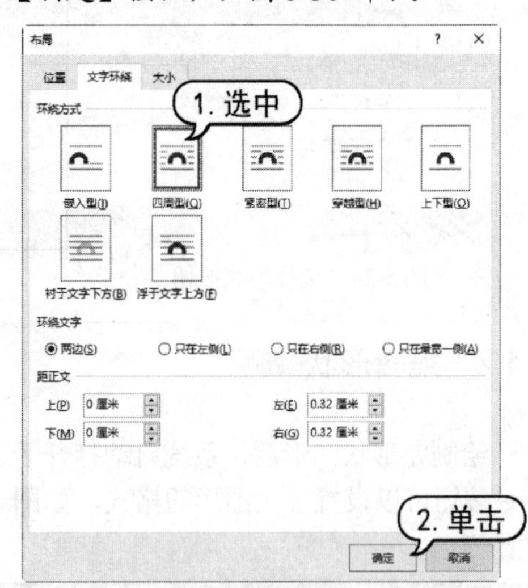

图 5-30 【布局】对话框

(6) 选中形状并拖动，调整其在文档中的位置，如图 5-31 所示。

(7) 选择【格式】选项卡，然后在【形状样式】组中单击【其他】按钮，在弹出的下拉列表中选择一种样式，修改形状的样式，如图 5-32 所示。

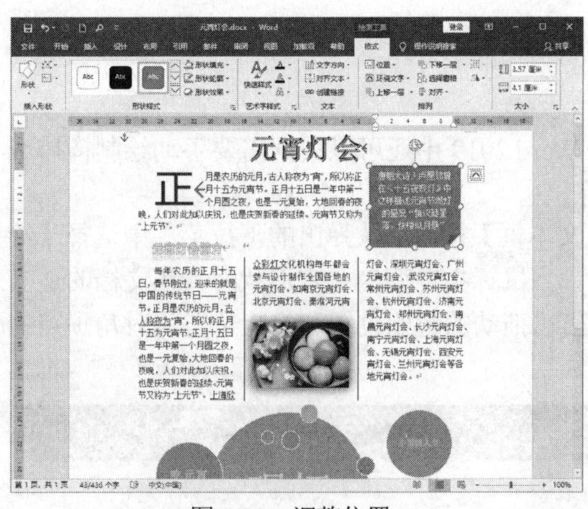

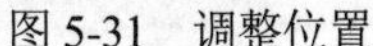
图 5-31　调整位置

图 5-32　修改样式

5.5　插入文本框

文本框是一种图形对象，它作为存放文本或图形的容器，可置于页面中的任何位置，并可随意地调整其大小。在 Word 2019 中，文本框用来建立特殊的文本，并且可以对其进行一些特殊格式的处理，如设置边框、颜色等。

5.5.1　插入内置文本框

Word 2019 提供了多种内置文本框，如简单文本框、边线型提要栏和大括号型引述等。通过插入这些内置文本框，可快速制作出优秀的文档。

打开【插入】选项卡，在【文本】组中单击【文本框】下拉按钮，从弹出的列表框中选择一种内置的文本框样式，即可快速地将其插入文档的指定位置，如图 5-33 所示。

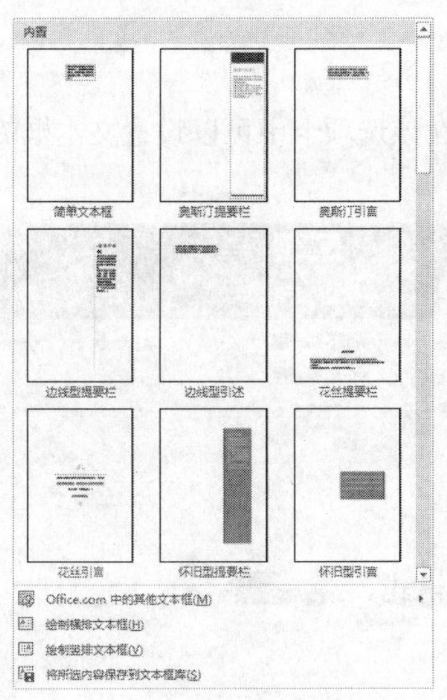

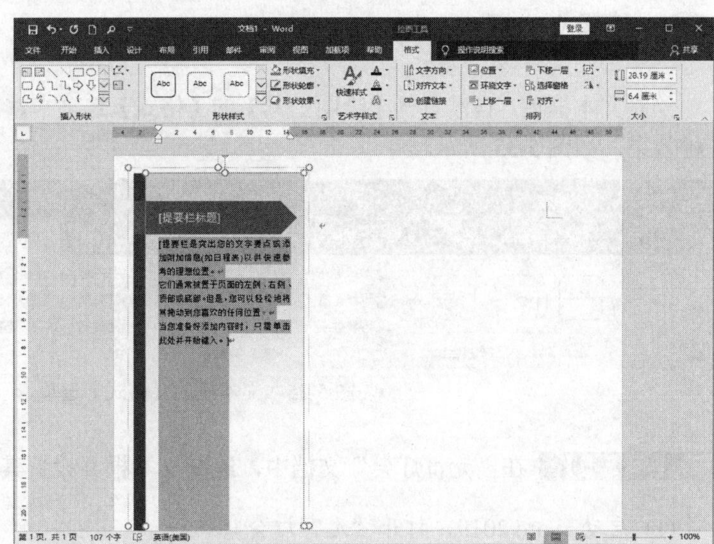

图 5-33　选择内置文本框样式插入

计算机基础与实训教材系列

5.5.2 绘制文本框

除了可以通过内置的文本框插入文本框外，在 Word 2019 中还可以根据需要手动绘制横排或竖排文本框。该文本框主要用于插入图片和文本等。

打开【插入】选项卡，在【文本】组中单击【文本框】按钮，从弹出的下拉菜单中选择【绘制横排文本框】或【绘制竖排文本框】命令。此时，当鼠标指针变为十字形状时，在文档的适当位置单击并拖动到目标位置，释放鼠标，即可绘制出以拖动的起始位置和终止位置为对角顶点的文本框，如图 5-34 所示。

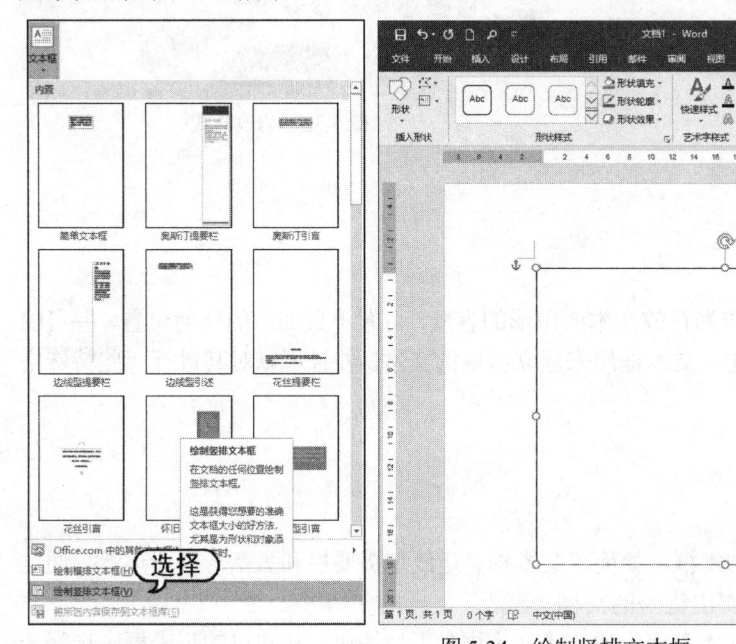

图 5-34 绘制竖排文本框

5.5.3 编辑文本框

绘制文本框后，自动打开【绘图工具】的【格式】选项卡，在该选项卡中可以设置文本框的各种效果，如图 5-35 所示。

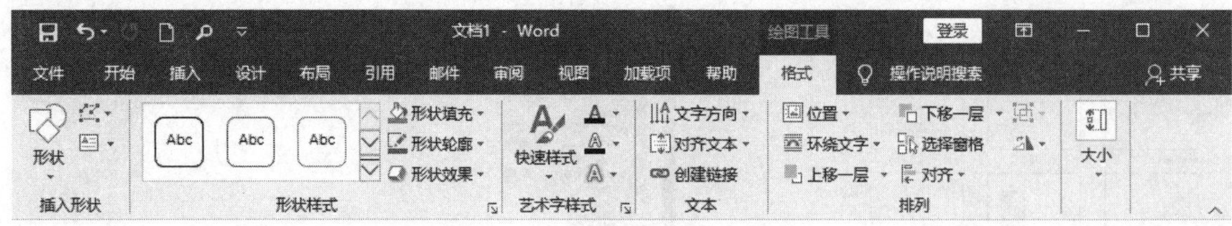

图 5-35 文本框的【格式】选项卡

【例 5-5】 在“元宵灯会”文档中，绘制文本框并设置其格式。 视频

(1) 启动 Word 2019，打开“元宵灯会”文档。

(2) 选择【插入】选项卡，在【文本】组中单击【文本框】按钮，从弹出的下拉菜单中选择【绘制横排文本框】命令，如图 5-36 所示。

(3) 将鼠标移动到合适的位置，当鼠标指针变成“十”字形时，拖动鼠标指针绘制横排文本框，释放鼠标，完成绘制操作，此时在文本框中将出现闪烁的插入点，如图 5-37 所示。

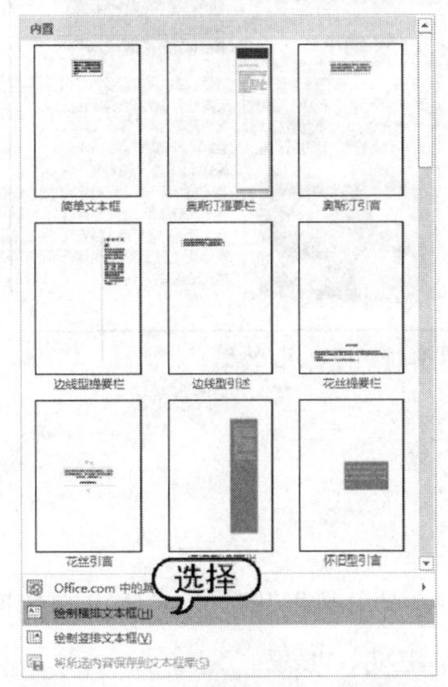

图 5-36　选择【绘制横排文本框】命令

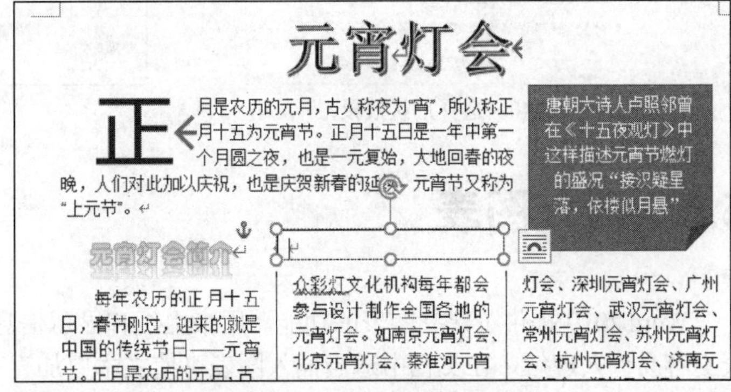

图 5-37　绘制横排文本框

(4) 在文本框的插入点处输入文本，如图 5-38 所示。

(5) 选中绘制的文本框，打开【绘图工具】的【格式】选项卡，在【形状样式】组中单击【形状轮廓】按钮，从弹出的菜单中选择【无轮廓】命令，为文本框设置无轮廓效果，如图 5-39 所示。

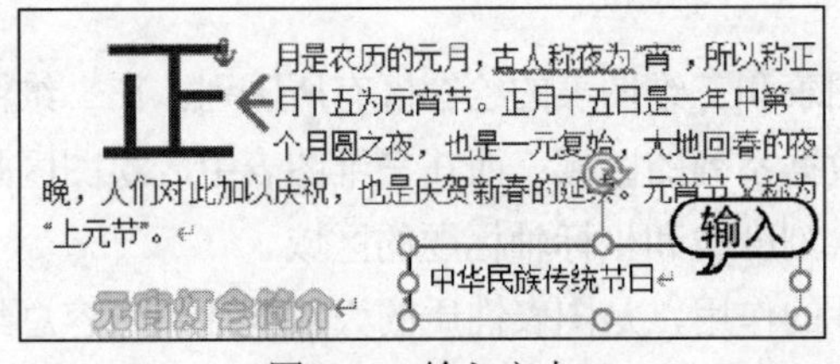

图 5-38　输入文本

图 5-39　选择【无轮廓】命令

(6) 在【形状样式】组中单击【形状效果】按钮，从弹出的菜单中选择【发光】|【发光：8 磅；蓝色，主题色 1】选项，如图 5-40 所示。

(7) 此时文本框的效果如图 5-41 所示。

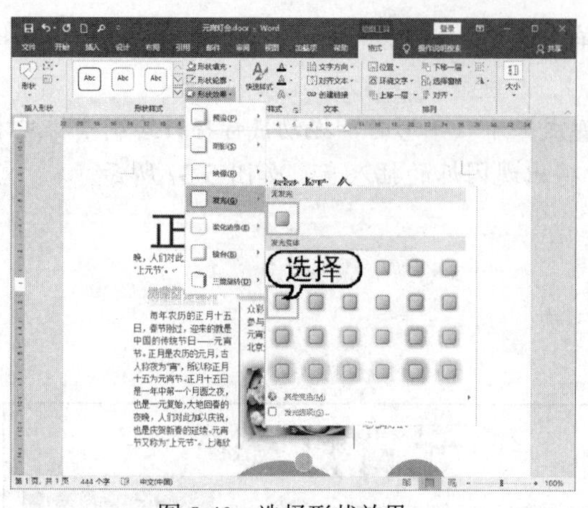

图 5-40　选择形状效果

图 5-41　文本框效果

5.6　插入图表

Word 2019 提供了建立图表的功能，用来组织和显示信息。与文字数据相比，形象直观的图表更容易让人理解。在文档中适当插入图表可使文本更加直观、生动、形象。

5.6.1　简述图表类型

Word 2019 提供了大量预设的图表。使用它们可以快速地创建用户所需的图表。下面简单介绍图表的结构和类型。

1. 图表的结构

图表的基本结构包括：图表区、绘图区、图表标题、数据系列、网格线、图例等，如图 5-42 所示。图表的主要组成部分介绍如下。

- 图表区：图表区指的是包含绘制的整张图表及图表中元素的区域。如果用户要复制或移动图表，必须先选定图表区。
- 绘图区：图表中的整个绘制区域。二维图表和三维图表的绘图区有所区别。在二维图表中，绘图区是以坐标轴为界并包括全部数据系列的区域；而在三维图表中，绘图区是以坐标轴为界并包含数据系列、分类名称、刻度线和坐标轴标题的区域。
- 图表标题：图表标题在图表中起到说明性的作用，是图表性质的大致概括和内容总结，它相当于一篇文章的标题并可用来定义图表的名称。它可以自动地与坐标轴对齐或居中排列于图表坐标轴的外侧。
- 数据系列：数据系列又称为分类，它指的是图表上的一组相关数据点。在图表中，每个数据系列都用不同的颜色和图案加以区别。每一个数据系列分别来自于工作表的某一行或某一列。在同一张图表中(除了饼图外)，用户可以绘制多个数据系列。

- 网格线：网格线是图表中从坐标轴刻度线延伸并贯穿整个绘图区的可选线条系列。网格线的形式有多种：水平的、垂直的、主要的、次要的，还可以根据需要对它们进行组合。网格线使得用户对图表中的数据进行观察和估计更为准确和方便。
- 图例：在图表中，图例是包围图例项和图例项标示的方框，每个图例项左边的图例项标示和图表中相应数据系列的颜色与图案相一致。
- 数轴标题：用于标记分类轴和数值轴的名称，在默认设置下其位于图表的下面和左面。

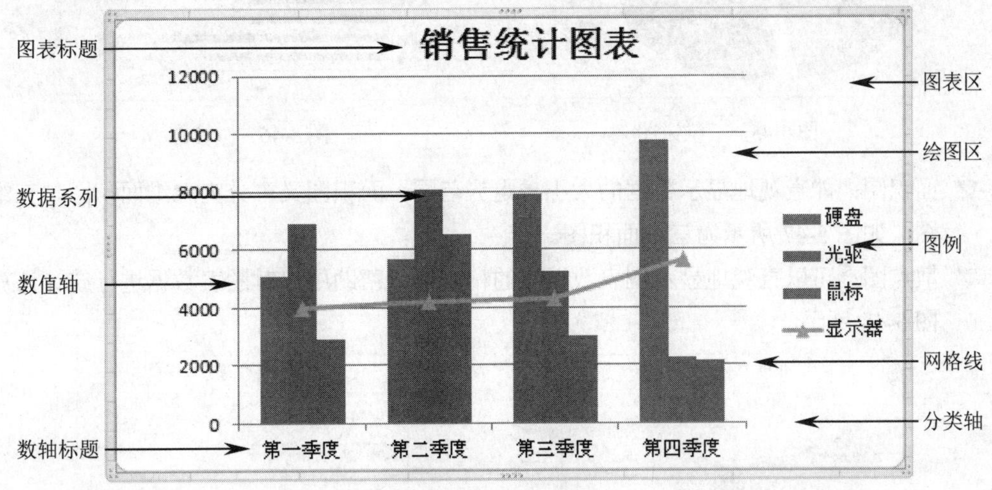

图 5-42　图表的基本结构

2. 图表的类型

Word 2019 提供了多种图表，如柱形图、折线图、饼图、条形图、面积图和散点图等，各种图表各有优点，适用于不同的场合。

- 柱形图：可直观地对数据进行对比分析以得出结果，柱形图又可细分为二维柱形图、三维柱形图、圆柱图、圆锥图和棱锥图，如图 5-43 所示为三维柱形图。
- 折线图：折线图可直观地显示数据的走势情况。折线图又分为二维折线图与三维折线图，如图 5-44 所示为二维折线图。

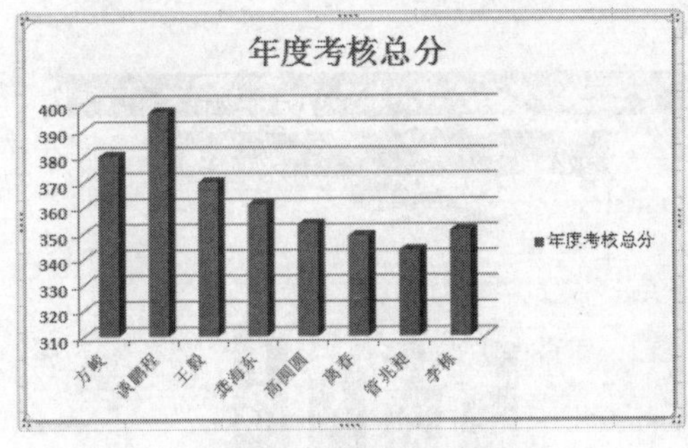

图 5-43　三维柱形图

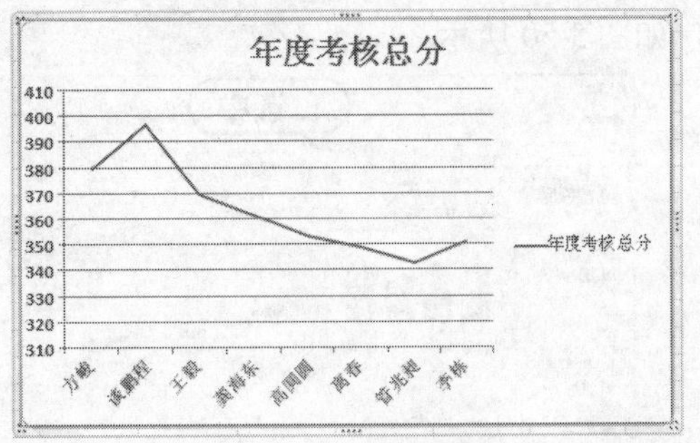

图 5-44　二维折线图

- 饼图：能直观地显示数据占有比例，而且比较美观。饼图又可细分为二维饼图与三维饼图，如图 5-45 所示为三维饼图。

- 条形图：就是横向的柱形图，其作用也与柱形图相同，可直观地对数据进行对比分析。条形图又可细分为二维条形图、三维条形图、圆柱图、圆锥图和棱锥图，如图 5-46 所示为圆柱图。

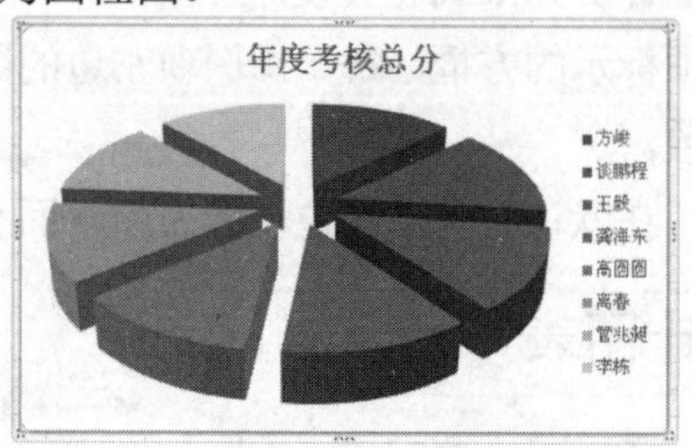

图 5-45　三维饼图

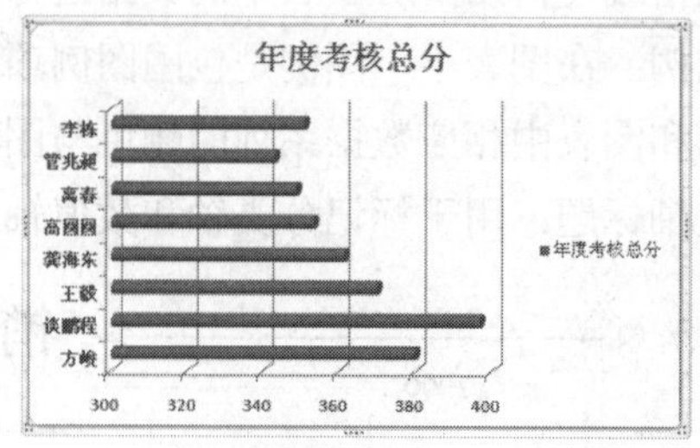

图 5-46　圆柱图

- 面积图：能直观地显示数据的大小与走势范围，面积图又可分为二维面积图与三维面积图，如图 5-47 所示为三维面积图。
- 散点图：可以直观地显示图表数据点的精确值，帮助用户对图表数据进行统计计算，如图 5-48 所示。

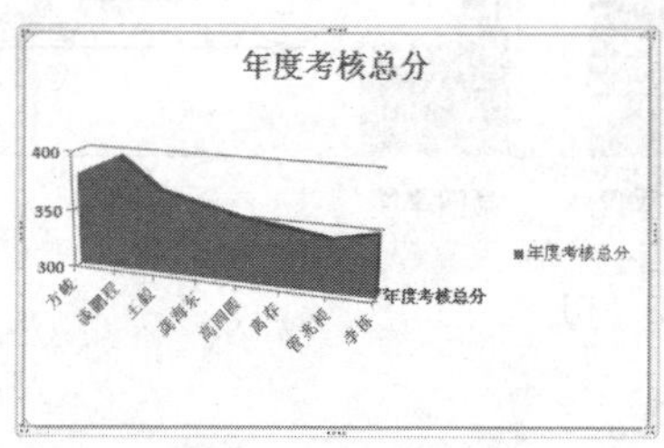

图 5-47　三维面积图

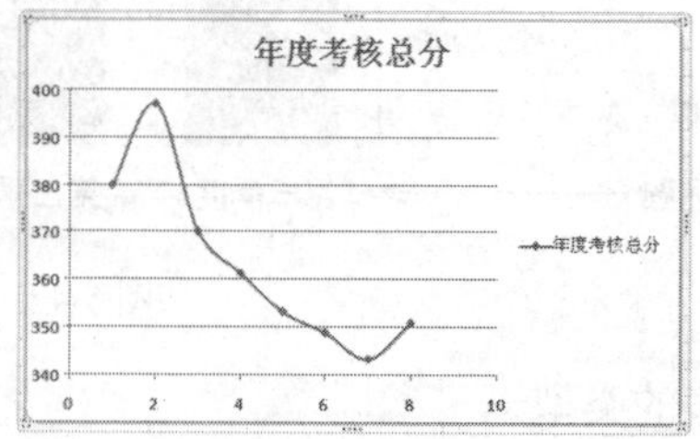

图 5-48　散点图

5.6.2　创建和编辑图表

要插入图表，可以打开【插入】选项卡，在【插图】组中单击【图表】按钮，打开【插入图表】对话框。在该对话框中选中一种图表类型后，单击【确定】按钮，如图 5-49 所示，即可在文档中插入图表，同时会启动 Excel 2019 应用程序，用于编辑图表中的数据，该操作和 Excel 类似，如图 5-50 所示。

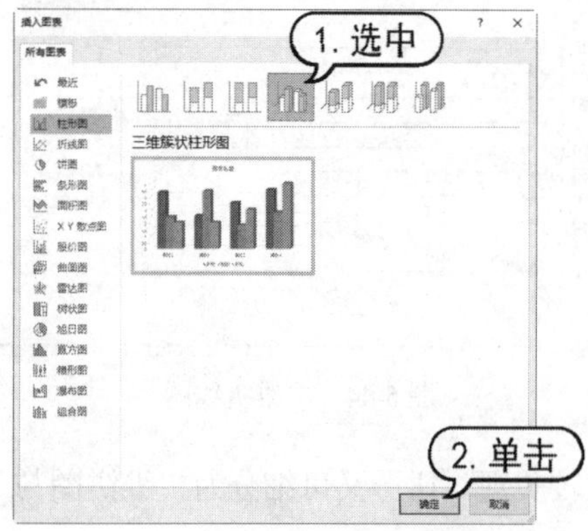

图 5-49　【插入图表】对话框

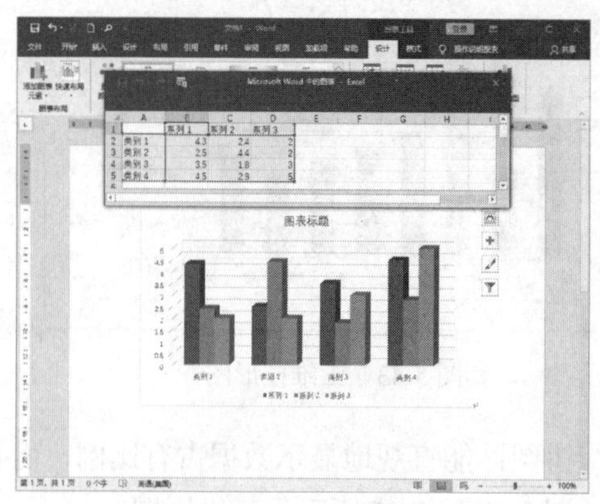

图 5-50　插入图表

组成图表的选项，例如，图表标题、坐标轴、网格线、图例、数据标签等，均可重新添加或重新设置。用户可以使用【图表工具】的【设计】和【格式】选项卡，对图表各区域的格式进行设置，如图 5-51 所示。

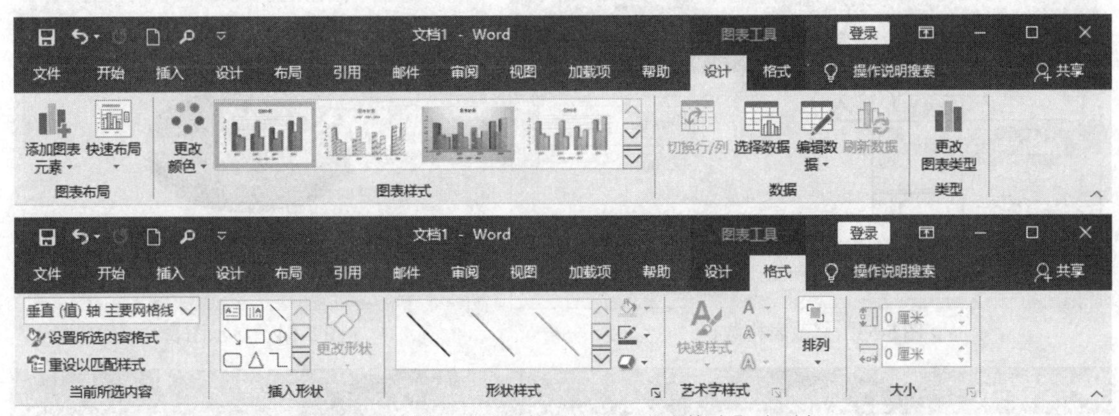

图 5-51 【图表工具】的【设计】和【格式】选项卡

【例 5-6】 新建“图书销售表”文档，插入并编辑图表。 视频

(1) 启动 Word 2019，新建一个名为“图书销售表”的文档，选择【插入】选项卡，在【插图】组中单击【图表】按钮，打开【插入图表】对话框，选择【饼图】选项卡中的【三维饼图】选项，然后单击【确定】按钮，如图 5-52 所示。

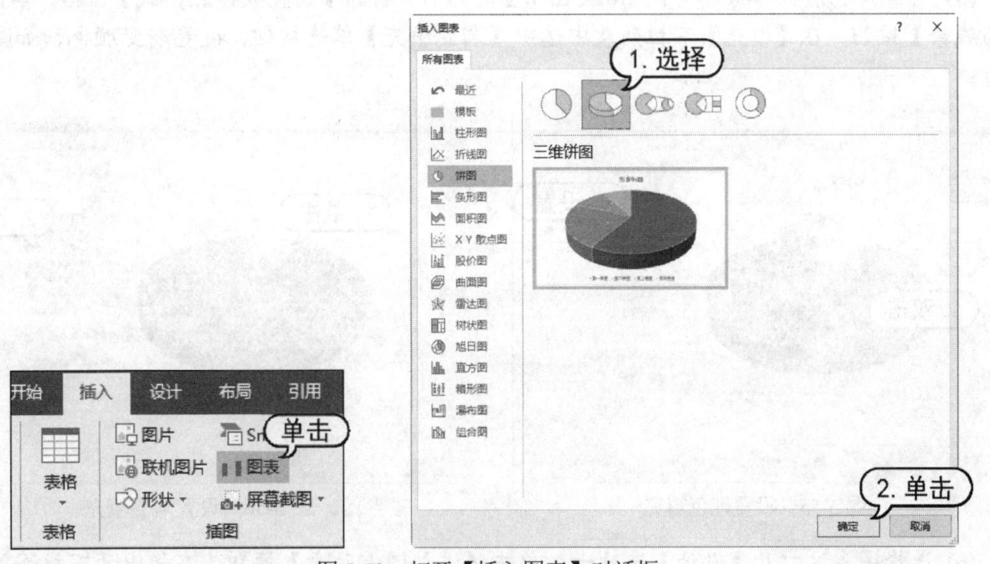

图 5-52 打开【插入图表】对话框

(2) 弹出【Microsoft Word 中的图表】窗口，此表格是以图表的默认数据显示的。可以修改表格中的数据，如将“第一季度”改为“教材类图书”，然后将其余数据根据需要进行更改，如图 5-53 所示。

(3) 单击表格窗口的【关闭】按钮，在 Word 中显示更改数据后的图表，效果如图 5-54 所示。

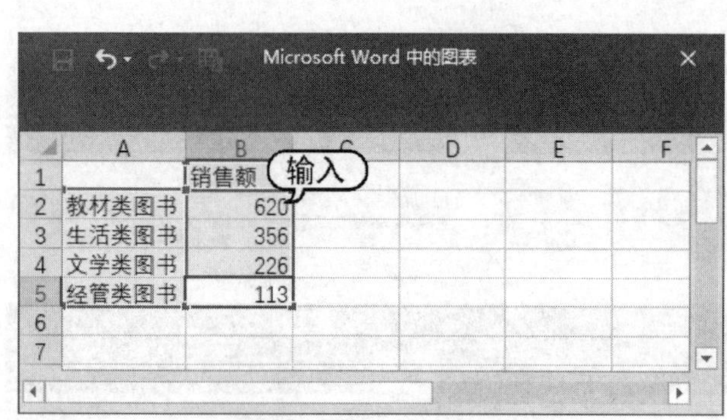

图 5-53　修改表格数据

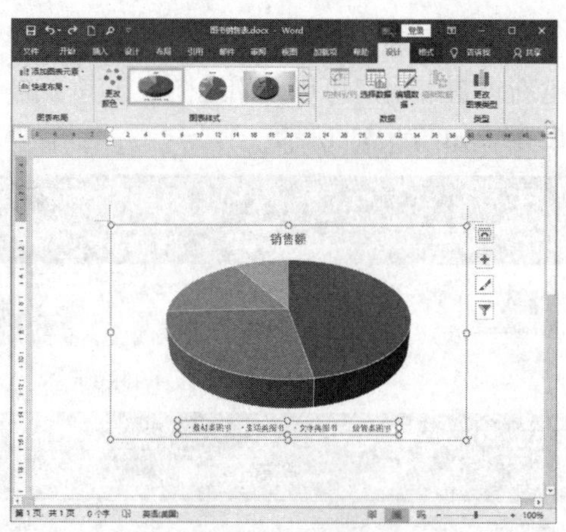

图 5-54　显示图表

提示

在图表右边的 4 个按钮分别是【布局选项】按钮、【图表元素】按钮、【图表样式】按钮、【图表筛选器】按钮，分别单击可以弹出菜单对图表进行快捷设置。

(4) 双击饼图图表中的【文学类图书】的饼形状，打开【设置数据点格式】窗格，单击【填充与线条】按钮，在【填充】下拉列表中选中【纯色填充】单选按钮，设置颜色为【绿色】，如图 5-55 所示。

(5) 双击黄色饼状形状，即【生活类图书】的形状，打开【设置数据点格式】窗格，单击【填充与线条】按钮，在【填充】下拉列表中选中【渐变填充】单选按钮，设置渐变颜色，如图 5-56 所示。

图 5-55　设置纯色填充

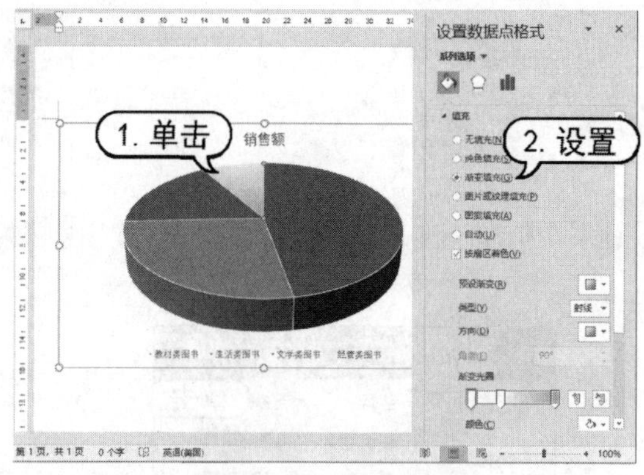

图 5-56　设置渐变填充

(6) 选择图表，打开【设计】选项卡，单击【添加图表元素】按钮，在弹出的下拉菜单中选择【数据标签】|【数据标注】选项，将数据标注添加在图表中，如图 5-57 所示。

(7) 选择图表中的【图表标题】文本框，输入“图书销售量”，设置文本为华文行楷，字体为 16，加粗，字体颜色为蓝色，效果如图 5-58 所示。

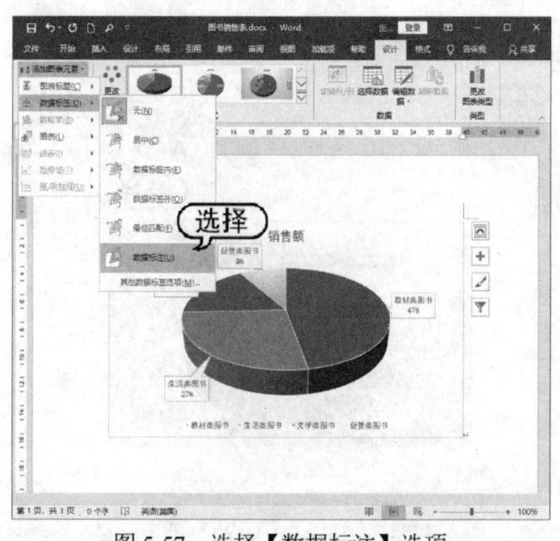

图 5-57　选择【数据标注】选项

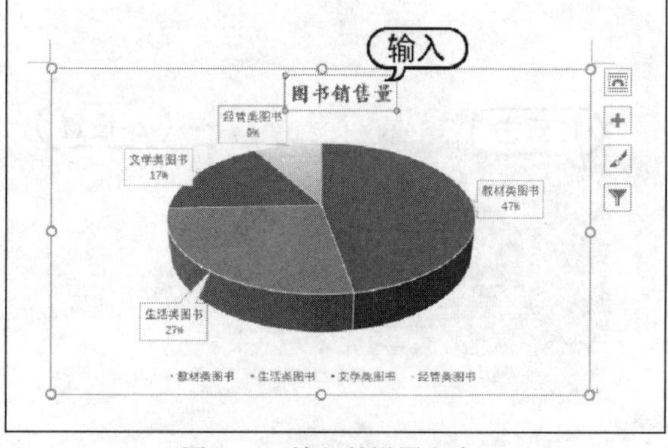

图 5-58　输入并设置文本

(8) 选择图表下方的【图例】文本框，打开【格式】选项卡，单击【形状样式】组中的【其他】按钮，从弹出的列表中选择一种样式，如图 5-59 所示。

(9) 选择图表，打开【设计】选项卡，单击【添加图表元素】按钮，在弹出的下拉菜单中选择【图例】|【顶部】选项，此时图例文本框将显示在图表顶部，如图 5-60 所示。

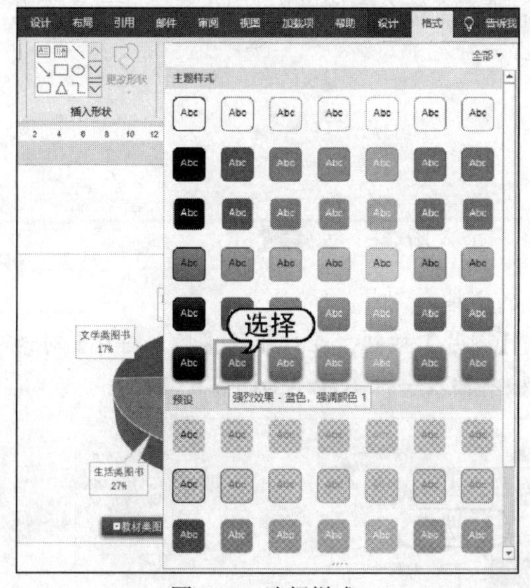

图 5-59　选择样式

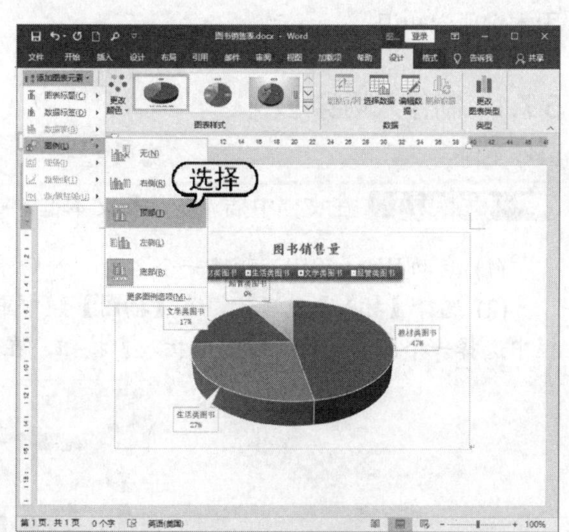

图 5-60　设置图例

(10) 双击图表中的图表区，打开【设置图表区格式】窗格，设置填充颜色为渐变填充颜色，如图 5-61 所示。

(11) 选中图表，打开【格式】选项卡，单击【艺术字样式】组中的【快速样式】按钮，在弹出的列表中选择一种艺术字样式，如图 5-62 所示。

(12) 单击快速访问工具栏中的【保存】按钮，保存“图书销售表”文档。

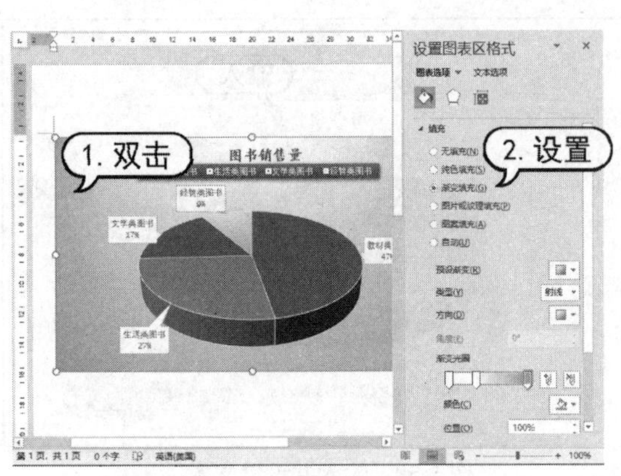

图 5-61　设置图表区

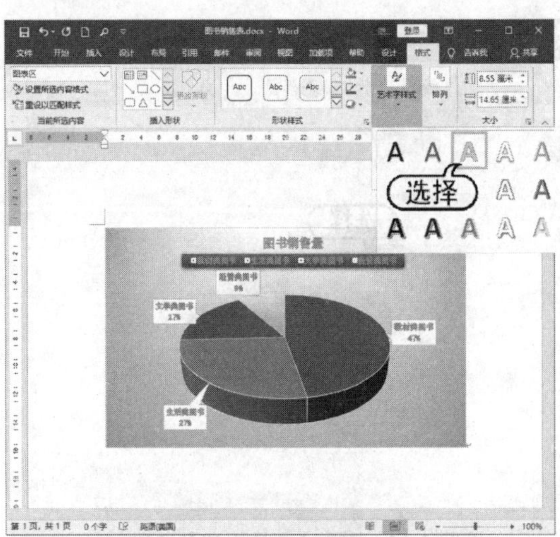

图 5-62　设置艺术字

5.7　实例演练

本章的实例演练部分为制作入场券和练习图文混排两个综合实例操作，用户通过练习从而巩固本章所学知识。

5.7.1　制作入场券

【例 5-7】 在文档中插入图片和文本框，制作一个入场券。 视频

(1) 启动 Word 2019，新建一个名为“入场券”的文档。

(2) 选择【插入】选项卡，在【插图】组中单击【图片】按钮，在打开的【插入图片】对话框中选择一个图片文件，单击【插入】按钮，在文档中插入一张图片，如图 5-63 所示。

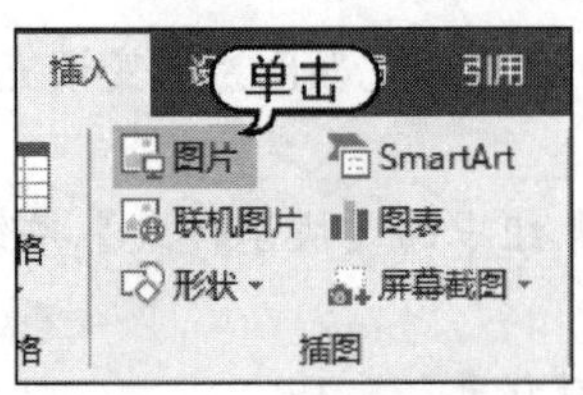

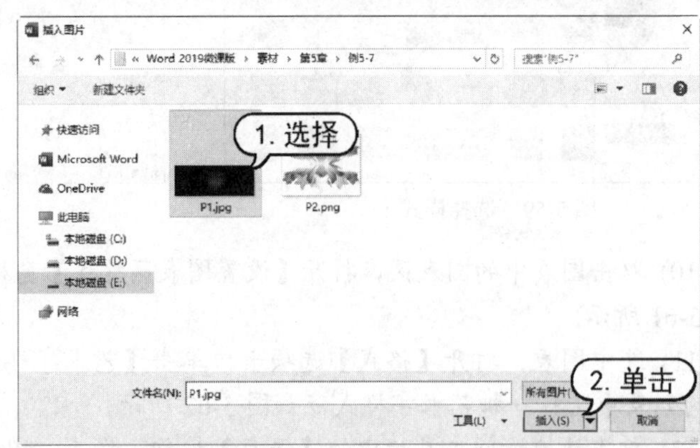

图 5-63　打开【插入图片】对话框

(3) 选择【格式】选项卡，在【大小】组中将【形状高度】设置为 6.36 厘米，将【形状宽度】设置为 17.5 厘米，如图 5-64 所示。

(4) 选择文档中的图片，右击鼠标，在弹出的快捷菜单中选择【环绕文字】|【衬于文字下方】命令，如图 5-65 所示。

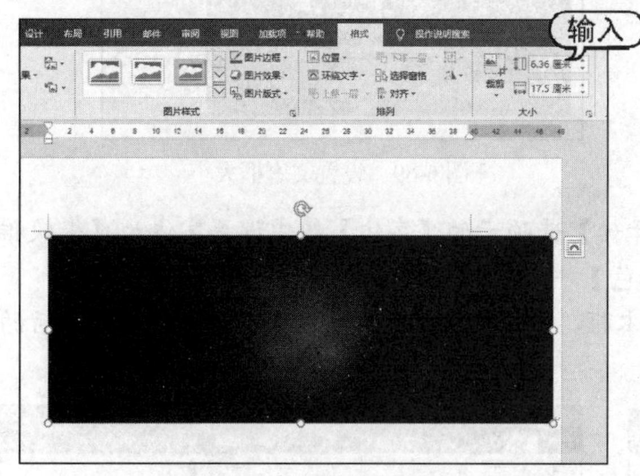

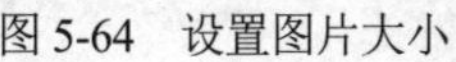
图 5-64　设置图片大小

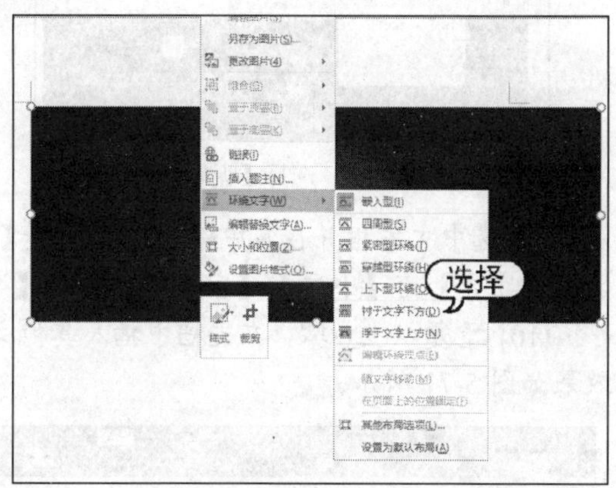

图 5-65　选择【衬于文字下方】命令

(5) 选择【插入】选项卡，在【文本】组中单击【文本框】按钮，在弹出的菜单中选择【绘制横排文本框】命令，如图 5-66 所示。

(6) 在图片上绘制一个横排文本框，然后选择【格式】选项卡，在【形状样式】组中单击【形状填充】下拉按钮，在弹出的菜单中选择【无填充】选项，如图 5-67 所示。

图 5-66　选择【绘制横排文本框】命令

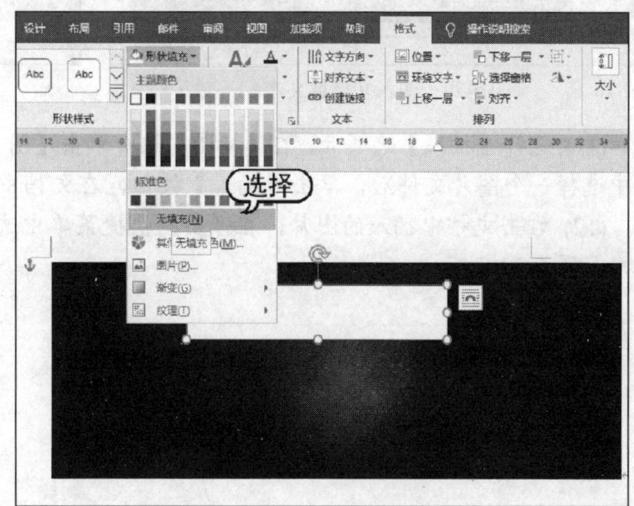

图 5-67　选择【无填充】选项

(7) 在【形状样式】组中单击【形状轮廓】下拉按钮，在弹出的菜单中选择【无轮廓】选项，如图 5-68 所示。

(8) 选中文本框，在【大小】组中将【形状高度】设置为 1.6 厘米，将【形状宽度】设置为 8 厘米，如图 5-69 所示。

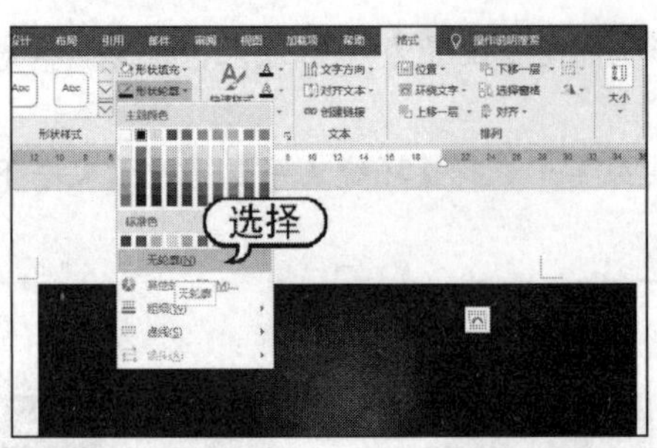

图 5-68　选择【无轮廓】选项

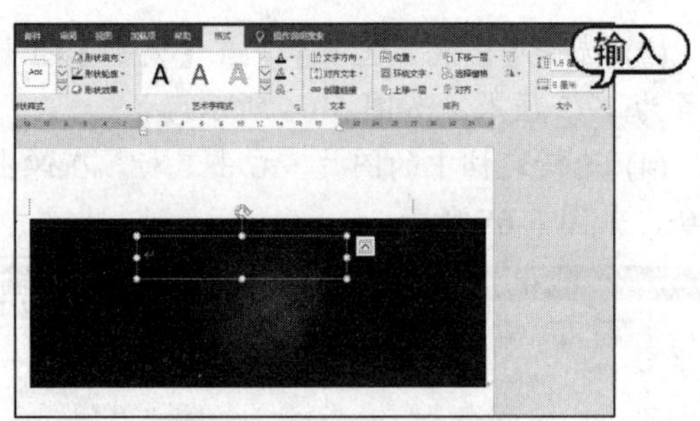

图 5-69　设置文本框大小

(9) 选中文本框并在其中输入文本，在【开始】选项卡的【字体】组中设置字体为【微软雅黑】，【字号】为【小二】，【字体颜色】为【金色】，如图 5-70 所示。

(10) 重复以上步骤，在文档中插入其他文本框，并设置文本的格式、大小和颜色，完成后的效果如图 5-71 所示。

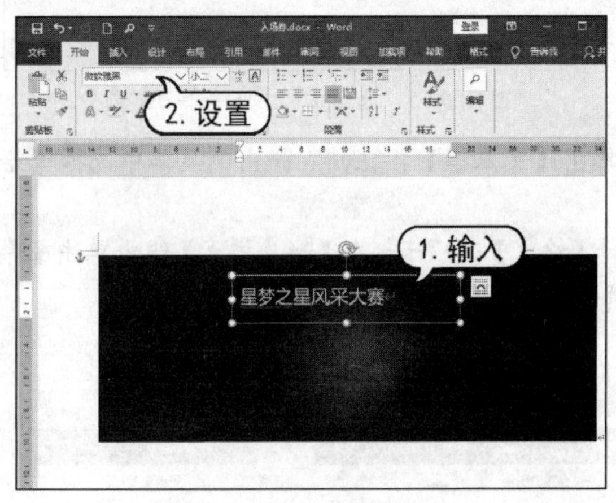

图 5-70　输入并设置文本

图 5-71　输入并设置文本

(11) 选择【插入】选项卡，在【插图】组中单击【图片】按钮，在打开的【插入图片】对话框中选择一个图片文件后，单击【插入】按钮，在文档中插入一个图片，如图 5-72 所示。

(12) 右击文档中插入的图片，在弹出的快捷菜单中选择【环绕文字】|【浮于文字上方】命令，如图 5-73 所示。

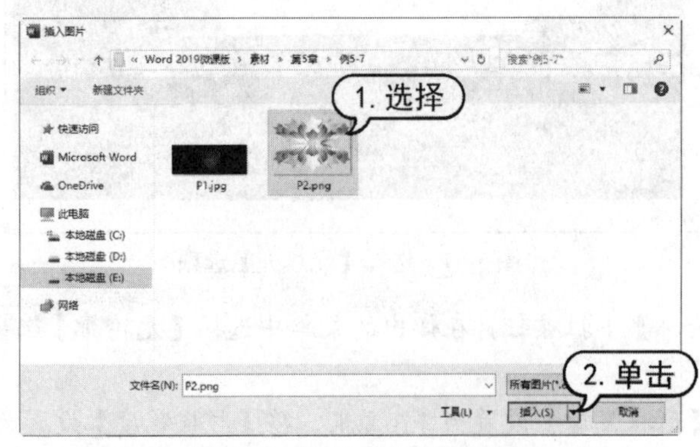

图 5-72　【插入图片】对话框

图 5-73　选择【浮于文字上方】命令

(13) 然后按住鼠标左键拖动，调整图片位置，如图 5-74 所示。

(14) 在【插入】选项卡的【插图】组中单击【形状】下拉按钮，在展开的菜单中选择【矩形】选项，如图 5-75 所示。

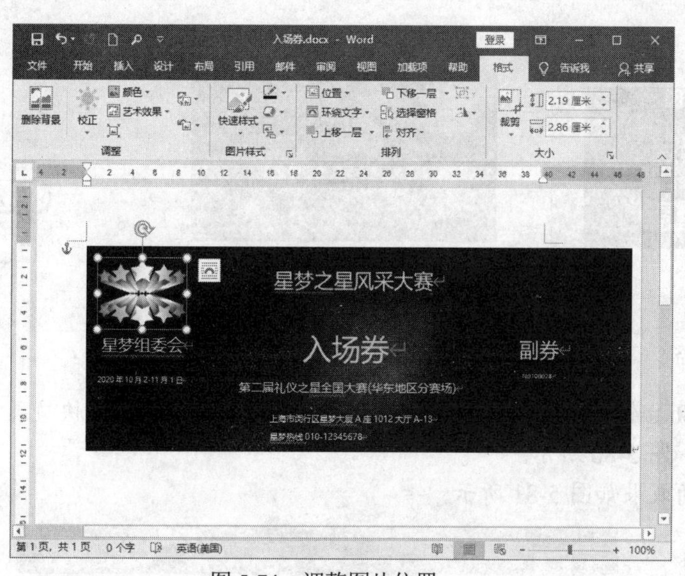

图 5-74　调整图片位置

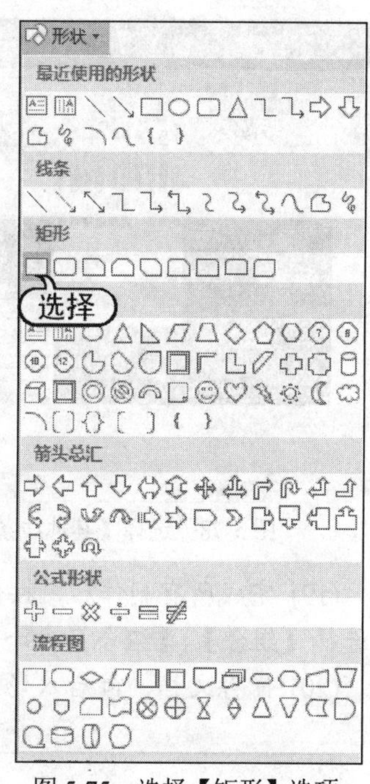

图 5-75　选择【矩形】选项

(15) 在文档中绘制一个矩形形状，效果如图 5-76 所示。

(16) 选中矩形，打开【格式】选项卡，在【形状样式】组中单击【其他】按钮，在展开的菜单中选择【透明-彩色轮廓-金色-强调颜色 4】选项，如图 5-77 所示。

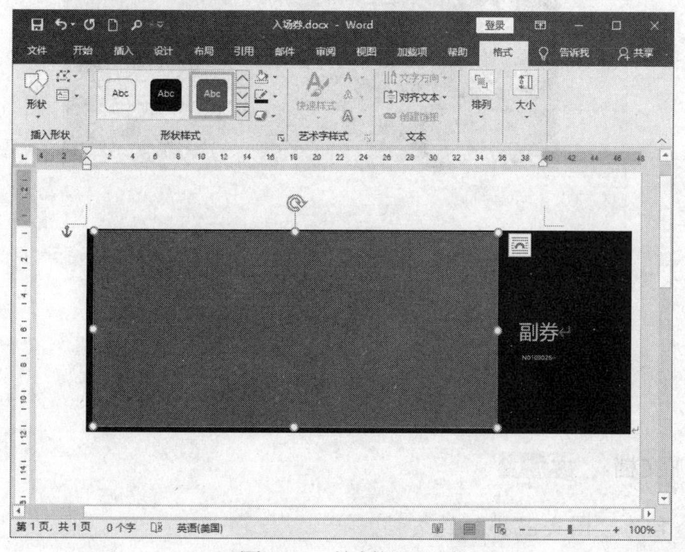

图 5-76　绘制矩形形状

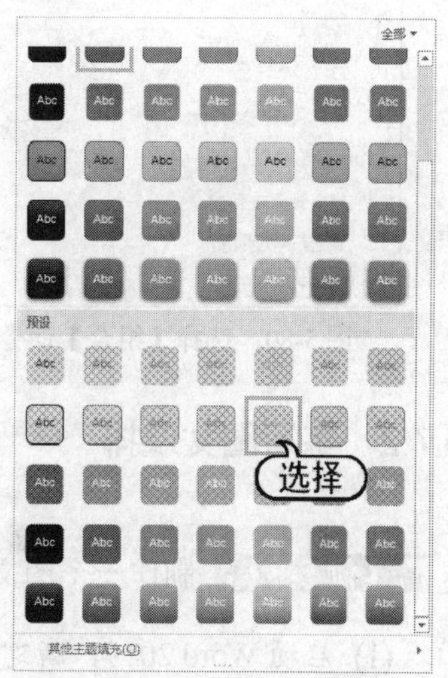

图 5-77　选择形状样式

(17) 在【形状样式】组中单击【形状轮廓】下拉按钮，在弹出的菜单中选择【虚线】|【其

他线条】命令，如图 5-78 所示。

(18) 打开【设置形状格式】窗格，设置【短画线类型】为【短画线】，设置【宽度】为【1.75 磅】，如图 5-79 所示。

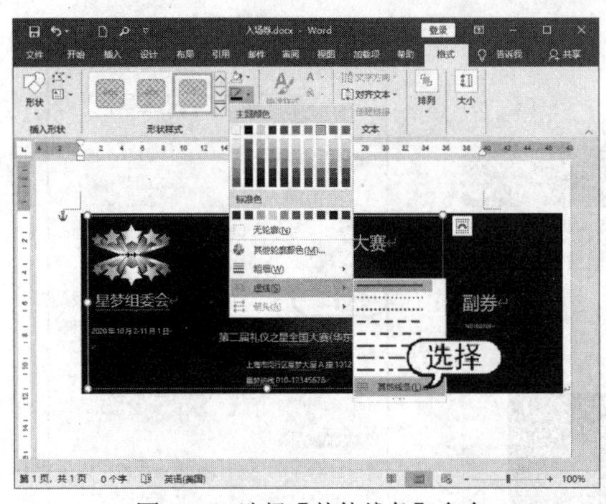

图 5-78 选择【其他线条】命令

图 5-79 设置线条

(19) 完成所有制作后，按住 Shift 键选中文档中的所有对象，右击鼠标，在弹出的快捷菜单中选择【组合】|【组合】命令，如图 5-80 所示。

(20) 保存文档，最后入场券的效果如图 5-81 所示。

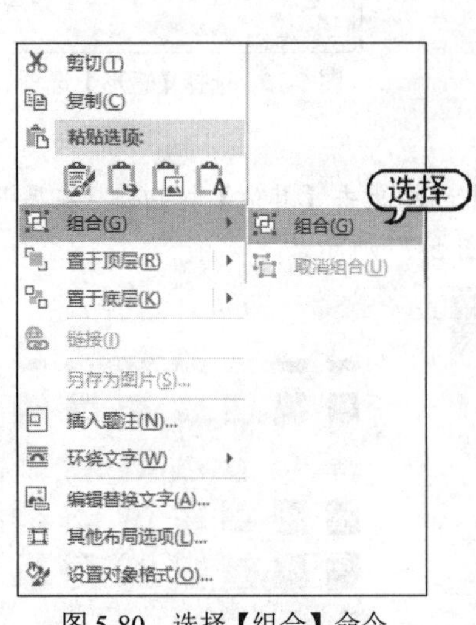

图 5-80 选择【组合】命令

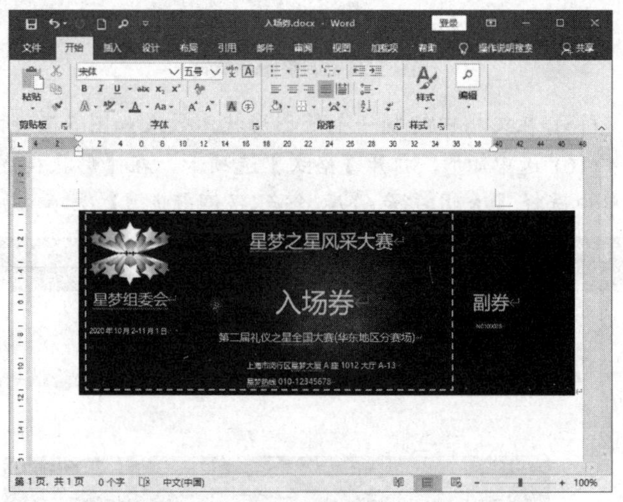

图 5-81 入场券效果

5.7.2 练习图文混排

【例 5-8】 制作一个图文混排文档。 视频

(1) 启动 Word 2019，新建一个名为“图文混排”的文档。

(2) 选择【设计】选项卡，在【页面背景】组中单击【页面颜色】下拉按钮，在弹出的菜单中选择【填充效果】选项，如图 5-82 所示。

(3) 打开【填充效果】对话框，选择【图片】选项卡，单击【选择图片】按钮，如图 5-83 所示。

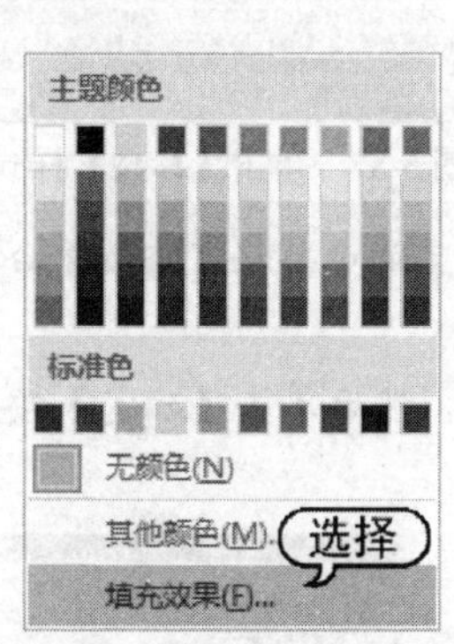

图 5-82　选择【填充效果】选项

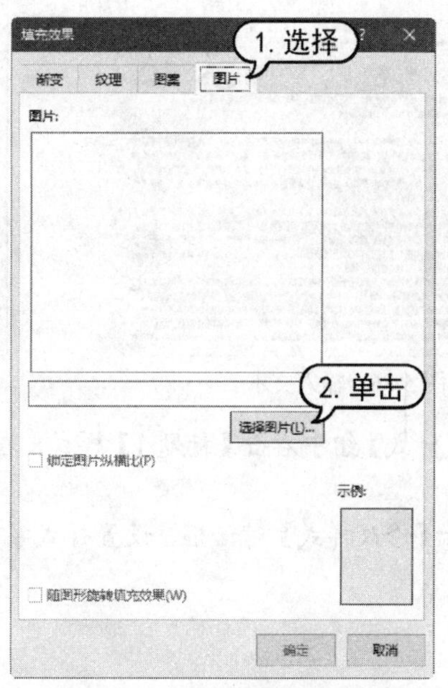

图 5-83　单击【选择图片】按钮

(4) 打开【选择图片】对话框，选择一个图片文件，单击【插入】按钮，如图 5-84 所示。

(5) 返回【填充效果】对话框，单击【确定】按钮，如图 5-85 所示。

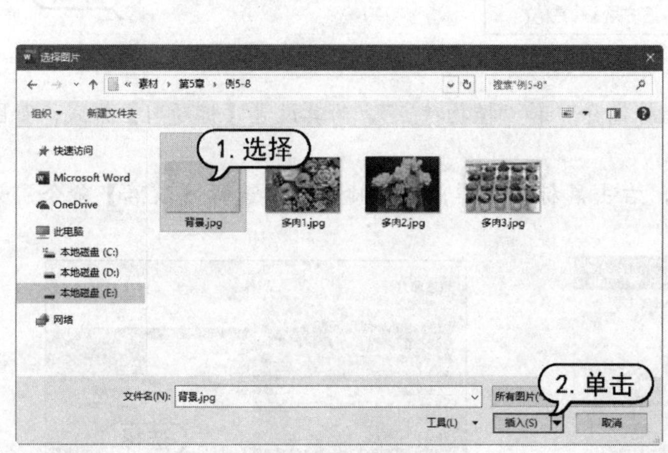

图 5-84　【选择图片】对话框

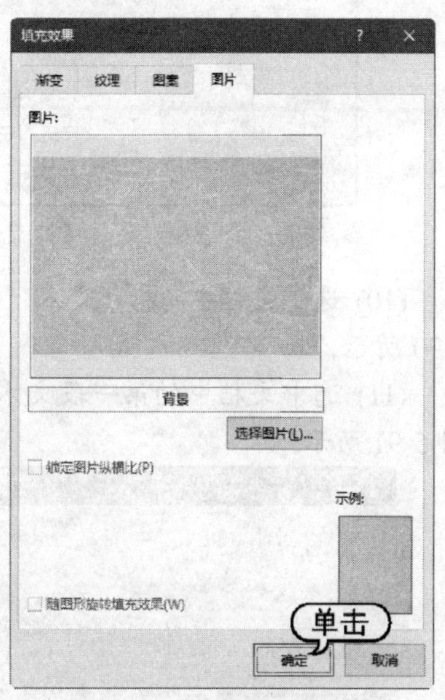

图 5-85　单击【确定】按钮

(6) 在文档中输入文本，如图 5-86 所示。

(7) 选中文档中的标题文本“多肉植物 (植物种类)”，在【开始】选项卡的【样式】组中单击【标题】样式，如图 5-87 所示。

计算机基础与实训教材系列

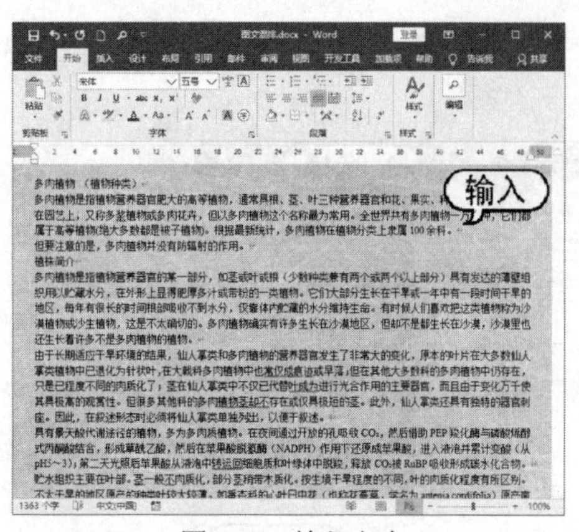

图 5-86　输入文本

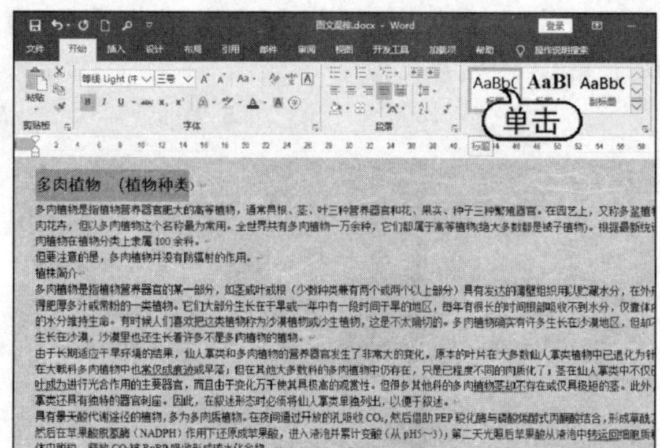

图 5-87　单击【标题】样式

(8) 在【样式】组中右击【标题 1】样式，在弹出的快捷菜单中选择【修改】命令，如图 5-88 所示。

(9) 打开【修改样式】对话框，设置样式字号为【小三】，然后单击【确定】按钮，如图 5-89 所示。

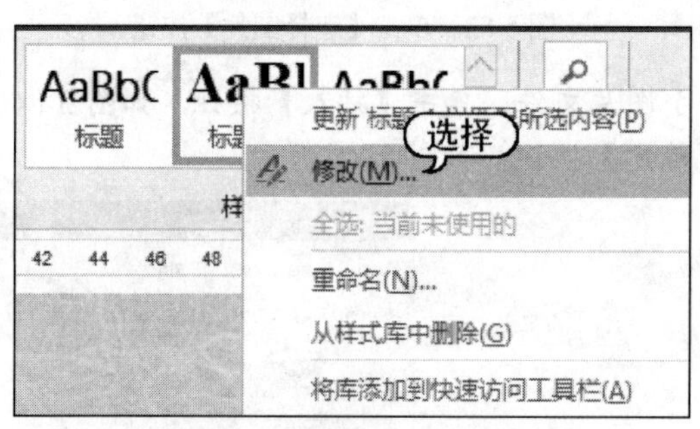

图 5-88　选择【修改】命令

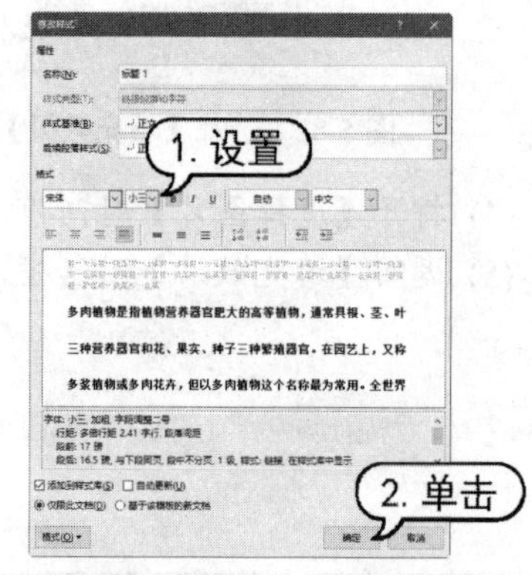

图 5-89　【修改样式】对话框

(10) 选中文档中的标题文本“植株简介”和“植物特点”，为其设置【标题 1】样式，如图 5-90 所示。

(11) 选中文档中的第一段文本，右击鼠标，在弹出的快捷菜单中选择【段落】命令，如图 5-91 所示。

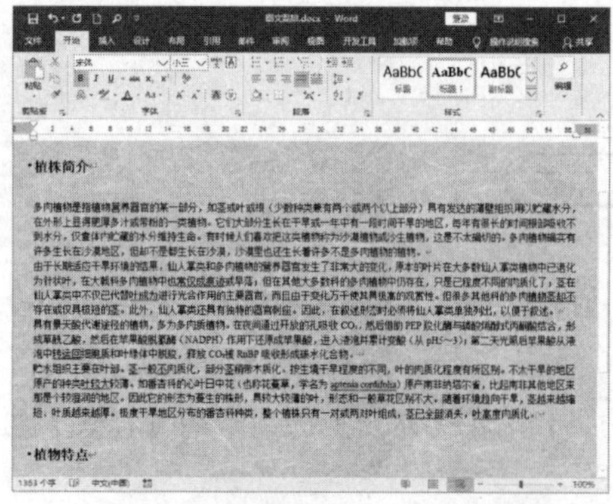

图 5-90　设置【标题 1】样式

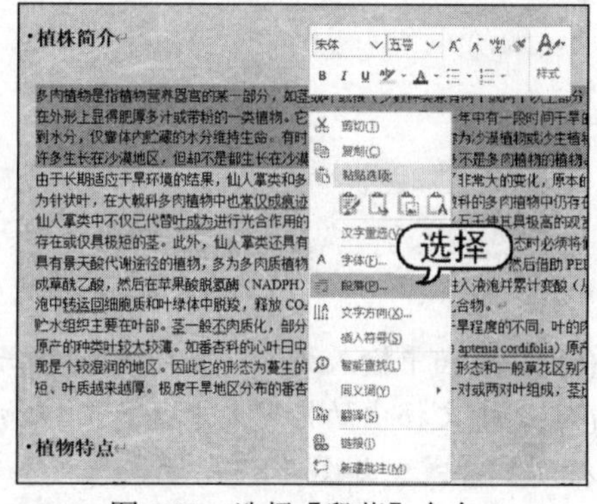

图 5-91　选择【段落】命令

(12) 打开【段落】对话框，将【特殊】设置为【首行】，将【缩进值】设置为【2 字符】，然后单击【确定】按钮，如图 5-92 所示。

(13) 将鼠标指针插入第一段文本中，在【开始】选项卡的【剪贴板】组中单击【格式刷】按钮，分别单击文档中的其他段落，复制段落格式。

(14) 选择【设计】选项卡，在【文档格式】组中单击【其他】按钮，在展开的库中选择【阴影】选项，给其中的【标题 1】文本添加阴影，如图 5-93 所示。

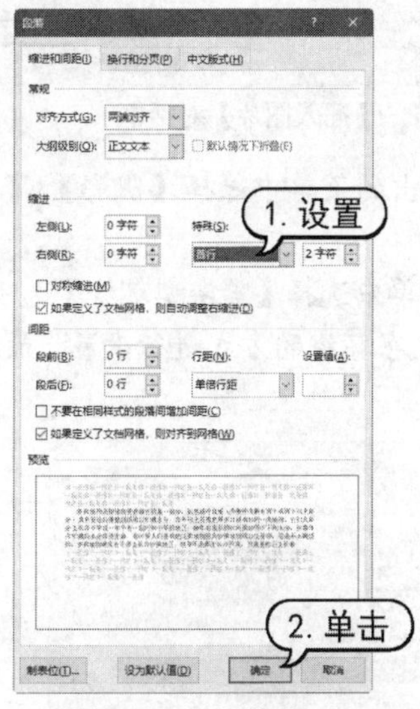

图 5-92　设置缩进

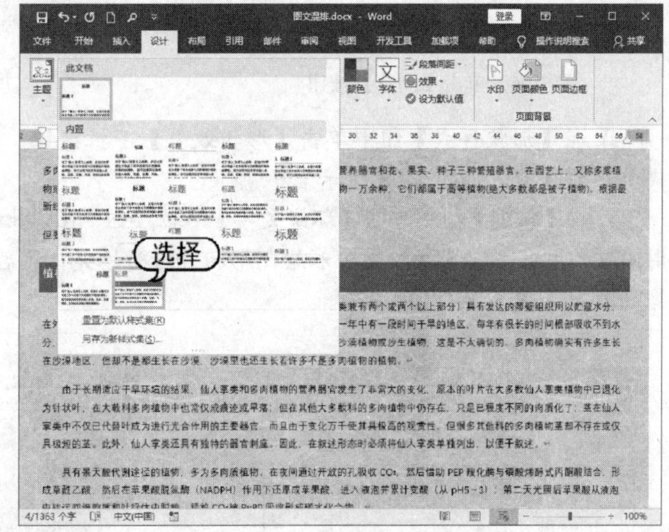

图 5-93　选择【阴影】选项

(15) 选择【插入】选项卡，在【插图】组中单击【形状】下拉按钮，在展开的库中选择【椭圆】选项，在文档中绘制椭圆，如图 5-94 所示。

(16) 选择【格式】选项卡，在【形状样式】组中单击【形状填充】下拉按钮，在弹出的菜单中选择【图片】选项，如图 5-95 所示。

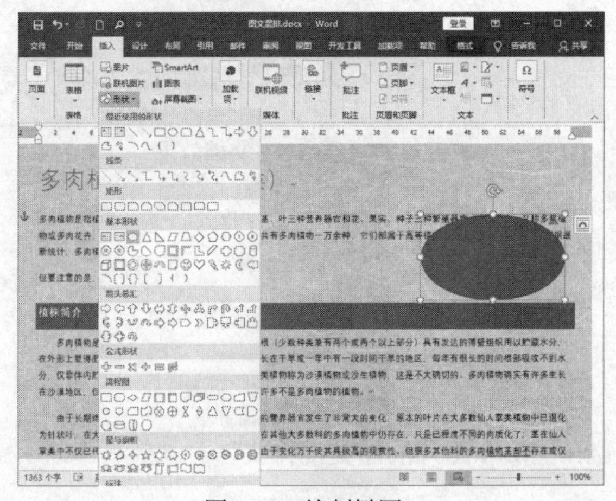

图 5-94　绘制椭圆

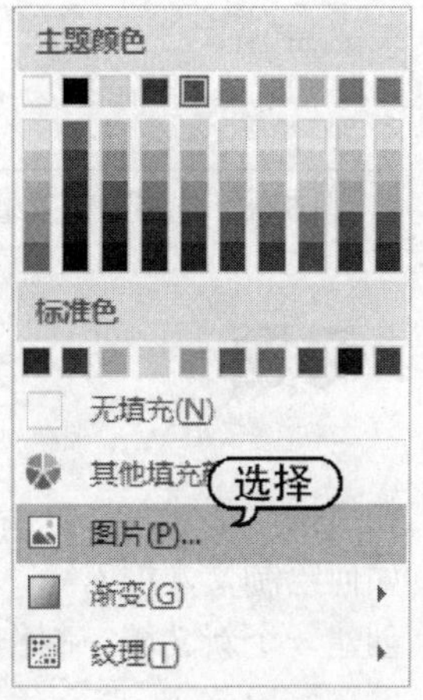

图 5-95　选择【图片】选项

(17) 打开【插入图片】窗格，单击【从文件】选项后的【浏览】按钮，如图 5-96 所示。

(18) 打开【插入图片】对话框，选中一个图片文件后单击【插入】按钮，如图 5-97 所示。

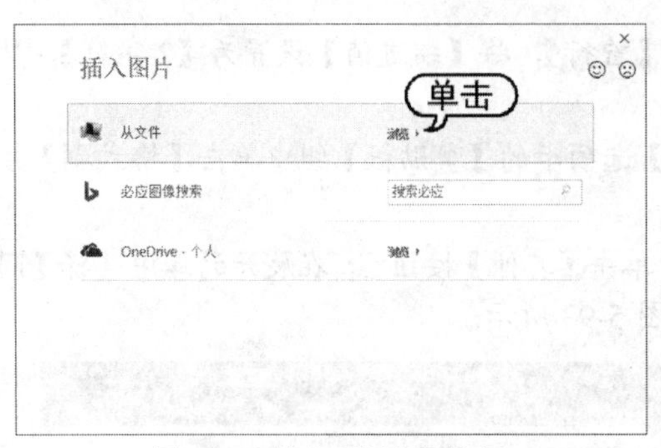

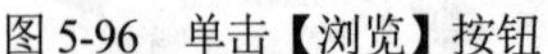

图 5-96 单击【浏览】按钮

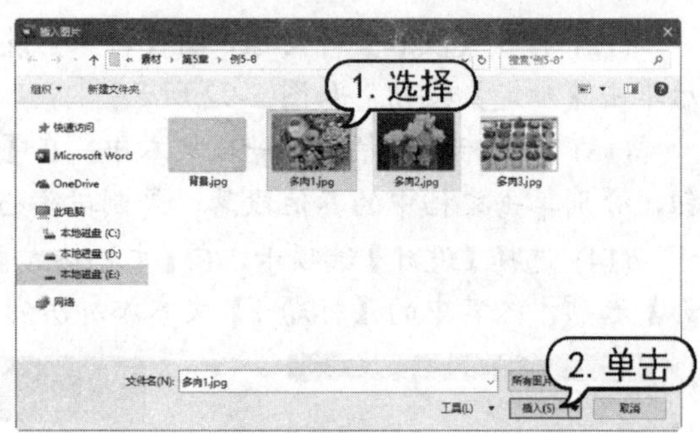

图 5-97 【插入图片】对话框

(19) 在【形状样式】组中单击【形状效果】下拉按钮，在弹出的菜单中选择【阴影】|【右下斜偏移】选项，如图 5-98 所示。

(20) 在【排列】组中单击【环绕文字】下拉按钮，在弹出的菜单中选择【紧密型环绕】选项。使用同样的方法，继续插入图片和绘制形状并进行填充，然后对文字环绕的方式进行设置。最后文档的效果如图 5-99 所示。

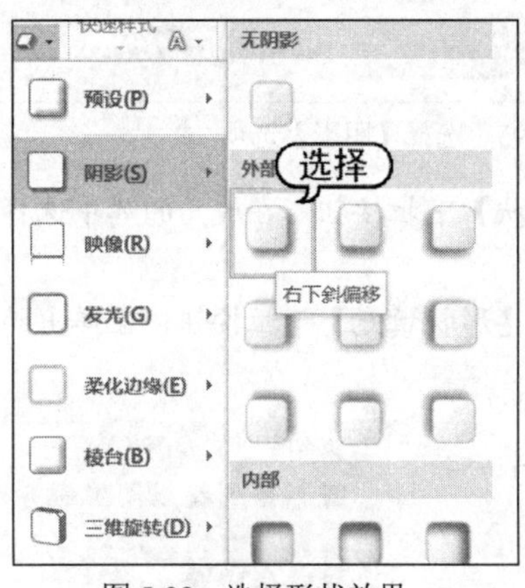

图 5-98 选择形状效果

图 5-9 文档效果

5.8 习题

1. 如何插入形状？
2. 如何绘制文本框？
3. 创建一个新文档，制作插入 SmartArt 图形和图片的图文混排文档。

第 6 章 Word文档的页面设置

字符和段落文本只能影响某个页面的局部外观，影响文档外观的另一个重要因素是页面设置，Word 2019 提供了许多便捷的操作方式及管理工具来优化文档的页面版式。本章将介绍设置文档页面，插入页码、页眉和页脚等内容。

本章重点

- 设置页面格式
- 插入页码
- 插入页眉和页脚
- 添加页面背景和主题

二维码教学视频

【例 6-1】设置页边距
【例 6-2】设置纸张大小
【例 6-3】设置文档网格
【例 6-4】创建空的稿纸文档
【例 6-5】应用稿纸设置
【例 6-6】为首页创建页眉和页脚
【例 6-7】为奇、偶页创建页眉
【例 6-8】创建并设置页码
【例 6-9】插入分页符
【例 6-10】插入分节符
【例 6-11】设置填充背景
本章其他视频参见视频二维码列表

6.1 设置页面格式

在处理 Word 文档的过程中，为了使文档页面更加美观，用户可以根据需求规范文档的页面，如设置页边距、纸张大小、文档网格、稿纸页面等，从而制作出一个要求较为严格的文档版面。

6.1.1 设置页边距

页边距就是页面上打印区域之外的空白空间。设置页边距，包括调整上、下、左、右边距，调整装订线的距离和纸张的方向。

打开【布局】选项卡，在【页面设置】组中单击【页边距】按钮，从弹出的下拉列表框中选择页边距样式，即可快速为页面应用该页边距样式。选择【自定义页边距】命令，打开【页面设置】对话框的【页边距】选项卡，如图 6-1 所示，在其中可以精确设置页面边距。此外 Word 2019 还提供了添加装订线功能，使用该功能可以为页面设置装订线，以便日后装订长文档。

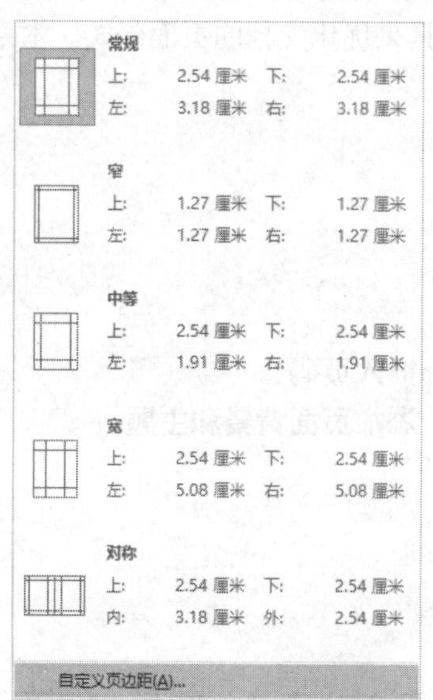

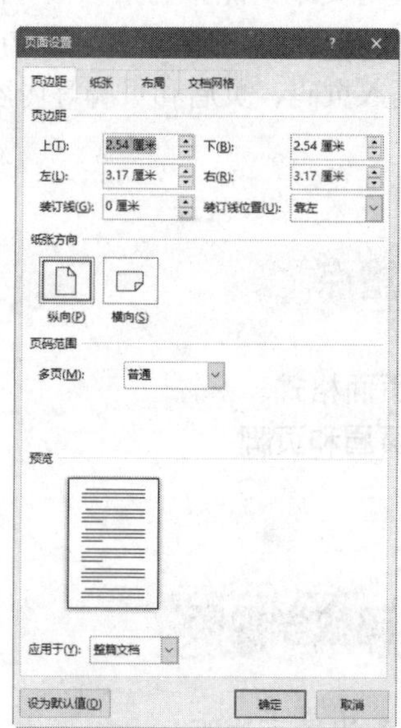

图 6-1 打开【页边距】选项卡

【例 6-1】 设置“拉面”文档的页边距和装订线。 视频

(1) 启动 Word 2019，打开“拉面”文档。

(2) 打开【布局】选项卡，在【页面设置】组中单击【页边距】按钮，选择【自定义页边距】命令，如图 6-2 所示。

(3) 打开【页面设置】对话框，打开【页边距】选项卡，在【页边距】选项区域中的【上】【下】【左】【右】微调框中依次输入“4 厘米”“4 厘米”“3 厘米”和“3 厘米”。在【页边距】选项卡的【页边距】选项区域中的【装订线】微调框中输入“1.5 厘米”；在【装订线位置】下拉列表框中选择【靠上】选项，在【页面设置】对话框中单击【确定】按钮完成设置，如图 6-3 所示。

图 6-2　选择【自定义边距】命令

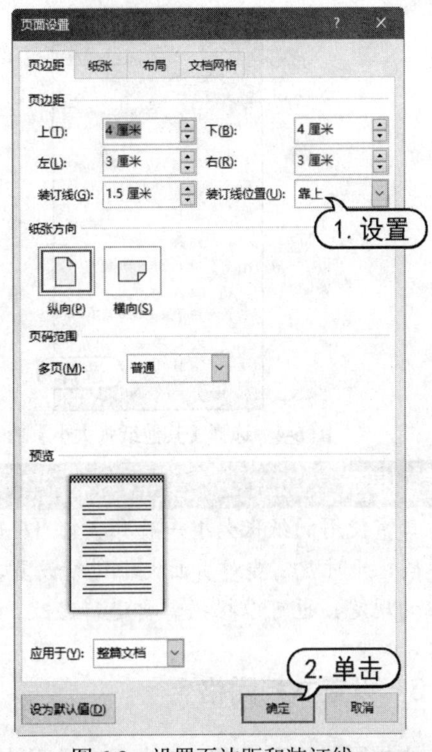

图 6-3　设置页边距和装订线

提示

在默认情况下，Word 2019 将此次页边距的数值记忆为【上次的自定义设置】，在【页面设置】组中单击【页边距】按钮，从弹出的菜单中选择【上次的自定义设置】选项，即可为当前文档应用上次的自定义页边距设置值。

6.1.2　设置纸张大小

在 Word 2019 中，默认的页面方向为纵向，其大小为 A4。在制作某些特殊文档(如名片、贺卡)时，为了满足文档的需要可对其页面大小和方向进行更改。

在【页面设置】组中单击【纸张大小】按钮，在弹出的下拉列表中选择设定的规格选项即可快速设置纸张大小。

【例 6-2】 设置“拉面”文档的纸张大小。 视频

(1) 启动 Word 2019，打开“拉面”文档。

(2) 打开【布局】选项卡，在【页面设置】组中单击【纸张大小】按钮，从弹出的下拉菜单中选择【其他纸张大小】命令，如图 6-4 所示。

(3) 在打开的【页面设置】对话框中选择【纸张】选项卡，在【纸张大小】下拉列表框中选择【自定义大小】选项，在【宽度】和【高度】微调框中分别输入“20 厘米”和“30 厘米”，单击【确定】按钮完成设置，如图 6-5 所示。

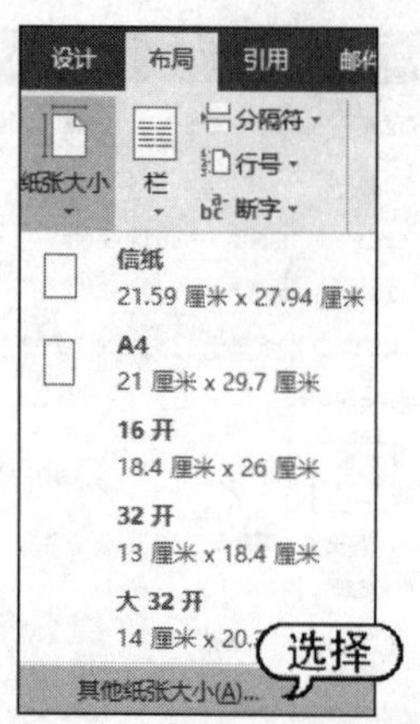

图 6-4　选择【其他纸张大小】命令

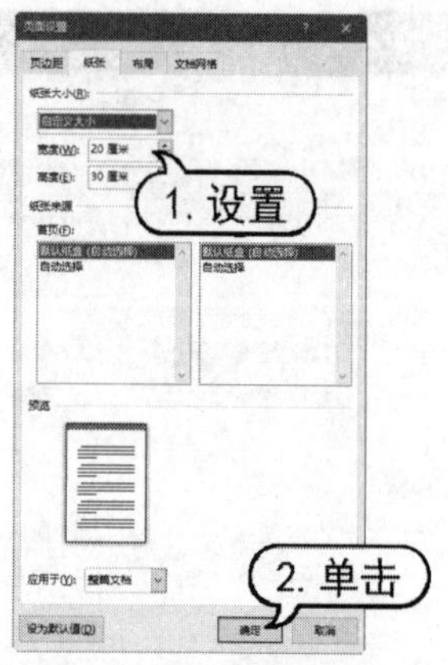

图 6-5　【纸张】选项卡

提示

日常使用的纸张大小一般有 A4、16 开、32 开和 B5 等几种类型，不同的文档，其页面大小也不同，此时就需要对页面大小进行设置，即选择要使用的纸型，每一种纸型的高度与宽度都有标准的规定，也可以根据需要进行修改。

6.1.3　设置文档网格

文档网格用于设置文档中文字排列的方向、每页的行数、每行的字数等内容。

【例 6-3】 设置“拉面”文档的文档网格。视频

(1) 启动 Word 2019，打开“拉面”文档。

(2) 打开【布局】选项卡，单击【页面设置】对话框启动器按钮，打开【页面设置】对话框，打开【文档网格】选项卡，在【文字排列】选项区域的【方向】中选中【水平】单选按钮；在【网格】选项区域中选中【指定行和字符网格】单选按钮；在【字符数】选项区域的【每行】微调框中输入 40；在【行】选项区域的【每页】微调框中输入 30，单击【绘图网格】按钮，如图 6-6 所示。

(3) 打开【网格线和参考线】对话框，选中【在屏幕上显示网格线】复选框，在【水平间隔】文本框中输入 2，单击【确定】按钮，如图 6-7 所示。

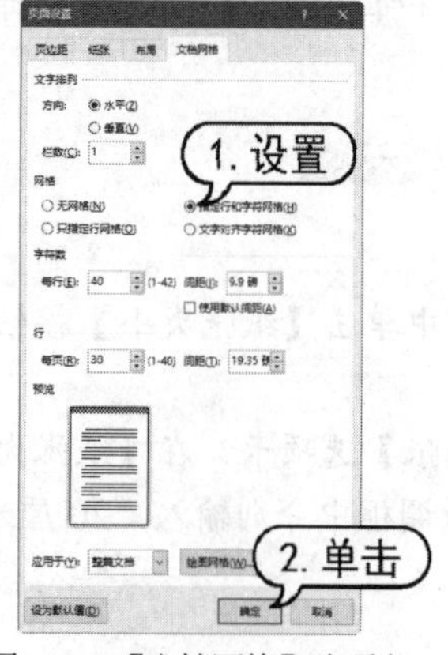

图 6-6　【文档网格】选项卡

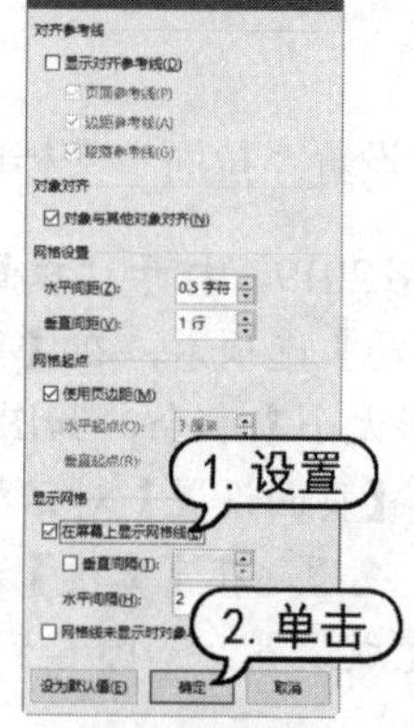

图 6-7　【网格线和参考线】对话框

计算机基础与实训教材系列

(4) 返回【页面设置】对话框，单击【确定】按钮，此时即可为文档应用所设置的文档网格，效果如图 6-8 所示。

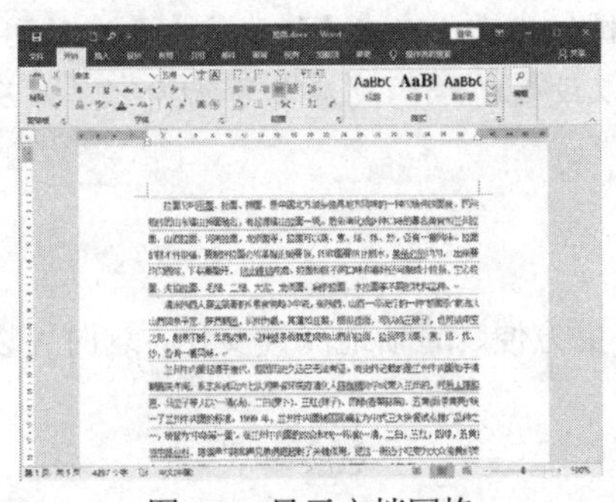

图 6-8　显示文档网格

> **提示**
>
> 打开【视图】选项卡，在【显示】组中取消选中【网格线】复选框，即可隐藏页面中的网格线。

6.1.4　设置稿纸页面

Word 2019 提供了稿纸设置的功能，使用该功能，可以生成空白的稿纸样式文档，或快速地将稿纸网格应用于 Word 文档中的现有文档。

1. 创建空的稿纸文档

打开一个空白的 Word 文档后，使用 Word 2019 自带的稿纸模式，可以快速地为用户创建方格式、行线式和外框式稿纸页面。

【例 6-4】 新建文档，创建方格式稿纸页面。视频

(1) 启动 Word 2019，新建一个空白文档，将其命名为“稿纸”。

(2) 打开【布局】选项卡，在【稿纸】组中单击【稿纸设置】按钮，打开【稿纸设置】对话框。在【格式】下拉列表框中选择【方格式稿纸】选项；在【行数 × 列数】下拉列表框中选择 24 × 25 选项；在【网格颜色】下拉面板中选择【蓝色】选项，在【纸张方向】下选择【纵向】选项，然后单击【确定】按钮，如图 6-9 所示。

(3) 进行稿纸转换，完成后将显示所设置的稿纸格式，此时稿纸颜色显示为蓝色，如图 6-10 所示。

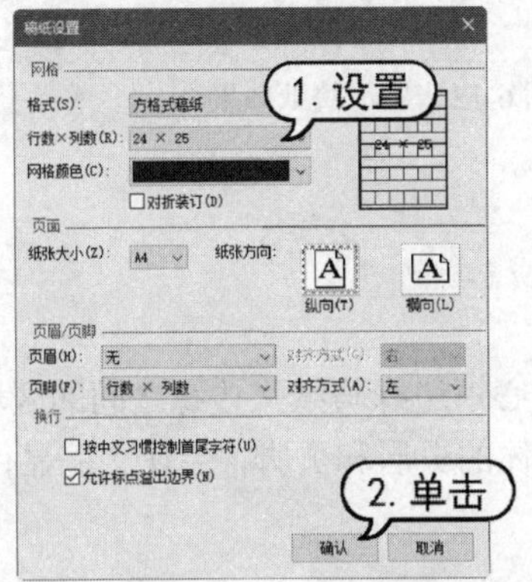

图 6-9　【稿纸设置】对话框

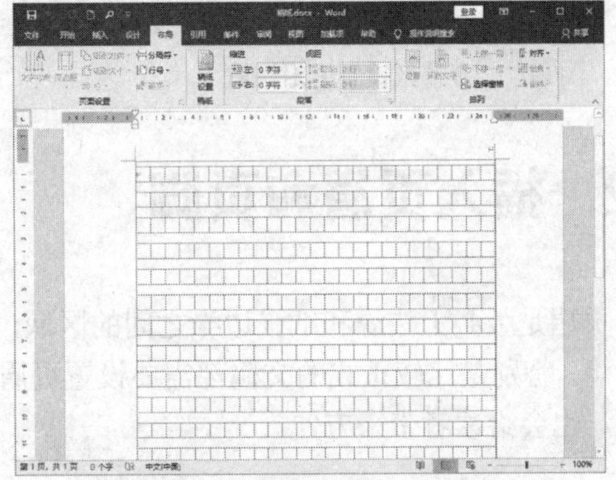

图 6-10　创建空白稿纸文档

提示

在【稿纸设置】对话框中，在【网格】选项区域中选中【对折装订】复选框，可以将整张稿纸分为两半装订；在【纸张大小】下拉列表框中可以选择纸张大小；在【纸张方向】选项区域中，可以设置纸张的方向；在【页眉/页脚】选项区域中可以设置稿纸的页眉和页脚内容，以及设置页眉和页脚的对齐方式。

2. 为现有文档应用稿纸设置

如果在编辑文档时事先没有创建稿纸，为了让用户更方便、清晰地阅读文档，这时可以为已有的文档应用稿纸。

【例 6-5】 为“拉面”文档应用稿纸。 视频

(1) 启动 Word 2019，打开“拉面”文档。

(2) 打开【布局】选项卡，在【稿纸】组中单击【稿纸设置】按钮，打开【稿纸设置】对话框。在【格式】下拉列表框中选择【行线式稿纸】选项；在【行数 × 列数】下拉列表框中选择 20 × 20 选项；在【网格颜色】下拉面板中选择【粉红】选项，在【纸张方向】中选择【横向】选项，然后单击【确定】按钮，如图 6-11 所示。

(3) 此时稍等片刻，即可为文档应用所设置的稿纸格式，稿纸颜色显示为粉红色，效果如图 6-12 所示。

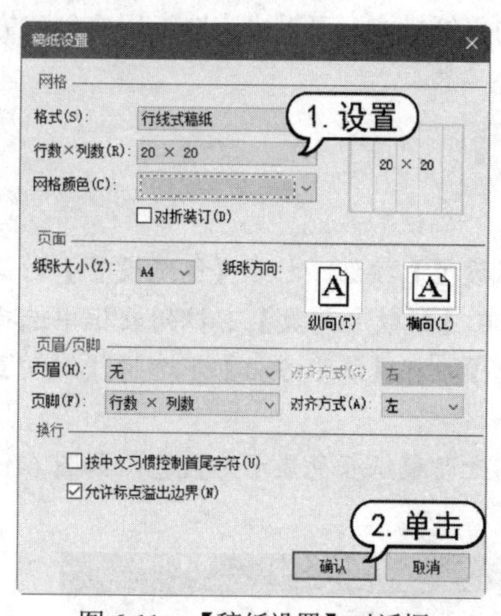

图 6-11 【稿纸设置】对话框

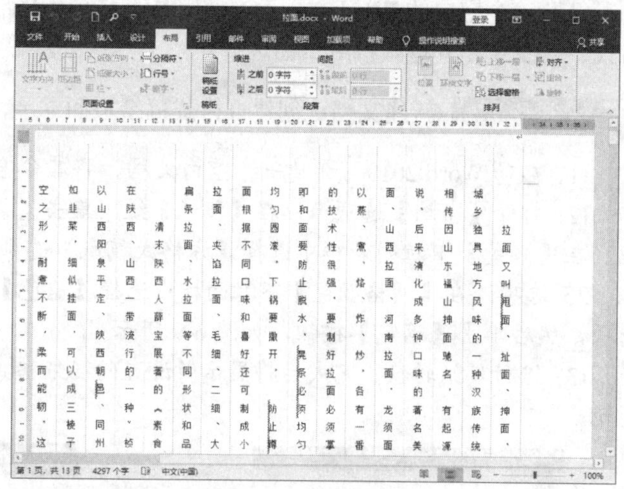

图 6-12 显示稿纸效果

6.2 插入页眉和页脚

页眉是版心上边缘和纸张边缘之间的区域，页脚则是版心下边缘与纸张边缘之间的区域。许多文稿，特别是比较正式的文稿都需要设置页眉和页脚。得体的页眉和页脚，会使文稿显得更为规范，也会给读者带来方便。

6.2.1　在首页插入页眉和页脚

页眉和页脚通常用于显示文档的附加信息，如页码、时间和日期、作者名称、单位名称、徽标或章节名称等内容。通常情况下，在书籍的章首页，需要创建独特的页眉和页脚。Word 2019 还提供了插入封面功能，用于说明文档的主要内容和特点。

【例 6-6】 为“拉面”文档添加封面，并在封面首页中创建页眉和页脚。 视频

(1) 启动 Word 2019，打开“拉面”文档，打开【插入】选项卡，在【页面】组中单击【封面】按钮，在弹出的列表框中选择【丝状】选项，如图 6-13 所示，即可插入基于该样式的封面。

(2) 在封面页的占位符中根据提示修改或添加文字，如图 6-14 所示。

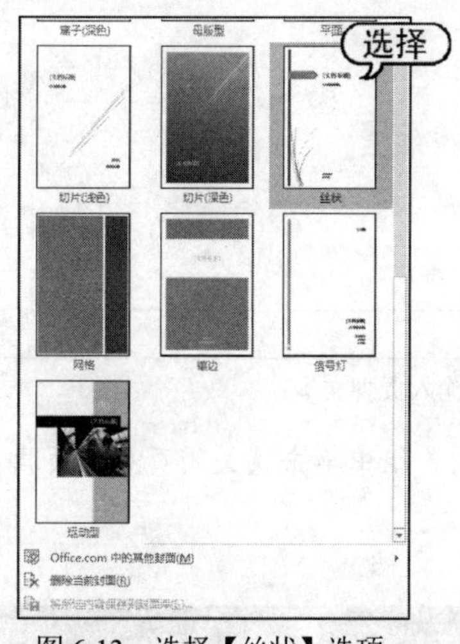

图 6-13　选择【丝状】选项

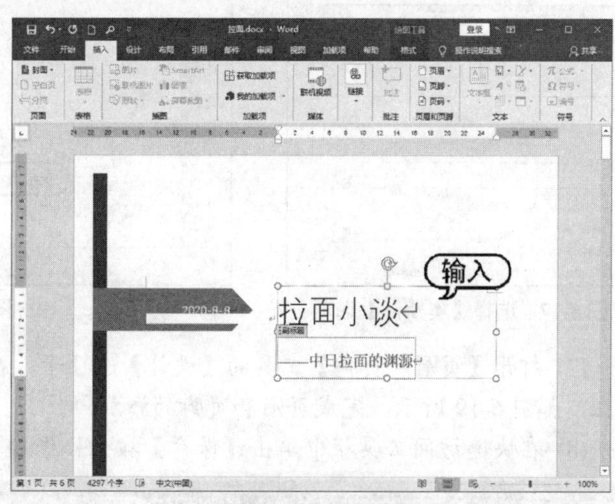

图 6-14　输入文本

(3) 打开【插入】选项卡，在【页眉和页脚】组中单击【页眉】按钮，在弹出的列表中选择【边线型】选项，如图 6-15 所示，插入该样式的页眉。

(4) 在页眉处输入页眉文本，效果如图 6-16 所示。

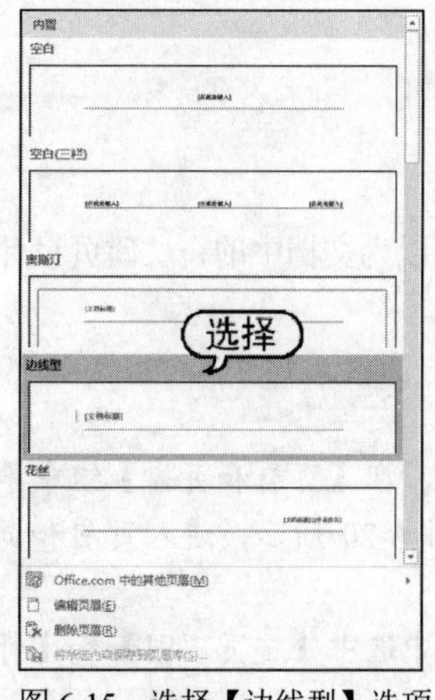

图 6-15　选择【边线型】选项

图 6-16　输入页眉文本

(5) 打开【插入】选项卡，在【页眉和页脚】组中单击【页脚】按钮，在弹出的列表中选择【奥斯汀】选项，如图 6-17 所示，插入该样式的页脚。

(6) 在页脚处删除首页页码，并输入文本，设置字体颜色为【红色】，如图 6-18 所示。

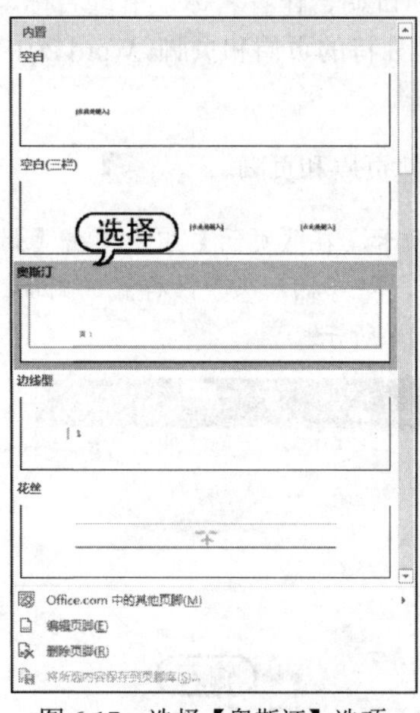

图 6-17 选择【奥斯汀】选项

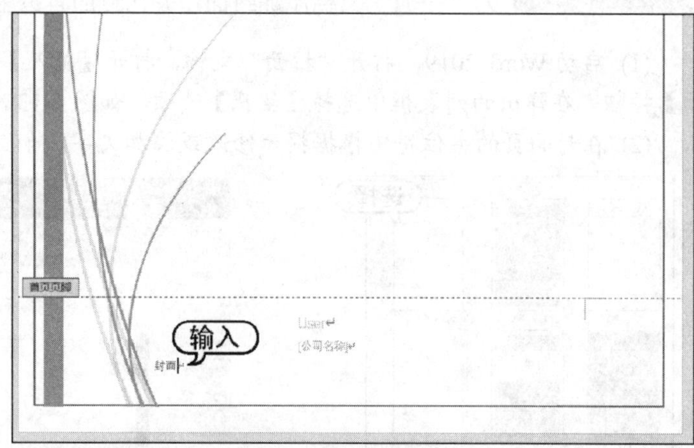

图 6-18 输入页脚文本

(7) 打开【页眉和页脚】工具的【设计】选项卡，在【关闭】组中单击【关闭页眉和页脚】按钮，如图 6-19 所示，完成页眉和页脚的添加。

(8) 在快速访问工具栏中单击【保存】按钮，保存“拉面”文档。

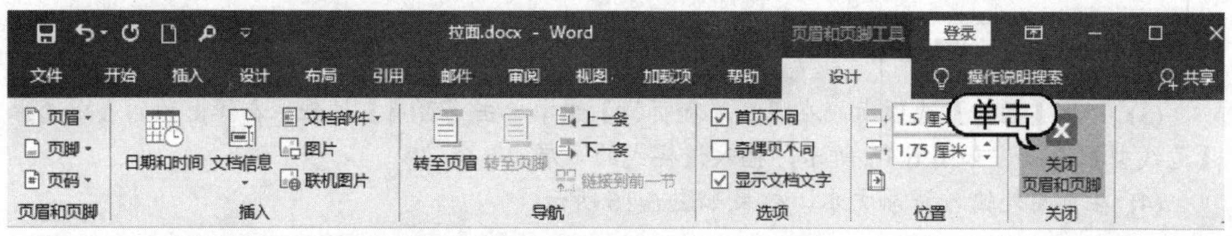

图 6-19 单击【关闭页眉和页脚】按钮

6.2.2 插入奇偶页页眉和页脚

书籍中奇偶页的页眉和页脚通常是不同的。在 Word 2019 中，可以为文档中的奇、偶页设计不同的页眉和页脚。

【例 6-7】 在“拉面”文档中，为奇、偶页创建不同的页眉。 视频

(1) 启动 Word 2019，打开“拉面”文档，打开【插入】选项卡，在【页眉和页脚】组中单击【页眉】下拉按钮，在弹出的列表中选择【编辑页眉】命令，如图 6-20 所示，进入页眉和页脚编辑状态。

(2) 打开【页眉和页脚】工具的【设计】选项卡，在【选项】组中选中【首页不同】和【奇偶页不同】复选框，如图 6-21 所示。

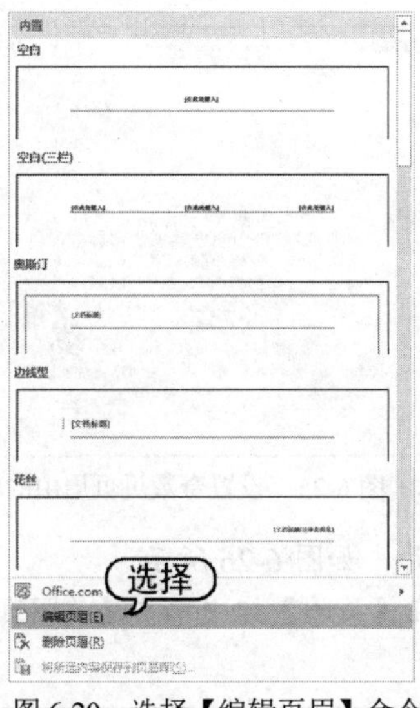

图 6-20　选择【编辑页眉】命令

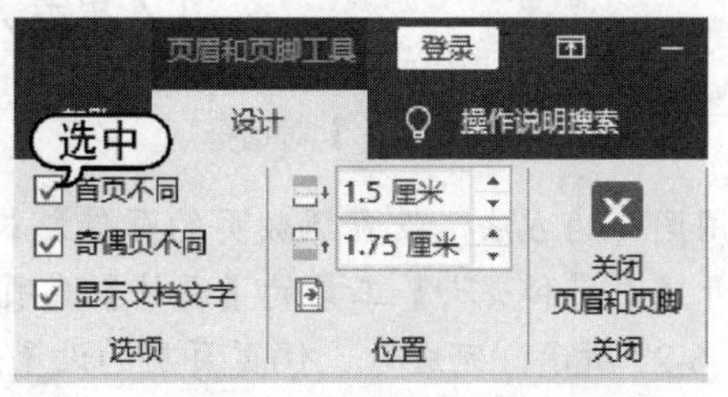

图 6-21　选中复选框

(3) 在奇数页页眉区域中选中段落标记符，打开【开始】选项卡，在【段落】组中单击【边框】按钮，在弹出的菜单中选择【无框线】命令，如图 6-22 所示，隐藏奇数页页眉的边框线。

(4) 将光标定位在段落标记符上，输入文本，然后设置字体为【华文行楷】，字号为【小三】，字体颜色为【浅蓝】，文本右对齐显示，如图 6-23 所示。

图 6-22　选择【无框线】命令

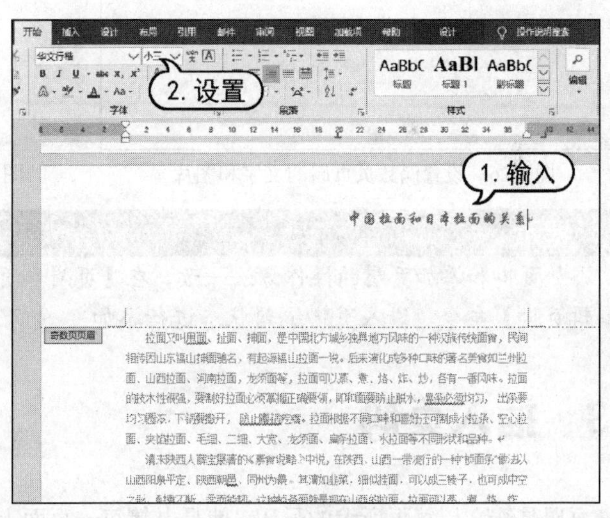

图 6-23　输入并设置文字

(5) 将插入点定位在页眉文本右侧，打开【插入】选项卡，在【插图】组中单击【图片】按钮，打开【插入图片】对话框，选择一张图片，单击【插入】按钮，如图 6-24 所示。

(6) 打开【图片工具】的【格式】选项卡，在【排列】组中单击【环绕文字】按钮，从弹出的菜单中选择【浮于文字上方】命令，为页眉图片设置环绕方式，拖动鼠标调节图片的大小和位置，如图 6-25 所示。

图 6-24 【插入图片】对话框

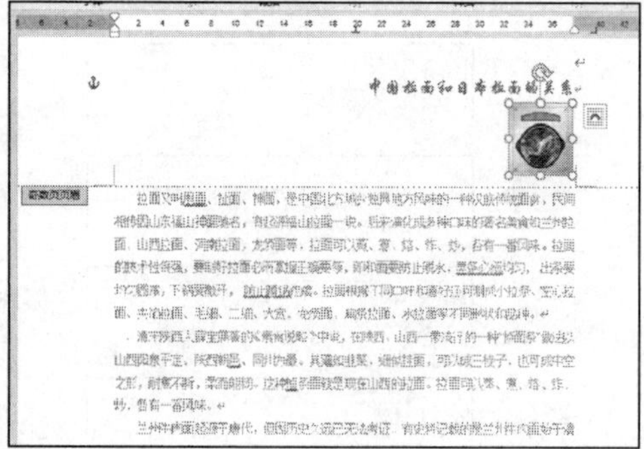

图 6-25 设置奇数页页眉中的图片

(7) 使用同样的方法，设置偶数页的页眉文本和图片，如图 6-26 所示。

(8) 打开【页眉和页脚】工具的【设计】选项卡，在【关闭】组中单击【关闭页眉和页脚】按钮，如图 6-27 所示，完成奇、偶页页眉的设置。

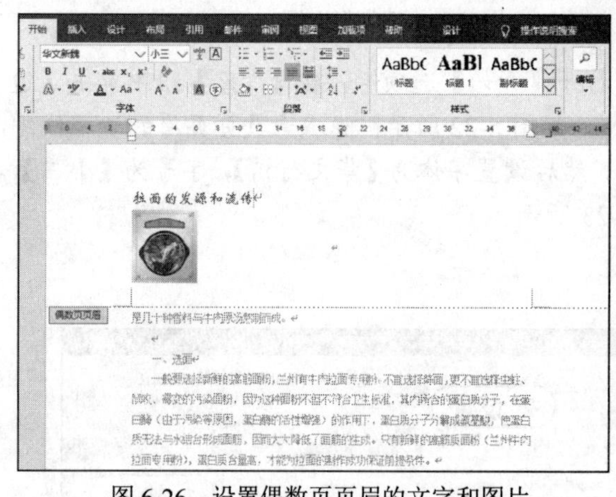

图 6-26 设置偶数页页眉的文字和图片

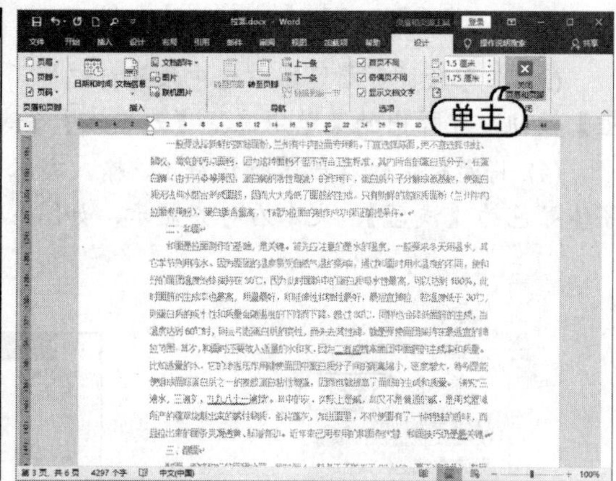

图 6-27 单击【关闭页眉和页脚】按钮

提示

添加页脚和添加页眉的操作方法一致，在【页眉和页脚】组中单击【页脚】下拉按钮，选择【编辑页脚】命令，进入页脚编辑状态进行添加。

6.3 插入页码

页码是给文档每页所编的号码，就是书籍每一页面上标明次序的号码或其他数字，用于统计书籍的面数，以便于读者阅读和检索。页码一般都被添加在页眉或页脚中，但也不排除其他特殊情况，也可以被添加到其他位置。

6.3.1 创建页码

要插入页码，可以打开【插入】选项卡，在【页眉和页脚】组中单击【页码】按钮，从弹出的菜单中选择页码的位置和样式，如图 6-28 所示。

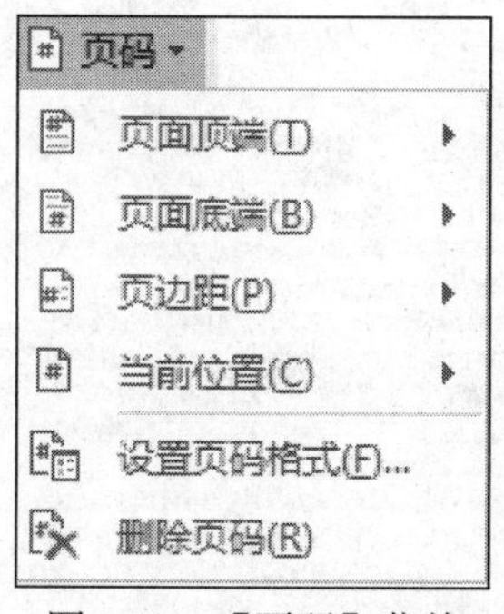

图 6-28　【页码】菜单

> **提示**
>
> Word 中显示的动态页码的本质就是域，可以通过插入页码域的方式来直接插入页码，最简单的操作是：将插入点定位在页眉或页脚区域中，按 Ctrl+F9 组合键，输入 PAGE，然后按 F9 键即可。

6.3.2　设置页码

在文档中，如果需要使用不同于默认格式的页码，就需要对页码的格式进行设置。打开【插入】选项卡，在【页眉和页脚】组中单击【页码】按钮，在弹出的菜单中选择【设置页码格式】命令，打开【页码格式】对话框，如图 6-29 所示，在该对话框中可以进行页码的格式化设置。

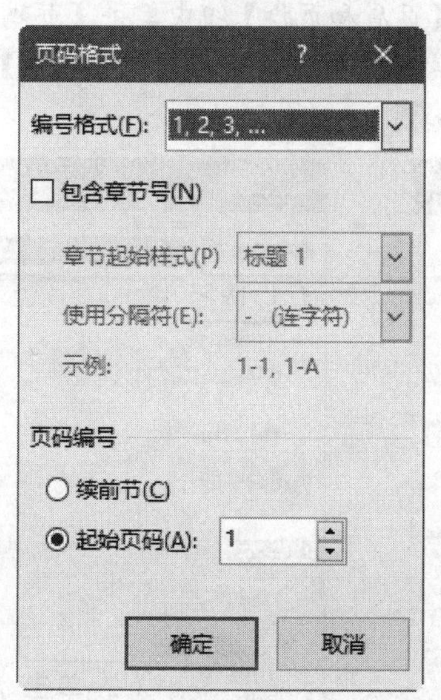

图 6-29　【页码格式】对话框

> **提示**
>
> 在【页码格式】对话框中，选中【包含章节号】复选框，可以使添加的页码中包含章节号，还可以设置章节号的样式及分隔符；在【页码编号】选项区域中，可以设置页码的起始页。

【例 6-8】 在“拉面”文档中创建页码，并设置页码格式。 视频

(1) 启动 Word 2019，打开“拉面”文档，将插入点定位在第 2 页中，打开【插入】选项卡，在【页眉和页脚】组中单击【页码】按钮，在弹出的菜单中选择【页面底端】命令，在【带有多种形状】类别框中选择【滚动】选项，如图 6-30 所示。

(2) 此时在第 2 页插入该样式的页码，如图 6-31 所示。

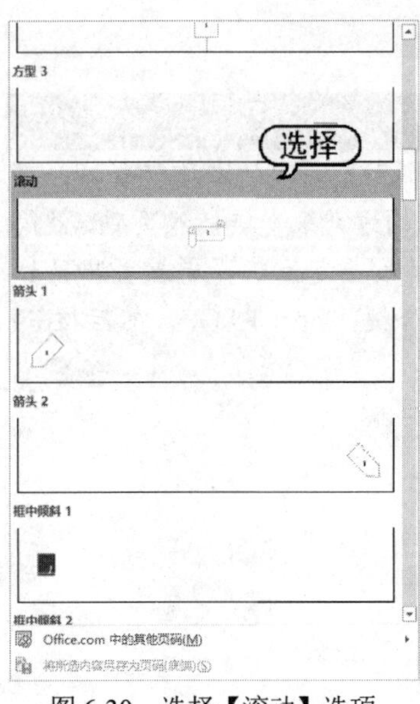

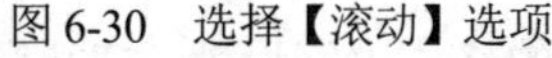

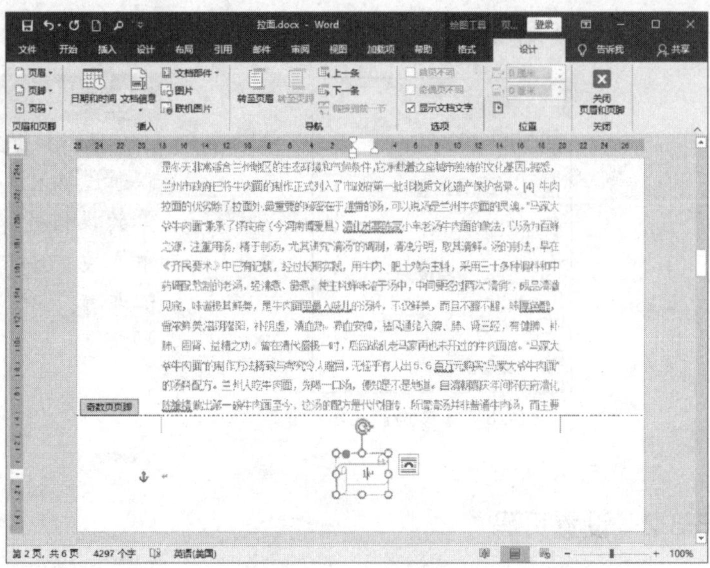

图 6-30　选择【滚动】选项　　　　图 6-31　显示页码

(3) 将插入点定位在第 3 页，使用同样的方法，在页面底端中插入【圆角矩形 2】样式的页码，如图 6-32 所示。

(4) 打开【页眉和页脚工具】的【设计】选项卡，在【页眉和页脚】组中单击【页码】按钮，从弹出的菜单中选择【设置页码格式】命令，打开【页码格式】对话框，在【编号格式】下拉列表框中选择【-1-,-2-,-3-,…】选项，单击【确定】按钮，如图 6-33 所示。

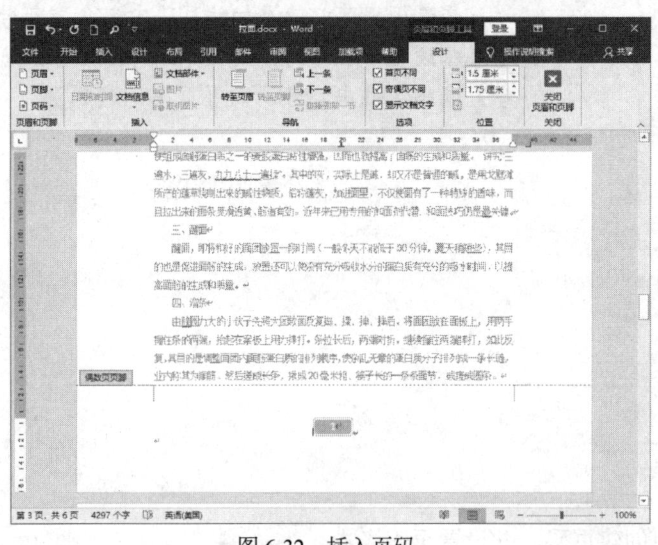

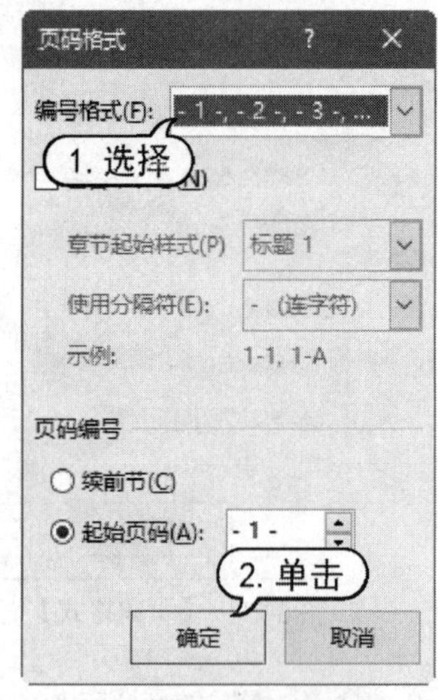

图 6-32　插入页码　　　　图 6-33　【页码格式】对话框

(5) 依次选中奇、偶数页码中的数字，设置其字体颜色为【红色】，效果如图 6-34 所示。

(6) 打开【页眉和页脚】工具的【设计】选项卡，在【关闭】组中单击【关闭页眉和页脚】按钮，如图 6-35 所示，退出页码编辑状态。

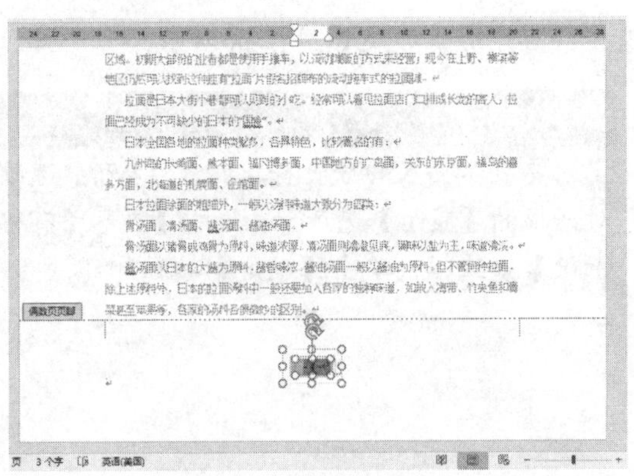

图 6-34　设置页码文字

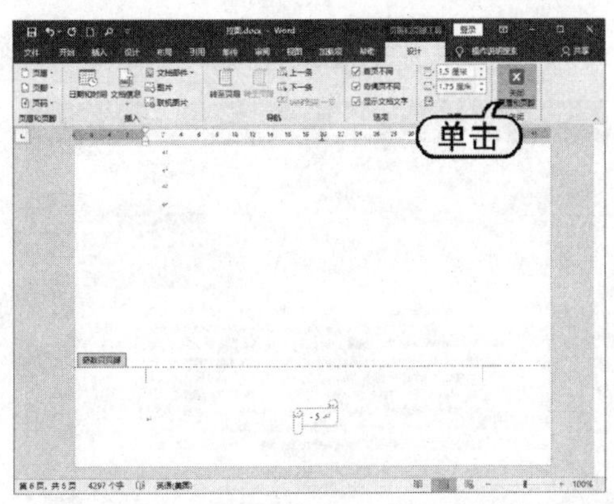

图 6-35　单击【关闭页眉和页脚】按钮

6.4　插入分页符和分节符

使用正常模板编辑一个文档时，Word 2019 将整个文档作为一个章节来处理，但在一些特殊情况下，例如，要求前后两页、一页中的两部分之间有特殊格式时，操作起来相当不便。此时可在其中插入分页符或分节符。

6.4.1　插入分页符

分页符是分隔相邻页之间文档内容的符号，用来标记一页终止并开始下一页。在 Word 2019 中，可以很方便地插入分页符。

【例 6-9】 在"拉面"文档中，将选定内容分页显示。 视频

(1) 启动 Word 2019，打开"拉面"文档，将插入点定位到第 1 页中的第 3 段文本之前，如图 6-36 所示。

(2) 打开【布局】选项卡，在【页面设置】组中单击【分隔符】按钮，在弹出的【分页符】菜单选项区域中选择【分页符】命令，如图 6-37 所示。

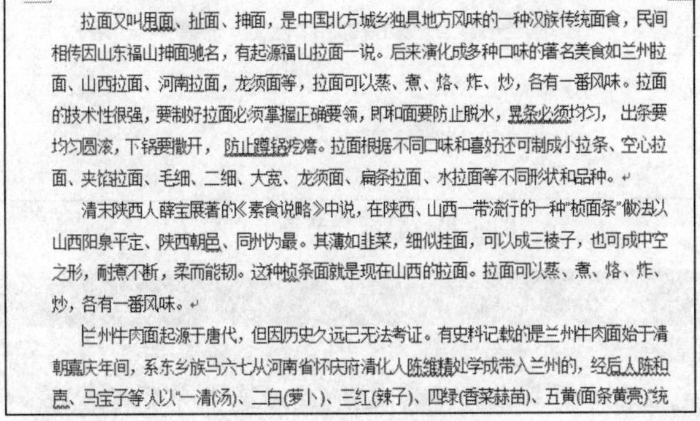

拉面又叫甩面、扯面、抻面，是中国北方城乡独具地方风味的一种汉族传统面食，民间相传因山东福山抻面驰名，有起源福山拉面一说。后来演化成多种口味的著名美食如兰州拉面、山西拉面、河南拉面，龙须面等，拉面可以蒸、煮、烙、炸、炒，各有一番风味。拉面的技术性很强，要制好拉面必须掌握正确要领，即和面要防止脱水，晃条必须均匀，出条要均匀圆滚，下锅要撒开，防止蹲锅疙瘩。拉面根据不同口味和喜好还可制成小拉条、空心拉面、夹馅拉面、毛细、二细、大宽、龙须面、扁条拉面、水拉面等不同形状和品种。

清末陕西人薛宝展著的《素食说略》中说，在陕西、山西一带流行的一种"桢面条"傲赳以山西阳泉平定、陕西朝邑、同州为最。其薄如韭菜，细似挂面，可以成三棱子，也可成中空之形，耐煮不断，柔而能韧。这种桢条面就是现在山西的拉面。拉面可以蒸、煮、烙、炸、炒，各有一番风味。

兰州牛肉面起源于唐代，但因历史久远已无法考证。有史料记载的是兰州牛肉面始于清朝嘉庆年间，系东乡族马六七从河南省怀庆府清化人陈维精处学成带入兰州的，经后人陈和声、马宝子等人以"一清(汤)、二白(萝卜)、三红(辣子)、四绿(香菜蒜苗)、五黄(面条黄亮)"统

图 6-36　定位插入点

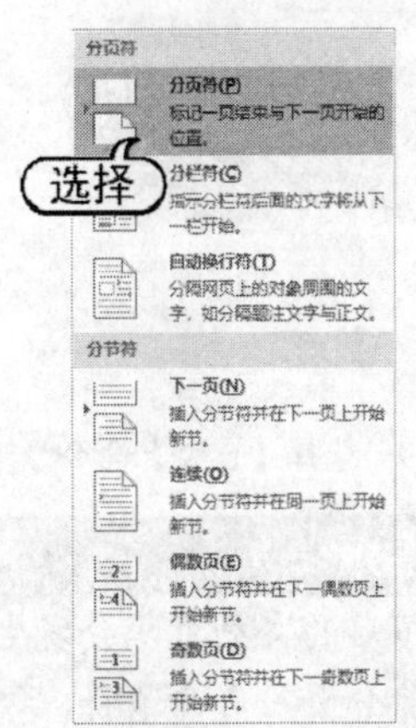

图 6-37　选择【分页符】命令

(3) 此时自动将插入点后面的所有文本移至下一页，分页效果如图 6-38 所示。

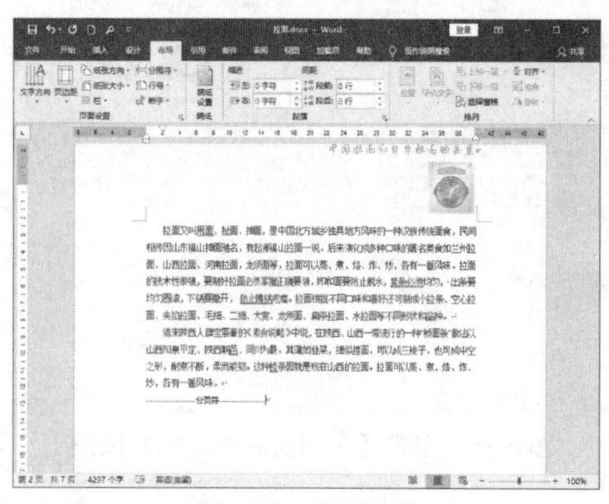

图 6-38　分页效果

> **提示**
>
> 要显示插入的分页符，打开【Word 选项】对话框的【显示】选项卡，选中【显示所有格式标记】复选框，单击【确定】按钮即可。

6.4.2　插入分节符

如果把一个较长的文档分成几节，就可以单独设置每节的格式和版式，从而使文档的排版和编辑更加灵活。

【例 6-10】 在“拉面”文档中，在第 1 节之前插入连续的分节符。 视频

(1) 启动 Word 2019，打开“拉面”文档，将插入点定位到第 2 页中的“二、和面”前，打开【布局】选项卡，在【页面设置】组中单击【分隔符】按钮，从弹出的【分节符】菜单选项区域中选择【连续】命令，如图 6-39 所示。

(2) 此时，自动在标题文本后显示分节符，如图 6-40 所示。

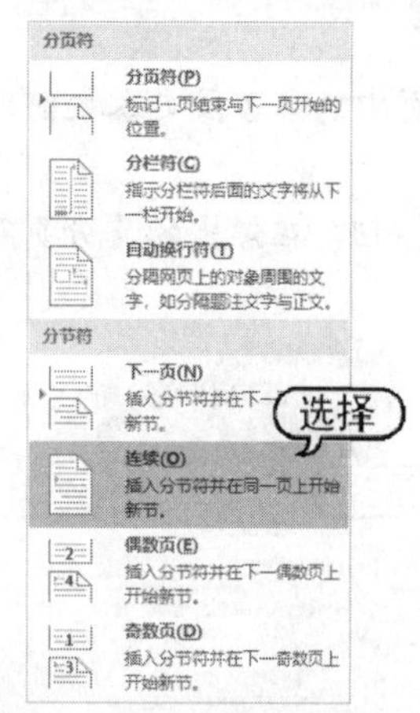

图 6-39　选择【连续】命令

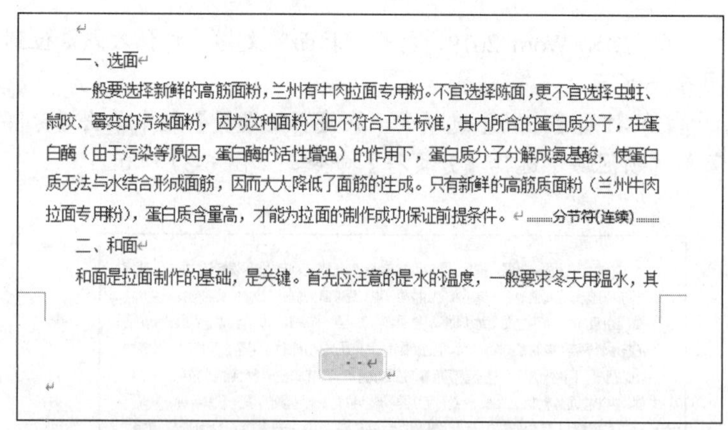

一、选面

一般要选择新鲜的高筋面粉，兰州有牛肉拉面专用粉。不宜选择陈面，更不宜选择虫蛀、鼠咬、霉变的污染面粉，因为这种面粉不但不符合卫生标准，其内所含的蛋白质分子，在蛋白酶（由于污染等原因，蛋白酶的活性增强）的作用下，蛋白质分子分解成氨基酸，使蛋白质无法与水结合形成面筋，因而大大降低了面筋的生成。只有新鲜的高筋质面粉（兰州牛肉拉面专用粉），蛋白质含量高，才能为拉面的制作成功保证前提条件。……分节符(连续)……

二、和面

和面是拉面制作的基础，是关键。首先应注意的是水的温度，一般要求冬天用温水，其

图 6-40　显示分节符

> **提示**
>
> 分节后的文档页码会发生变化，有可能会出现页码错乱现象，因此尽量不要为文档分节。如果要删除分页符和分节符，只需将插入点定位在分页符或分节符之前(或者选中分页符或分节符)，然后按 Delete 键即可。

6.5　设置页面背景和主题

为文档添加丰富多彩的背景和主题，可以使文档更加生动和美观。在 Word 2019 中，不仅可以为文档添加页面颜色和图片背景，还可以制作出水印背景效果。

6.5.1　设置纯色背景

Word 2019 提供了 70 多种内置颜色，用户可以选择这些颜色作为文档背景，也可以自定义其他颜色作为背景。

要为文档设置背景颜色，可以打开【设计】选项卡，在【页面背景】组中单击【页面颜色】按钮，将打开【页面颜色】菜单，如图 6-41 所示。在【主题颜色】和【标准色】选项区域中，单击其中的任何一个色块，即可把选择的颜色作为背景颜色。

如果对系统提供的颜色不满意，可以选择【其他颜色】命令，打开【颜色】对话框，如图 6-42 所示。在【标准】选项卡中，选择六边形中的任意色块，即可将选中的颜色作为文档页面的背景颜色。

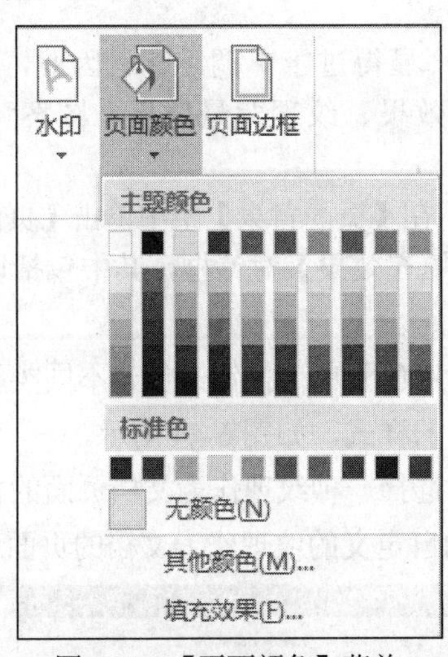

图 6-41　【页面颜色】菜单

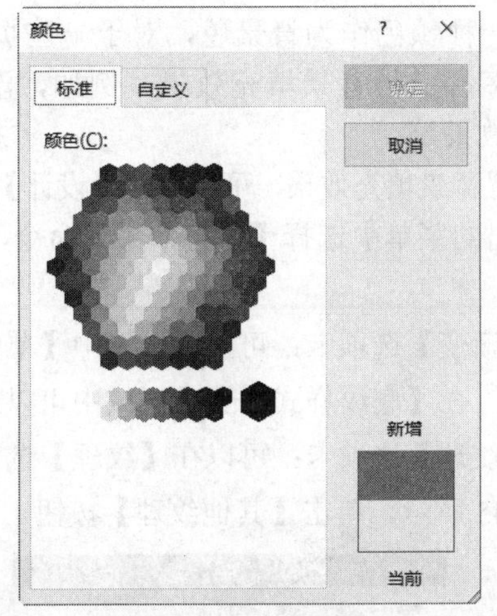

图 6-42　【标准】选项卡

另外，打开【自定义】选项卡，在【颜色】选项区域中选择所需的背景色，或者在【颜色模式】选项区域中通过设置颜色的具体数值来选择所需的颜色，设置完毕后单击【确定】按钮，返回文档即可查看纯色背景，如图 6-43 所示。

提示

在【颜色模式】下拉列表框中提供了 RGB 和 HSL 两种颜色模式。RGB 模式是工业界的一种颜色标准，通过对红(R)、绿(G)、蓝(B)3 种颜色通道的编号以及它们相互之间的叠加作用来得到各种颜色；HSL 模式是一种基于人对颜色的心理感受的颜色模式，其中 H(Hue)表示色相，S(Saturation)表示饱和度，L(Lightness)表示亮度。

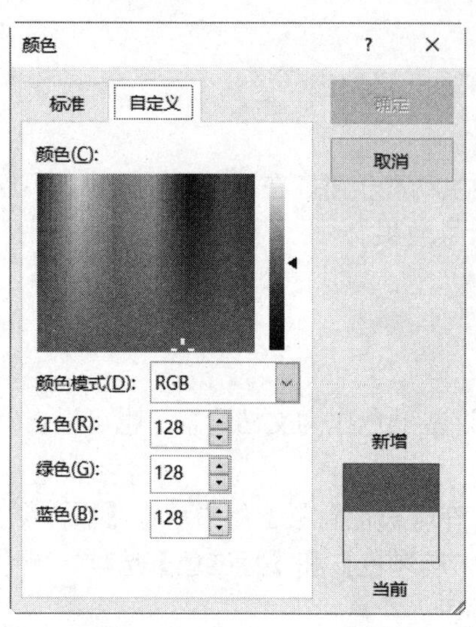

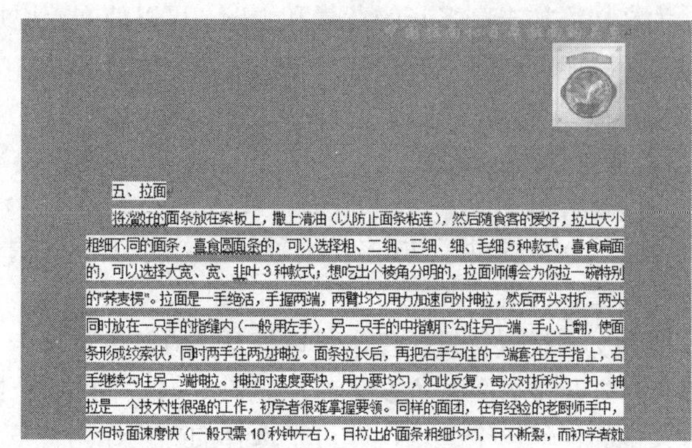

五、拉面
将搬好的面条放在案板上，撒上清油（以防止面条粘连），然后随食客的爱好，拉出大小粗细不同的面条，喜食圆面条的，可以选择粗、二细、三细、细、毛细5种款式；喜食扁面的，可以选择大宽、宽、韭叶3种款式；想吃出个棱角分明的，拉面师傅会为你拉一碗特别的"荞麦楞"。拉面是一手绝活，手握两端，两臂均匀用力加速向外抻拉，然后两头对折，两头同时放在一只手的指缝内（一般用左手），另一只手的中指朝下勾住另一端，手心上翻，使面条形成绞索状，同时两手往两边抻拉。面条拉长后，再把右手勾住的一端套在左手指上，右手继续勾住另一端抻拉。抻拉时速度要快，用力要均匀，如此反复，每次对折称为一扣。抻拉是一个技术性很强的工作，初学者很难掌握要领。同样的面团，在有经验的老厨师手中，不但拉面速度快（一般只需10秒钟左右），且拉出的面条粗细均匀，且不断裂，而初学者就

图 6-43　使用【自定义】选项卡设置背景色

6.5.2　设置背景填充

使用一种颜色作为背景色，对于一些页面而言，显得过于单调乏味。因此，Word 2019 还提供了多种文档背景填充效果。例如，渐变背景效果、纹理背景效果、图案背景效果及图片背景效果等。

要设置背景填充效果，可以打开【设计】选项卡，在【页面背景】组中单击【页面颜色】按钮，在弹出的菜单中选择【填充效果】命令，打开【填充效果】对话框，其中包括以下 4 个选项卡。

- 【渐变】选项卡：可以通过选中【单色】或【双色】单选按钮来创建不同类型的渐变效果，在【底纹样式】选项区域中可以选择渐变的样式，如图 6-44 所示。
- 【纹理】选项卡：可以在【纹理】选项区域中选择一种纹理作为文档页面的背景，如图 6-45 所示。单击【其他纹理】按钮，可以添加自定义的纹理作为文档的页面背景。

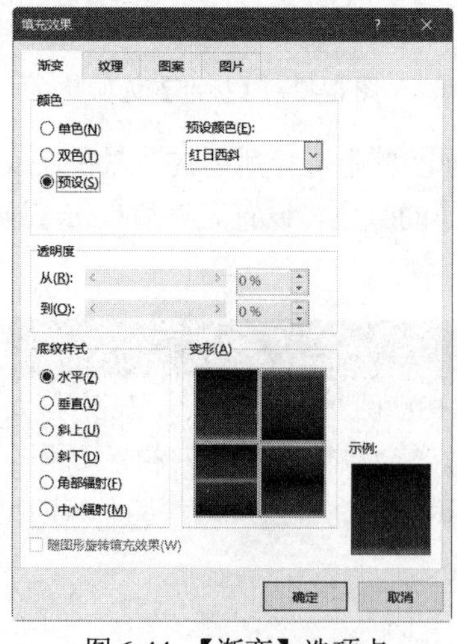

图 6-44　【渐变】选项卡

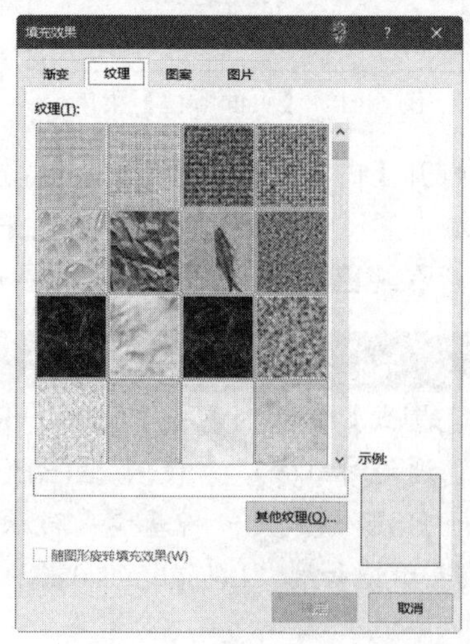

图 6-45　【纹理】选项卡

- 【图案】选项卡：可以在【图案】选项区域中选择一种基准图案，并在【前景】和【背景】下拉列表框中选择图案的前景和背景颜色，如图 6-46 所示。
- 【图片】选项卡：单击【选择图片】按钮，如图 6-47 所示，从打开的【选择图片】对话框中可以选择一张图片作为文档的背景。

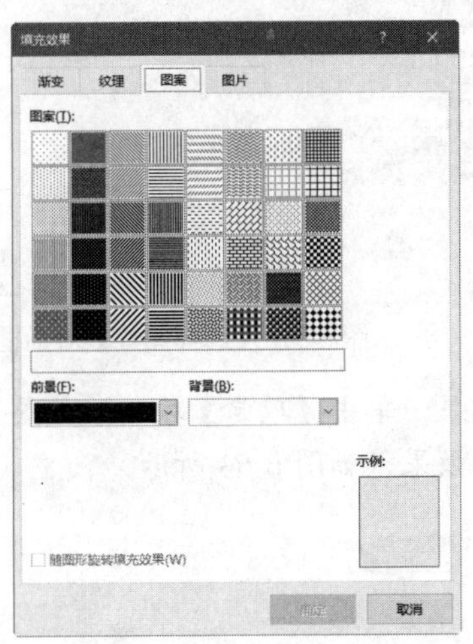

图 6-46　【图案】选项卡

图 6-47　【图片】选项卡

【例 6-11】　在“拉面”文档中，设置图片为填充背景。 视频

(1) 启动 Word 2019，打开“拉面”文档。打开【设计】选项卡，在【页面背景】组中单击【页面颜色】按钮，从弹出的菜单中选择【填充效果】命令，如图 6-48 所示。

(2) 打开【填充效果】对话框，打开【图片】选项卡，单击其中的【选择图片】按钮，如图 6-49 所示。

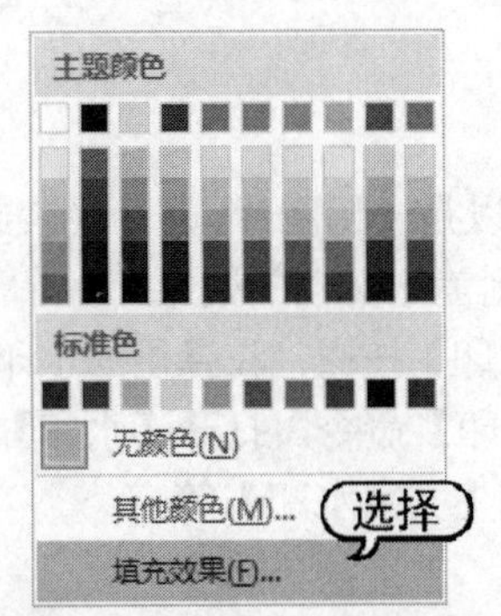

图 6-48　选择【填充效果】命令

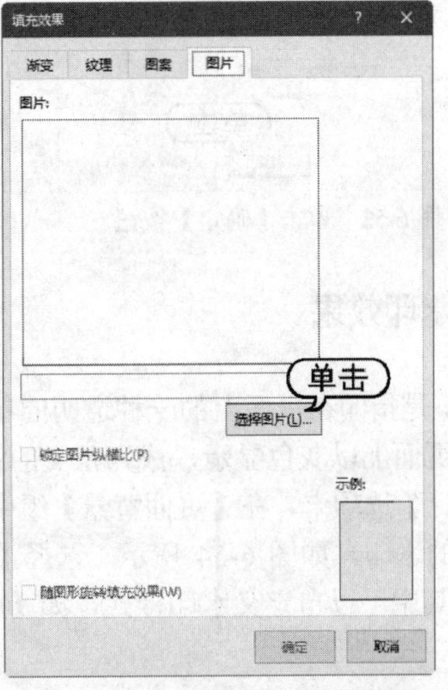

图 6-49　单击【选择图片】按钮

(3) 打开【插入图片】窗格，单击【从文件】区域中的【浏览】按钮，如图 6-50 所示。

(4) 打开【选择图片】对话框，选择一张图片，单击【插入】按钮，如图 6-51 所示。

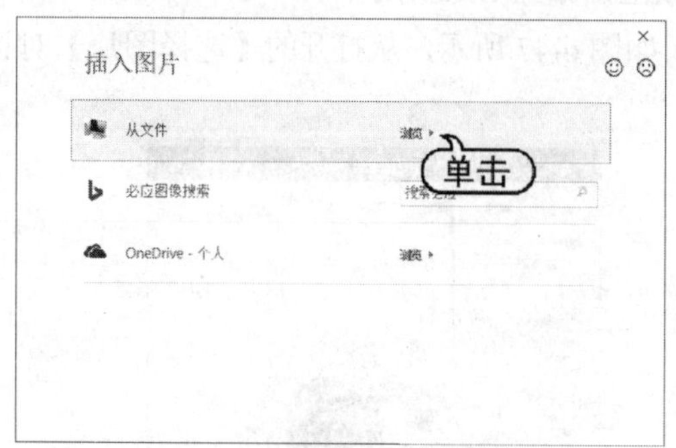

图 6-50 单击【浏览】按钮

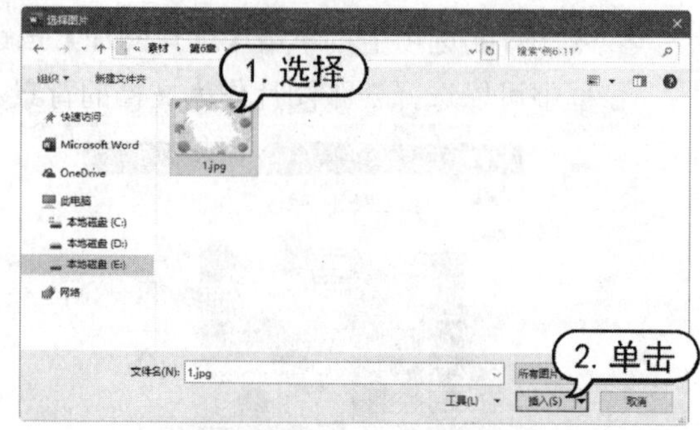

图 6-51 【选择图片】对话框

(5) 返回至【图片】选项卡，查看图片的整体效果，单击【确定】按钮，如图 6-52 所示。

(6) 此时，即可在“拉面”文档中显示图片背景效果，如图 6-53 所示。

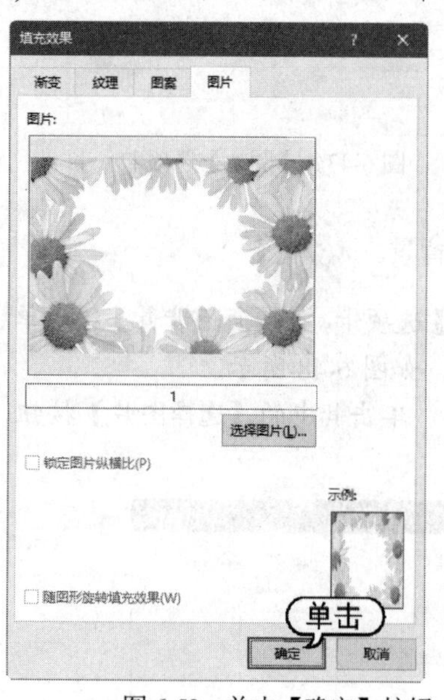

图 6-52 单击【确定】按钮

图 6-53 显示填充背景

6.5.3 设置水印效果

所谓水印，是指印在页面上的一种透明的花纹，它可以是一幅图片、一个图表或一种艺术字。创建的水印在页面上以灰色显示，成为正文的背景，起到美化文档的效果。

打开【设计】选项卡，在【页面背景】组中单击【水印】按钮，在弹出的水印样式列表框中可以选择内置的水印，如图 6-54 所示。选择【自定义水印】命令，打开【水印】对话框，如图 6-55 所示，在其中可以自定义水印样式，如【图片水印】【文字水印】等。

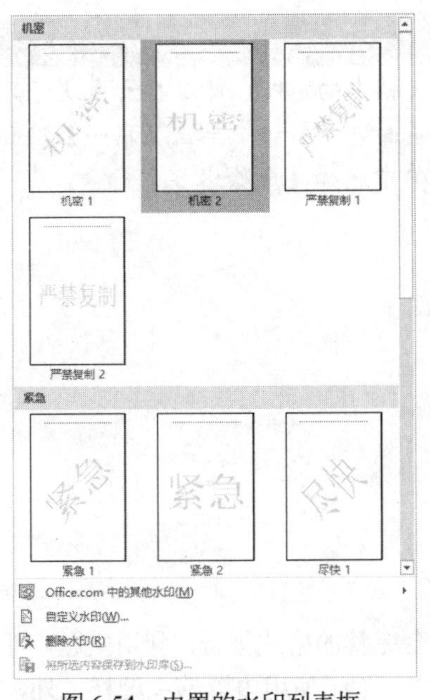

图 6-54 内置的水印列表框

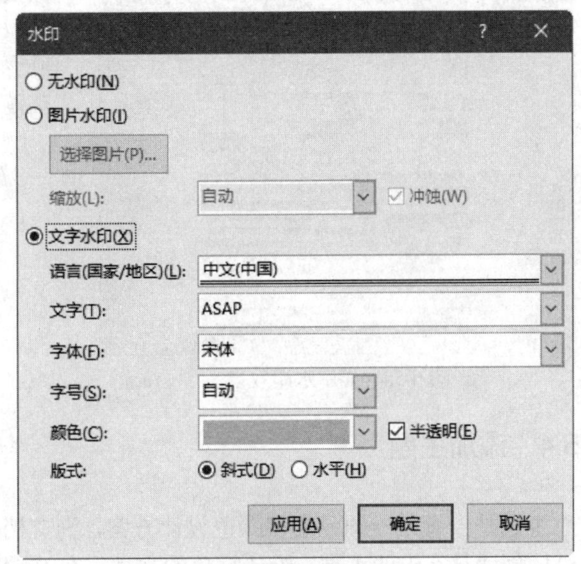

图 6-55 【水印】对话框

【例 6-12】 在“拉面”文档中，添加自定义水印。 视频

(1) 启动 Word 2019，打开“拉面”文档，打开【设计】选项卡，在【页面背景】组中单击【水印】按钮，从弹出的菜单中选择【自定义水印】命令，如图 6-56 所示。

(2) 打开【水印】对话框，选中【文字水印】单选按钮，在【文字】列表框中输入文本；在【字体】下拉列表框中选择【华文行楷】选项；在【颜色】面板中选择【绿色】色块，并选中【斜式】单选按钮，单击【确定】按钮，如图 6-57 所示。

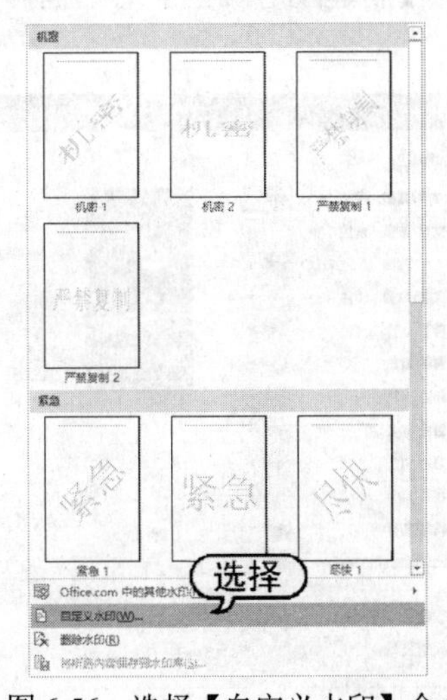

图 6-56 选择【自定义水印】命令

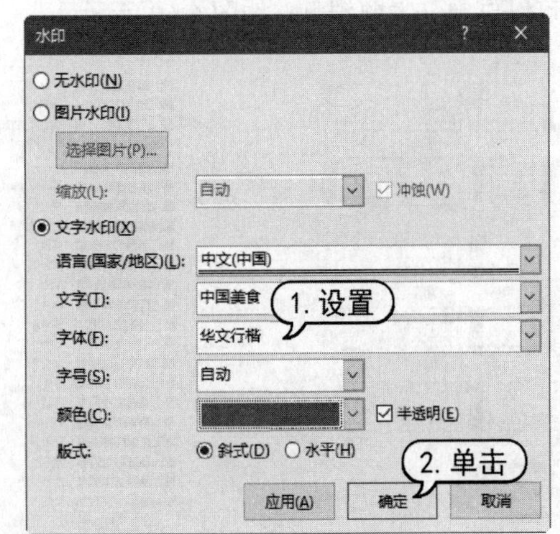

图 6-57 【水印】对话框

(3) 此时，即可将水印添加到文档中，每页的页面将显示同样的水印效果，如图 6-58 所示。

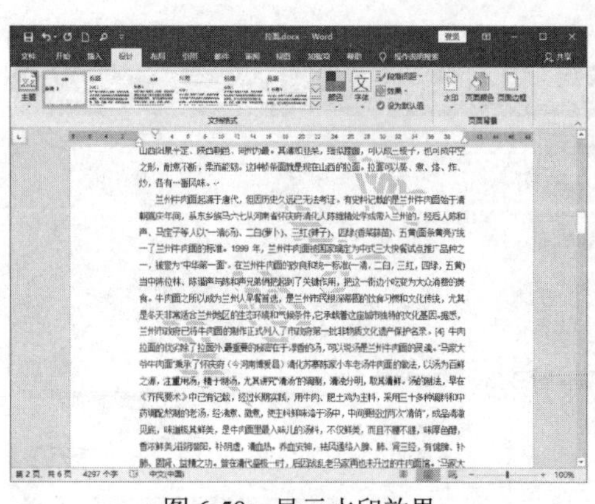

图 6-58　显示水印效果

> **提示**
>
> 要删除文档中的水印，可以打开【设计】选项卡，在【页面背景】组中单击【水印】按钮，从弹出的菜单中选择【删除水印】命令。

6.5.4　添加主题

主题是一套统一的元素和颜色设计方案，为文档提供一套完整的格式集合。利用主题，可以轻松地创建具有专业水准、设计精美的文档。在 Word 2019 中，除了使用内置的主题样式外，还可以通过设置主题的颜色、字体或效果方式来自定义文档主题。

要快速设置主题，可以打开【设计】选项卡，在【文档格式】组中单击【主题】按钮，在弹出的如图 6-59 所示的内置列表中选择适当的文档主题样式即可。

1. 设置主题颜色

主题颜色包括 4 种文本和背景颜色、6 种强调文字颜色和两种超链接颜色。要设置主题颜色，可在打开的【设计】选项卡的【文档格式】组中单击【颜色】按钮，在弹出的内置列表中显示了多种颜色组合以供用户选择，选择【自定义颜色】命令，打开【新建主题颜色】对话框，使用该对话框可以自定义主题颜色，如图 6-60 所示。

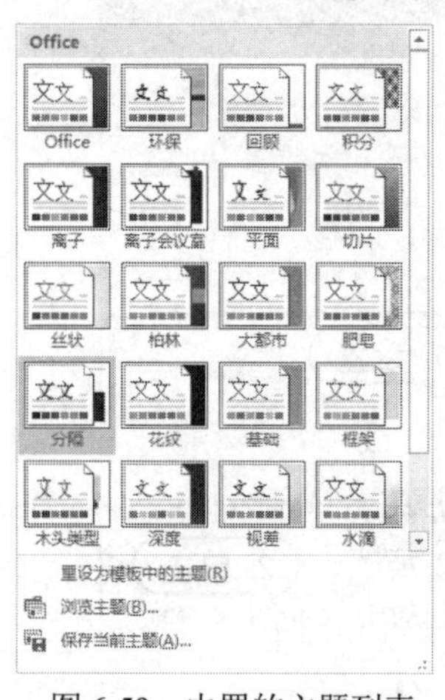

图 6-59　内置的主题列表

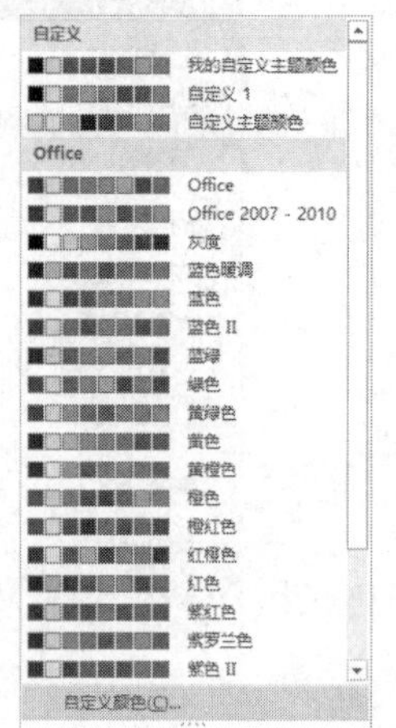

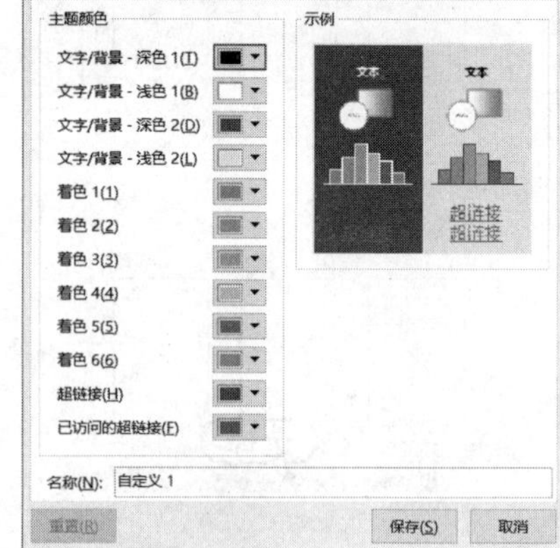

图 6-60　自定义主题颜色

2. 设置主题字体

主题字体包括标题字体和正文字体。要设置主题字体，可在打开的【设计】选项卡的【文档格式】组中单击【字体】按钮，在弹出的内置列表中显示了多种主题字体以供用户选择，选择【自定义字体】命令，打开【新建主题字体】对话框，如图 6-61 所示。使用该对话框可以自定义主题字体。

3. 设置主题效果

主题效果包括线条和填充效果。要设置主题效果，可在打开的【设计】选项卡的【文档格式】组中单击【效果】按钮，在弹出的内置主题效果列表中显示了多种主题效果以供用户选择，如图 6-62 所示。

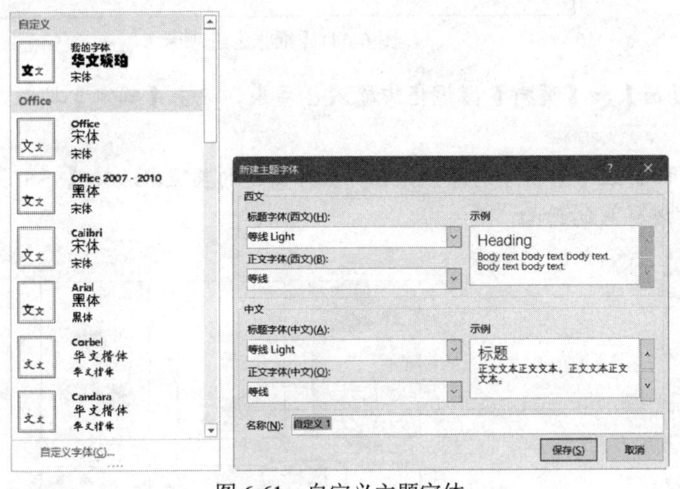

图 6-61　自定义主题字体

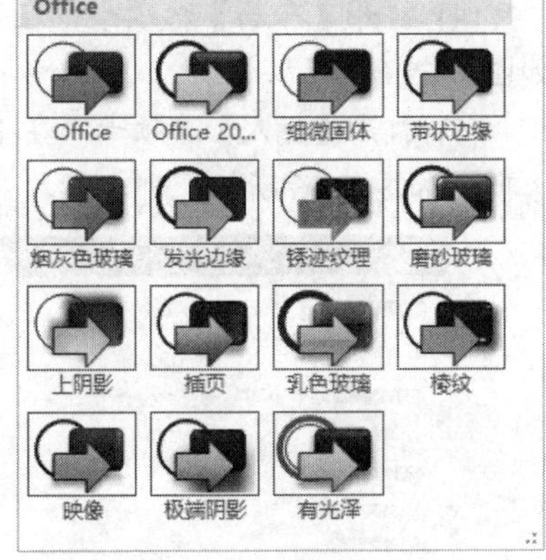

图 6-62　主题效果列表

6.6　实例演练

本章的实例演练部分为添加页眉页脚和添加自定义主题两个综合实例操作，用户通过练习从而巩固本章所学知识。

6.6.1　添加页眉和页脚

【例 6-13】　为“公司管理制度”文档添加封面、页眉、页脚等。 视频

(1) 启动 Word 2019，打开“公司管理制度”文档。

(2) 打开【布局】选项卡，单击【页面设置】组中的对话框启动器按钮，打开【页面设置】对话框，打开【页边距】选项卡，在【上】微调框中输入“2 厘米”，在【下】微调框中输入“2 厘米”，在【左】【右】微调框中分别输入“3 厘米”；在【装订线】微调框中输入“1 厘米”，在【装订线位置】列表框中选择【靠上】选项，如图 6-63 所示。

(3) 打开【纸张】选项卡，在【纸张大小】下拉列表框中选择【A4】选项，如图 6-64 所示。

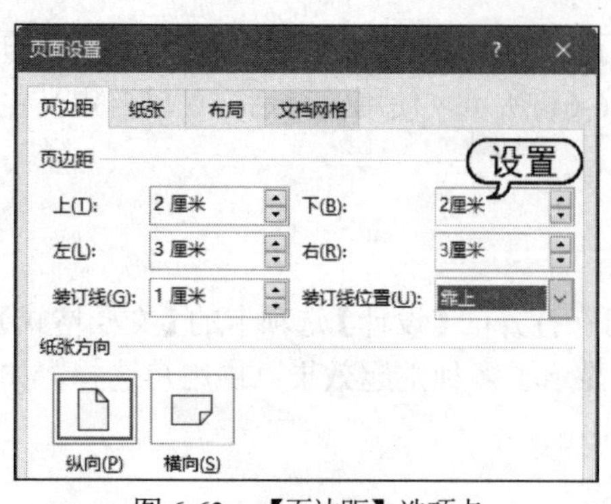

图 6-63　【页边距】选项卡

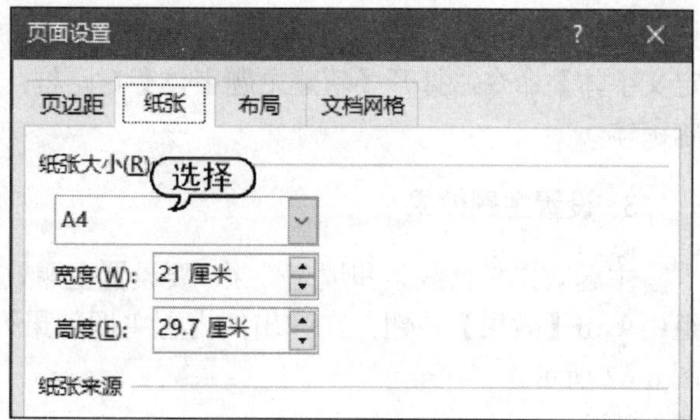

图 6-64　【纸张】选项卡

(4) 打开【布局】选项卡，在【页眉】和【页脚】微调框中输入 2 厘米，单击【确定】按钮，如图 6-65 所示。

(5) 打开【插入】选项卡，在【页面】组中单击【封面】按钮，在弹出的列表框中选择【怀旧】选项，如图 6-66 所示，即可插入基于该样式的封面。

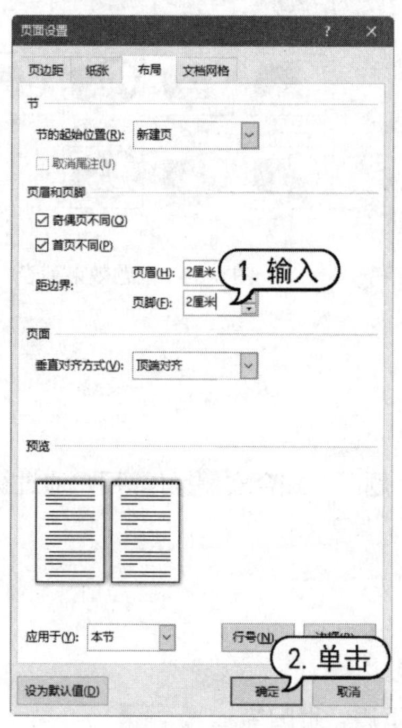

图 6-65　【布局】选项卡

图 6-66　选择【怀旧】选项

(6) 在封面页的占位符中根据提示修改或添加文字，如图 6-67 所示。

(7) 打开【插入】选项卡，在【页眉和页脚】组中单击【页眉】按钮，在弹出的列表中选择【边线型】选项，如图 6-68 所示，插入该样式的页眉。

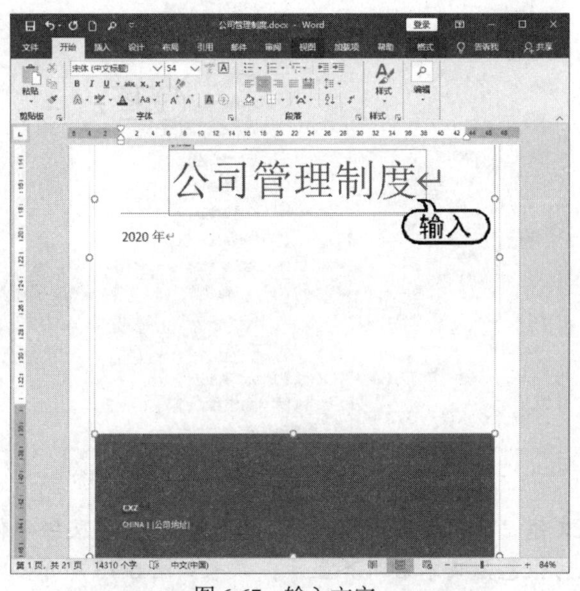

图 6-67　输入文字

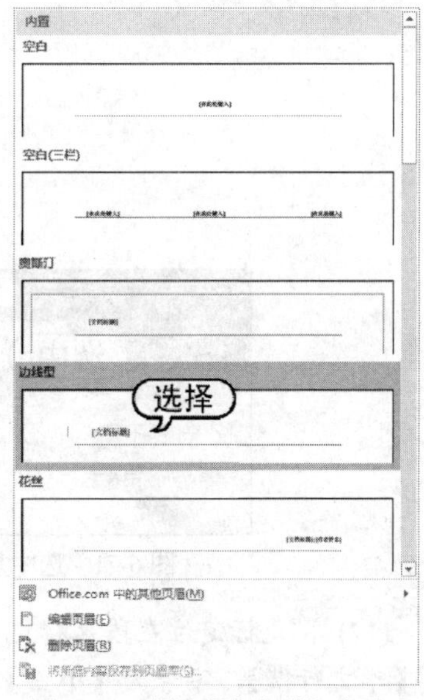

图 6-68　选择【边线型】选项

(8) 在页眉处输入页眉文本，效果如图 6-69 所示。

(9) 打开【插入】选项卡，在【页眉和页脚】组中单击【页脚】按钮，在弹出的列表中选择【奥斯汀】选项，如图 6-70 所示，插入该样式的页脚。

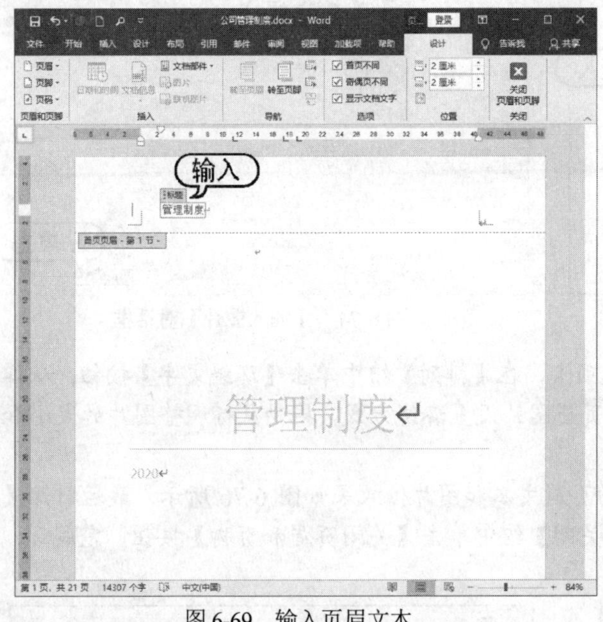

图 6-69　输入页眉文本

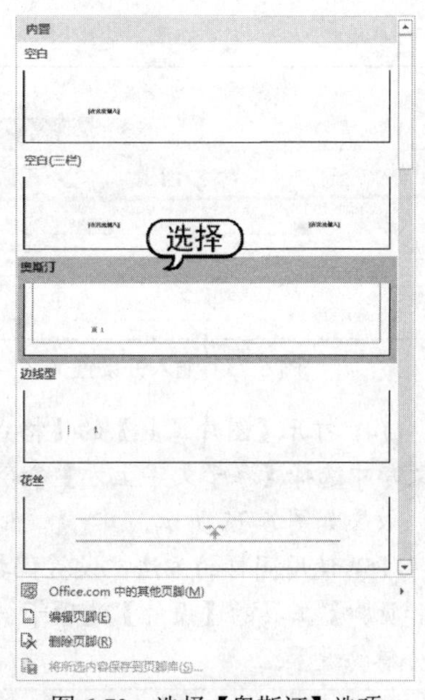

图 6-70　选择【奥斯汀】选项

(10) 打开【页眉和页脚】工具的【设计】选项卡，在【选项】组中选中【首页不同】和【奇偶页不同】复选框，如图 6-71 所示。

(11) 在奇数页页眉区域中选中段落标记符，打开【开始】选项卡，在【段落】组中单击【边框】按钮，在弹出的菜单中选择【无框线】命令，如图 6-72 所示，隐藏奇数页页眉的边框线。

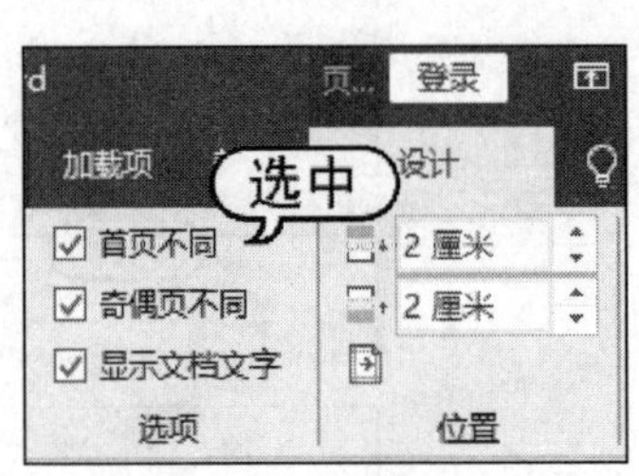

图 6-71　选中复选框

图 6-72　选择【无框线】命令

(12) 将光标定位在段落标记符上，输入文字“公司管理制度——员工手册”，设置文字字体为【华文行楷】，字号为【小三】，字体颜色为橙色，文本右对齐显示，效果如图 6-73 所示。

(13) 将插入点定位在页眉文本右侧，打开【插入】选项卡，在【插图】组中单击【图片】按钮，打开【插入图片】对话框，选择一张图片，单击【插入】按钮，如图 6-74 所示，将该图片插入奇数页的页眉处。

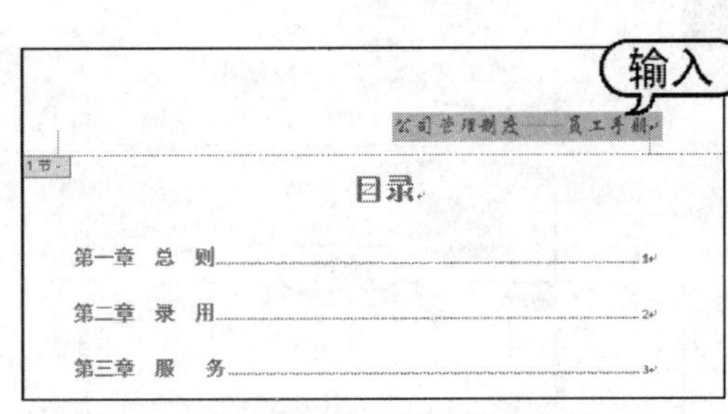

图 6-73　输入并设置文字

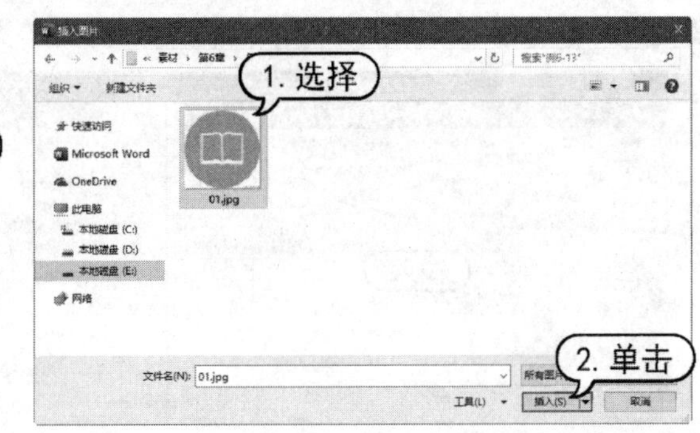

图 6-74　【插入图片】对话框

(14) 打开【图片工具】的【格式】选项卡，在【排列】组中单击【环绕文字】按钮，从弹出的菜单中选择【浮于文字上方】命令，为页眉图片设置环绕方式，拖动鼠标调整图片的大小和位置，效果如图 6-75 所示。

(15) 使用同样的方法，设置偶数页的页眉文本和图片，效果如图 6-76 所示。最后打开【页眉和页脚】工具的【设计】选项卡，在【关闭】组中单击【关闭页眉和页脚】按钮，完成奇、偶页页眉的设置。

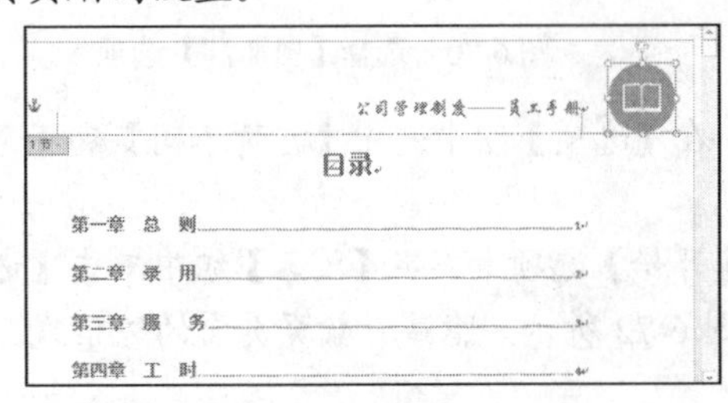

图 6-75　设置图片

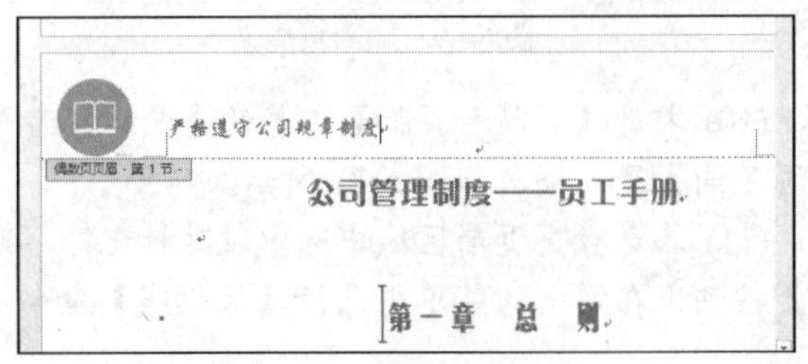

图 6-76　设置偶数页页眉

6.6.2　添加自定义主题

【例 6-14】 为“拉面”文档添加自定义主题。 视频

(1) 启动 Word 2019，打开“拉面”文档。

(2) 打开【设计】选项卡，在【文档格式】组中单击【颜色】按钮，从弹出的菜单中选择【自定义颜色】命令，如图 6-77 所示。

(3) 打开【新建主题颜色】对话框，设置主题的文字和背景颜色，输入【名称】为“我的主题”，然后单击【保存】按钮，如图 6-78 所示。

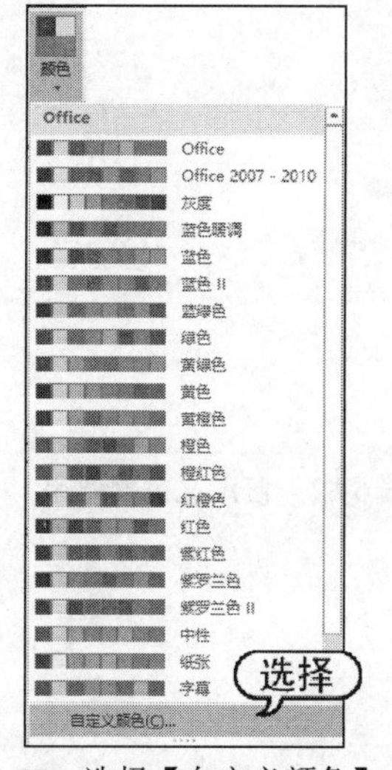

图 6-77　选择【自定义颜色】命令

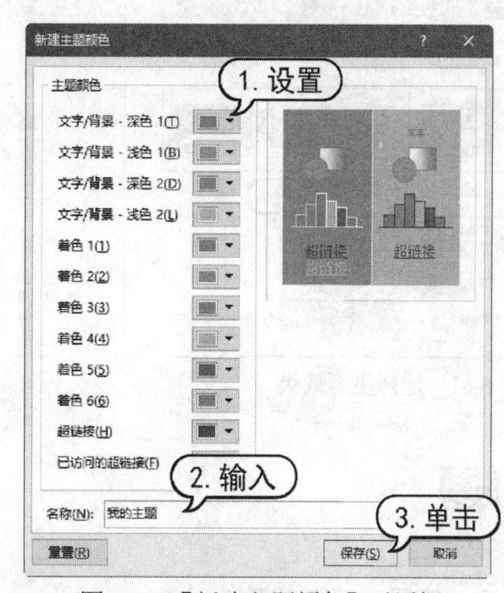

图 6-78　【新建主题颜色】对话框

(4) 此时主题的颜色发生变化，效果如图 6-79 所示。

(5) 打开【设计】选项卡，在【文档格式】组中单击【字体】按钮，从弹出的菜单中选择一种字体选项，此时主题字体效果发生改变，如图 6-80 所示。

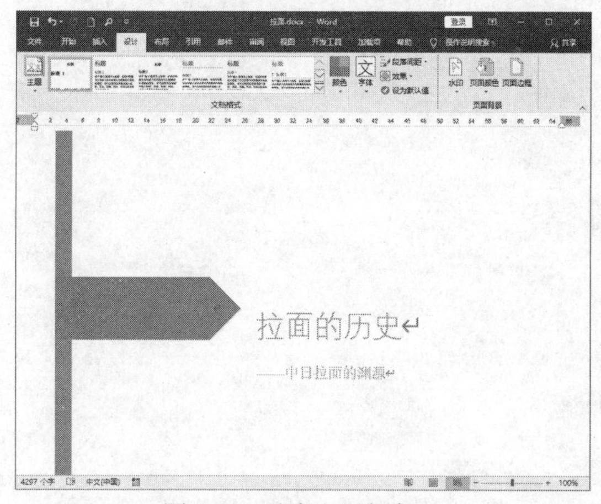

图 6-79　改变主题颜色

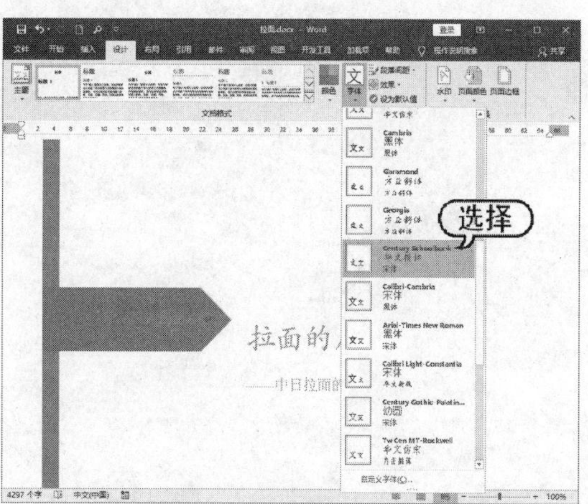

图 6-80　改变主题字体

(6) 打开【设计】选项卡，在【文档格式】组中单击【效果】按钮，从弹出的菜单中选择一种效果选项，如图 6-81 所示。

(7) 设置完文档的自定义主题，效果如图 6-82 所示。

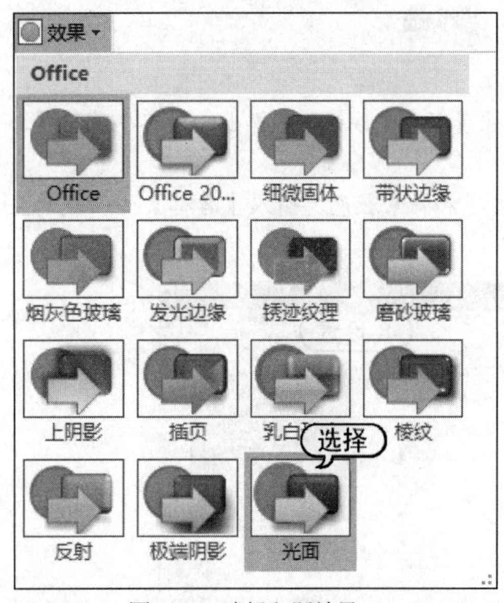

图 6-81　选择主题效果

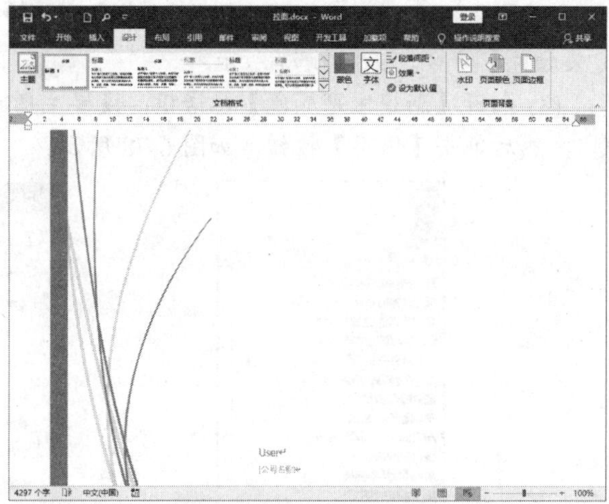

图 6-82　自定义主题效果

6.7　习题

1. 如何插入页眉、页脚以及页码？

2. 如何添加水印？

3. 创建一个新文档，设置【上】【下】【左】【右】页边距为 3 厘米，纸张大小为自定义 10 厘米×12 厘米，并添加图片作为背景填充。

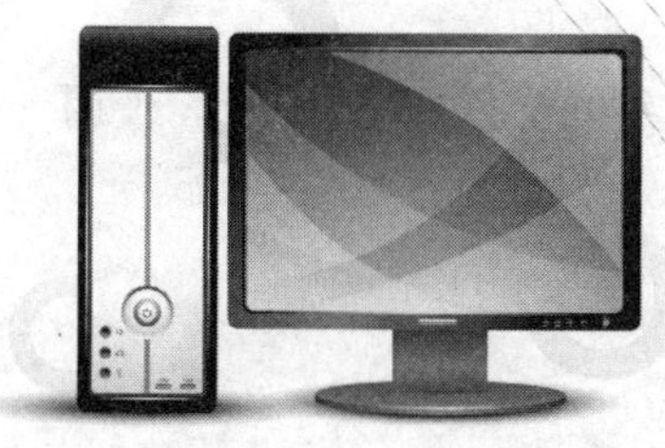

第7章 编辑Word长文档

Word 2019 提供了一些处理长文档的编辑工具。例如，使用大纲视图方式查看和组织文档，使用书签定位文档，使用目录提示长文档的纲要等功能。本章将详细介绍组织和查看长文档，使用书签，插入目录和索引，插入题注、尾注和脚注等内容。

本章重点

- 使用大纲视图
- 插入目录
- 插入批注
- 使用索引和书签

二维码教学视频

【例 7-1】使用大纲视图
【例 7-2】使用导航窗格
【例 7-3】插入目录
【例 7-4】设置目录格式
【例 7-5】标记索引项
【例 7-6】创建索引
【例 7-7】插入书签
【例 7-8】插入批注
【例 7-9】设置批注
【例 7-10】插入脚注和尾注
【例 7-11】添加修订
本章其他视频参见视频二维码列表

7.1 查看和组织长文档

Word 2019 提供了一些长文档的排版与审阅功能。例如，使用大纲视图方式组织文档，使用导航窗格查看文档结构等。

7.1.1 使用大纲视图

Word 2019 中的“大纲视图”功能就是专门用于制作提纲的，它以缩进文档标题的形式代表在文档结构中的级别。

打开【视图】选项卡，在【文档视图】组中单击【大纲】按钮，就可以切换到大纲视图模式。此时，【大纲显示】选项卡出现在窗口中，在【大纲工具】组的【显示级别】下拉列表框中选择显示级别；将鼠标指针定位在要展开或折叠的标题中，单击【展开】按钮➕或【折叠】按钮➖，可以扩展或折叠大纲标题，如图 7-1 所示。

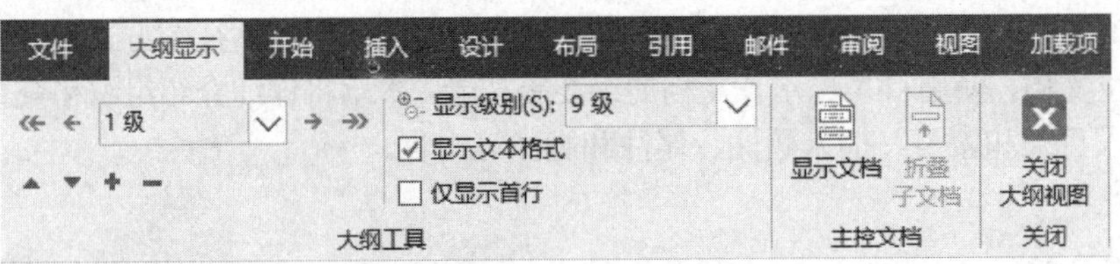

图 7-1 【大纲显示】选项卡

【例 7-1】 将“城市交通乘车规则”文档切换到大纲视图查看结构和内容。 视频

(1) 启动 Word 2019，打开“城市交通乘车规则”文档。打开【视图】选项卡，在【文档视图】组中单击【大纲】按钮，如图 7-2 所示。

(2) 在【大纲】选项卡的【大纲工具】组中，单击【显示级别】下拉按钮，在弹出的下拉列表框中选择【2 级】选项，此时标题 2 以后的标题或正文文本都将被折叠，如图 7-3 所示。

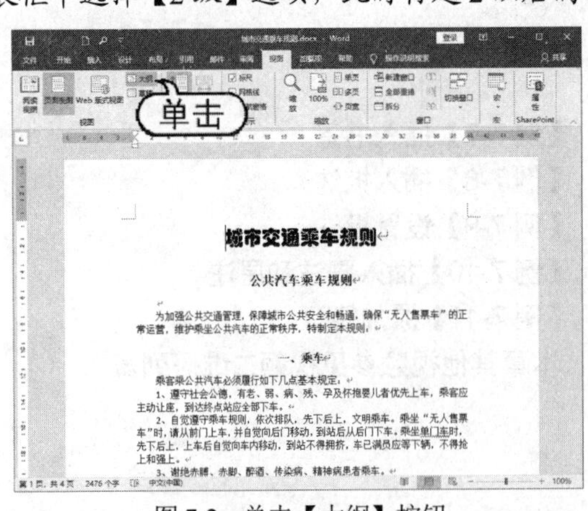

图 7-2 单击【大纲】按钮

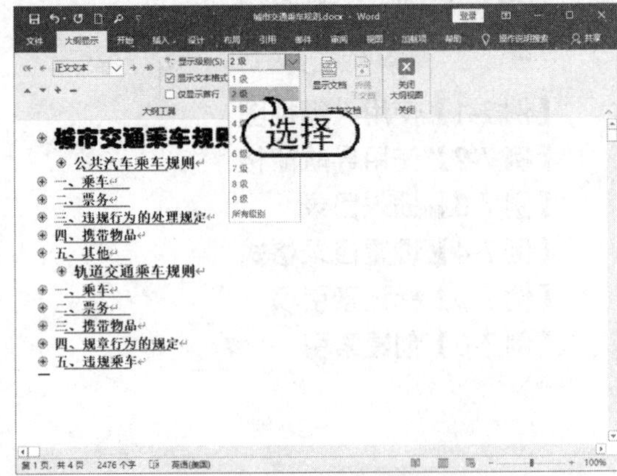

图 7-3 选择【2 级】选项

提示

在大纲视图中，文本前有符号⊕，表示在该文本后有正文体或级别更低的标题；文本前有符号○，表示该文本后没有正文体或级别较低的标题。

(3) 将鼠标指针移至标题“三、违规行为的处理规定”前的符号⊕处双击，即可展开其后的下属文本内容，如图 7-4 所示。

(4) 在【大纲工具】组的【显示级别】下拉列表框中选择【所有级别】选项，此时将显示所有的文档内容，如图 7-5 所示。

图 7-4　双击符号

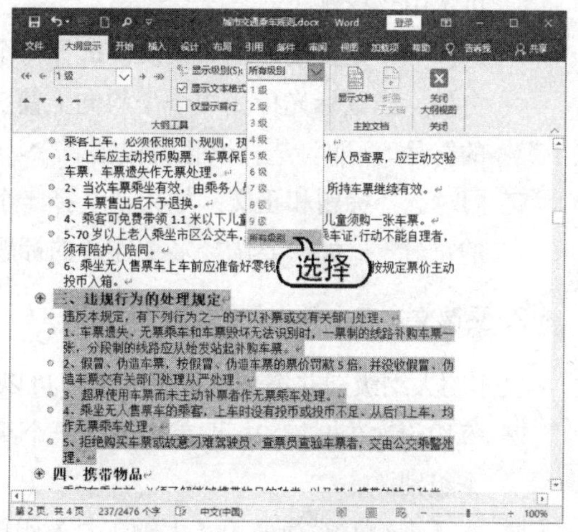

图 7-5　选择【所有级别】选项

(5) 将鼠标指针移动到文本“公共汽车乘车规则”前的符号⊕处，双击鼠标，该标题下的文本被折叠，效果如图 7-6 所示。

(6) 使用同样的方法，折叠其他段文本，选中“公共汽车乘车规则”和“轨道交通乘车规则”文本，在【大纲工具】组中单击【升级】按钮 ← 将其提升至 1 级标题，如图 7-7 所示。

(7) 在【大纲】选项卡的【关闭】组中，单击【关闭大纲视图】按钮，即可退出大纲视图。

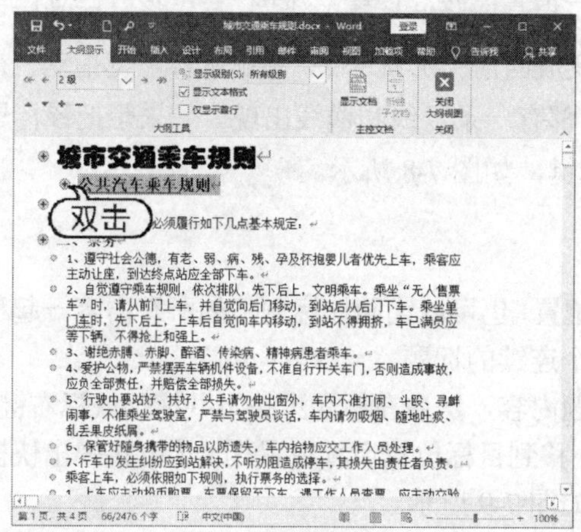

图 7-6　双击符号

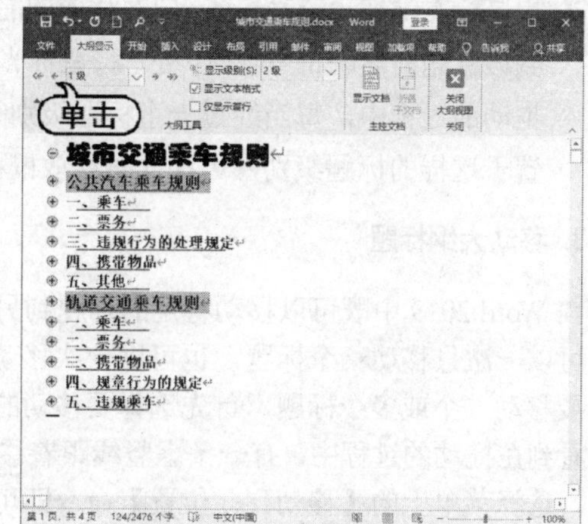

图 7-7　单击【升级】按钮

在创建的大纲视图中，可以对文档内容进行修改与调整。

1. 选择大纲的内容

在大纲视图模式下的选择操作是进行其他操作的前提和基础。选择的对象主要是标题和正文。

- 选择标题：如果仅仅选择一个标题，并不包括它的子标题和正文，可以将鼠标光标移至此标题的左端空白处，当鼠标光标变成一个斜向上的箭头形状时，单击鼠标左键，即可选中该标题。
- 选择一个正文段落：如果仅仅选择一个正文段落，可以将鼠标光标移至此段落的左端空白处，当鼠标光标变成一个斜向上箭头的形状时，单击鼠标左键，或者单击此段落前的符号●，即可选择该正文段落。
- 同时选择标题和正文：如果要选择一个标题及其所有的子标题和正文，就双击此标题前的符号⊕；如果要选择多个连续的标题和段落，按住鼠标左键拖动选择即可。

2. 更改文本在文档中的级别

文本的大纲级别并不是一成不变的，可以按需要对其进行升级或降级操作。

- 每按一次 Tab 键，标题就会降低一个级别；每按一次 Shift+Tab 组合键，标题就会提升一个级别。
- 在【大纲】选项卡的【大纲工具】组中单击【升级】按钮←或【降级】按钮→，可对该标题实现层次级别的升或降；如果想要将标题降级为正文，可单击【降级为正文】按钮»；如果要将正文提升至标题 1，可单击【提升至标题 1】按钮«。
- 按下 Alt+Shift+←组合键，可将该标题的层次级别提高一级；按下 Alt+Shift+→组合键，可将该标题的层次级别降低一级。按下 Alt+Ctrl+1 或 Alt+Ctrl+2 或 Alt+Ctrl+3 键，可使该标题的级别达到 1 级或 2 级或 3 级。
- 用鼠标左键拖动符号⊕或●向左移或向右移可提高或降低标题的级别。首先将鼠标光标移到该标题前面的符号⊕或●处，待鼠标光标变成四箭头形状✣后，按下鼠标左键拖动，在拖动的过程中，每当经过一个标题级别时，都有一条竖线和横线出现。如果想把该标题置于这样的标题级别，可在此时释放鼠标左键，如图 7-8 所示。

3. 移动大纲标题

在 Word 2019 中既可以移动特定的标题到另一位置，也可以连同该标题下的所有内容一起移动。可以一次只移动一个标题，也可以一次移动多个连续的标题.

要移动一个或多个标题，首先选择要移动的标题内容，然后在标题上按下并拖动鼠标右键，可以看到在拖动的过程中，有一条虚竖线跟着移动。移到目标位置后释放鼠标，这时将弹出快捷菜单，选择菜单上的【移动到此位置】命令即可，如图 7-9 所示。

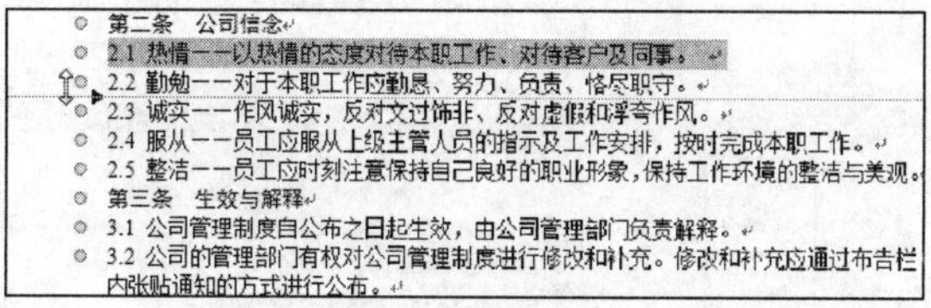

第二条　公司信念
2.1 热情——以热情的态度对待本职工作、对待客户及同事。
2.2 勤勉——对于本职工作应勤恳、努力、负责、恪尽职守。
2.3 诚实——作风诚实，反对文过饰非、反对虚假和浮夸作风。
2.4 服从——员工应服从上级主管人员的指示及工作安排，按时完成本职工作。
2.5 整洁——员工应时刻注意保持自己良好的职业形象，保持工作环境的整洁与美观。
第三条　生效与解释
3.1 公司管理制度自公布之日起生效，由公司管理部门负责解释。
3.2 公司的管理部门有权对公司管理制度进行修改和补充。修改和补充应通过布告栏内张贴通知的方式进行公布。

图 7-8　拖动符号

第一章　总　则
第一条　目的
选择
移动到此位置(M)
复制到此位置(C)
链接此处(L)
在此创建超链接(H)
取消(A)

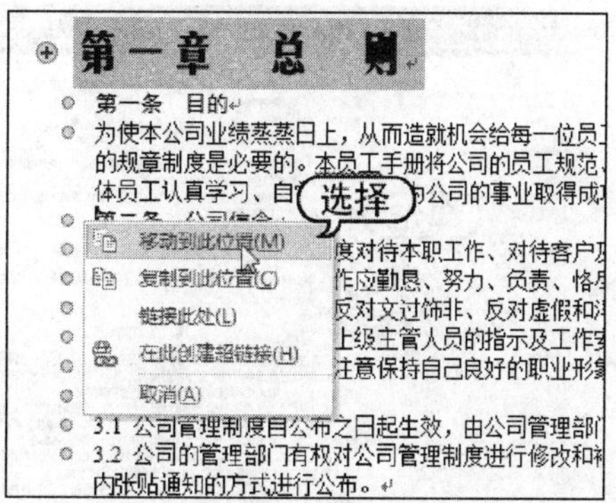

图 7-9　选择【移动到此位置】命令

7.1.2　使用导航窗格

Word 2019 提供了导航窗格功能，使用导航窗格可以查看文档的文档结构。

【例 7-2】 使用导航窗格查看“城市交通乘车规则”文档结构。 视频

(1) 启动 Word 2019，打开“城市交通乘车规则”文档。打开【视图】选项卡，在【视图】组中单击【页面视图】按钮，切换至页面视图。

(2) 在【显示】组中选中【导航窗格】复选框，打开【导航】任务窗格，如图 7-10 所示。

(3) 在【导航】任务窗格中查看文档的结构。单击【二、票务】标题按钮，右侧的文档页面将自动跳转到对应的正文部分，如图 7-11 所示。

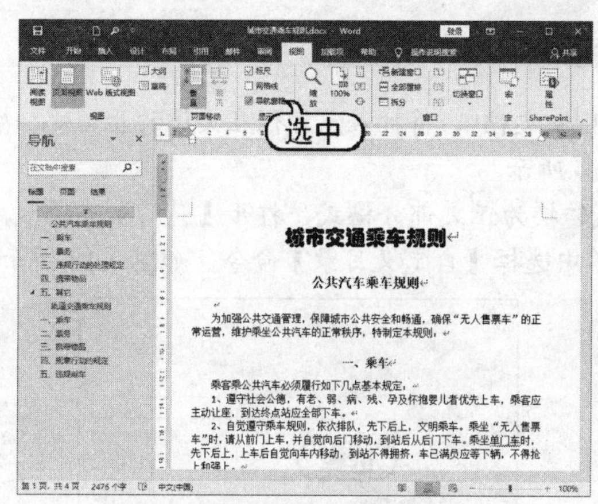

选中
城市交通乘车规则
公共汽车乘车规则

图 7-10　打开【导航】任务窗格

单击
二、票务
三、违规行为的处理规定

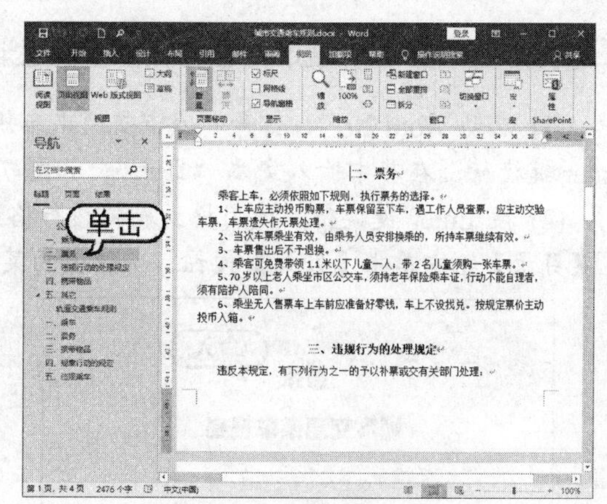

图 7-11　查看文档内容

(4) 单击【页面】标签，打开【页面】选项卡，此时在任务窗格中以页面缩略图的形式显示文档内容，拖动滚动条可以快速地浏览文档内容，如图 7-12 所示。

(5) 在【导航】任务窗格中的搜索框里输入“三、”，即可搜索整个文档，显示“三、”文本所在位置，如图 7-13 所示。

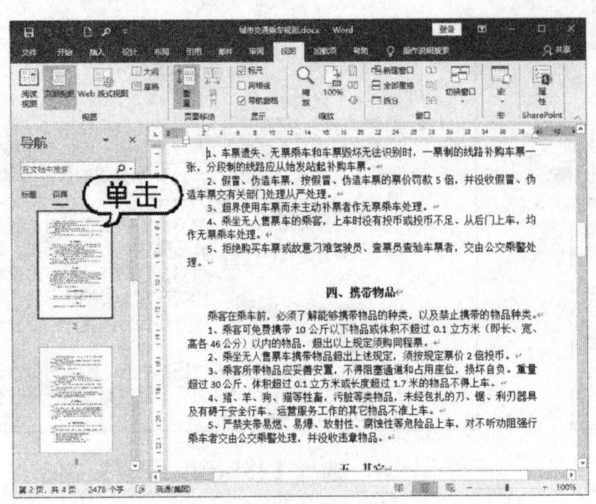

图 7-12　以页面缩略图的形式显示内容

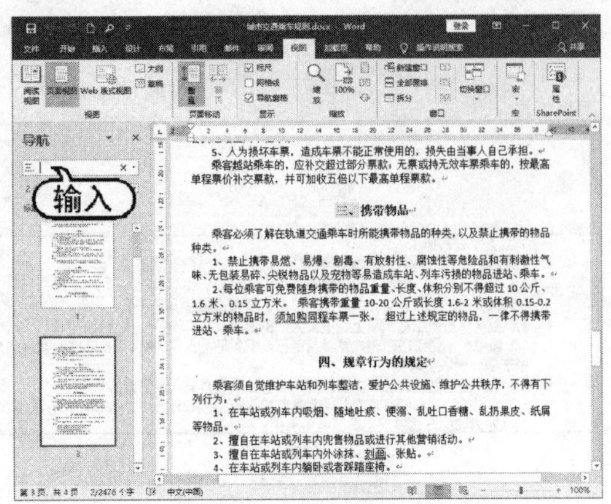

图 7-13　搜索文本

7.2　插入目录

目录与一篇文章的纲要类似，通过其可以了解全文的结构和整个文档所要讨论的内容。在 Word 2019 中，可以为一个编辑和排版完成的稿件制作出美观的目录。

7.2.1　创建目录

Word 2019 有自动提取目录的功能，用户可以很方便地为文档创建目录。

【例 7-3】 在“城市交通乘车规则”文档中插入目录。 视频

(1) 启动 Word 2019，打开“城市交通乘车规则”文档，，将插入点定位在文档的开始处，按 Enter 键换行，在其中输入文本“目录”，如图 7-14 所示。

(2) 按 Enter 键换行，使用格式刷将该行格式转换为正文部分格式，打开【引用】选项卡，在【目录】组中单击【目录】按钮，从弹出的菜单中选择【自定义目录】命令，如图 7-15 所示。

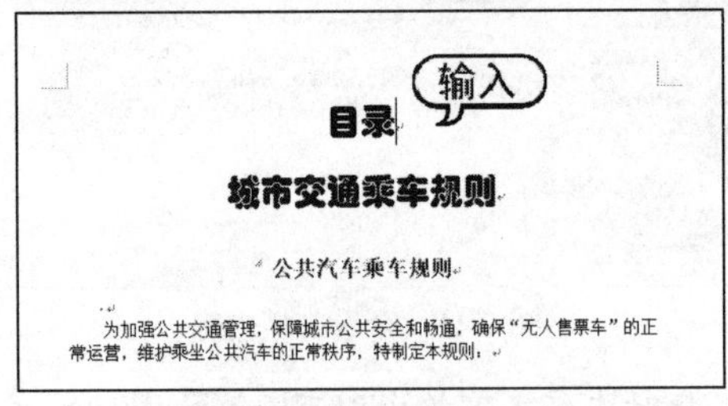

图 7-14　输入文本

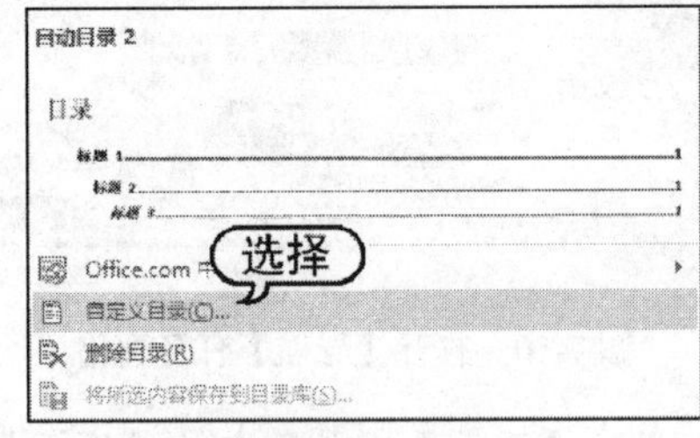

图 7-15　选择【自定义目录】命令

(3) 打开【目录】对话框的【目录】选项卡，在【显示级别】微调框中输入 2，单击【确定】按钮，如图 7-16 所示。

(4) 此时即可在文档中插入二级标题的目录，如图 7-17 所示。

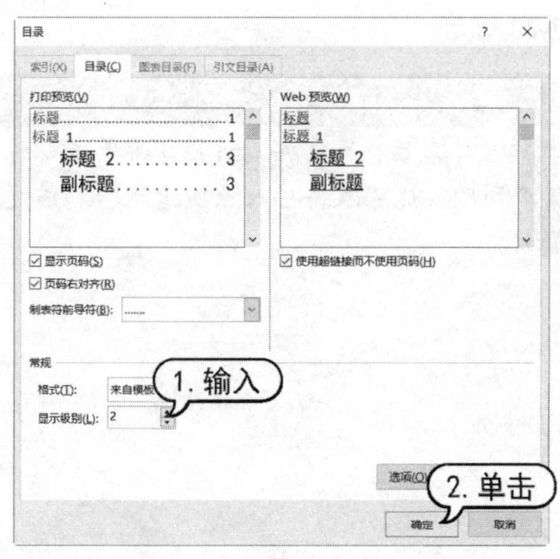

图 7-16　【目录】选项卡

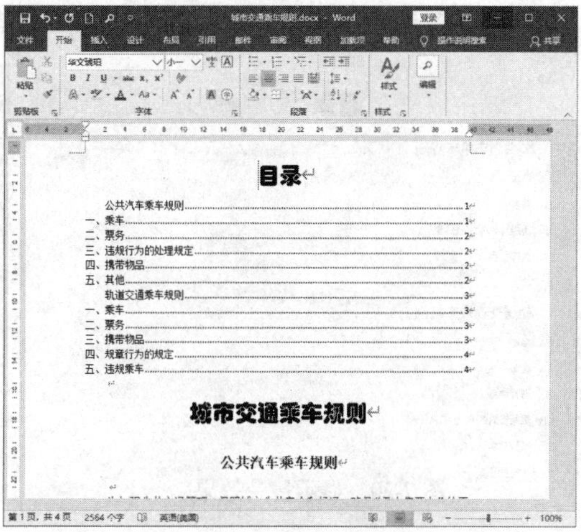

图 7-17　插入目录

7.2.2　编辑目录

创建完目录后，还可像编辑普通文本一样对其进行样式等设置，如更改目录字体、字号和对齐方式等，让目录更为美观。

【例 7-4】 在“城市交通乘车规则”文档中，设置目录格式。 视频

(1) 启动 Word 2019，打开“城市交通乘车规则”文档，选取整个目录，打开【开始】选项卡，在【字体】组的【字体】下拉列表框中选择【黑体】选项，然后选择两个副标题，在【字号】下拉列表框中选择【四号】选项，效果如图 7-18 所示。

(2) 选取整个目录，单击【段落】对话框启动器按钮，打开【段落】对话框的【缩进和间距】选项卡，在【间距】选项区域的【行距】下拉列表中选择【1.5 倍行距】选项，单击【确定】按钮，如图 7-19 所示。

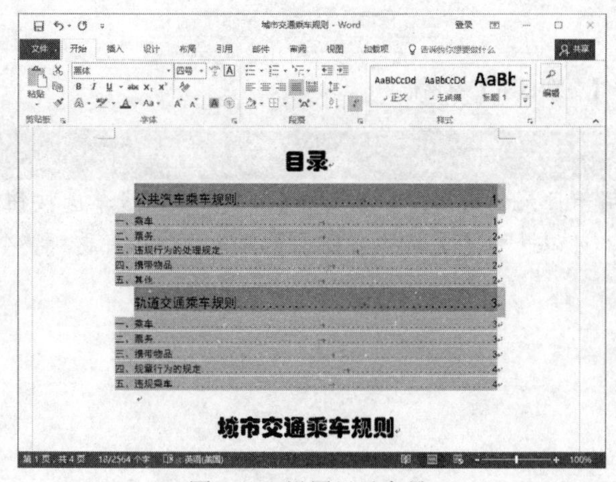

图 7-18　设置目录字号

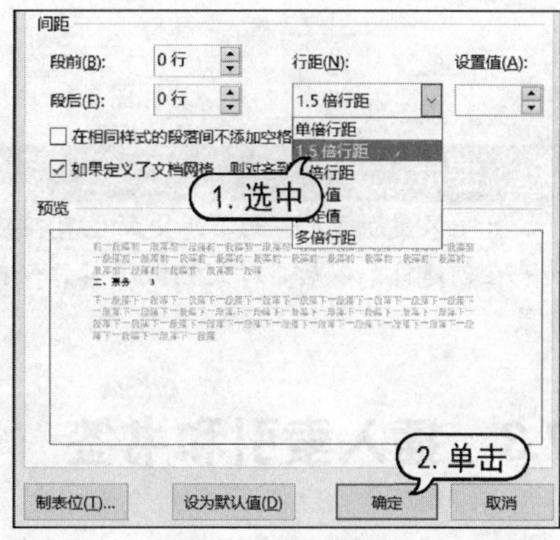

图 7-19　设置行距

(3) 此时目录将以 1.5 倍行距显示，效果如图 7-20 所示。

目录

公共汽车乘车规则 1
一、乘车 1
二、票务 2
三、违规行为的处理规定 2
四、携带物品 2
五、其他 2
轨道交通乘车规则 3
一、乘车 3
二、票务 3
三、携带物品 3
四、规章行为的规定 4
五、违规乘车 4

图 7-20　显示目录效果

> **提示**
>
> 插入目录后，只需按 Ctrl 键，再单击目录中的某个页码，就可以将插入点快速跳转到该页的标题处。

当创建一个目录后，如果对正文文档中的内容进行编辑修改了，那么标题和页码都有可能发生变化，与原始目录中的页码不一致，此时就需要更新目录，以保证目录中页码的正确性。

要更新目录，可以先选择整个目录，然后在目录任意处右击，从弹出的快捷菜单中选择【更新域】命令，打开【更新目录】对话框，在其中进行设置，如图 7-21 所示。

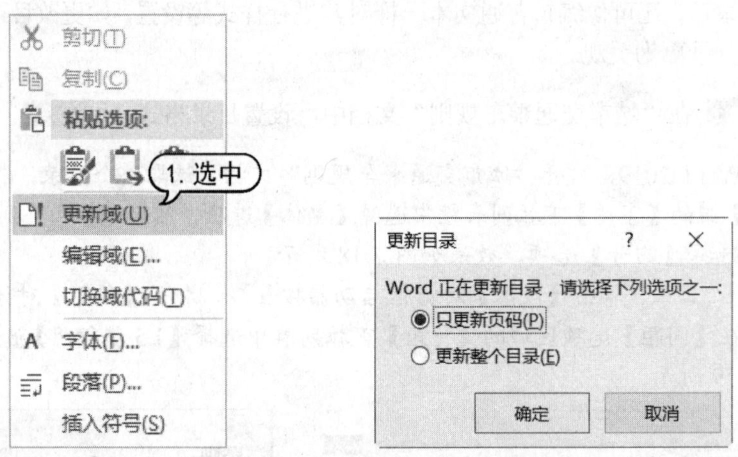

图 7-21　打开【更新目录】对话框

> **提示**
>
> 如果只更新页码，而不想更新已直接应用于目录的格式，可以选中【只更新页码】单选按钮；如果在创建目录以后，对文档做了具体修改，可以选中【更新整个目录】单选按钮，将更新整个目录。

7.3　插入索引和书签

在 Word 2019 中，使用索引和书签，可以帮助用户更好地定位长文档中的目标位置。

7.3.1　插入索引

在管理长文档时，索引是一种常见的文档注释方法。使用索引功能可以方便用户快速地查询单词、词组或短语。

1. 标记索引项

在 Word 2019 中，可以使用【标记索引项】对话框对文档中的单词、词组或短语标记索引项，方便以后查找这些标记内容。标记索引项的本质就是插入了一个隐藏的代码，便于查询。下面以实例来介绍标记索引项的方法。

【例 7-5】 在“城市交通乘车规则”文档中，为文本“无人售票车”标记索引项。 视频

(1) 启动 Word 2019，打开“城市交通乘车规则”文档，选中第 1 页中的文本“无人售票车”，打开【引用】选项卡，在【索引】组中单击【标记条目】按钮，如图 7-22 所示。

(2) 打开【标记索引项】对话框，单击【标记全部】按钮，如图 7-23 所示。

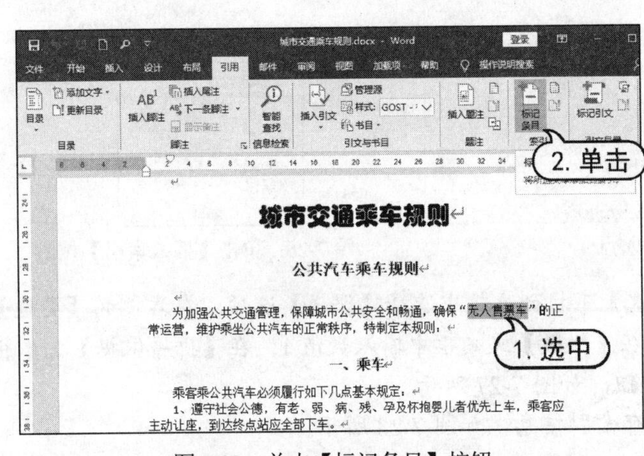

图 7-22　单击【标记条目】按钮

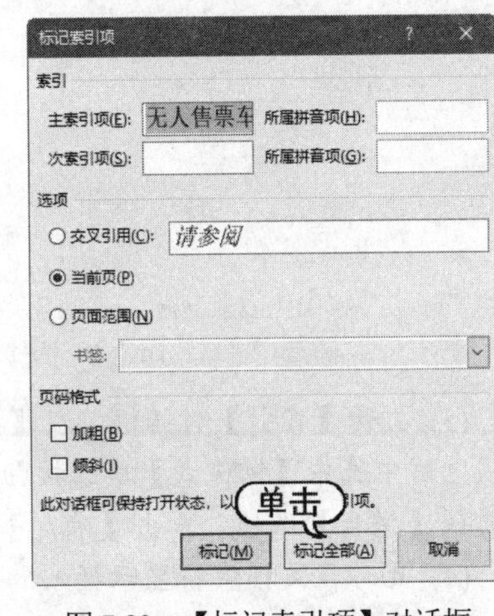

图 7-23　【标记索引项】对话框

(3) 单击【关闭】按钮，此时在文档中所有的“无人售票车”文本后都出现索引标记，如图 7-24 所示。

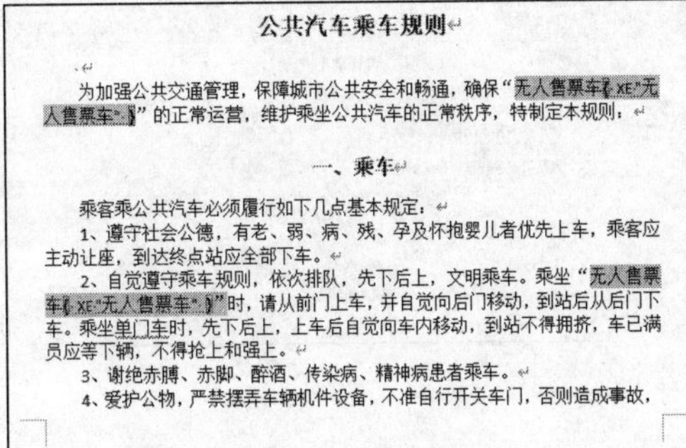
公共汽车乘车规则

为加强公共交通管理，保障城市公共安全和畅通，确保“无人售票车{ XE "无人售票车" }”的正常运营，维护乘坐公共汽车的正常秩序，特制定本规则：

一、乘车

乘客乘公共汽车必须履行如下几点基本规定：

1、遵守社会公德，有老、弱、病、残、孕及怀抱婴儿者优先上车，乘客应主动让座，到达终点站应全部下车。

2、自觉遵守乘车规则，依次排队，先下后上，文明乘车。乘坐“无人售票车{ XE "无人售票车" }”时，请从前门上车，并自觉向后门移动，到站后从后门下车。乘坐单门车时，先下后上，上车后自觉向车内移动，到站不得拥挤，车已满员应等下辆，不得抢上和强上。

3、谢绝赤膊、赤脚、酗酒、传染病、精神病患者乘车。

4、爱护公物，严禁摆弄车辆机件设备，不准自行开关车门，否则造成事故，

图 7-24　出现索引标记

> **提示**
>
> 创建索引项后，如果文档中未能显示 XE 域，可以打开【开始】选项卡，在【段落】组中单击【显示/隐藏编辑标记】按钮。

2. 创建索引

在文档中标记好所有的索引项后，就可以进行索引文件的创建了。用户可以选择一种设计好的索引格式并生成最终的索引。通常情况下，Word 2019 会自动收集索引项，并将其按字母顺序排序，引用其页码，找到并且删除同一页上的重复索引，然后在文档中显示该索引。

【例 7-6】 在“城市交通乘车规则”文档中，为标记的索引项创建索引。 视频

(1) 启动 Word 2019，打开“城市交通乘车规则”文档，将插入点定位在文档末尾处，如图 7-25 所示。

(2) 打开【引用】选项卡，在【索引】组中单击【插入索引】按钮，如图 7-26 所示。

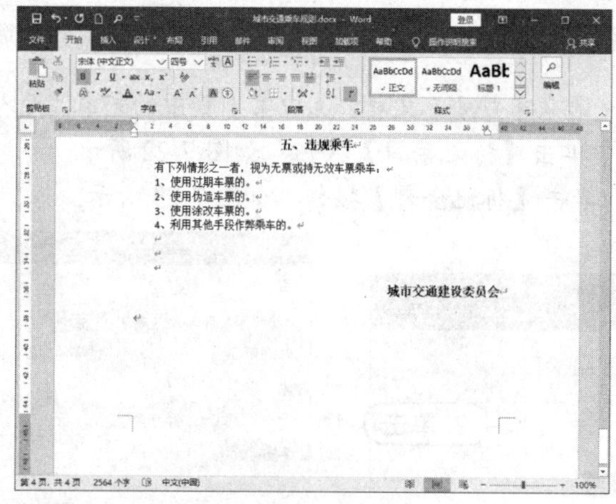

图 7-25 定位插入点

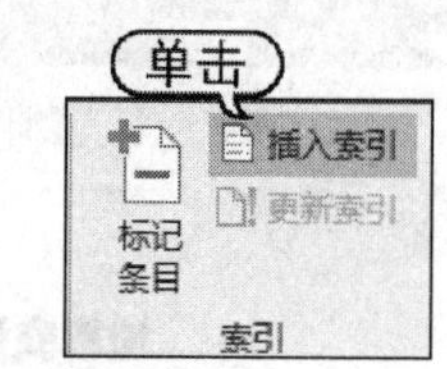

图 7-26 单击【插入索引】按钮

(3) 打开【索引】对话框，在【格式】下拉列表框中选择【现代】选项；在右侧的【类型】选项区域中选中【缩进式】单选按钮；在【栏数】文本框中输入数值 1；在【排序依据】文本框中选择【拼音】选项，单击【确定】按钮，如图 7-27 所示。

(4) 此时在文档中将显示插入的所有索引信息，如图 7-28 所示。

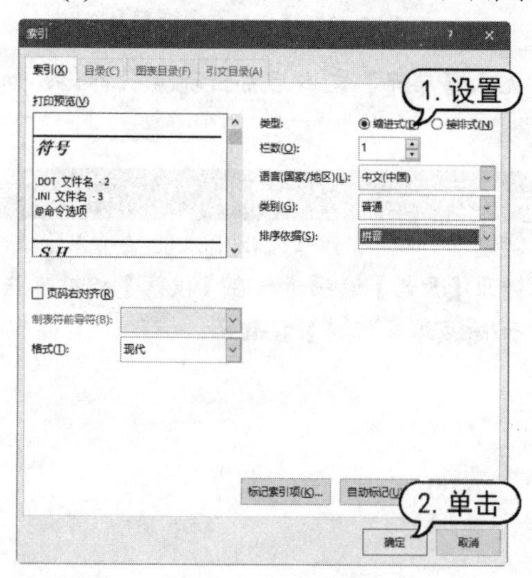

图 7-27 【索引】对话框

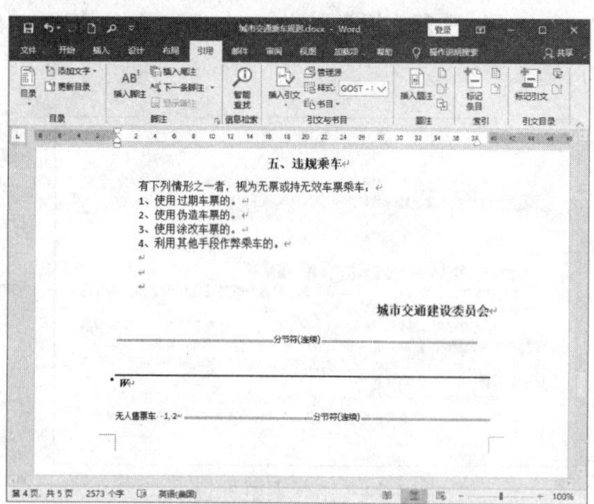

图 7-28 显示索引信息

7.3.2　插入书签

在 Word 2019 中，书签与实际生活中的书签作用相同，用于命名文档中指定的点或区域，以识别章、表格的开始处，或者定位需要工作的位置、离开的位置等。

用户可以在长文档的指定区域中插入若干个书签标记，以方便查阅文档相关内容。插入书签后，使用书签定位功能可以快速定位到书签位置。

【例 7-7】 在“城市交通乘车规则”文档中，插入并定位书签。 视频

(1) 启动 Word 2019，打开“城市交通乘车规则”文档，将插入点定位到第 1 页的“公共汽车乘车规则”之前，打开【插入】选项卡，在【链接】组中单击【书签】按钮，如图 7-29 所示。

(2) 打开【书签】对话框，在【书签名】文本框中输入书签的名称“公交”，单击【添加】按钮，将该书签添加到书签列表框中，如图 7-30 所示。

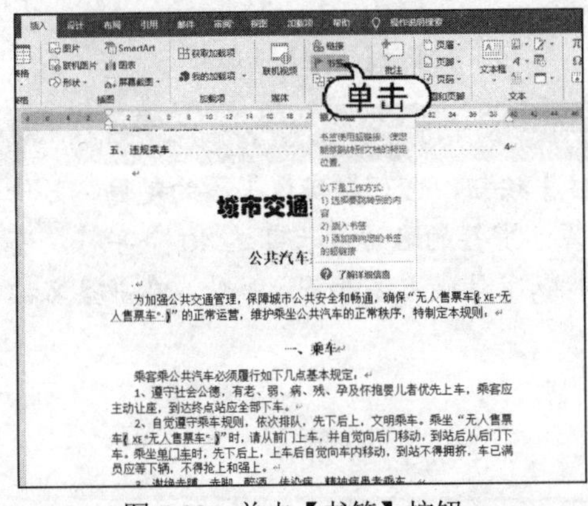

图 7-29　单击【书签】按钮

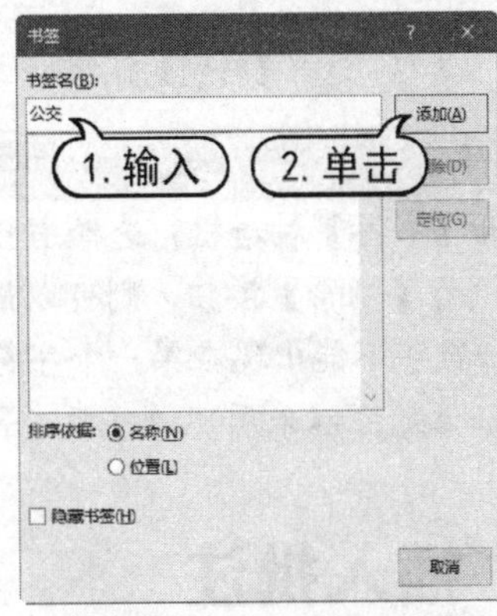

图 7-30　【书签】对话框

(3) 单击【文件】按钮，在弹出的菜单中选择【选项】命令，打开【Word 选项】对话框，在左侧的列表框中选择【高级】选项，在右侧列表的【显示文档内容】选项区域中选中【显示书签】复选框，然后单击【确定】按钮，如图 7-31 所示。

(4) 此时书签标记 I 将显示在标题“公共汽车乘车规则”之前，如图 7-32 所示。

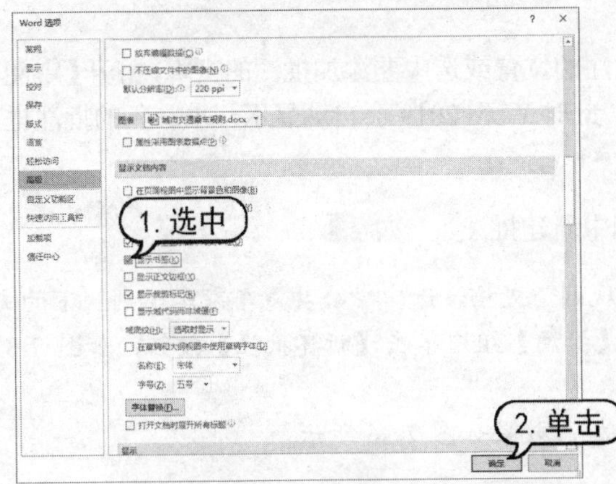

图 7-31　选中【显示书签】复选框

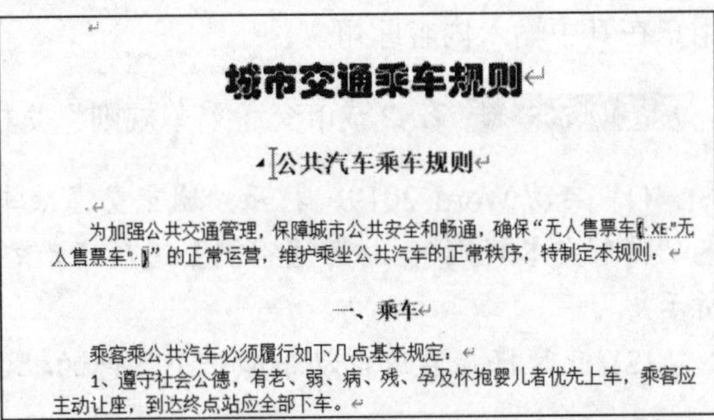

图 7-32　显示书签

(5) 打开【开始】选项卡，在【编辑】组中单击【查找】下拉按钮，在弹出的菜单中选择【转到】命令，如图 7-33 所示。

(6) 打开【查找和替换】对话框，打开【定位】选项卡，在【定位目标】列表框中选择【书签】选项，在【请输入书签名称】下拉列表框中选择书签名称【公交】，单击【定位】按钮，如图 7-34 所示，此时自动定位到书签位置。

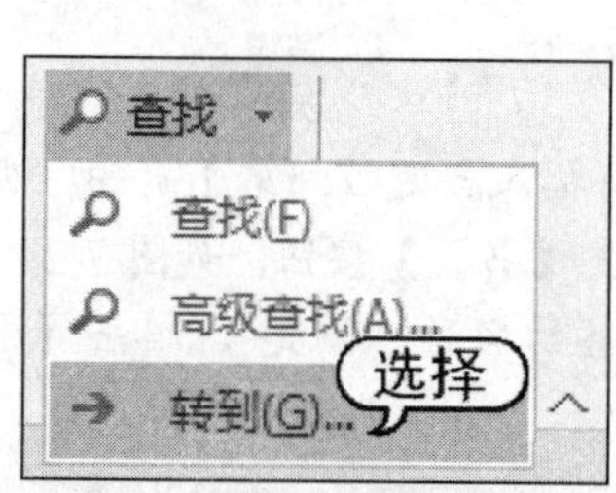

图 7-33　选择【转到】命令

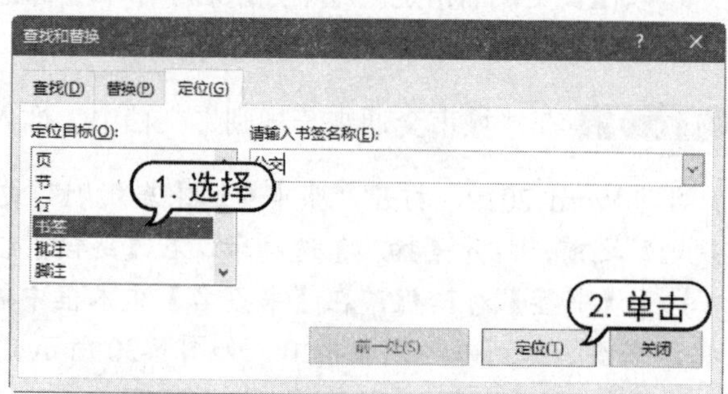

图 7-34　【定位】选项卡

提示

打开【书签】对话框，选择书签，单击【定位】按钮，也可以实现书签的定位。另外，如果单击右侧的【删除】按钮，则可以删除选中的书签。书签的名称最长可达 40 个字符，可以包含数字，但数字不能出现在第一个字符中，书签只能以字母或文字开头。另外，在书签名称中不能有空格，但是可以采用下画线来分隔文字。

7.4　插入批注

批注是指审阅者给文档内容加上的注解或说明，或者是阐述批注者的观点。批注在上级审批文件、老师批改作业时非常有用。

7.4.1　新建批注

要插入批注，首先将插入点定位在要添加批注的位置或选中要添加批注的文本，打开【审阅】选项卡，在【批注】组中单击【新建批注】按钮，此时 Word 2019 会自动显示一个彩色的批注框，用户在其中输入内容即可。

【例 7-8】 在“城市交通乘车规则”文档中新建批注。 视频

(1) 启动 Word 2019，打开“城市交通乘车规则”文档，选中“公共汽车乘车规则”下的文本“特制定本规则”，打开【审阅】选项卡，在【批注】组中单击【新建批注】按钮，如图 7-35 所示。

(2) 此时将在右边自动添加一个蓝色的批注框，效果如图 7-36 所示。

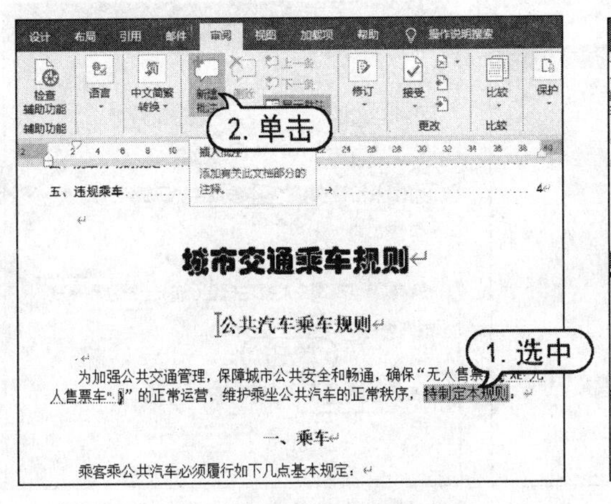

图 7-35　单击【新建批注】按钮

图 7-36　添加批注框

(3) 在该批注框中输入批注文本，如图 7-37 所示。

(4) 使用相同的方法，在其他段落的文本中添加批注，效果如图 7-38 所示。

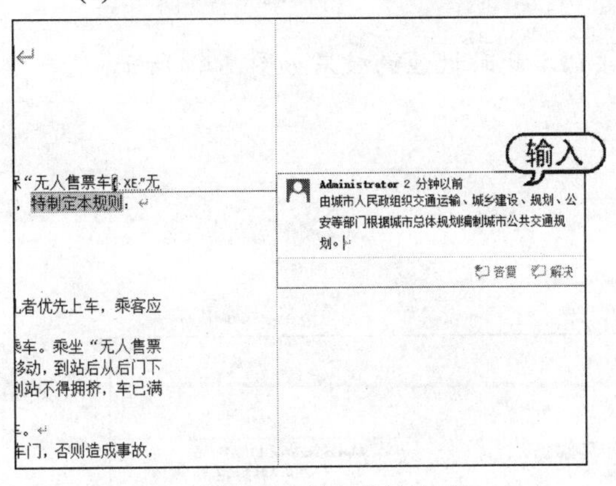

图 7-37　输入批注文本

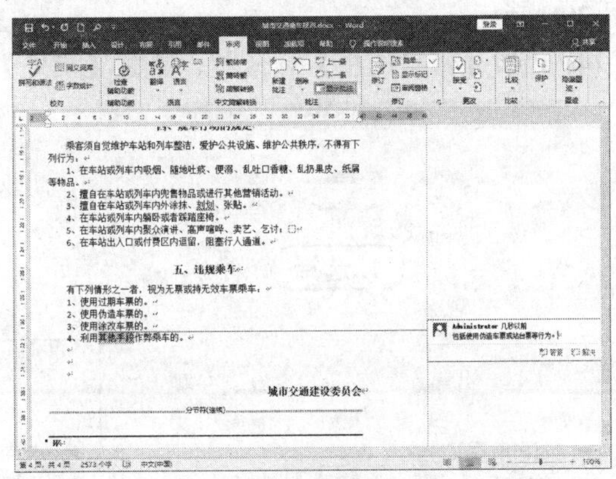

图 7-38　添加批注

7.4.2　编辑批注

插入批注后，还可以对其进行编辑，如查看或删除批注、显示或隐藏批注、设置批注格式等。

【例 7-9】 在“城市交通乘车规则”文档中，设置批注格式。视频

(1) 启动 Word 2019，打开“城市交通乘车规则”文档。选中第 1 个批注框中的文本，打开【开始】选项卡，在【字体】组中，将字体设置为【华文新魏】，字号为【小四】，如图 7-39 所示。

(2) 打开【审阅】选项卡，在【修订】组中单击对话框启动器按钮，打开【修订选项】对话框，单击【高级选项】按钮，如图 7-40 所示。

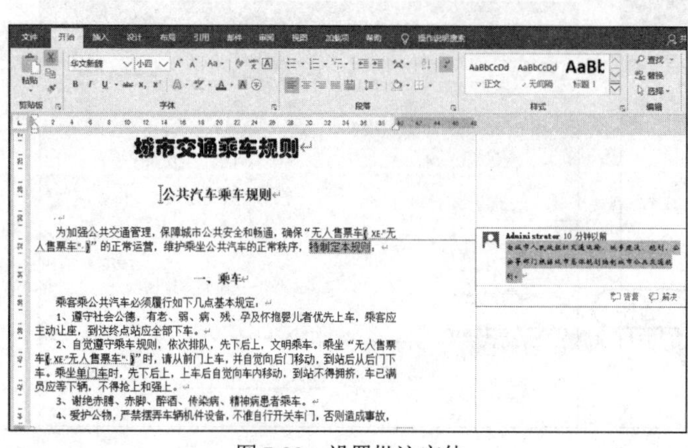

图 7-39　设置批注字体

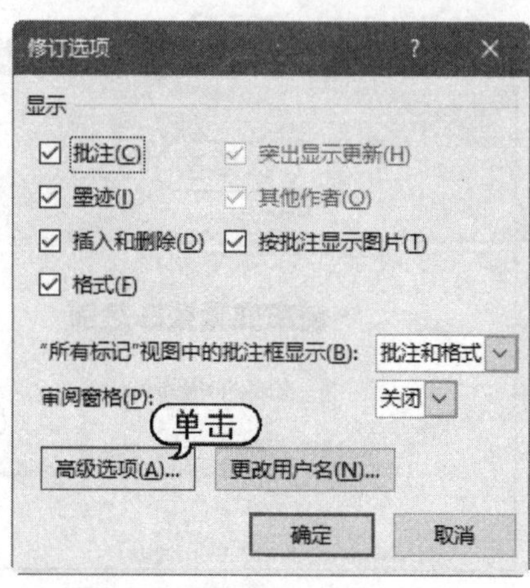

图 7-40　单击【高级选项】按钮

(3) 打开【高级修订选项】对话框，在【标记】选项区域的【批注】下拉列表框中选择【鲜绿】选项；在【批注框】选项区域的【指定宽度】微调框中输入“8 厘米”，单击【确定】按钮，如图 7-41 所示。

(4) 返回【修订选项】对话框，单击【确定】按钮，此时批注的效果如图 7-42 所示。

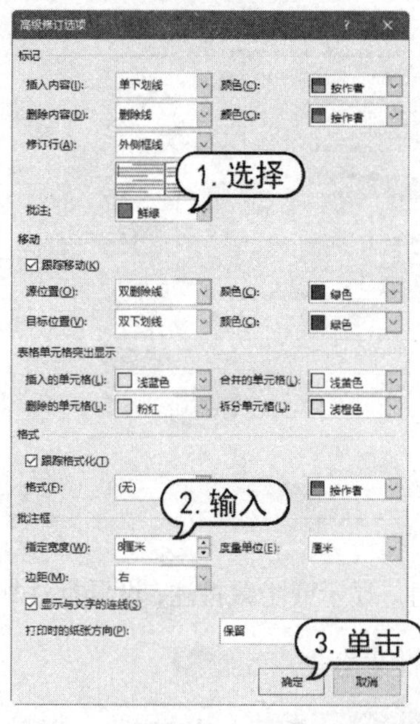

图 7-41　【高级修订选项】对话框

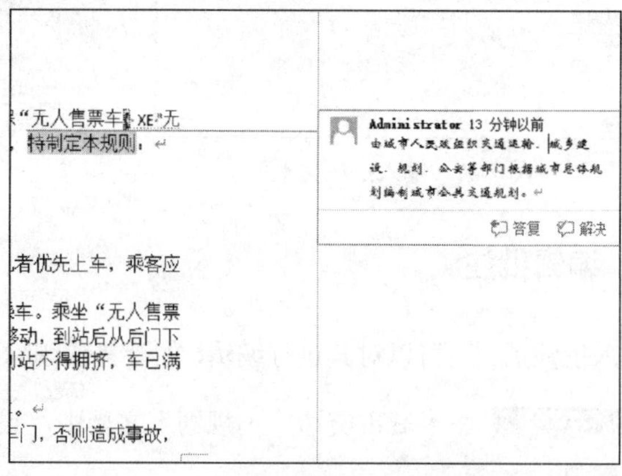

图 7-42　显示批注格式

提示

在【修订】组中单击【显示标记】按钮，在弹出的菜单中选择【批注】命令，此时取消选中【批注】复选框，文档所有的批注框将自动隐藏。在批注文档中，将插入点定位在某个批注后，在【批注】组中单击【删除批注】按钮，从弹出的菜单中选择【删除】命令，即可删除该批注；选择【删除文档中的所有批注】命令，即可删除文档中的所有批注。

7.5 插入题注、脚注和尾注

Word 2019 为用户提供了自动编号题注功能，使用该功能可以在插入图形、公式、表格时进行顺序编号。此外 Word 2019 还提供了脚注和尾注功能，使用该功能可以对文本进行补充说明，或对文档中的引用信息进行注释。

7.5.1 插入题注

在 Word 2019 中，插入表格、图表、公式或其他项目时，可以自动添加题注。

例如，打开一个带表格的 Word 文档后，将插入点定位在表格后，打开【引用】选项卡，在【题注】组中单击【插入题注】按钮，打开【题注】对话框，单击【新建标签】按钮，如图 7-43 所示。打开【新建标签】对话框，在【标签】文本框中输入“表”，单击【确定】按钮，如图 7-44 所示。

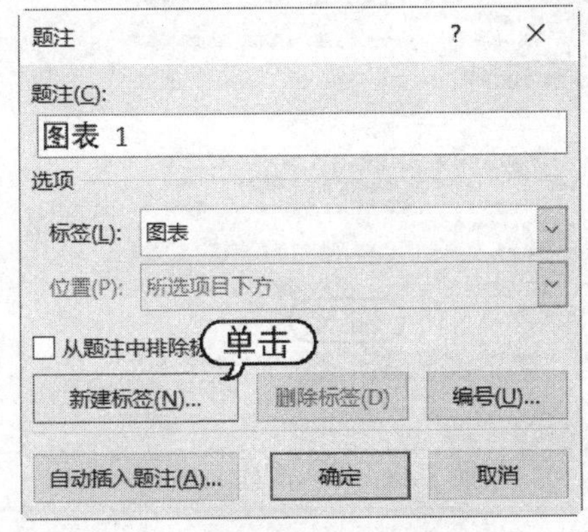

图 7-43 单击【新建标签】按钮

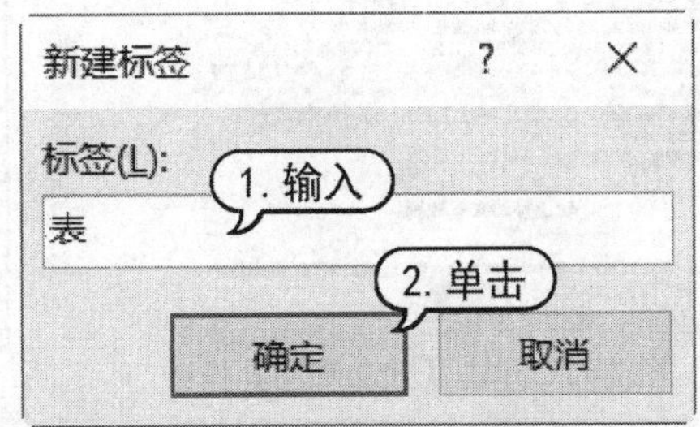

图 7-44 【新建标签】对话框

返回【题注】对话框，单击【编号】按钮，打开【题注编号】对话框，在【格式】下拉列表框中选择一种格式，单击【确定】按钮，如图 7-45 所示，返回【题注】对话框，单击【确定】按钮，完成所有设置后，即可在插入点位置插入设置的题注，如图 7-46 所示。

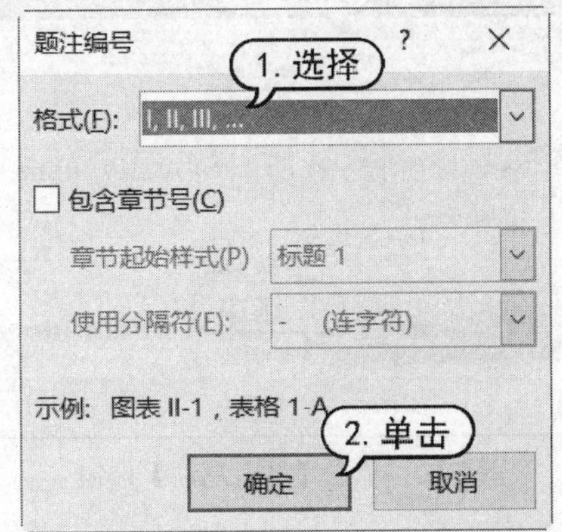

图 7-45 【题注编号】对话框

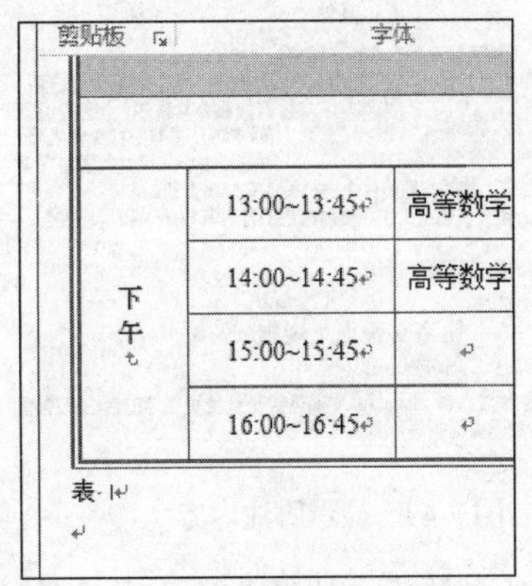

图 7-46 显示题注

7.5.2　插入脚注和尾注

在 Word 2019 中，打开【引用】选项卡，在【脚注】组中单击【插入脚注】按钮或【插入尾注】按钮，即可在文档中插入脚注或尾注。

【例 7-10】　在“城市交通乘车规则”文档中，插入脚注和尾注。 视频

(1) 启动 Word 2019，打开“城市交通乘车规则”文档。将插入点定位在要插入脚注的文本“《中华人民共和国治安管理处罚条例》”后面，然后打开【引用】选项卡，在【脚注】组中单击【插入脚注】按钮，如图 7-47 所示。

(2) 此时在该页面出现脚注编辑区，直接输入文本，如图 7-48 所示。

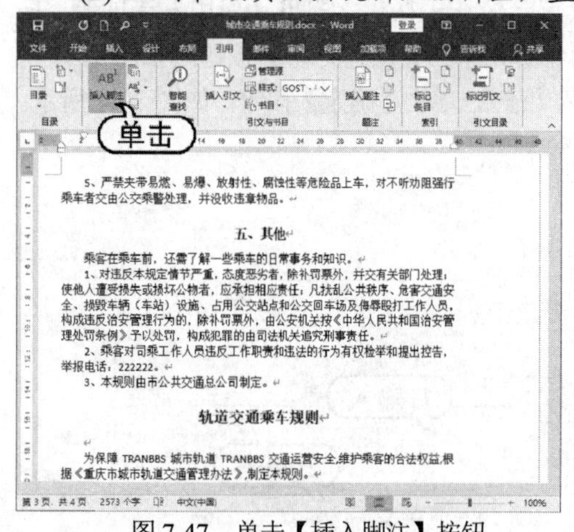

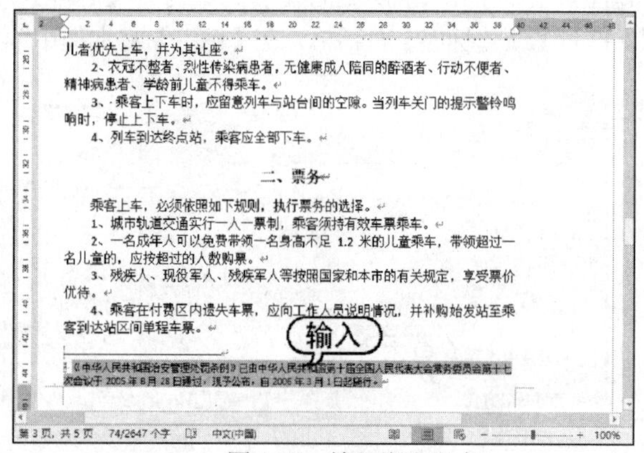

图 7-47　单击【插入脚注】按钮　　图 7-48　输入脚注文本

(3) 插入脚注后，文本“《中华人民共和国治安管理处罚条例》”后将出现脚注引用标记，将鼠标指针移至该标记处，将显示脚注内容，如图 7-49 所示。

(4) 选取“轨道交通乘车规则”下的文本“《重庆市城市轨道交通管理办法》”，在【引用】选项卡的【脚注】组中单击【插入尾注】按钮，如图 7-50 所示。

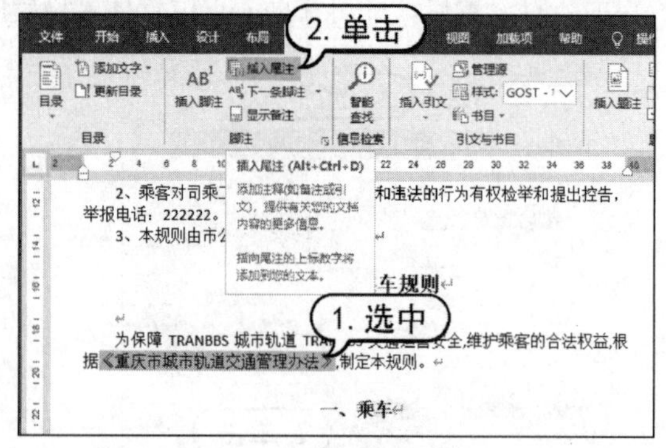

图 7-49　显示脚注内容　　图 7-50　单击【插入尾注】按钮

(5) 此时在整篇文档的末尾处出现尾注编辑区，输入尾注文本，如图 7-51 所示。

(6) 插入尾注后，在插入尾注的文本中将出现尾注引用标记，将鼠标指针移至该标记处，将显示尾注内容，如图 7-52 所示。

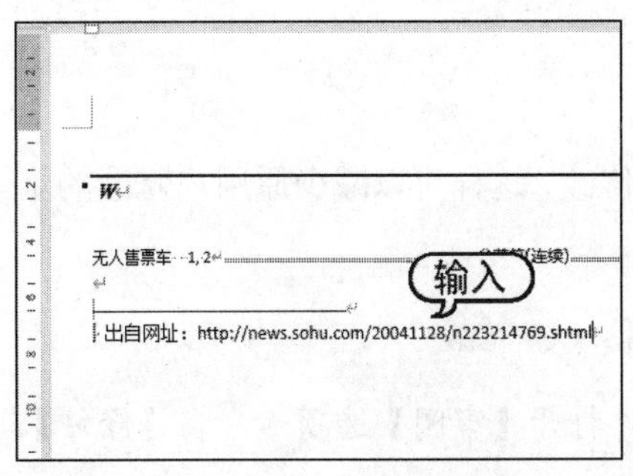

图 7-51 输入尾注文本

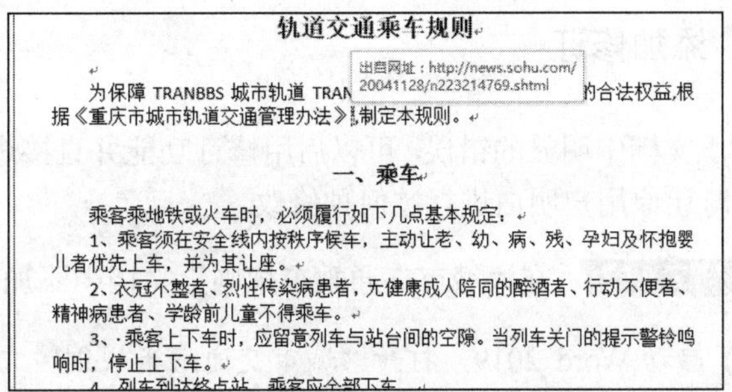

图 7-52 显示尾注内容

要修改脚注和尾注的格式，可以单击【引用】选项卡的【脚注】组中的对话框启动器按钮，打开【脚注和尾注】对话框，如图 7-53 所示，可以设置脚注中的格式和布局，如果要设置尾注，则在【位置】选项区域中选中【尾注】单选按钮。

单击【格式】选项区域中的【符号】按钮，打开【符号】对话框，从中选择需要的符号，单击【确定】按钮，返回【脚注和尾注】对话框，如图 7-54 所示，将选中的符号更改为脚注或尾注的编号形式。

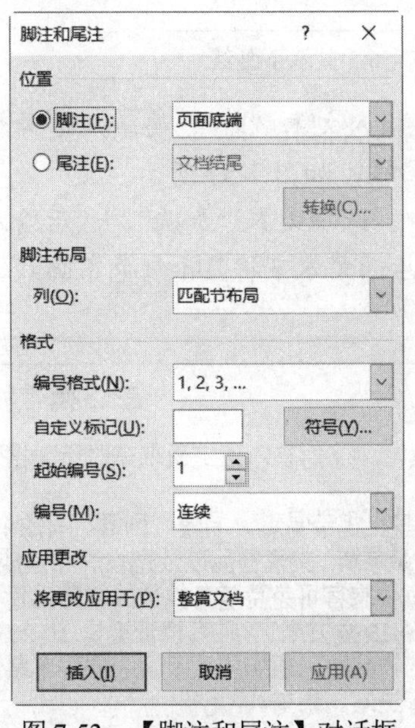

图 7-53 【脚注和尾注】对话框

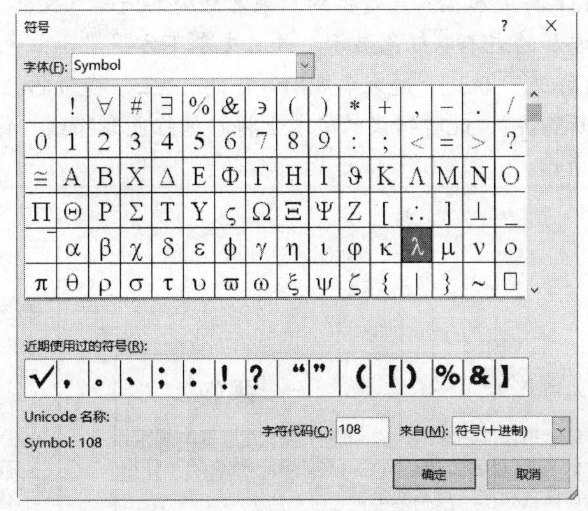

图 7-54 【符号】对话框

7.6 插入修订

在审阅文档时，发现某些多余的内容或遗漏内容时，如果直接在文档中删除或修改，将不能看到原文档和修改后文档的对比情况。使用 Word 2019 的修订功能，可以将用户修改的每项操作以不同的颜色标识出来，方便用户进行对比和查看。

7.6.1 添加修订

对于文档中明显的错误，可以启用修订功能并直接进行修改，这样可以减少原用户修改的难度，同时让原用户明白进行过何种修改。

【例 7-11】 在“城市交通乘车规则”文档中添加修订。 视频

(1) 启动 Word 2019，打开“城市交通乘车规则”文档，打开【审阅】选项卡，在【修订】组中单击【修订】按钮，如图 7-55 所示，进入修订状态。

(2) 将文本插入点定位到开始处的文本“特制定本规则”的冒号标点后，按 Backspace 键，该标点上将添加删除线，文本仍以红色删除线形式显示在文档中；然后按“句号”键，输入句号标点，添加的句号下方将显示红色下画线，此时添加的句号也以红色显示，如图 7-56 所示。

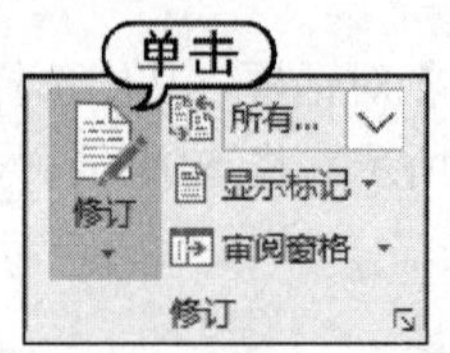

单击
修订
所有...
显示标记
审阅窗格
修订

图 7-55 单击【修订】按钮

为加强公共交通管理，
输入
秩序，特制定本规则。

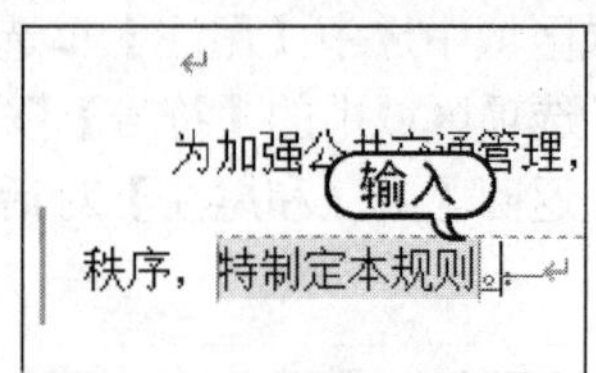

图 7-56 显示下画线

(3) 将文本插入点定位到“乘客乘公共汽车”文本后，输入文本“时”，再输入逗号标点，此时添加的文本以红色显示，并且文本下方将显示红色下画线，如图 7-57 所示。

(4) 在“轨道交通乘车规则”下的 “三、携带物品”中，选中文本“加购”，然后输入文本“重新购买”，此时错误的文本上将添加红色删除线，修改后的文本下将显示红色下画线，如图 7-58 所示。

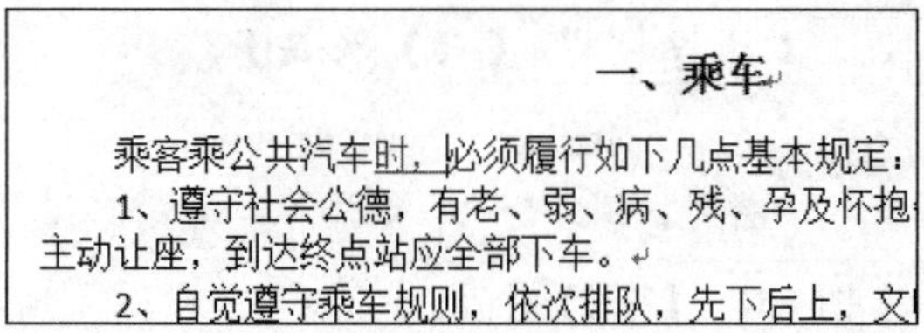

一、乘车
乘客乘公共汽车时，必须履行如下几点基本规定：
1、遵守社会公德，有老、弱、病、残、孕及怀抱
主动让座，到达终点站应全部下车。
2、自觉遵守乘车规则，依次排队，先下后上，文

图 7-57 输入文本

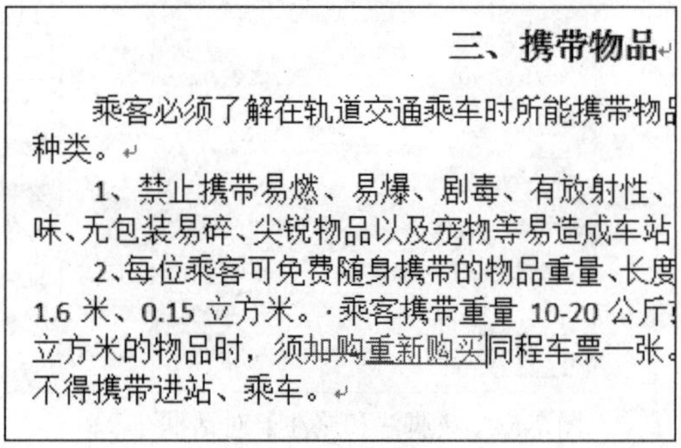

三、携带物品
乘客必须了解在轨道交通乘车时所能携带物品
种类。
1、禁止携带易燃、易爆、剧毒、有放射性、
味、无包装易碎、尖锐物品以及宠物等易造成车站
2、每位乘客可免费随身携带的物品重量、长度
1.6 米、0.15 立方米。乘客携带重量 10-20 公斤
立方米的物品时，须加购重新购买同程车票一张。
不得携带进站、乘车。

图 7-58 修改文本

(5) 当所有的修订工作完成后，单击【修订】组中的【修订】按钮，即可退出修订状态。

7.6.2 编辑修订

在长文档中添加批注和修订后，为了方便查看与修改，可以使用审阅窗格浏览文档中的修订内容。查看完毕后，还可以确认是否接受修订内容。下面以实例来介绍查看、接受和拒绝修订的方法。

【例 7-12】 在“城市交通乘车规则”文档中查看、接受和拒绝修订。 视频

(1) 启动 Word 2019，打开“城市交通乘车规则”文档。

(2) 打开【审阅】选项卡，在【修订】组中单击【审阅窗格】下拉按钮，从弹出的下拉菜单中选择【垂直审阅窗格】命令，打开垂直审阅窗格，如图 7-59 所示。

(3) 在审阅窗格中单击修订，即可切换到相对应的修订文本位置进行查看，如图 7-60 所示。

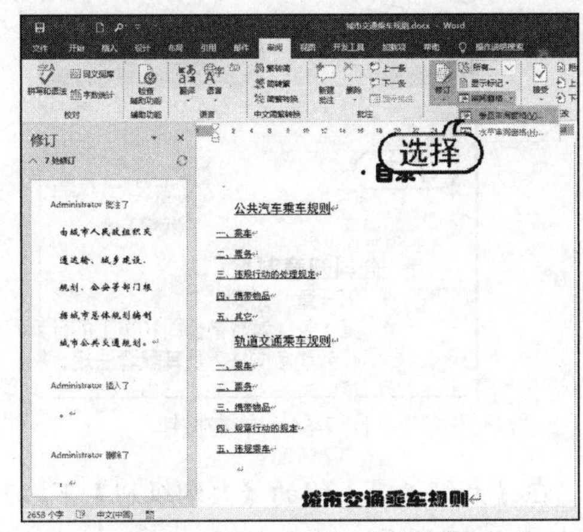

图 7-59　打开垂直审阅窗格

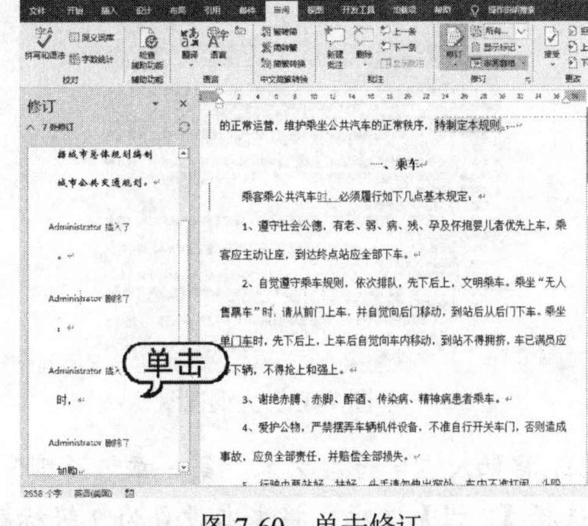

图 7-60　单击修订

(4) 在垂直审阅窗格中，右击第一次修订的句号，从弹出的快捷菜单中选择【拒绝插入】命令，如图 7-61 所示，即可拒绝插入句号标点。

(5) 将文本插入点定位到输入的文本“时”位置，在【更改】组中单击【接受】按钮，如图 7-62 所示，接受输入字符。

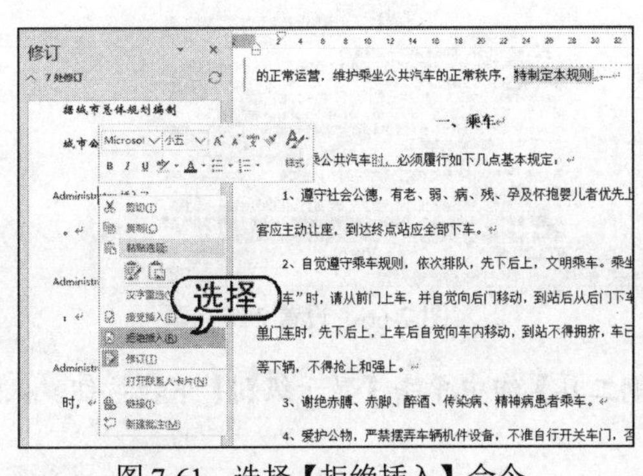

图 7-61　选择【拒绝插入】命令

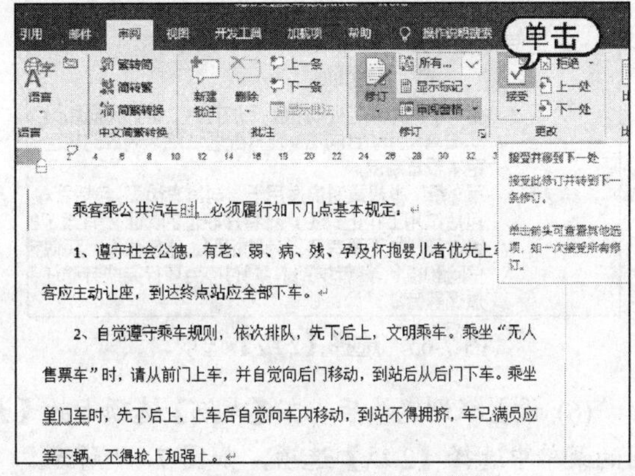

图 7-62　单击【接受】按钮

7.7　实例演练

【例 7-13】 编排“公司规章制度”长文档。 视频

(1) 启动 Word 2019，打开“公司规章制度”文档。

(2) 打开【视图】选项卡，在【文档视图】组中单击【大纲】按钮，切换至大纲视图查看文档结构，如图 7-63 所示。

(3) 将插入点定位到文本“公司规章制度”开始处，在【大纲显示】选项卡的【大纲工具】组中单击【提升至标题 1】按钮，将该文本设置为标题 1，如图 7-64 所示。

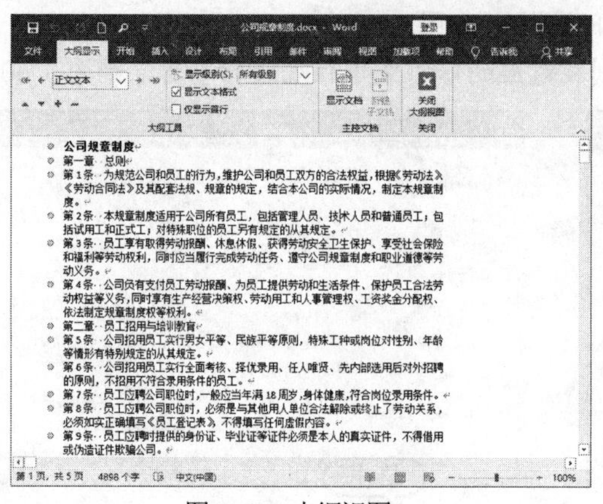

图 7-63 大纲视图

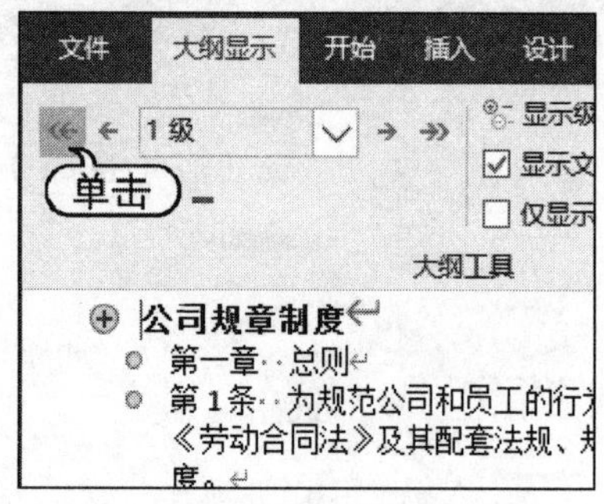

图 7-64 单击按钮

(4) 将插入点定位在文本“第一章　总则”处，在【大纲工具】组的【大纲级别】下拉列表框中选择【2 级】选项，将文本设置为 2 级标题，如图 7-65 所示。

(5) 使用同样的方法，设置其他章节标题为 2 级标题，如图 7-66 所示。

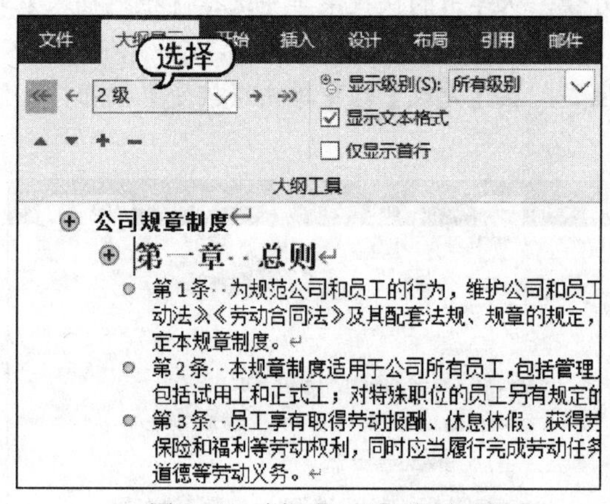

图 7-65 选择【2 级】选项

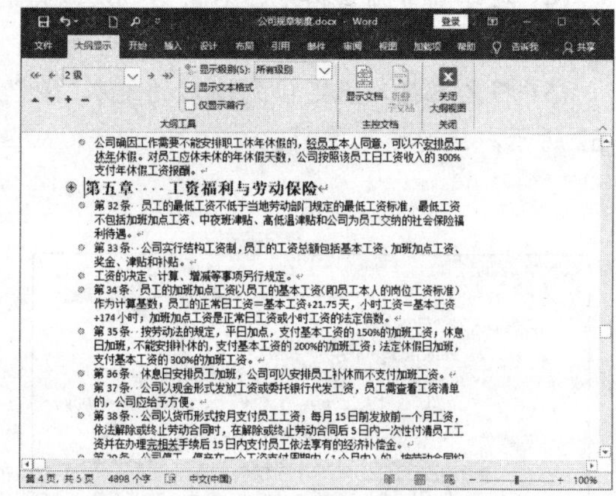

图 7-66 设置 2 级标题

(6) 设置级别完毕后，在【大纲】选项卡的【大纲工具】组中单击【显示级别】下拉按钮，从弹出的菜单中选择【2 级】选项，如图 7-67 所示。

(7) 此时，即可将文档的 2 级标题全部显示出来，如图 7-68 所示。在【大纲】选项卡的【关闭】组中单击【关闭大纲视图】按钮，返回页面视图。

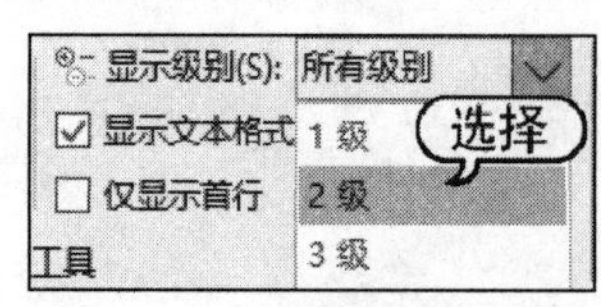

图 7-67 选择【2 级】选项

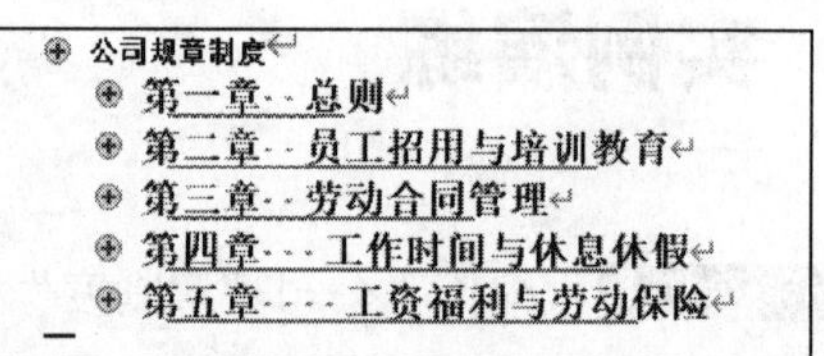

图 7-68 显示 2 级标题

(8) 打开【视图】选项卡，在【显示】组中选中【导航窗格】复选框，打开【导航】任务窗格。选择相应的章节标题，即可快速切换至该章节标题查看章节内容，如图 7-69 所示。

(9) 关闭【导航】任务窗格，将插入点定位在文档的开始位置，打开【引用】选项卡，在【目录】组中单击【目录】按钮，在弹出的列表框中选择【自动目录 2】样式，如图 7-70 所示。

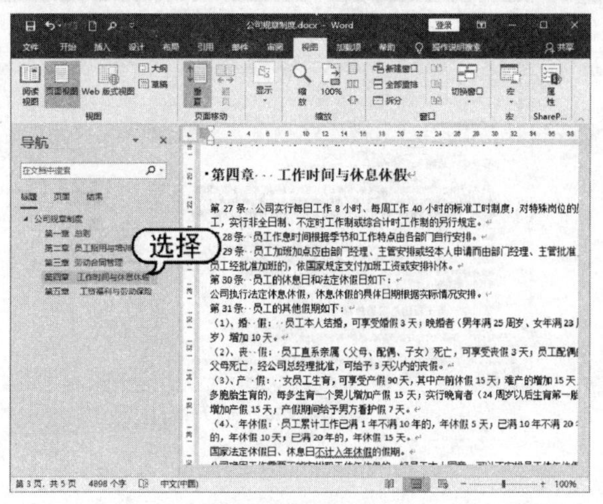

图 7-69　【导航】任务窗格

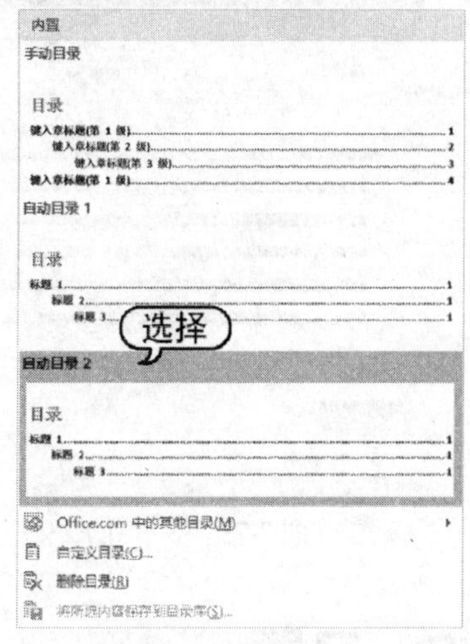

图 7-70　选择【自动目录 2】样式

(10) 选取文本“目录”，设置字体为【隶书】，字号为【二号】，设置文本居中对齐，效果如图 7-71 所示。

(11) 选取整个目录，在【开始】选项卡的【段落】组中单击对话框启动器按钮，打开【段落】对话框，打开【缩进和间距】选项卡，在【行距】下拉列表中选择【2 倍行距】选项，单击【确定】按钮，如图 7-72 所示。

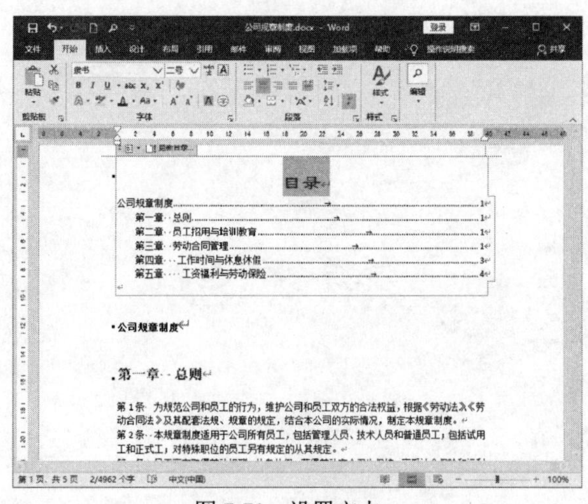

图 7-71　设置文本

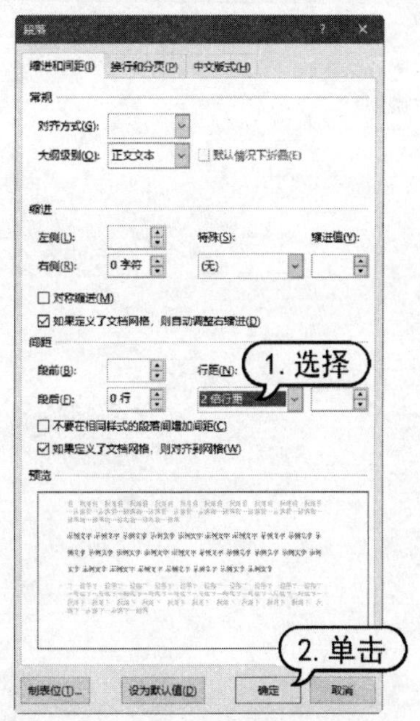

图 7-72　设置行距

(12) 此时显示设置格式后的目录，效果如图 7-73 所示。

(13) 选取第一章中的文本“《劳动法》、《劳动合同法》”，打开【审阅】选项卡，在【批注】组中单击【新建批注】按钮，Word 会自动添加批注框，输入批注文本，如图 7-74 所示。

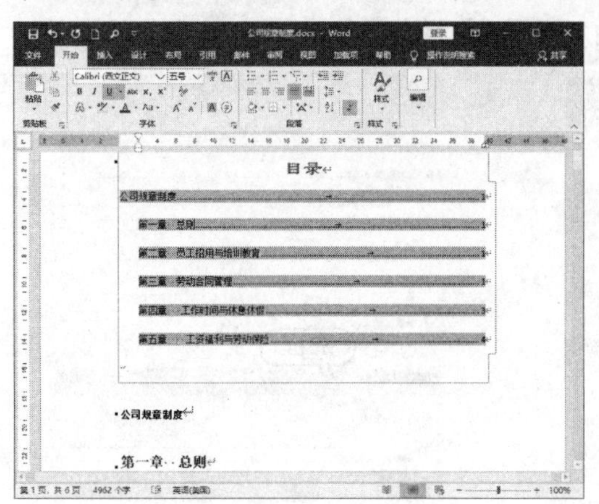

图 7-73　显示目录

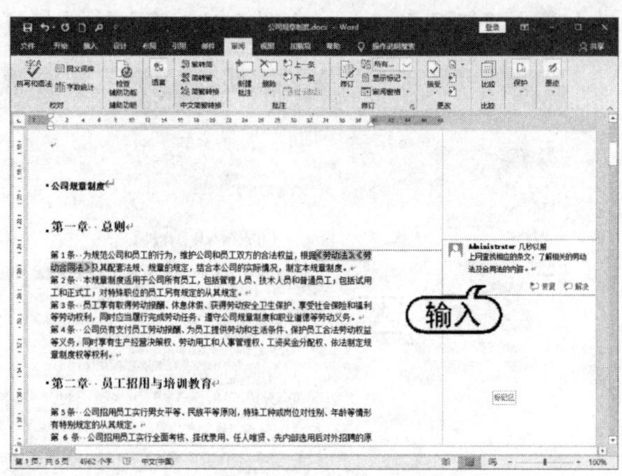

图 7-74　输入批注

7.8　习题

1. 如何使用大纲视图和导航窗格查看文档？

2. 如何插入批注和题注？

3. 打开一篇多页的长 Word 文档，在文档中插入书签，创建目录和索引，分别插入批注、脚注、尾注。

第 8 章

使用高级排版功能

为了提高文档的编排效率，创建有特殊效果的文档，Word 2019 提供了许多便捷的操作方式及管理工具来优化文档的格式编排。本章将介绍使用模板和样式、使用特殊格式排版等各种方法和技巧。

本章重点

- 使用模板
- 使用样式
- 使用特殊排版方式
- 使用中文版式

二维码教学视频

【例 8-1】根据现有模板创建模板
【例 8-2】修改样式
【例 8-3】创建样式
【例 8-4】文字竖排
【例 8-5】首字下沉
【例 8-6】设置分栏
【例 8-7】拼音指南
【例 8-8】带圈字符
【例 8-9】纵横混排
【例 8-10】合并字符
【例 8-11】双行合一
本章其他视频参见视频二维码列表

8.1 使用模板

在 Word 2019 中，任何文档都是以模板为基础的，模板决定了文档的基本结构和文档设置。使用模板可以统一文档的风格，提高工作效率。

8.1.1 选择模板

模板是“模板文件”的简称，实际上是一种具有特殊格式的 Word 文档。模板可以作为模型用于创建其他类似的文档，包括特定的字体格式、段落样式、页面设置、快捷键方案和宏等格式。Word 2019 提供了多种具有统一规格、统一框架的文档模板。

要想通过模板创建文档，可以单击【文件】按钮，从弹出的菜单中选择【新建】命令，选择列表中的多种自带模板，如图 8-1 所示。单击模板后，将会弹出界面，单击其中的【创建】按钮，如图 8-2 所示，将会联网下载该模板。

图 8-1 选择模板

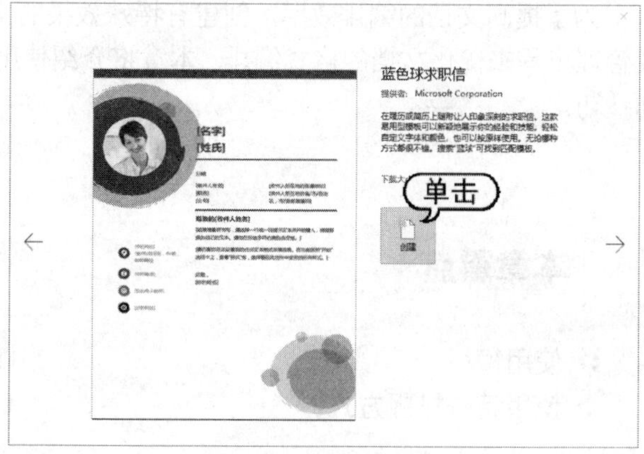

图 8-2 单击【创建】按钮

除了自带的模板以外，用户还可以在【新建】窗口界面中的【搜索】文本框中输入关键字文本，搜索 Office 官网提供下载的相关模板，如图 8-3 所示为输入“体育”关键字，单击【开始搜索】按钮🔍，即可搜索到相关模板。

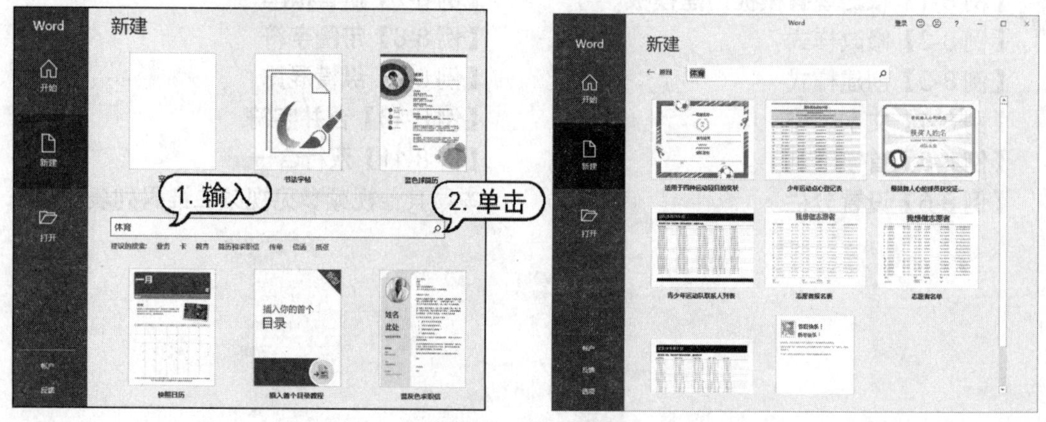

图 8-3 搜索模板

8.1.2　创建模板

在实际应用中，将文档保持一致的外观、格式等属性，可使文档显得整洁、美观。因此，为了使文档更为美观，用户可创建自定义模板并应用于文档中。创建新的模板可以通过根据现有文档和根据现有模板两种创建方法来实现。

1. 根据现有文档创建模板

根据现有文档创建模板，是指打开一个已有的与需要创建的模板格式相近的 Word 文档，在对其进行编辑修改后，将其另存为一个模板文件。通俗地讲，当需要用到的文档设置包含在现有的文档中时，就可以以该文档为基础来创建模板。

首先打开一个素材文档，单击【文件】按钮，选择【另存为】命令，单击【浏览】按钮，如图 8-4 所示。

打开【另存为】对话框，在【文件名】文本框中输入新的名称，在【保存类型】下拉列表框中选择【Word 模板】选项，单击【保存】按钮，如图 8-5 所示，此时该文档将以模板形式保存在【自定义 Office 模板】文件夹中。

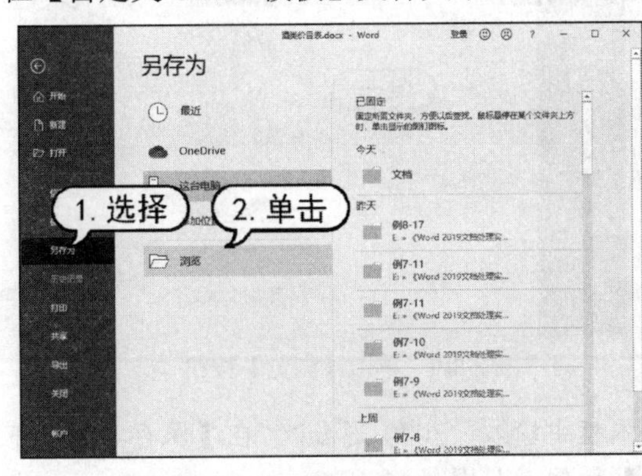

图 8-4　单击【浏览】按钮

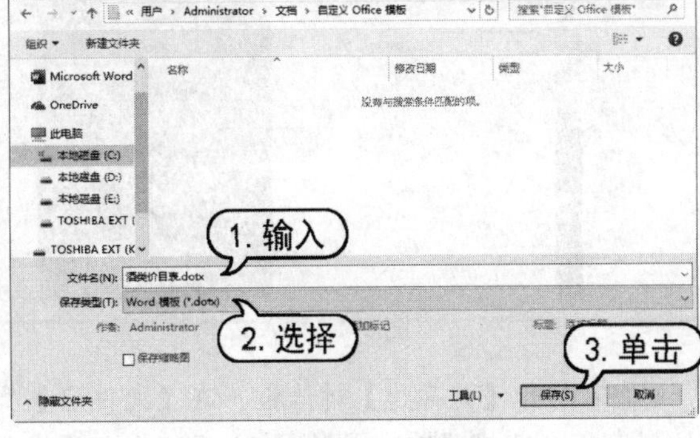

图 8-5　【另存为】对话框

单击【文件】按钮，从弹出的菜单中选择【新建】命令，然后在【个人】选项里选择新建的模板选项，即可应用该模板创建文档。

2. 根据现有模板创建模板

根据现有模板创建模板是指根据一个已有模板新建一个模板文件，再对其进行相应的修改后将其保存。Word 2019 内置模板的自动图文集词条、字体、快捷键指定方案、宏、菜单、页面设置、特殊格式和样式设置基本符合要求，但还需要进行一些修改时，就可以以现有模板为基础来创建新模板。

【例 8-1】 在“报告”模板中输入文本，并将其创建为模板“2020 通知”。 视频

(1) 启动 Word 2019，单击【文件】按钮，从弹出的菜单中选择【新建】命令，在模板中选择【报告】选项，如图 8-6 所示。

(2) 弹出界面，单击其中的【创建】按钮，如图 8-7 所示，将下载该模板。

图 8-6　选择【报告】选项

图 8-7　单击【创建】按钮

(3) 在创建好的文档中的标题栏后输入文本，效果如图 8-8 所示。

(4) 单击【文件】按钮，在弹出的菜单中选择【另存为】命令，单击【浏览】按钮，如图 8-9 所示。

图 8-8　输入文本

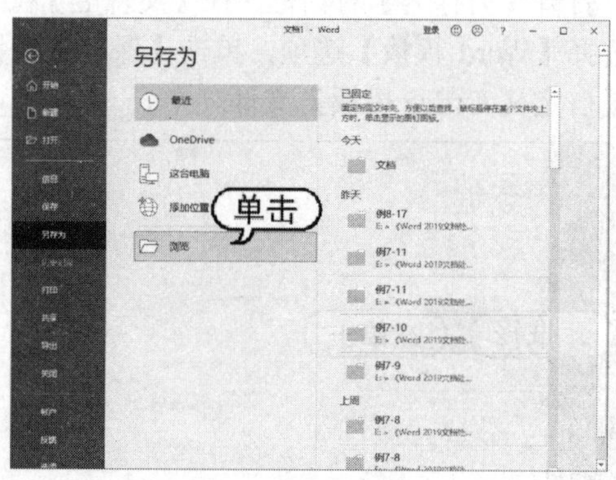

图 8-9　单击【浏览】按钮

(5) 打开【另存为】对话框，在【文件名】文本框中输入“2020 通知”，在【保存类型】下拉列表框中选择【Word 模板】选项，单击【保存】按钮，如图 8-10 所示

(6) 此时即可成功创建模板，单击【文件】按钮，从弹出的菜单中选择【新建】命令，在【个人】选项里显示新建的【2020 通知】模板，如图 8-11 所示。

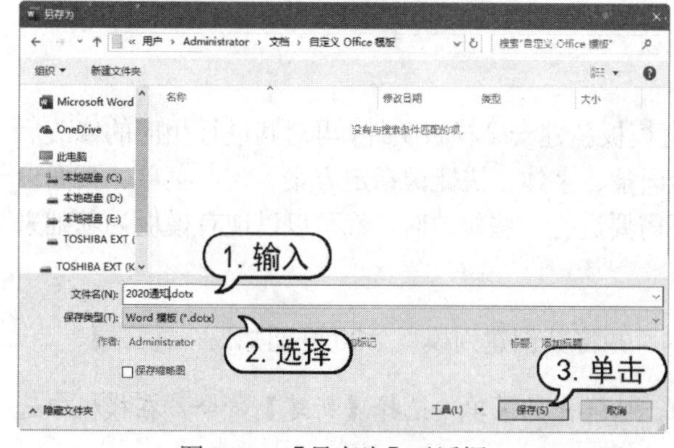

图 8-10　【另存为】对话框

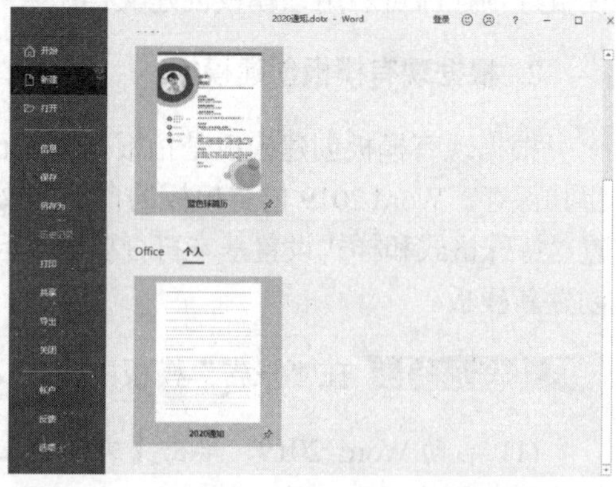

图 8-11　显示新建的模板

8.2　使用样式

样式就是字体格式和段落格式等特性的组合，在 Word 排版中使用样式可以快速提高工作效率，从而迅速改变和美化文档的外观。

8.2.1　选择样式

样式是应用于文档中的文本、表格和列表的一套格式特征。它是 Word 针对文档中一组格式进行的定义，这些格式包括字体、字号、字形、段落间距、行间距以及缩进量等内容，其作用是方便用户对重复的格式进行设置。

提示

每个文档都基于一个特定的模板，每个模板中都会自带一些样式，称为内置样式。如果需要应用的格式组合和某内置样式的定义相符，就可以直接应用该样式而不用新建文档的样式。如果内置样式中有部分样式定义和需要应用的样式不相符，还可以自定义该样式。

Word 2019 自带的样式库中，内置了多种样式，可以为文档中的文本设置标题、字体和背景等样式。使用这些样式可以快速地美化文档。

在 Word 2019 中，选择要应用某种内置样式的文本，打开【开始】选项卡，在【样式】组中单击【其他】按钮，可以在弹出的菜单选择样式选项，如图 8-12 所示。在【样式】组中单击对话框启动器按钮，将会打开【样式】任务窗格，在【样式】列表框中同样可以选择样式，如图 8-13 所示。

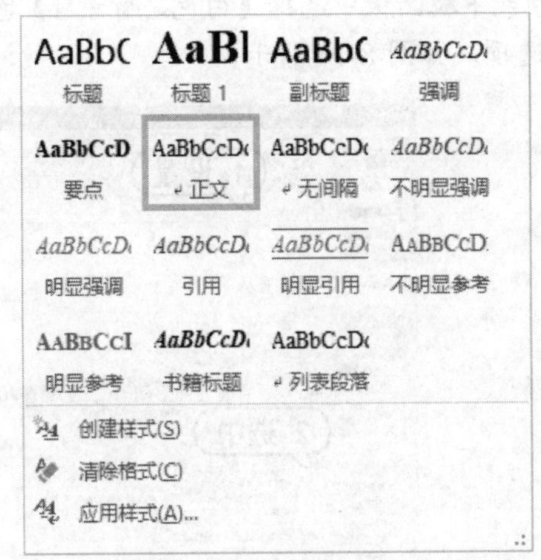

图 8-12　选择样式

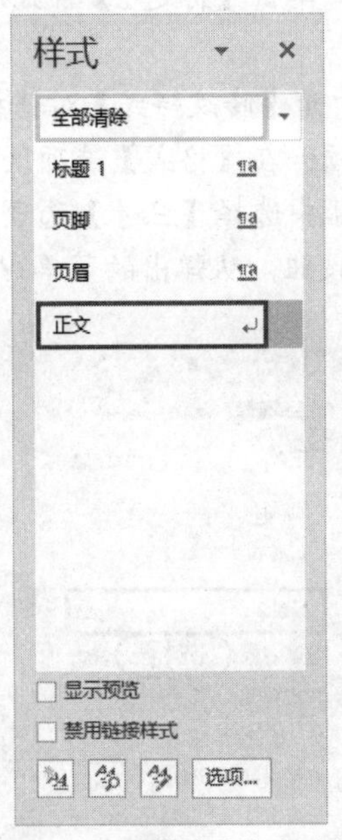

图 8-13　【样式】任务窗格

8.2.2 修改样式

如果某些内置样式无法完全满足某组格式设置的要求，则可以在内置样式的基础上进行修改。在【样式】任务窗格中，单击样式选项的下拉按钮，在弹出的菜单中选择【修改】命令，如图 8-14 所示，打开【修改样式】对话框，在其中可以更改相应的选项，如图 8-15 所示。

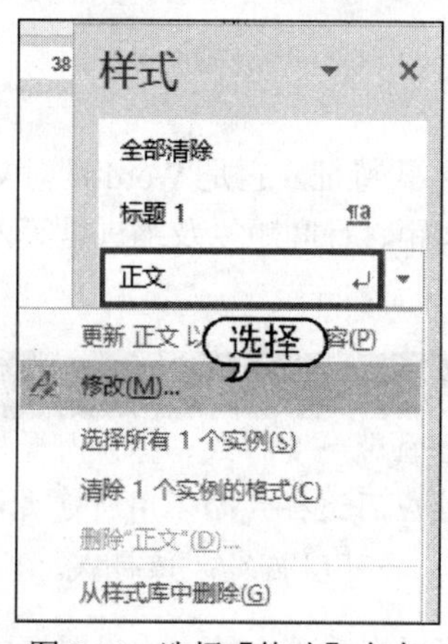

图 8-14 选择【修改】命令

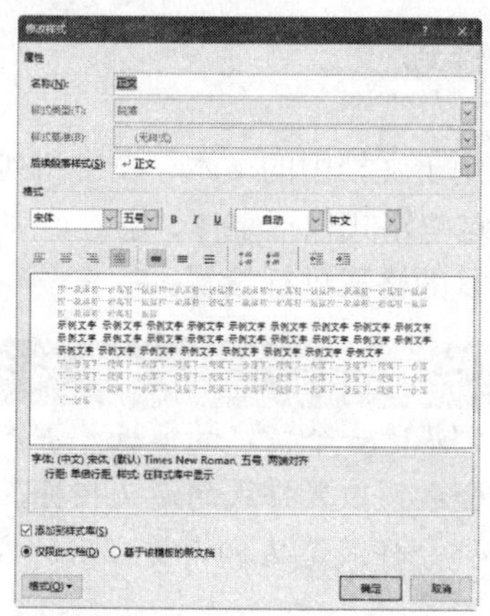

图 8-15 【修改样式】对话框

【例 8-2】在“兴趣班培训”文档中修改样式。视频

(1) 启动 Word 2019，打开“兴趣班培训”文档，将插入点定位在任意一处带有【标题 2】样式的文本中，在【开始】选项卡的【样式】组中，单击对话框启动器按钮，打开【样式】任务窗格，单击【标题 2】样式右侧的箭头按钮，从弹出的菜单中选择【修改】命令，如图 8-16 所示。

(2) 打开【修改样式】对话框，在【属性】选项区域的【样式基准】下拉列表框中选择【无样式】选项；在【格式】选项区域的【字体】下拉列表框中选择【华文楷体】选项，在【字号】下拉列表框中选择【三号】选项，在【字体】颜色下拉面板中选择【白色，背景 1】色块，单击【格式】按钮，从弹出的菜单中选择【段落】选项，如图 8-17 所示。

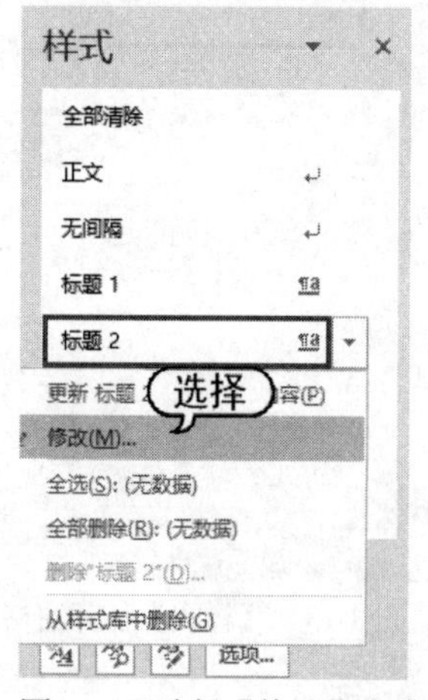

图 8-16 选择【修改】命令

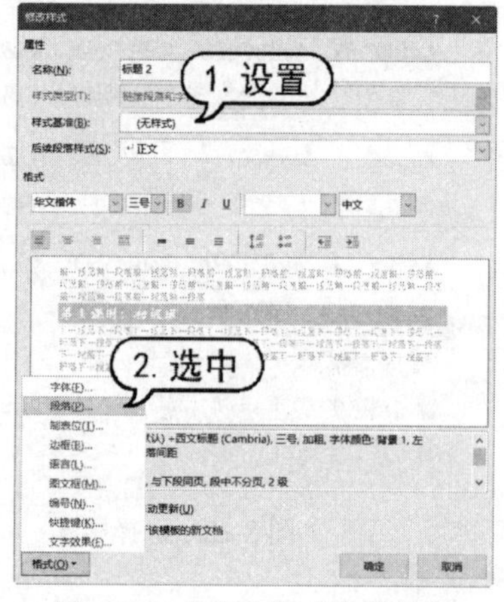

图 8-17 【修改样式】对话框

(3) 打开【段落】对话框，在【间距】选项区域中，将段前、段后的距离均设置为“0.5 磅”，并且将行距设置为【最小值】，【设置值】为“16 磅”，单击【确定】按钮，完成段落设置，如图 8-18 所示。

(4) 返回【修改样式】对话框，单击【格式】按钮，从弹出的菜单中选择【边框】命令，打开【边框和底纹】对话框的【底纹】选项卡，在【填充】颜色面板中选择【水绿色，个性色 5，淡色 60%】色块，单击【确定】按钮，如图 8-19 所示。

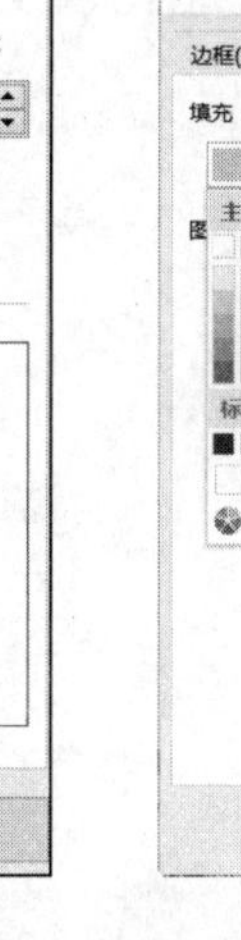

图 8-18　段落设置

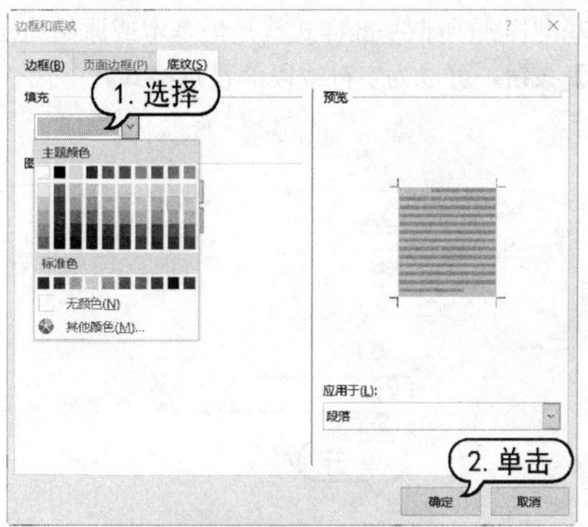

图 8-19　【底纹】选项卡

(5) 返回【修改样式】对话框，单击【确定】按钮。此时【标题 2】样式修改成功，并自动应用到文档中，如图 8-20 所示。

(6) 将插入点定位在正文文本中，使用同样的方法，修改【正文】样式，设置字体颜色为【深蓝】，字体格式为【华文新魏】，段落格式的行距为【固定值】、【12 磅】，此时修改后的【正文】样式自动应用到文档中，如图 8-21 所示。

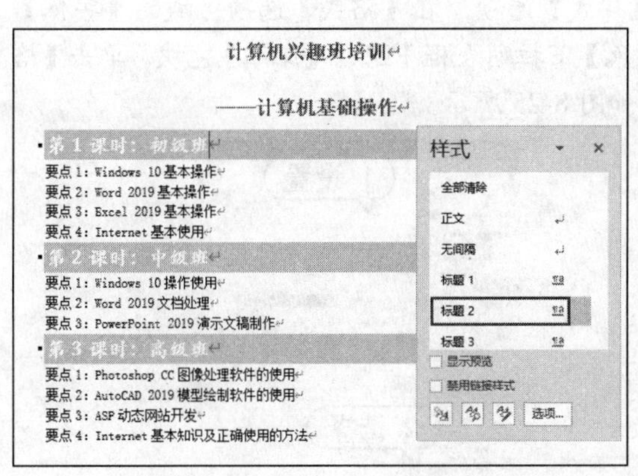

图 8-20　修改【标题 2】样式

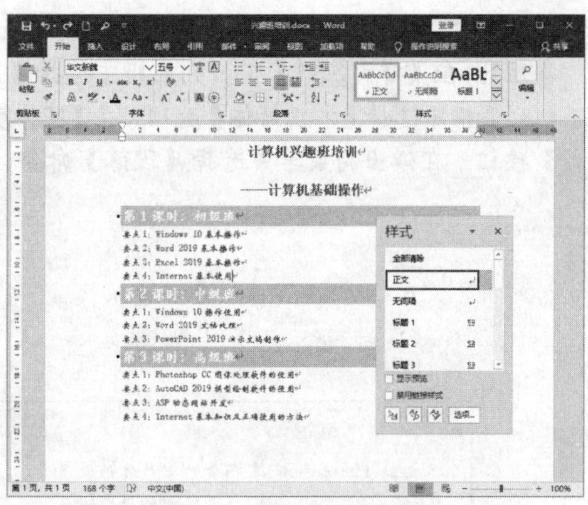

图 8-21　修改【正文】样式

8.2.3 新建样式

如果现有文档的内置样式与所需格式设置相去甚远时，创建一个新样式将会更为便捷。

在【样式】任务窗格中，单击【新建样式】按钮，如图 8-22 所示，打开【根据格式设置创建新样式】对话框，如图 8-23 所示。在【名称】文本框中输入要新建的样式的名称；在【样式类型】下拉列表框中选择【字符】或【段落】选项；在【样式基准】下拉列表框中选择该样式的基准样式(所谓基准样式就是最基本或原始的样式，文档中的其他样式都以此为基础)；单击【格式】按钮，可以为字符或段落设置格式。

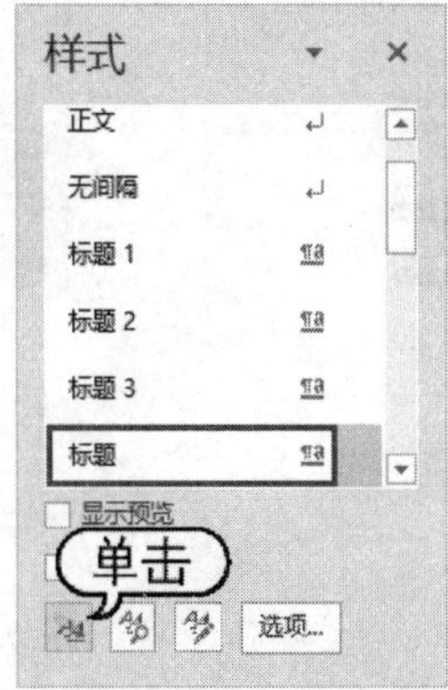

图 8-22 单击【新建样式】按钮

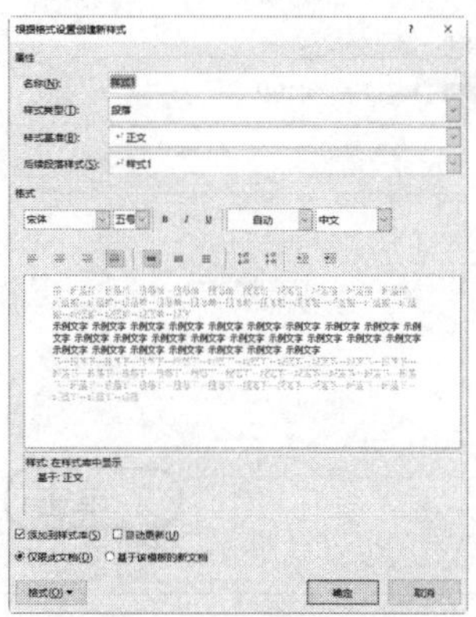

图 8-23 【根据格式设置创建新样式】对话框

【例 8-3】 在“兴趣班培训”文档中添加备注文本，并创建“备注”样式。 视频

(1) 启动 Word 2019，打开“兴趣班培训”文档。将插入点定位到文档末尾，按 Enter 键，换行，输入备注文本，如图 8-24 所示。

(2) 在【开始】选项卡的【样式】组中，单击对话框启动器按钮，打开【样式】任务窗格，单击【新建样式】按钮，打开【根据格式设置创建新样式】对话框，在【名称】文本框中输入“备注”；在【样式基准】下拉列表框中选择【无样式】选项；在【格式】选项区域的【字体】下拉列表框中选择【方正舒体】选项；在【字体颜色】下拉列表框中选择【深红】色块，单击【格式】按钮，在弹出的菜单中选择【段落】命令，如图 8-25 所示。

图 8-24 输入备注文本

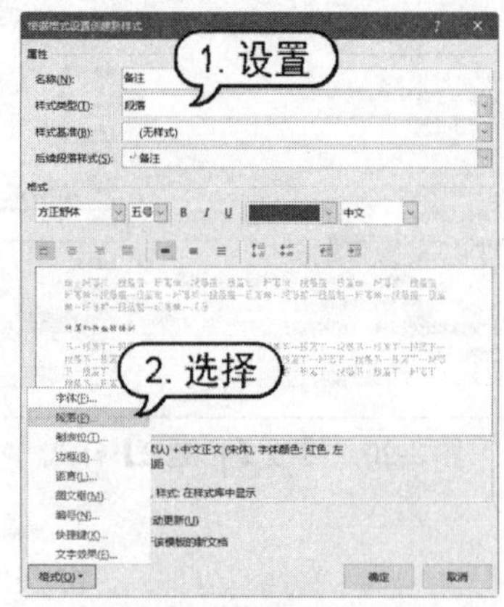

图 8-25 设置备注样式

(3) 打开【段落】对话框的【缩进和间距】选项卡，设置【对齐方式】为【右对齐】，【段前】间距设为 0.5 行，单击【确定】按钮，如图 8-26 所示。

(4) 返回【修改样式】对话框，单击【确定】按钮。此时备注文本将自动应用“备注”样式，并在【样式】窗格中显示新样式，如图 8-27 所示。

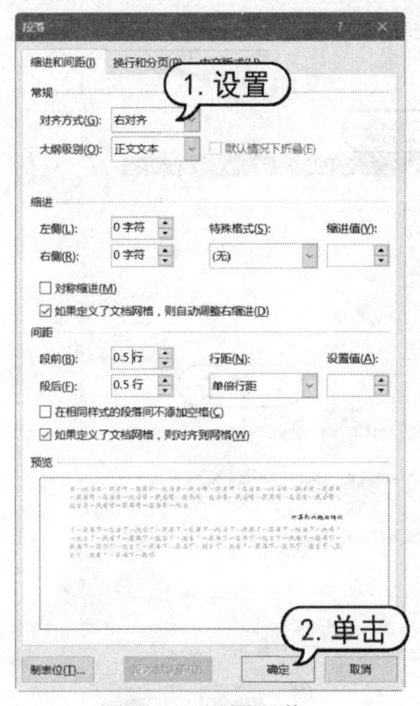

图 8-26　设置段落

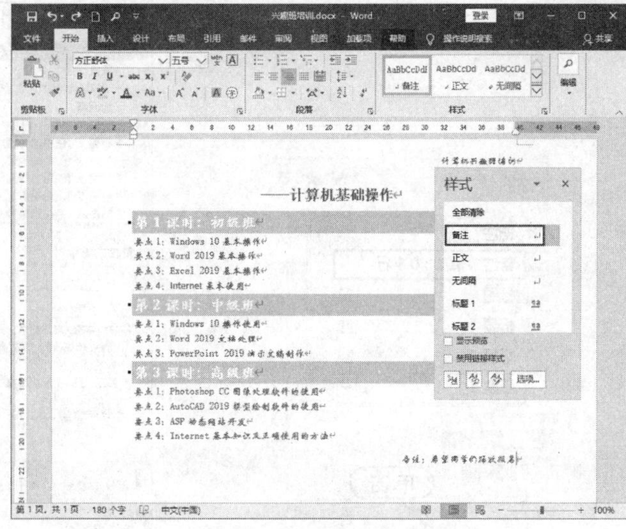

图 8-27　显示新样式

8.2.4　删除样式

在 Word 2019 中，可以在【样式】任务窗格中删除样式，但无法删除模板的内置样式。

删除样式时，在【样式】任务窗格中，单击需要删除的样式旁的箭头按钮，在弹出的菜单中选择【删除】命令，将打开确认删除对话框。单击【是】按钮，即可删除该样式，如图 8-28 所示。

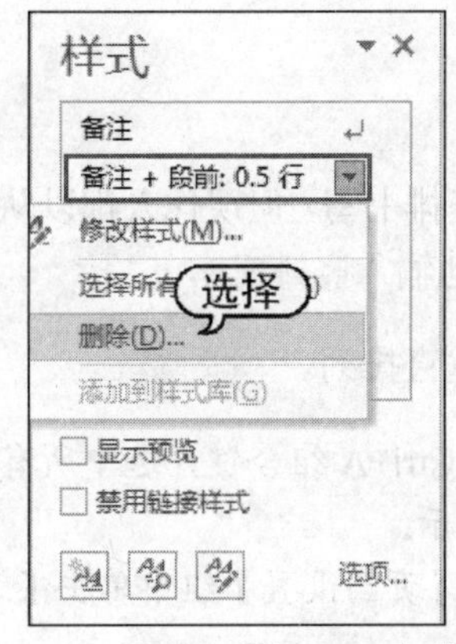

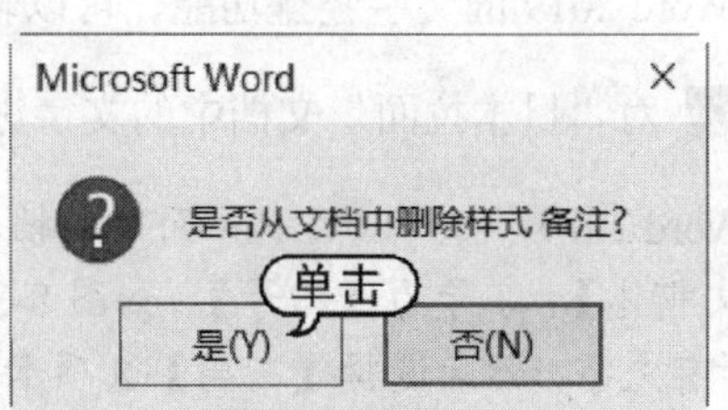

图 8-28　在【样式】任务窗格中删除样式

在【样式】任务窗格中单击【管理样式】按钮，打开【管理样式】对话框，在【选择要编辑的样式】列表框中选择要删除的样式，单击【删除】按钮，同样可以删除选中的样式，如图 8-29 所示。

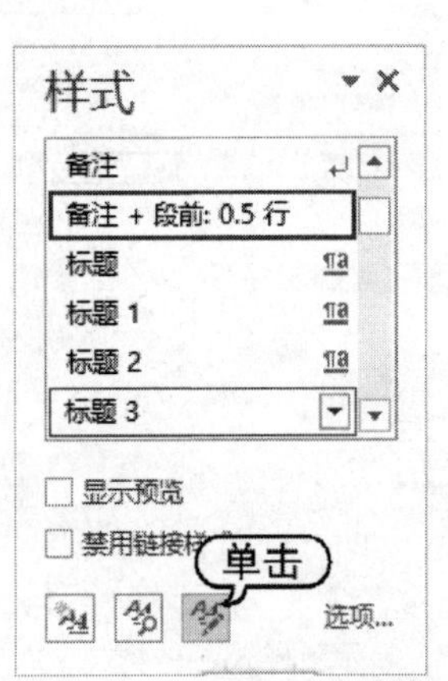

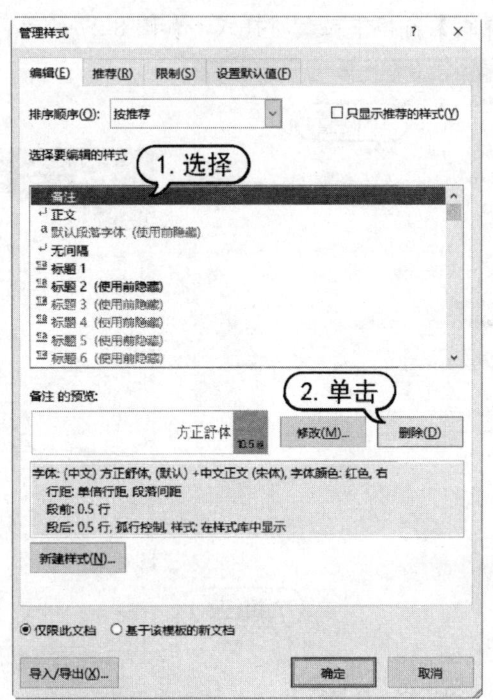

图 8-29　在【管理样式】对话框中删除样式

8.3　使用特殊排版方式

一般报刊都需要创建带有特殊效果的文档，需要配合使用一些特殊的排版方式。Word 2019 提供了多种特殊的排版方式，如竖排文本、首字下沉、分栏、拼音指南和带圈字符等。

8.3.1　竖排文本

古人写字都是以从右至左、从上至下的方式进行竖排书写，但现代人都以从左至右的方式书写文字。使用 Word 2019 的文字竖排功能，可以轻松地输入竖排文本。

【例 8-4】 对“日本拉面”文档中的文字进行垂直排列。 视频

(1) 启动 Word 2019，打开“日本拉面”文档，按 Ctrl+A 组合键，选中所有文本，设置文本的字体为【华文楷体】，字号为【四号】，如图 8-30 所示。

(2) 选中所有文字，然后选择【布局】选项卡，在【页面设置】组中单击【文字方向】按钮，在弹出的菜单中选择【垂直】命令，如图 8-31 所示。

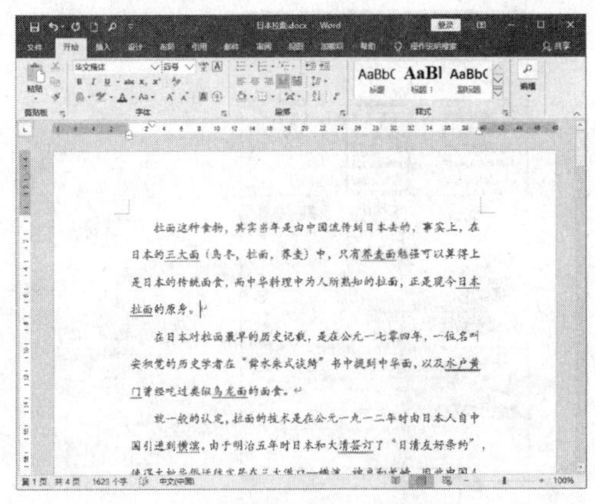

图 8-30　设置文本格式

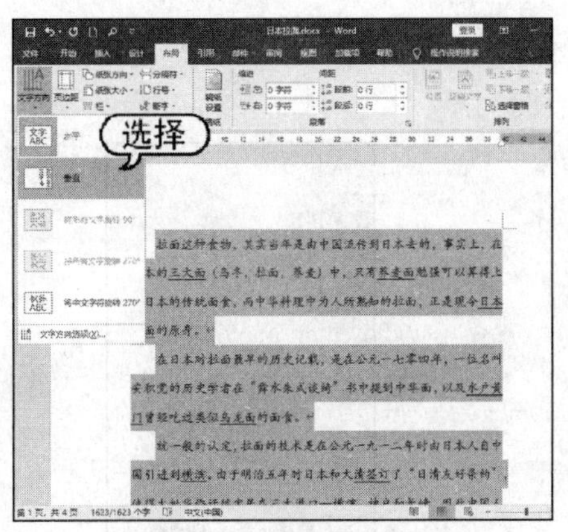

图 8-31　选择【垂直】命令

(3) 此时，将以从上至下，从右到左的方式排列文本内容，效果如图 8-32 所示。

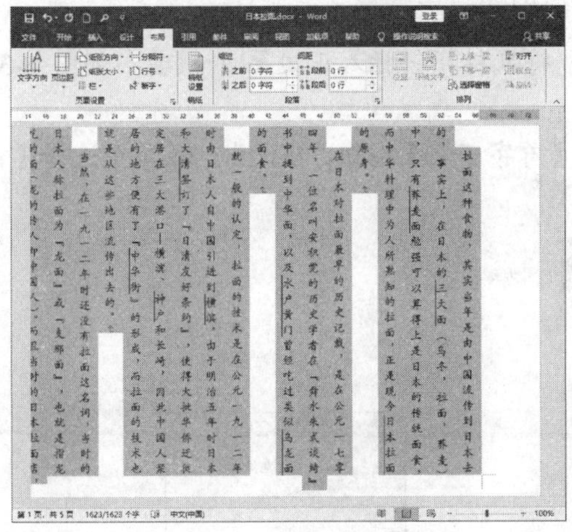

图 8-32　显示竖排文本

提示

用户还可以选择【文字方向选项】命令，打开【文字方向】对话框，设置不同类型的竖排文字选项。

8.3.2　首字下沉

首字下沉是报刊中较为常用的一种文本修饰方式，使用该方式可以很好地改善文档的外观，使文档更引人注目。设置首字下沉，就是使第一段开头的第一个字放大。放大的程度用户可以自行设定，占据两行或者三行的位置，其他字符围绕在其右下方。

在 Word 2019 中，首字下沉共有两种不同的方式，一种是普通的下沉，另外一种是悬挂下沉。两种方式区别之处在于：【下沉】方式设置的下沉字符紧靠其他的文字；【悬挂】方式设置的字符则可以随意地移动其位置。

打开【插入】选项卡，在【文本】组中单击【首字下沉】按钮，在弹出的菜单中选择首字下沉样式，如图 8-33 所示。选择【首字下沉选项】命令，将打开【首字下沉】对话框，如图 8-34 所示，在其中可进行相关的首字下沉设置。

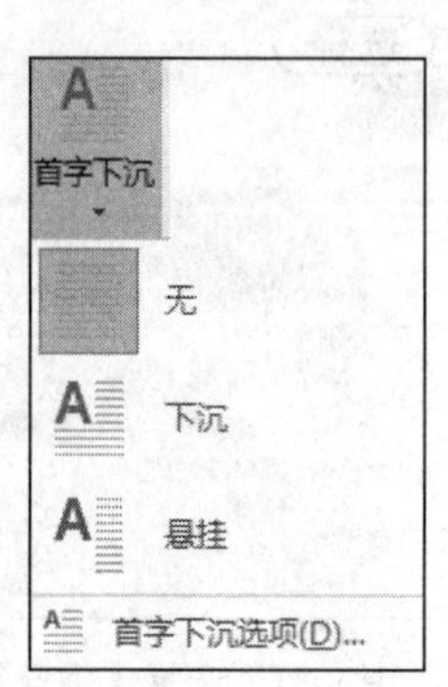

图 8-33　选择“首字下沉”样式

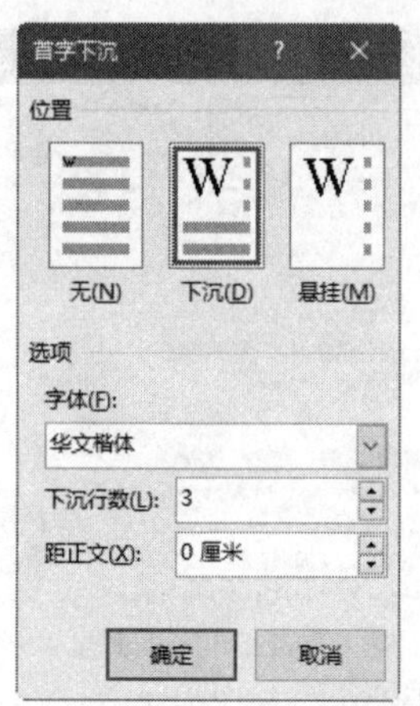

图 8-34　【首字下沉】对话框

【例 8-5】 在“日本拉面”文档中，设置首字下沉。 视频

(1) 启动 Word 2019，打开“日本拉面”文档，将鼠标指针插入正文第 1 段前，如图 8-35 所示。

(2) 选择【插入】选项卡，在【文本】组中单击【首字下沉】按钮，在弹出的菜单中选择【首字下沉选项】命令，如图 8-36 所示。

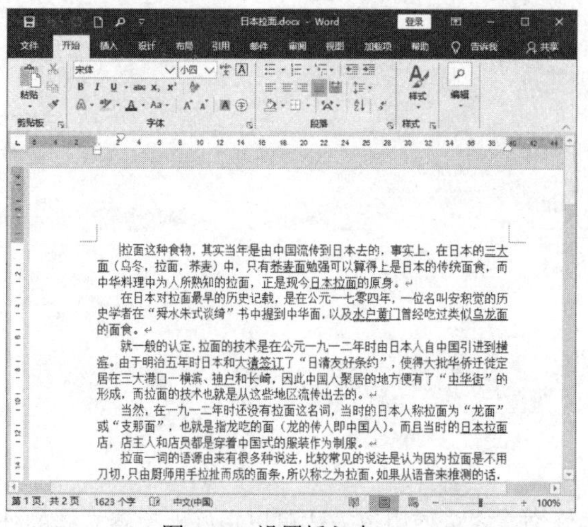

图 8-35　设置插入点

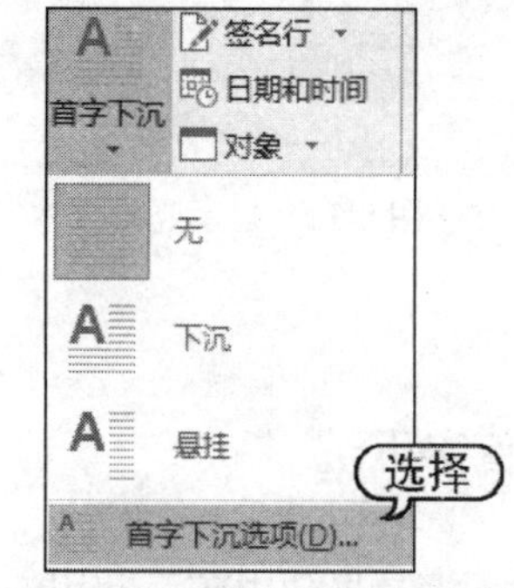

图 8-36　选择【首字下沉选项】命令

(3) 在打开的【首字下沉】对话框的【位置】选项区域中选择【下沉】选项，在【字体】下拉列表框中选择【华文新魏】选项，在【下沉行数】微调框中输入 3，在【距正文】微调框中输入“0.5 厘米”，然后单击【确定】按钮，如图 8-37 所示。

(4) 此时，正文第 1 段中的首字将以“华文新魏”字体下沉 3 行的形式显示在文档中，效果如图 8-38 所示。

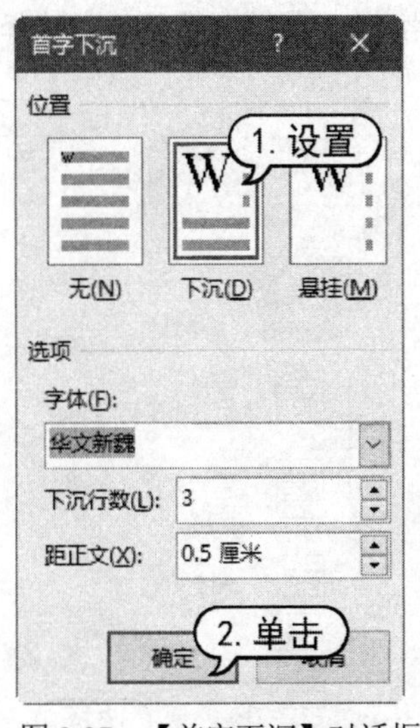

图 8-37 【首字下沉】对话框

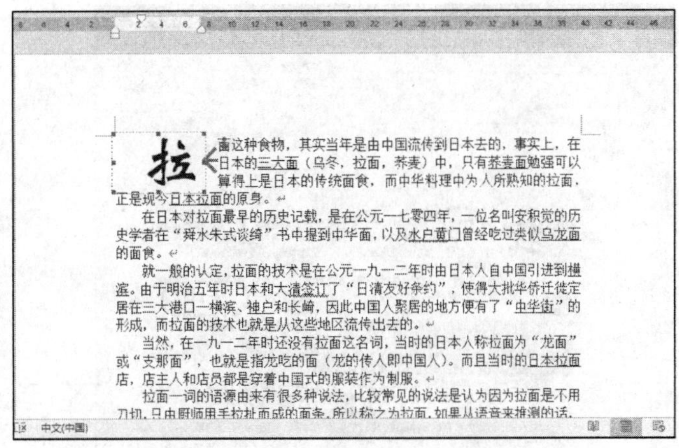

图 8-38 显示首字下沉效果

8.3.3 设置栏

在阅读报刊时，常常会发现许多页面被分成多个栏目。这些栏目有的是等宽的，有的是不等宽的，使得整个页面布局显得错落有致，美观且易于读者阅读。

栏，是指按实际排版需求将文本分成若干个条块，使版面更为美观。Word 2019 具有分栏功能，用户可以把每一栏都视为一节，这样就可以对每一栏文本内容单独进行格式化和版面设计。

要为文档设置栏，打开【布局】选项卡，在【页面设置】组中单击【栏】按钮，在弹出的菜单中选择分栏选项，如图 8-39 所示。或者选择【更多栏】命令，打开【栏】对话框，在其中进行相关栏设置，如栏数、宽度、间距和分隔线等，如图 8-40 所示。

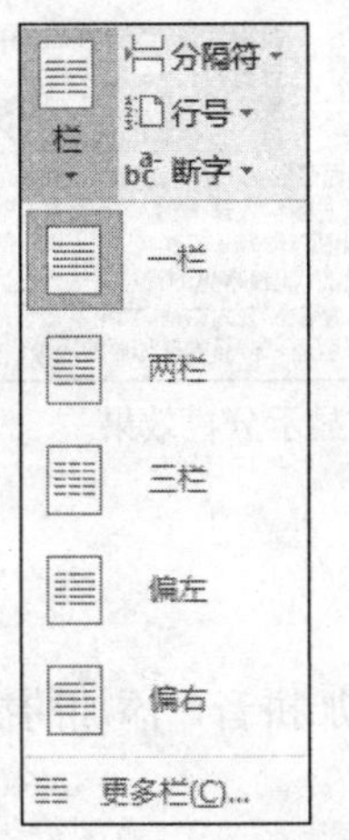

图 8-39 选择分栏选项

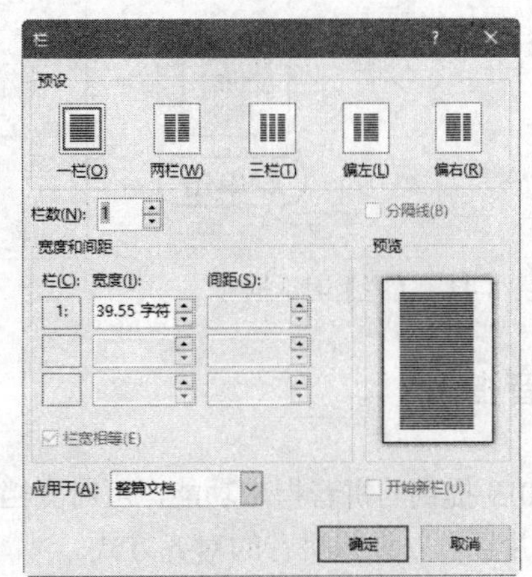

图 8-40 【栏】对话框

【例 8-6】 在“日本拉面”文档中，设置分两栏显示文本。 视频

(1) 启动 Word 2019，打开“日本拉面”文档，选中文档中的第 3 段文本，如图 8-41 所示。

(2) 选择【布局】选项卡，在【页面设置】组中单击【栏】按钮，在弹出的菜单中选择【更多栏】命令，如图 8-42 所示。

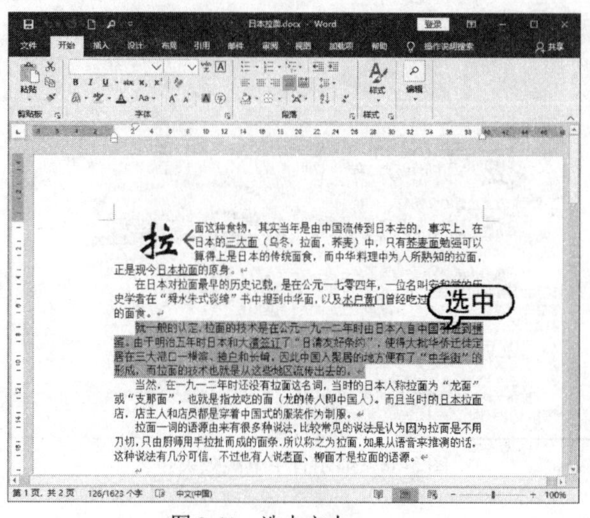

图 8-41　选中文本

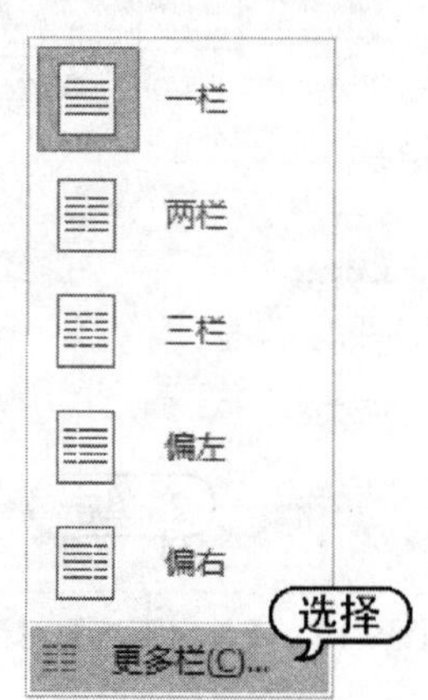

图 8-42　选择【更多栏】命令

(3) 在打开的【栏】对话框中选择【两栏】选项，选中【栏宽相等】复选框和【分隔线】复选框，然后单击【确定】按钮，如图 8-43 所示。

(4) 此时选中的文本段落将以两栏的形式显示，如图 8-44 所示。

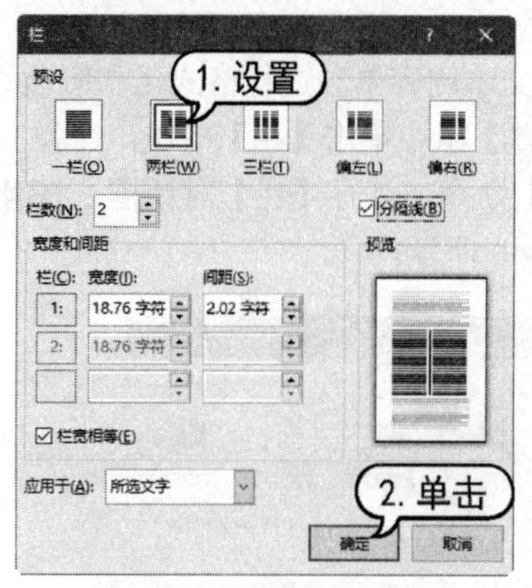

图 8-43　【栏】对话框

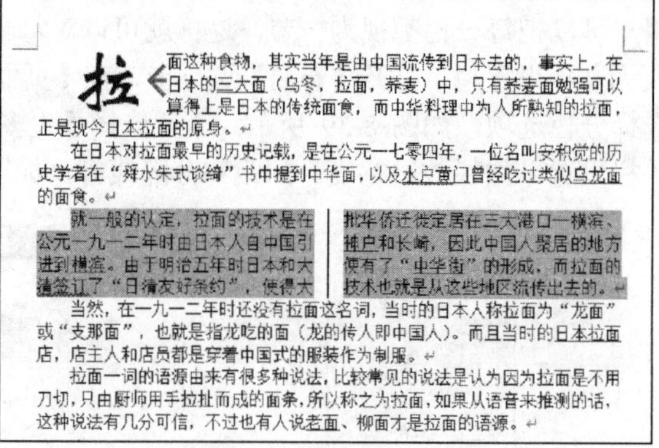

图 8-44　显示分栏效果

8.3.4　拼音指南

Word 2019 提供的拼音指南功能，可对文档内的任意文本添加拼音，添加的拼音位于所选文本的上方，并且可以设置拼音的对齐方式。

【例 8-7】 在“日本拉面”文档中为文本添加拼音，并设置汉字和拼音分离。 视频

(1) 启动 Word 2019，打开“日本拉面”文档，选取文本“荞麦”，打开【开始】选项卡，在【字体】组中单击【拼音指南】按钮，如图 8-45 所示。

(2) 打开【拼音指南】对话框，在【字体】下拉列表框中选择【Yu Gothic】选项，在【字号】

下拉列表框中输入 10，在【偏移量】微调框中输入 1(设置针对拼音)，在【对齐方式】下拉列表框中选择【1-2-1】选项，单击【确定】按钮，如图 8-46 所示。

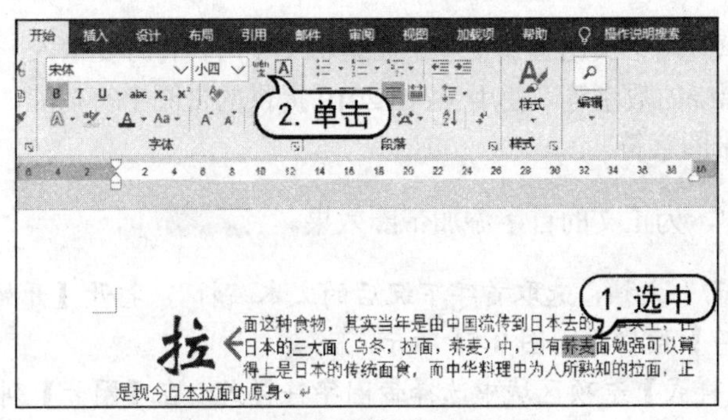

图 8-45　单击【拼音指南】按钮

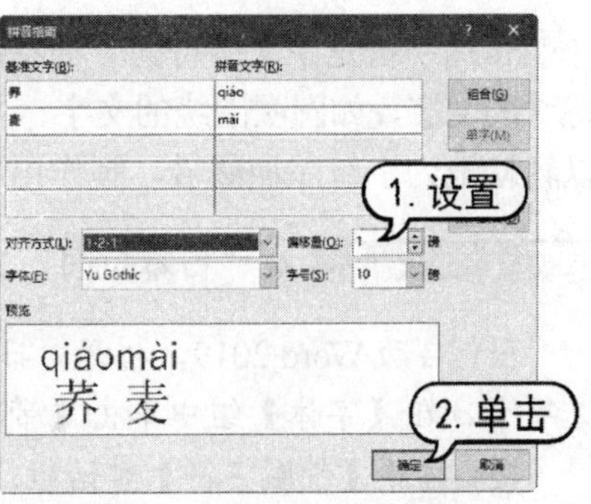

图 8-46　【拼音指南】对话框

(3) 此时在“荞麦”文本上方注释拼音，如图 8-47 所示。

(4) 选中“荞麦”文本，按 Ctrl+C 快捷键，打开【开始】选项卡，在【剪贴板】组中单击【粘贴】下拉按钮，从弹出的下拉菜单中选择【选择性粘贴】命令，如图 8-48 所示。

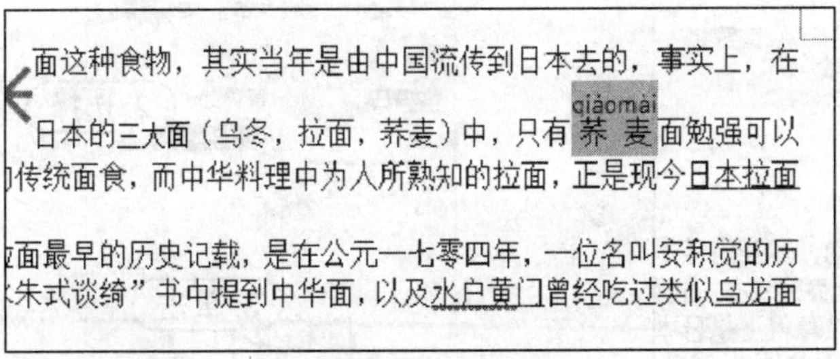

图 8-47　显示注释拼音

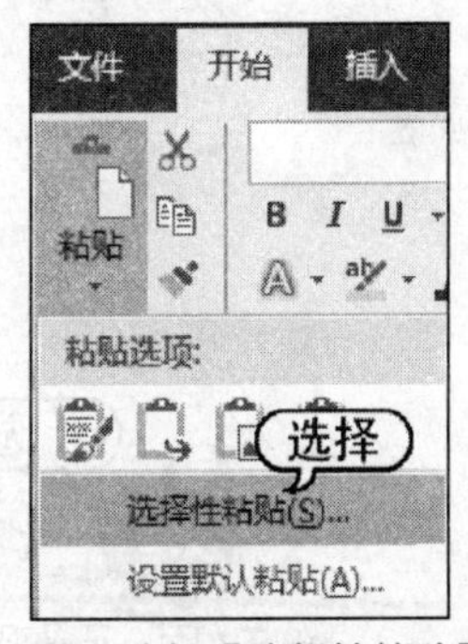

图 8-48　选择【选择性粘贴】命令

(5) 打开【选择性粘贴】对话框，选择【无格式的 Unicode 文本】选项，单击【确定】按钮，如图 8-49 所示。

(6) 此时将把文本中的汉字和拼音分离，效果如图 8-50 所示。

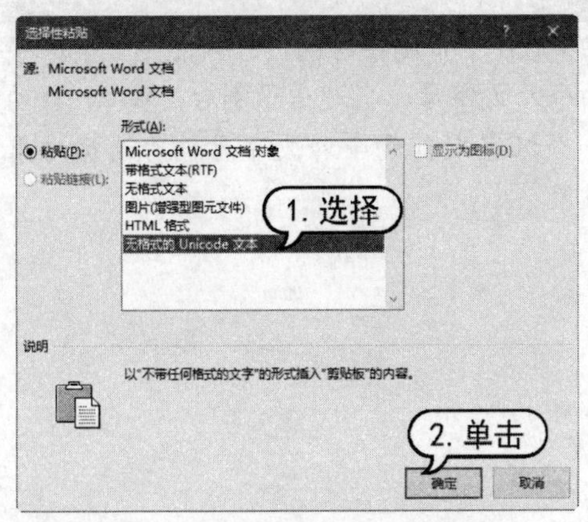

图 8-49　【选择性粘贴】对话框

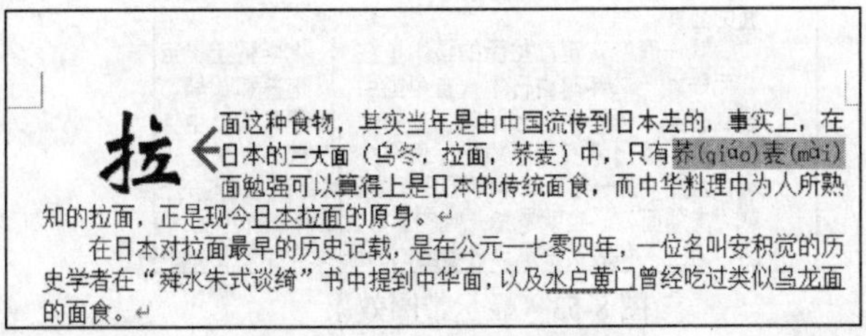

图 8-50　分离汉字和拼音

8.3.5 带圈字符

带圈字符是中文字符的一种特殊形式，用于突出强调文字。在编辑文字时，有时要输入一些特殊的文字，如圆圈围绕的文字、方框围绕的数字等。使用 Word 2019 提供的带圈字符功能，可以轻松地为字符添加圈号，制作出各种带圈字符。

【例 8-8】 在“日本拉面”文档中，为正文的首字添加带圈效果。 视频

(1) 启动 Word 2019，打开“日本拉面”文档，选取首字下沉后的文本“拉”，打开【开始】选项卡，在【字体】组中单击【带圈字符】按钮，如图 8-51 所示。

(2) 打开【带圈字符】对话框。在【样式】选项区域中选择带圈字符样式；在【圈号】列表框中选择所需的圈号，单击【确定】按钮，如图 8-52 所示。

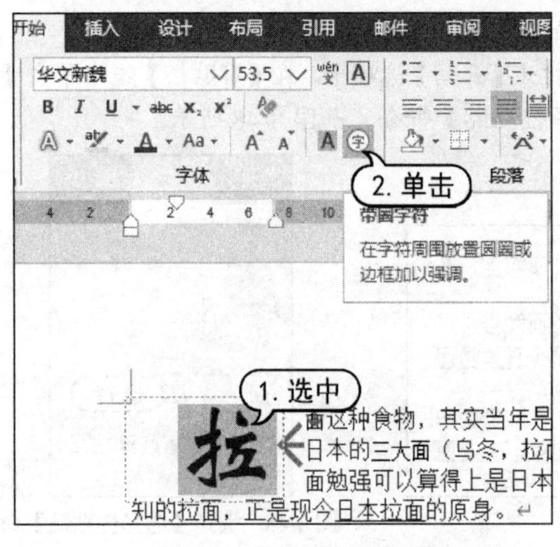

图 8-51 单击【带圈字符】按钮

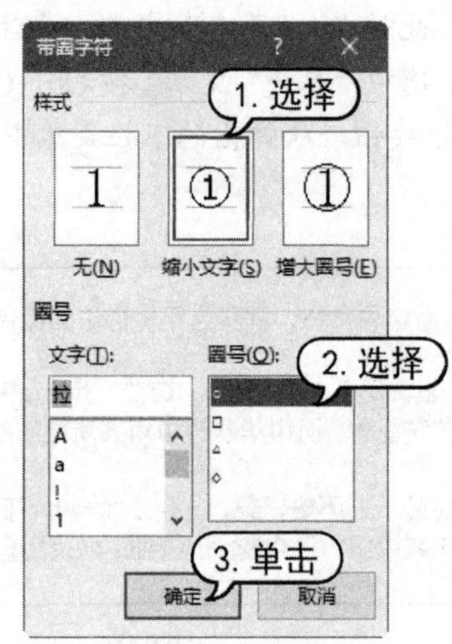

图 8-52 【带圈字符】对话框

(3) 此时即可显示设置带圈效果的首字，效果如图 8-53 所示。

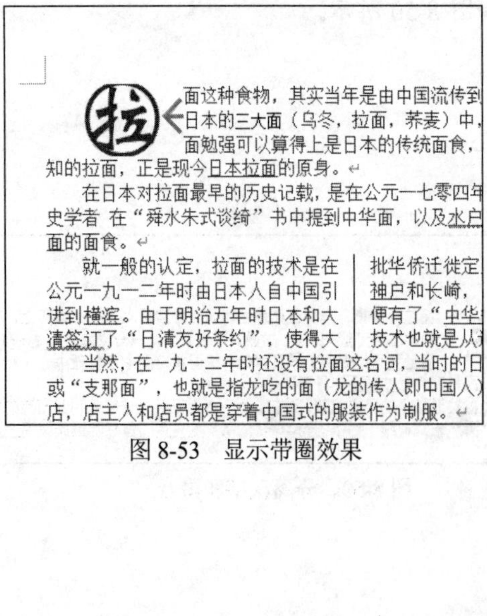

图 8-53 显示带圈效果

> **提示**
>
> 在 Word 中带圈字符的内容只能是一个汉字或者两个外文字母，当超出限制后，Word 自动以第一个汉字或前两个外文字母作为选择对象进行设置。

8.4 使用中文版式

Word 2019 提供了具有中国特色的中文版式功能，包括纵横混排、合并字符和双行合一等功能。

8.4.1 纵横混排

默认情况下，文档窗口中的文本内容都是横向排列的，有时出于某种需要必须使文字纵横混排(如对联中的横联和竖联等)，这时可以使用 Word 2019 的纵横混排功能，使横向排版的文本在原有的基础上逆时针旋转 90°。

【例 8-9】 在“日本拉面”文档中，为文本添加纵横混排效果。 视频

(1) 启动 Word 2019，打开“日本拉面”文档，选取正文第 1 段中的文本“中华料理”，在【开始】选项卡的【段落】组中单击【中文版式】按钮，在弹出的菜单中选择【纵横混排】命令，如图 8-54 所示。

(2) 打开【纵横混排】对话框，在其中选中【适应行宽】复选框，Word 将自动调整文本行的宽度，单击【确定】按钮，如图 8-55 所示。

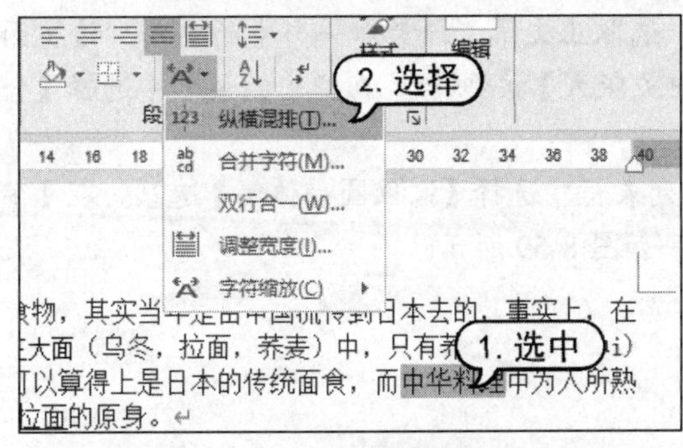

图 8-54 选择【纵横混排】命令

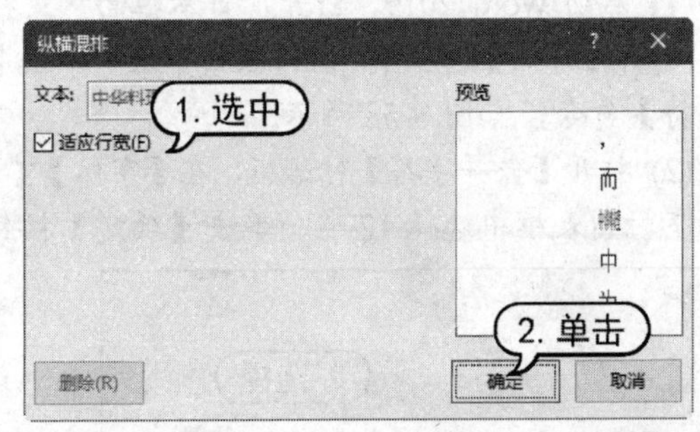

图 8-55 【纵横混排】对话框

(3) 此时即可显示纵排文本“中华料理”，并且不超出行宽的范围，效果如图 8-56 所示。

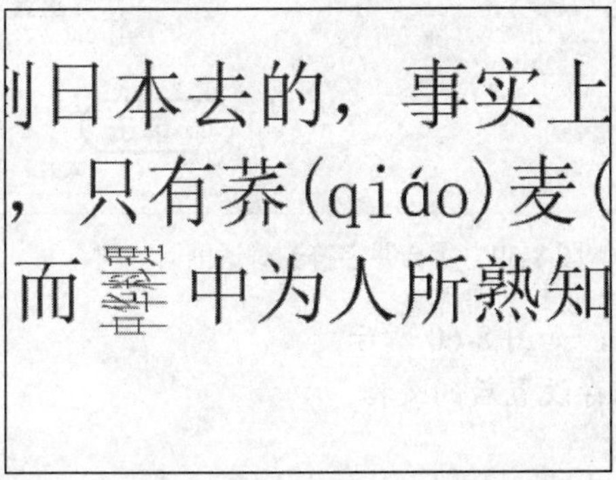

图 8-56 显示纵横混排效果

> **提示**
>
> 如果在【纵横混排】对话框里不选中【适应行宽】复选框，纵排文本将会保持原有字体大小，超出行宽范围。

8.4.2 合并字符

合并字符是将一行字符分成上、下两行，并按原来的一行字符空间进行显示。此功能在名片制作、出版书籍或发表文章等方面发挥巨大的作用。

要为文本设置合并字符效果，可以打开【开始】选项卡，在【段落】组中单击【中文版式】按钮，在弹出的菜单中选择【合并字符】命令，打开【合并字符】对话框，如图 8-57 所示，在该对话框中可设置【文字】【字体】【字号】等选项。

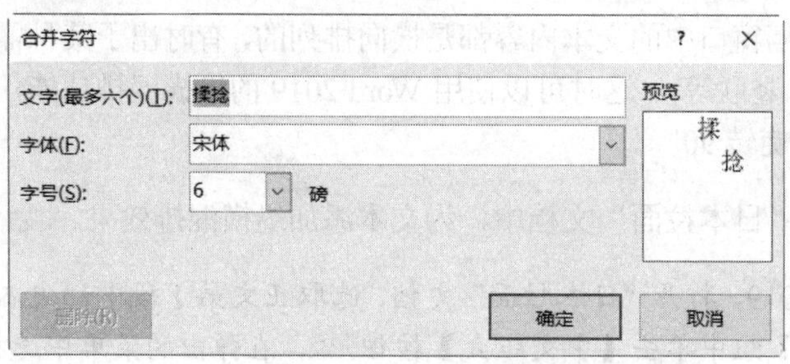

图 8-57 【合并字符】对话框

【例 8-10】 在“日本拉面”文档中合并字符。视频

(1) 启动 Word 2019，打开“日本拉面”文档，选取正文第 1 段最后一句中的文本“传统面食”。打开【开始】选项卡，在【段落】组中单击【中文版式】按钮，在弹出的菜单中选择【合并字符】命令，如图 8-58 所示。

(2) 打开【合并字符】对话框，在【字体】下拉列表框中选择【汉仪圆叠体简】选项，在【字号】下拉列表框中选择 12 磅，单击【确定】按钮，如图 8-59 所示。

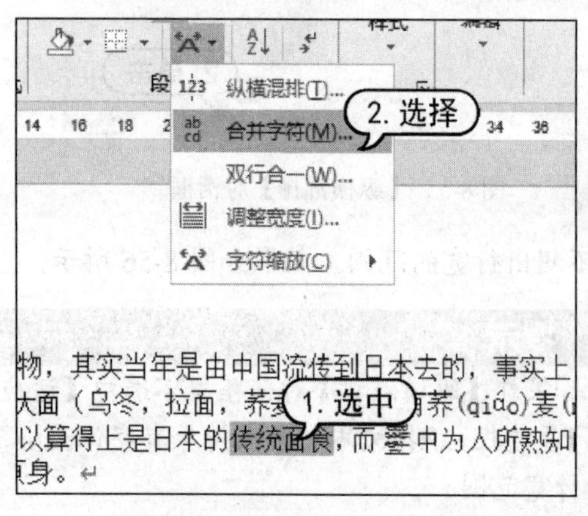

图 8-58 选择【合并字符】命令

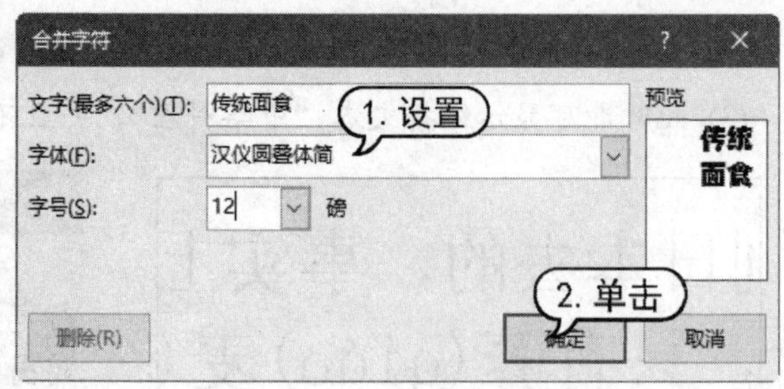

图 8-59 【合并字符】对话框

(3) 此时即可显示合并文本“传统面食”的效果，如图 8-60 所示。

(4) 在快速访问工具栏中单击【保存】按钮，保存设置后的文档。

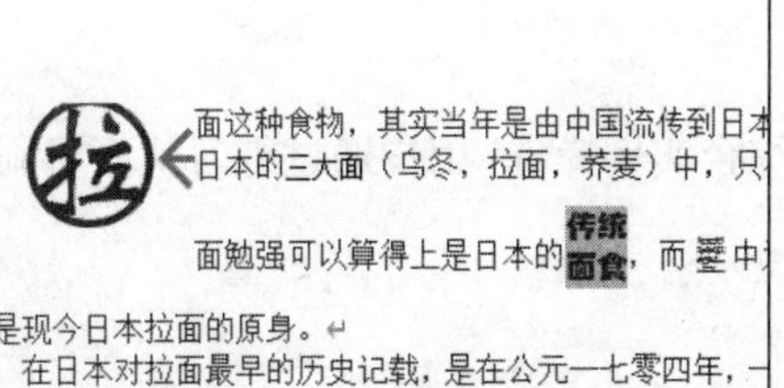

图 8-60　显示合并字符效果

> **提示**
>
> 合并的字符不能超过 6 个汉字的长度或 12 个半角英文字符的长度。超过此长度的字符将被 Word 截断。

8.4.3　双行合一

双行合一效果能使所选的位于同一文本行的内容平均地分为两部分，前一部分排列在后一部分的上方。在必要的情况下，还可以给双行合一的文本添加不同类型的括号。

【例 8-11】 在“日本拉面”文档中设置双行合一。视频

(1) 启动 Word 2019，打开“日本拉面”文档，选取正文第 2 段中的文本“安积觉”。打开【开始】选项卡，在【段落】组中单击【中文版式】按钮，在弹出的菜单中选择【双行合一】命令，如图 8-61 所示。

(2) 打开【双行合一】对话框，选中【带括号】复选框，在【括号样式】下拉列表框中选择一种括号样式，单击【确定】按钮，如图 8-62 所示。

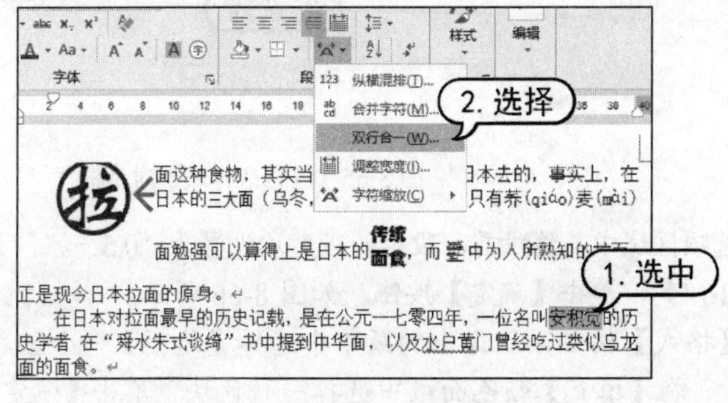

图 8-61　选择【双行合一】命令

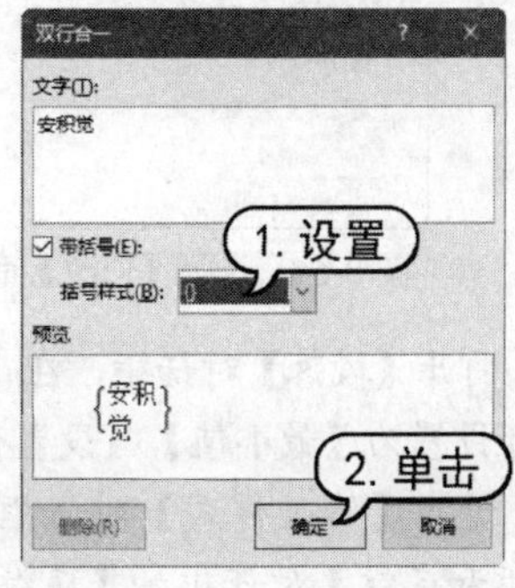

图 8-62　【双行合一】对话框

(3) 此时即可显示双行合一文本“安积觉”的效果，如图 8-63 所示。

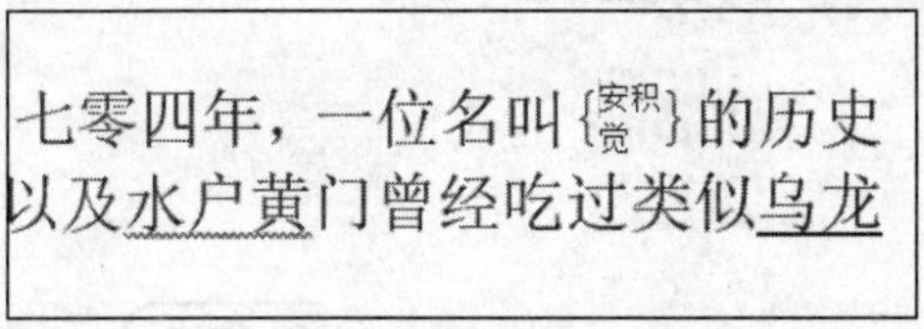

七零四年，一位名叫{安积觉}的历史
以及水户黄门曾经吃过类似乌龙

图 8-63　显示双行合一效果

> **提示**
>
> 合并字符是将多个字符用两行显示，且将多个字符合并成一个整体；双行合一是在一行空间显示两行文字，且不受字符数限制。

8.5 实例演练

本章的实例演练部分为修改和新建样式等几个综合实例操作，用户通过练习从而巩固本章所学知识。

8.5.1 修改和新建样式

【例 8-12】 在“钢琴启蒙课程介绍”文档中修改并新建样式。 视频

(1) 启动 Word 2019，打开“钢琴启蒙课程介绍”文档。

(2) 打开【开始】选项卡，单击【样式】组中的对话框启动器按钮，打开【样式】任务窗格。将插入点定位在任意一处带有【标题 1】样式的文本中，在【开始】选项卡的【样式】组中，单击【标题 1】样式右侧的箭头按钮，从弹出的菜单中选择【修改】命令，如图 8-64 所示。

(3) 打开【修改样式】对话框，在【属性】选项区域的【样式基准】下拉列表框中选择【无样式】选项；在【格式】选项区域的【字体】下拉列表框中选择【楷体】选项，在【字号】下拉列表框中选择【三号】选项，在【字体】颜色下拉面板中选择【白色，背景 1】色块，单击【格式】按钮，从弹出的菜单中选择【段落】命令，如图 8-65 所示。

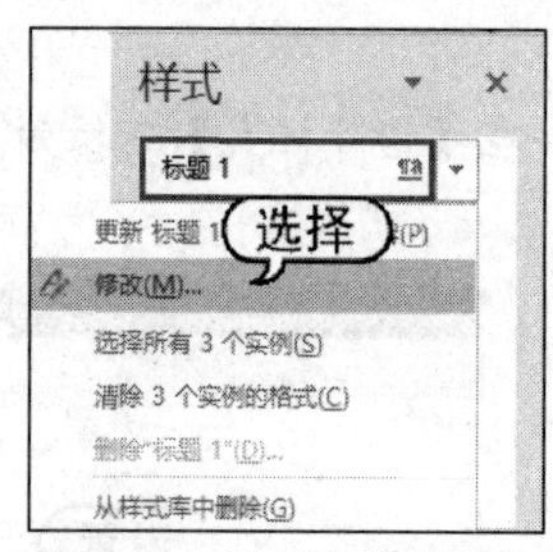

图 8-64 选择【修改】命令

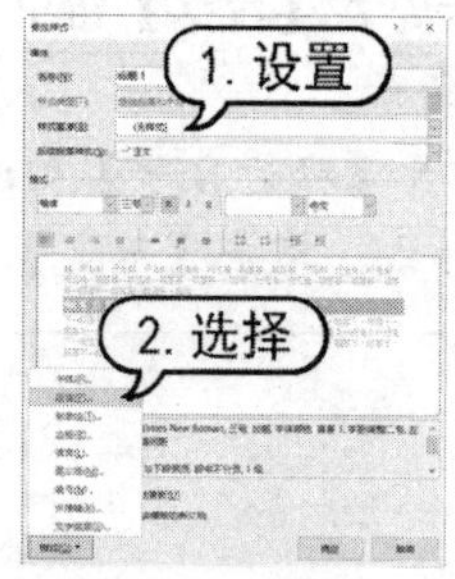

图 8-65 【修改样式】对话框

(4) 打开【段落】对话框，在【间距】选项区域中，将段前、段后的距离均设置为“0.5 磅”，并且将行距设置为【最小值】，【设置值】为“16 磅”，单击【确定】按钮，如图 8-66 所示。

(5) 返回【修改样式】对话框，单击【格式】按钮，从弹出的菜单中选择【边框】命令，打开【边框和底纹】对话框的【底纹】选项卡，在【填充】颜色面板中选择一种色块，单击【确定】按钮，如图 8-67 所示。

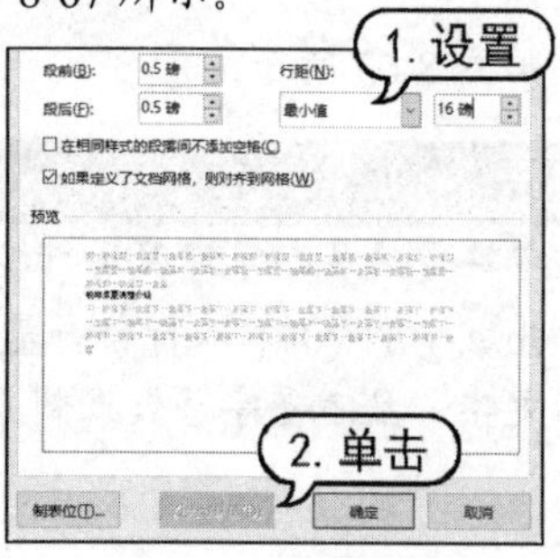

图 8-66 设置段落

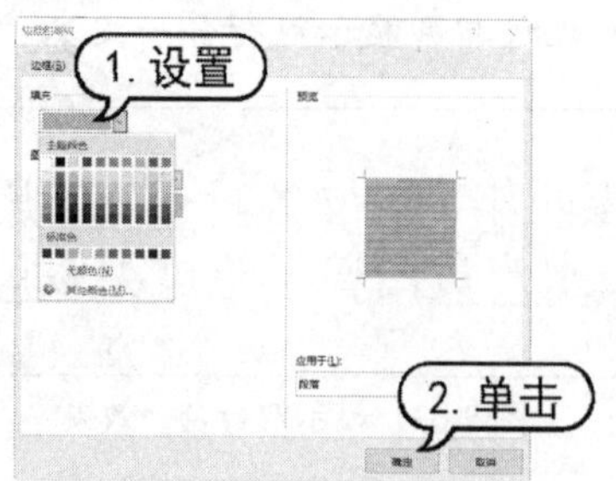

图 8-67 设置底纹

(6) 返回【修改样式】对话框，单击【确定】按钮。此时【标题 1】样式修改成功，并自动应用到文档中，效果如图 8-68 所示。

(7) 将插入点定位在正文文本中，使用同样的方法，修改【正文】样式，设置字体颜色为【橙色，个性色 2，淡色 40%】，段落格式的行距为【固定值】、【15 磅】，此时修改后的【正文】样式自动应用到文档中，效果如图 8-69 所示。

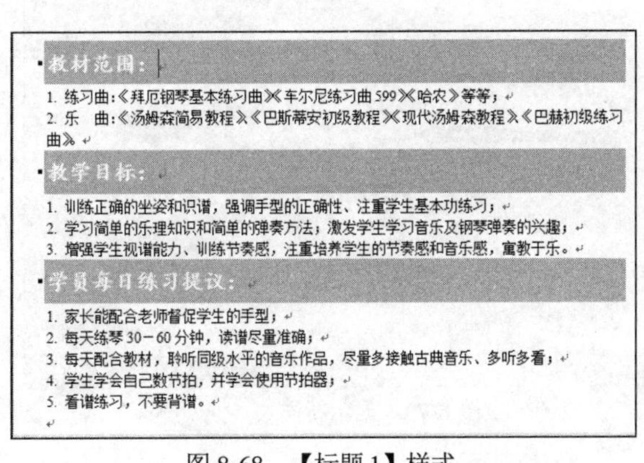

图 8-68　【标题 1】样式

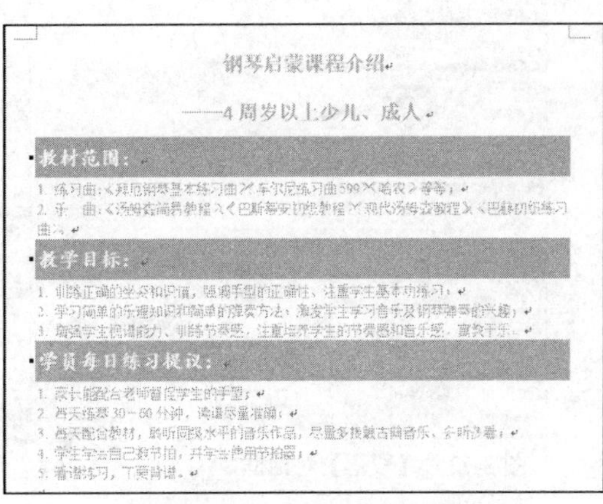

图 8-69　【正文】样式

(8) 将插入点定位至文档末尾，按 Enter 键换行，输入备注文本，如图 8-70 所示。

(9) 打开【样式】任务窗格，单击【新建样式】按钮，打开【根据格式设置创建新样式】对话框，在【名称】文本框中输入“备注”；在【样式基准】下拉列表框中选择【无样式】选项；在【格式】选项区域的【字体】下拉列表框中选择【微软雅黑】选项；在【字体颜色】下拉列表框中选择【深红】色块，单击【格式】按钮，在弹出的菜单中选择【段落】命令，如图 8-71 所示。

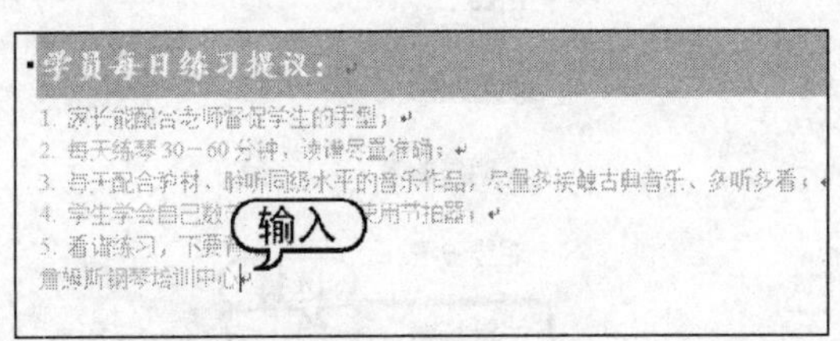

图 8-70　输入备注文本

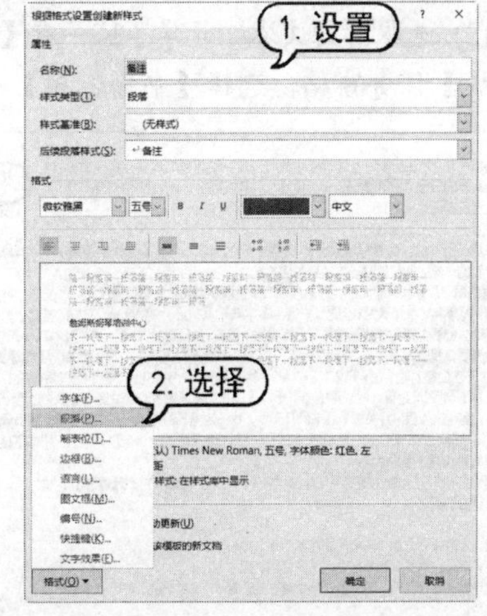

图 8-71　【根据格式设置创建新样式】对话框

(10) 打开【段落】对话框的【缩进和间距】选项卡，设置【对齐方式】为【右对齐】，【段前】间距设为 0.5 行，单击【确定】按钮，如图 8-72 所示。

(11) 此时备注文本将自动应用“备注”样式，并在【样式】窗格中显示新样式，如图 8-73 所示。

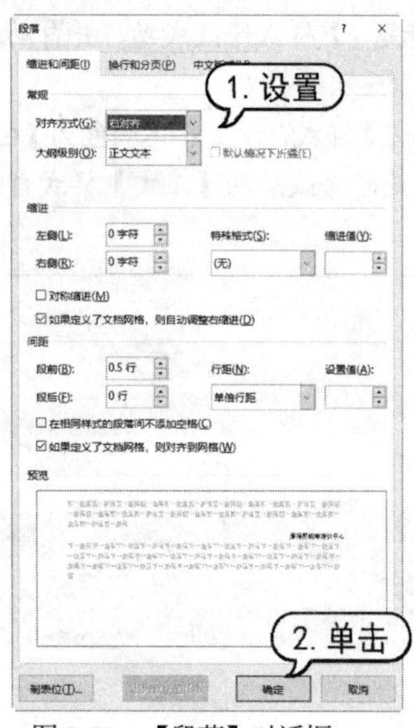

图 8-72 【段落】对话框

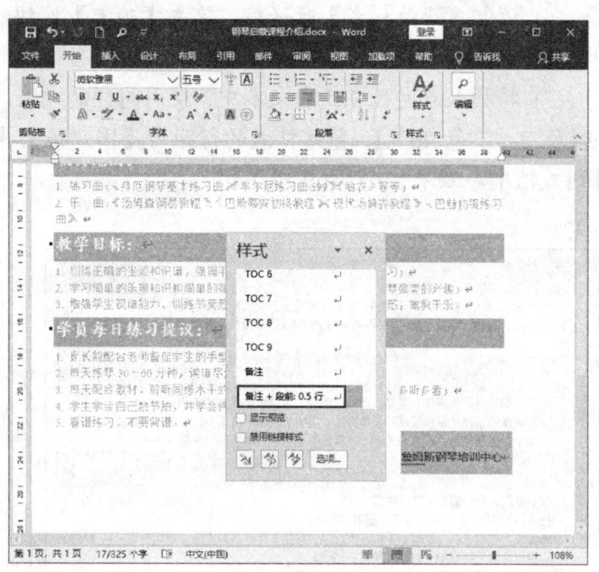

图 8-73 显示新样式

8.5.2 制作简报

【例 8-13】 制作“学生简报”文档，并使用样式和特殊格式排版文档。 视频

(1) 启动 Word 2019，新建一个空白文档，将其命名为“学生简报”并输入文本内容，如图 8-74 所示。

(2) 选取标题文本“开学了!”，在【开始】选项卡的【样式】组中单击对话框启动器按钮，打开【样式】任务窗格，选择【书籍标题】样式，应用该样式，如图 8-75 所示。

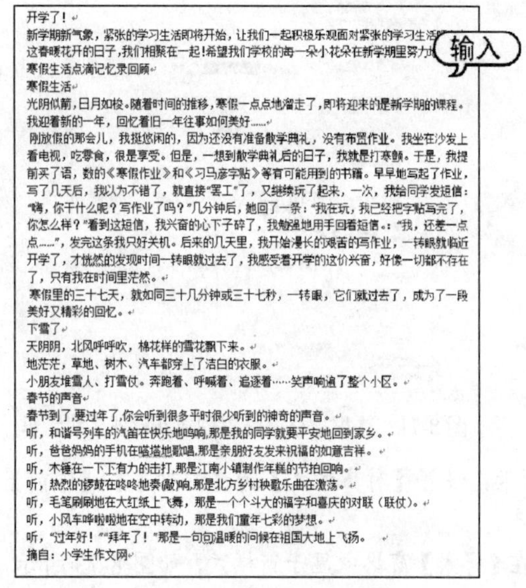

开学了！

新学期新气象，紧张的学习生活即将开始，让我们一起积极乐观面对紧张的学习生活……这春暖花开的日子，我们相聚在一起！希望我们学校的每一朵小花朵在新学期里努力……

寒假生活点滴记忆录回顾

寒假生活

光阴似箭，日月如梭。随着时间的推移，寒假一点点地溜走了，即将迎来的是新学期的课程。

我迎着新的一年，回忆着旧一年往事如何美好……

刚放假的那会儿，我挺悠闲的，因为还没有准备散学典礼，没有布置作业。我坐在沙发上看电视，吃零食，很是享受。但是，一想到散学典礼后的日子，我就是打寒颤。于是，我提前买了语，数的《寒假作业》和《习马彦字贴》等有可能用到的书籍。早早地写起了作业，写了几天后，我以为不错了，就直接“罢工”了，又继续玩了起来，一次，我给同学发短信：“嗨，你干什么呢？写作业了吗？”几分钟后，她回了一条：“我在玩，我已经把字贴写完了，你怎么样？”看到这短信，我兴奋的心下子碎了，我勉强地用手回着短信。：“我，还差一点点……”，发完这条我只好关机。后来的几天里，我开始漫长的艰苦的写作业，一转眼就临近开学了，才恍然的发现时间一转眼就过去了，我感受着开学的这份兴奋，好像一切都不存在了，只有我在时间里茫然。

寒假里的三十七天，就如同三十几分钟或三十七秒，一转眼，它们就过去了，成为了一段美好又精彩的回忆。

下雪了

天阴阴，北风呼呼吹，棉花样的雪花飘下来。

地茫茫，草地、树木、汽车都穿上了洁白的衣服。

小朋友堆雪人、打雪仗。奔跑着、呼喊着、追逐着……笑声响遍了整个小区。

春节的声音

春节到了,要过年了,你会听到很多平时很少听到的神奇的声音。

听，和谐号列车的汽笛在快乐地鸣响,那是我的同学就要平安地回到家乡。

听，爸爸妈妈的手机在嗒嗒地歌唱,那是亲朋好友发来祝福的如意吉祥。

听，木锤在一下下有力的击打,那是江南小镇制作年糕的节拍回响。

听，热烈的锣鼓在咚咚地奏(敲)响,那是北方乡村秧歌乐曲在激荡。

听，毛笔刷刷地在大红纸上飞舞，那是一个个斗大的福字和喜庆的对联（联仗）。

听，小风车哗啦啦地在空中转动，那是我们童年七彩的梦想。

听，“过年好！”“拜年了！”那是一句句温暖的问候在祖国大地上飞扬。

摘自：小学生作文网

图 8-74 输入文本

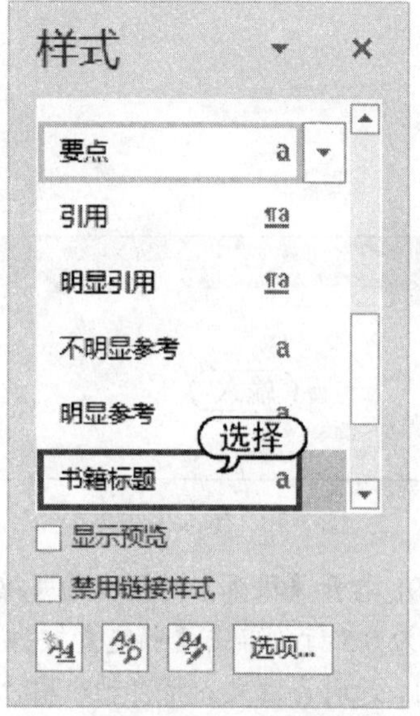

图 8-75 选择【书籍标题】样式

(3) 使用同样的方法，为其他文本设置格式和样式，设置正文段落首行缩进 2 个字符，为作文标题应用【标题 1】样式，设置最后一行文本的字体为【华文楷体】，字号为【小五】，字形为【加粗】，对齐方式为【右对齐】，字体颜色为【红色】。

(4) 选取文本“寒假生活点滴记忆录回顾”，设置字体为【黑体】，字号为【三号】，字体颜色为【红色】式，效果如图 8-76 所示。

(5) 选取文本“寒假生活点滴记忆录回顾”，在【开始】选项卡的【段落】组中，单击【中文版式】按钮，从弹出的菜单中选择【双行合一】命令，打开【双行合一】对话框，如图 8-77 所示，选中【带括号】复选框，在【括号样式】下拉列表框中选择括号样式，单击【确定】按钮。此时，所选的文本将显示双行合一效果。

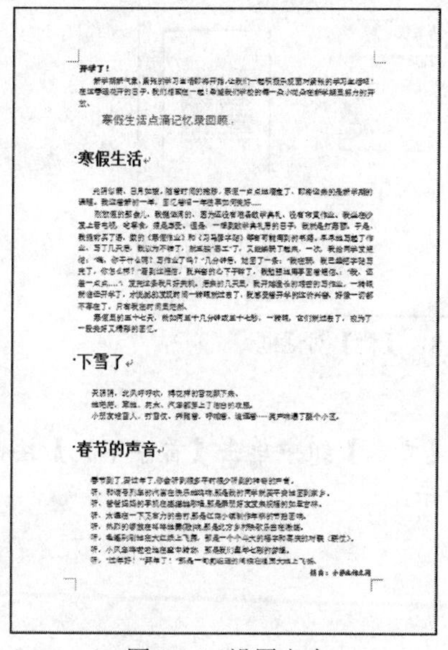

图 8-76 设置文本

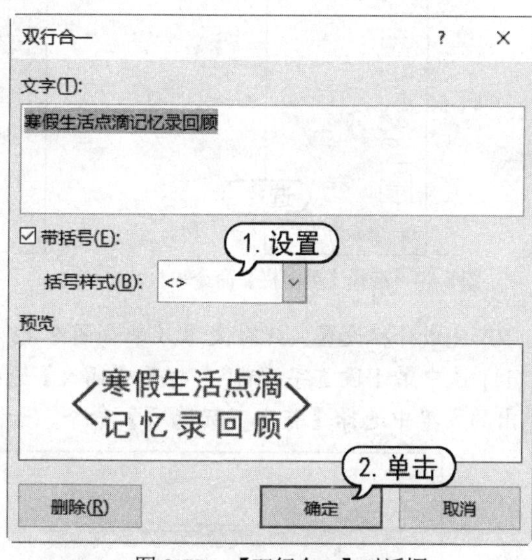

图 8-77 【双行合一】对话框

(6) 选中标题文本“寒假生活”，在【开始】选项卡的【字体】组中单击【拼音指南】按钮，打开【拼音指南】对话框，在【字体】列表框中选择 Arial Unicode MS 选项，单击【确定】按钮，即可为标题添加拼音注释，如图 8-78 所示。

(7) 使用同样的方法，为其他标题文本添加拼音注释，效果如图 8-79 所示。

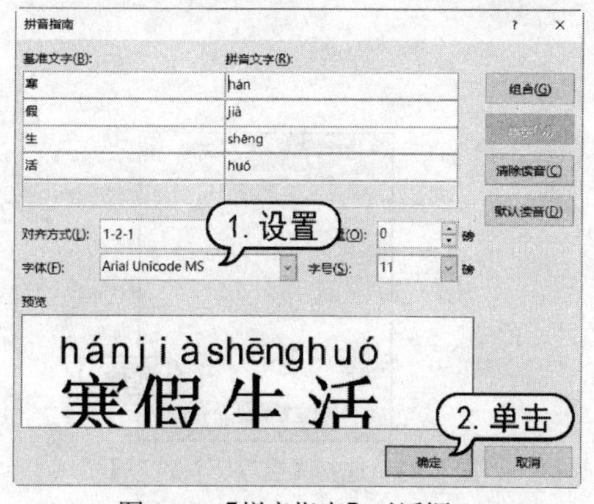

图 8-78 【拼音指南】对话框

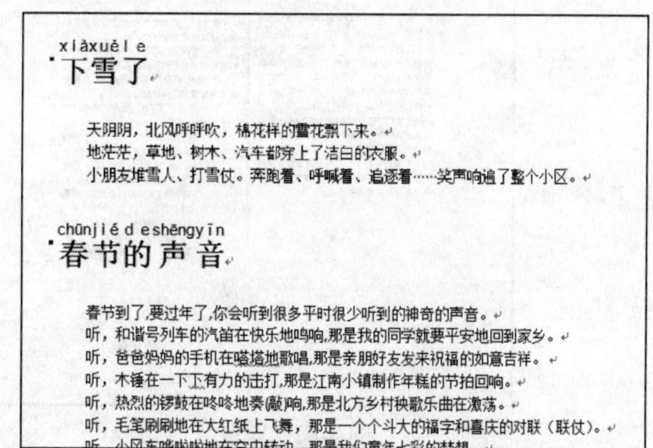

图 8-79 添加拼音注释

(8) 选取 3 篇作文文本，打开【布局】选项卡，在【页面设置】组中单击【栏】按钮，在弹出的菜单中选择【更多栏】命令，如图 8-80 所示。

(9) 打开【栏】对话框，在【预设】选项区域中选择【两栏】选项，选中【分隔线】复选框，单击【确定】按钮，如图 8-81 所示。

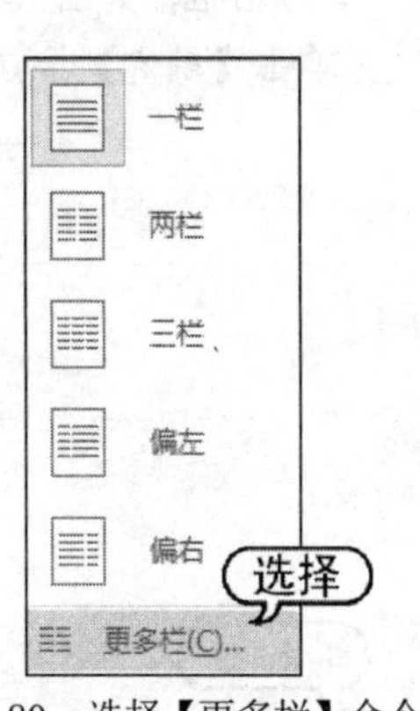

图 8-80 选择【更多栏】命令

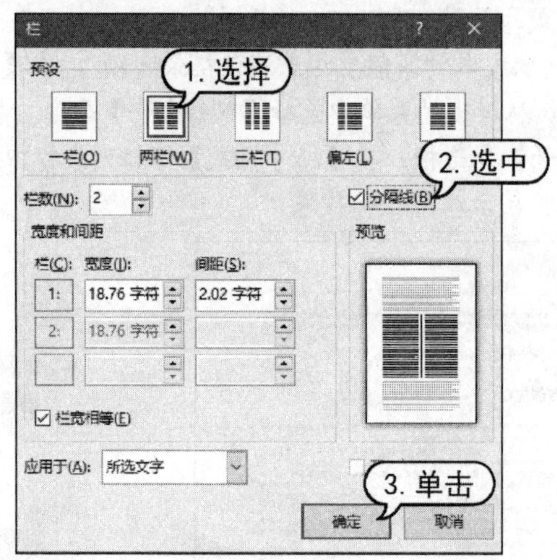

图 8-81 【栏】对话框

(10) 完成分栏设置，此时文本效果如图 8-82 所示。

(11) 选中第 1 段首字“新”，打开【插入】选项卡，在【文本】组中单击【首字下沉】按钮，在弹出的菜单中选择【首字下沉选项】命令，如图 8-83 所示。

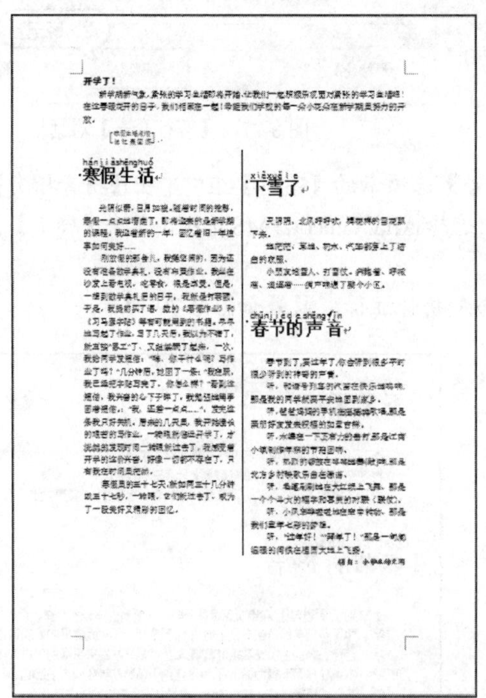

图 8-82 完成分栏

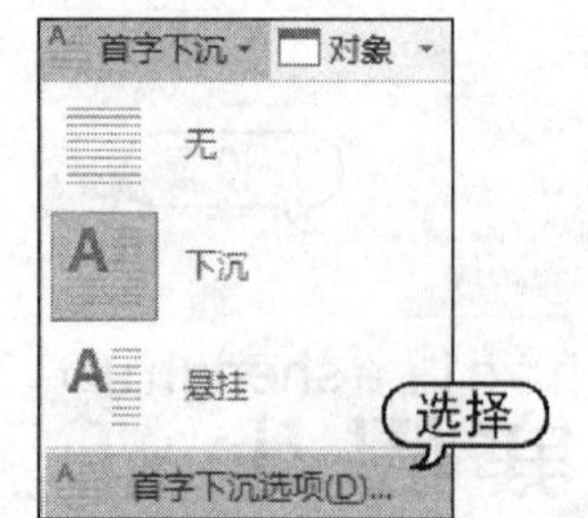

图 8-83 选择【首字下沉选项】命令

(12) 打开【首字下沉】对话框，选择【下沉】选项，在【下沉行数】微调框中输入 3，在【距正文】微调框中输入"0.5 厘米"，单击【确定】按钮，如图 8-84 所示。

(13) 此时为首字"新"设置首字下沉，效果如图 8-85 所示。

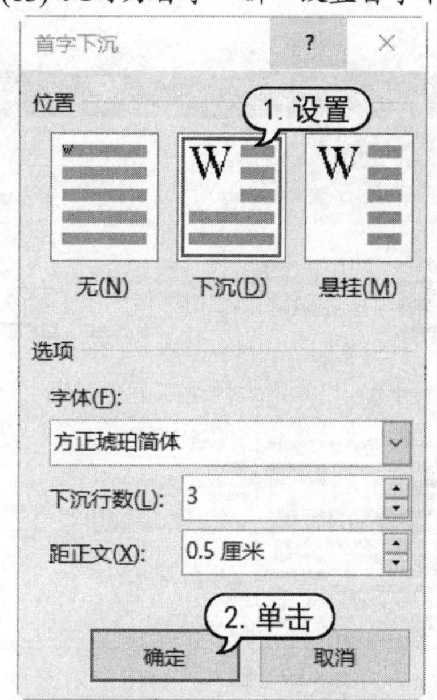

图 8-84　【首字下沉】对话框

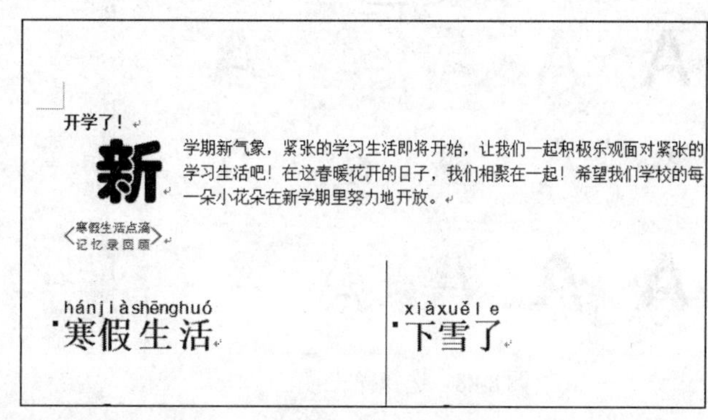

图 8-85　首字下沉效果

(14) 选中"寒假生活"下一行的文本"光"，在【开始】选项卡的【字体】组中单击【带圈字符】按钮，打开【带圈字符】对话框，选择【增大圈号】选项，在【圈号】列表框中选择圆圈样式，单击【确定】按钮，如图 8-86 所示。

(15) 使用同样的方法为其他两篇作文的首字添加圈号，效果如图 8-87 所示。

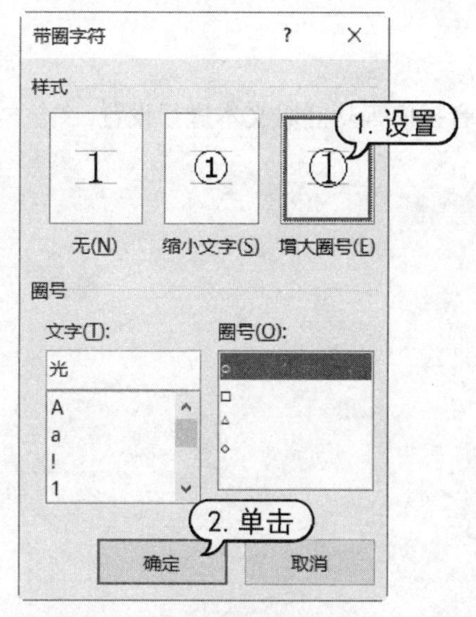

图 8-86　【带圈字符】对话框

图 8-87　添加圈号

(16) 打开【插入】选项卡，在【文本】组中单击【艺术字】按钮，在弹出的【艺术字库】列表框中选择一种样式，如图 8-88 所示。

(17) 此时，即可在文档中插入艺术字，在其文本框中输入“校园报”，并拖动调整艺术字的大小和位置，如图 8-89 所示。

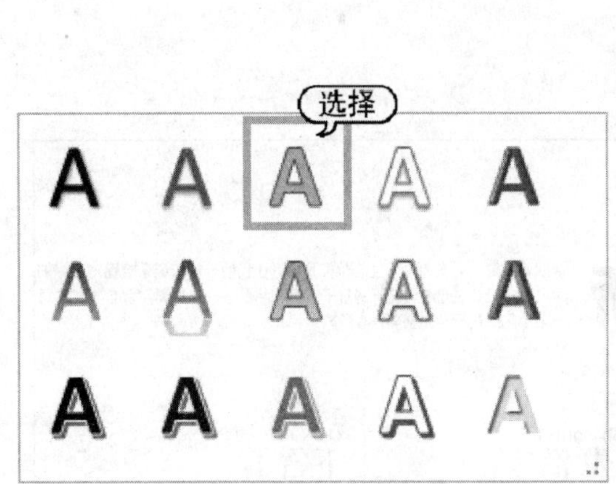

图 8-88　选择样式

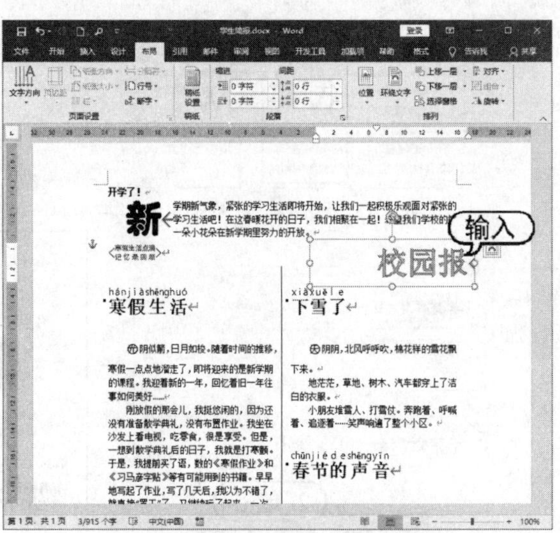

图 8-89　输入艺术字

8.6　习题

1. 简述创建模板的方式。
2. 如何新建样式?
3. 如何设置栏?
4. 如何设置纵横混排?
5. 新建一个文档，使用竖排文本、首字下沉、拼音指南等功能对文本进行设置。

第 9 章 使用宏、域和公式

在 Word 中使用宏可以快速执行日常编辑和格式设置任务，也可以合并需要按顺序执行的多个命令。使用域可以随时更新文档中的某些特定内容，方便用户对文档进行操作。使用公式可以方便地在文档中制作包含数据和运算符的数据方程式。本章将主要介绍在 Word 文档中使用宏、域和公式的方法及技巧。

本章重点

- 录制宏
- 管理宏
- 插入域
- 使用公式

二维码教学视频

【例 9-1】录制宏
【例 9-2】插入域
【例 9-3】创建方程式
【例 9-4】创建带域的请柬文档
【例 9-5】宏的操作

9.1 使用宏

在日常办公过程中，使用 Word 宏功能，可以帮助用户对 Word 文档进行管理。

9.1.1 认识宏

宏是由一系列 Word 命令组合在一起作为单个执行的命令，通过宏可以达到简化编辑操作的目的。可以将一个宏指定到工具栏、菜单或者快捷键上，并通过单击一个按钮，选取一个命令或按一个组合键来运行宏。

在文档的编辑过程中，经常有某项工作需要重复多次，这时可以利用 Word 宏功能来使其自动执行，以提高效率。Word 中的宏能帮助用户在进行一系列费时且单调的重复性 Word 操作时，自动完成所需任务。所谓宏，是将一系列 Word 命令和指令组合起来，形成一条自定义的命令，以实现任务执行的自动化。如果需要反复执行某项任务，可以使用宏自动执行该任务。Word 中的宏就像是 DOS 的批处理文件一样，在可视化操作环境下，这一工具的功能更加强大。

使用宏可以完成很多的功能，例如，加速日常编辑和格式的设置；快速插入具有指定尺寸和边框、指定行数和列数的表格；使某个对话框中的选项更易于访问等。

9.1.2 认识【开发工具】选项卡

在 Word 2019 中，要使用宏，首先需要打开如图 9-1 所示的【开发工具】选项卡。

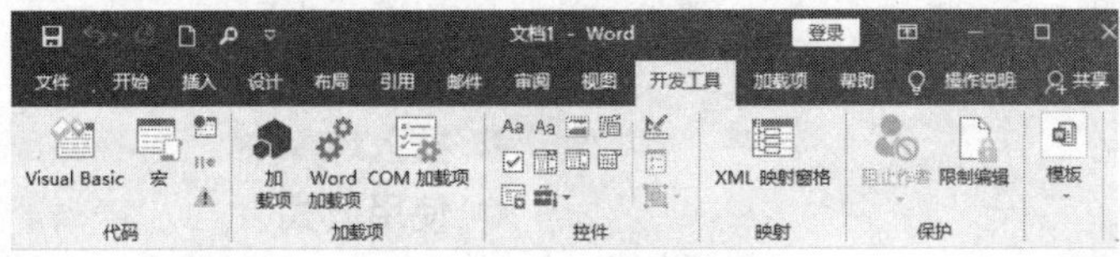

图 9-1　【开发工具】选项卡

【开发工具】选项卡主要用于 Word 的二次开发，在默认情况下，该选项卡不显示在主选项卡中，用户可以通过自定义主选项卡使之可见。单击【文件】按钮，在弹出的菜单中选择【选项】命令，打开【Word 选项】对话框，切换至【自定义功能区】选项卡，在右侧的【主选项卡】选项区域中选中【开发工具】复选框，然后单击【确定】按钮，如图 9-2 所示，即可在 Word 界面中显示【开发工具】选项卡。

图 9-2　设置显示【开发工具】选项卡

> **提示**
>
> 在功能区中右击任意选项卡，从弹出的快捷菜单中选择【自定义功能区】命令，即可直接打开【Word 选项】对话框的【自定义功能区】选项卡。

9.1.3 录制宏

宏可以保存在文档模板或单个 Word 文档中。将宏存储到模板上有两种方式：一种是全面宏，存储在普通模板中，可以在任何文档中使用；另一种是模板宏，存储在一些特殊模板上。通常，创建宏的最好的方法就是使用键盘和鼠标录制许多操作，然后，在宏编辑窗口中编辑它并添加一些 Visual Basic 命令。

打开【开发工具】选项卡，在【代码】组中单击【录制宏】按钮，开始录制宏，同时，还可以设置宏的快捷方式，以及在快速访问工具栏上显示宏按钮。

【例 9-1】 在文档中录制一个宏，并且在快速访问工具栏中显示宏按钮。 视频

(1) 启动 Word 2019，打开“酒”文档，使用鼠标拖动的方法选择正文第 2 段文字，如图 9-3 所示。

(2) 打开【开发工具】选项卡，在【代码】组中单击【录制宏】按钮，打开【录制宏】对话框。

(3) 在【宏名】文本框中输入宏的名称“设置文本格式”，在【将宏保存在】下拉列表框中选择【所有文档(Normal.dotm)】，然后单击【按钮】按钮，如图 9-4 所示。

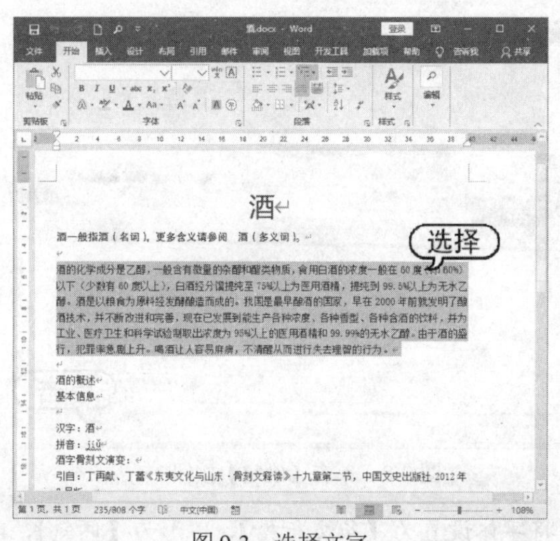

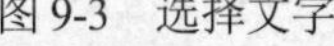
图 9-3 选择文字

图 9-4 【录制宏】对话框

提示

在默认情况下，Word 将宏存储在 Normal 模板内，这样每一个 Word 文档都可以使用它。如果只是需要在某个文档中使用宏，则可将宏存储在该文档中。

(4) 打开【Word 选项】对话框的【快速访问工具栏】选项卡，在【自定义快速访问工具栏】列表框中将显示输入的宏的名称。选择该宏命令，然后单击【添加】按钮，如图 9-5 所示，将该名称添加到快速访问工具栏上。

(5) 如要指定宏的键盘快捷键，打开【Word 选项】对话框的【自定义功能区】选项卡，在【从下列位置选择命令】下拉列表中选择【宏】选项，在其下的列表框中选择宏名称，单击【键盘快捷方式】右侧的【自定义】按钮，如图 9-6 所示。

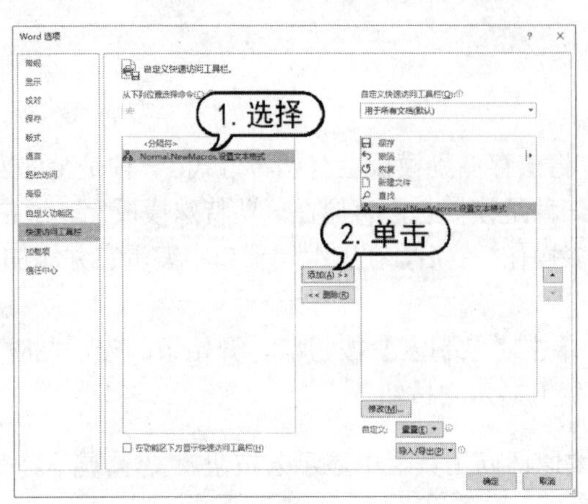

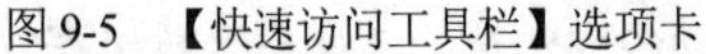

图 9-5 【快速访问工具栏】选项卡

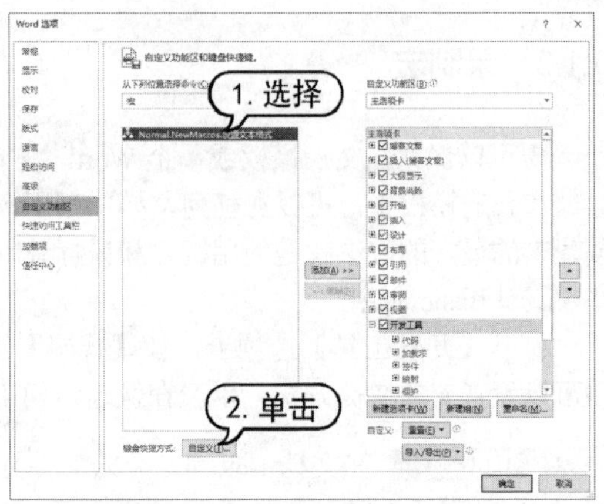

图 9-6 【自定义功能区】选项卡

(6) 打开【自定义键盘】对话框，在【类别】列表框中选择【宏】选项，在【宏】列表框中选择【设置文本格式】选项，在【请按新快捷键】文本框中输入快捷键 Ctrl+1，然后单击【指定】按钮，如图 9-7 所示。

(7) 单击【关闭】按钮，返回【Word 选项】对话框，单击【确定】按钮，执行宏的录制，如图 9-8 所示。

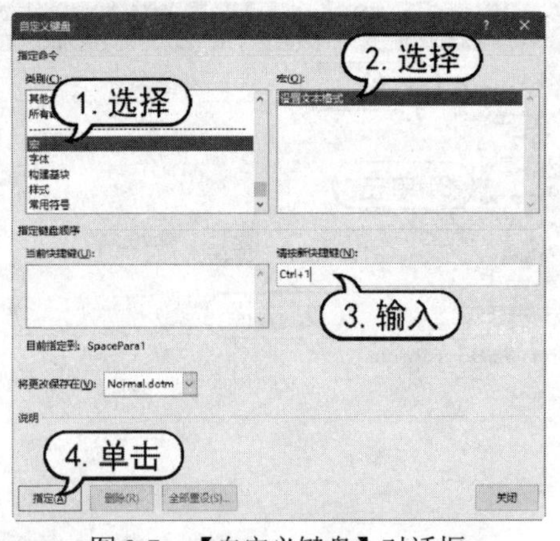

图 9-7 【自定义键盘】对话框

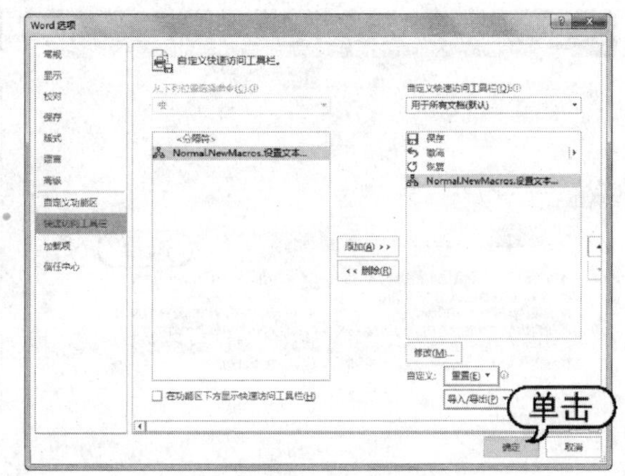

图 9-8 单击【确定】按钮

(8) 打开【开始】选项卡，在【字体】组中将字体设置为【华文行楷】，字形为【倾斜】，字号为【四号】。

(9) 所有录制操作执行完毕，切换至【开发工具】选项卡，在【代码】组中单击【停止录制】按钮■，如图 9-9 所示。

(10) 在文档中任选一段文字，单击快速访问工具栏上的【宏】按钮，如图 9-10 所示，或按下快捷键 Ctrl+1，都可将该段文字自动格式化为华文行楷、四号、倾斜。

提示

如果在录制宏的过程中进行了错误的操作，同时也做了更正操作，则更正错误的操作也将会被录制，可以在录制结束后，在 Visual Basic 编辑器中将不必要的操作代码删除。

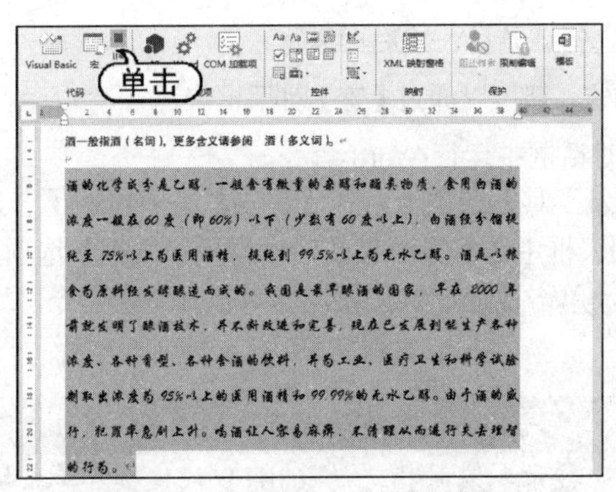

图 9-9　单击【停止录制】按钮

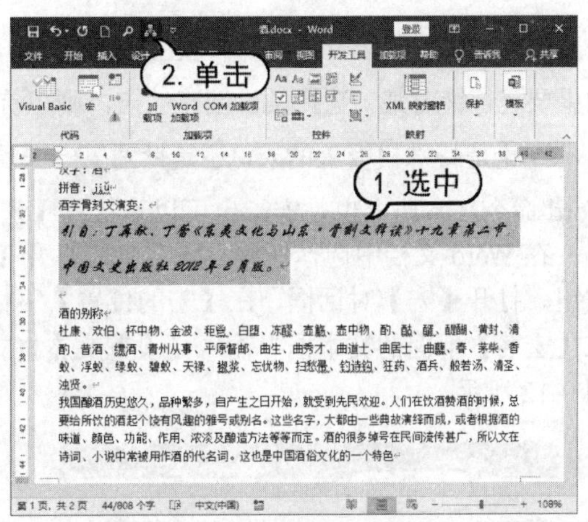

图 9-10　单击【宏】按钮

在使用宏录制器创建宏时，要注意以下两点：

- 宏的名称不要与 Word 中已有的标准宏重名，否则 Word 就会用新的宏记录的操作替换原有宏记录的操作。因此，在给宏命名之前，最好打开【视图】选项卡，在【宏】组中单击【宏】按钮，在弹出的菜单中选择【查看宏】命令，打开【宏】对话框，并在【宏的位置】下拉列表框中选择【Word 命令】选项，此时，列表框中将列出 Word 所有标准宏，如图 9-11 所示，便于用户确保自己命名的宏没有同标准宏重名。
- 宏录制器不记录执行的操作，只录制命令操作的结果。录制器不能记录鼠标在文档中的移动，要录制如移动光标或选择、移动、复制等操作，只能用键盘进行。

图 9-11　【宏】对话框

> **提示**
>
> 在录制宏的过程中，如果需要暂停录制，可打开【开发工具】选项卡，在【代码】组中单击【暂停录制】按钮。

9.1.4　运行宏

运行宏取决于创建宏所针对的对象，如果创建的宏是被指定到了快速访问工具栏上，可通过用鼠标单击相应的命令按钮来执行；如果创建的宏被指定到菜单或快捷键上，也可通过相应的操作来执行。如果要运行在特殊模板上创建的宏，则应首先打开该模板或基于该模板创建的文档；如果要运行针对某一选择条目创建的宏，则应首先选择该条目，然后再运行它。

无论是特殊模板上的宏，还是针对某一条目的宏，都可以通过【宏】对话框来运行。实际上，Word 命令在本质上也是宏，也可以直接在【宏】对话框中运行 Word 命令。

在 Word 文档中选择任意一段文字，打开【开发工具】选项卡，在【代码】组中单击【宏】按钮，打开【宏】对话框，在【宏的位置】下拉列表框中选择【所有的活动模板和文档】选项，在【宏名】下面的文本框中输入【设置文本格式】，单击【运行】按钮，即可执行该宏命令，如图 9-12 所示。

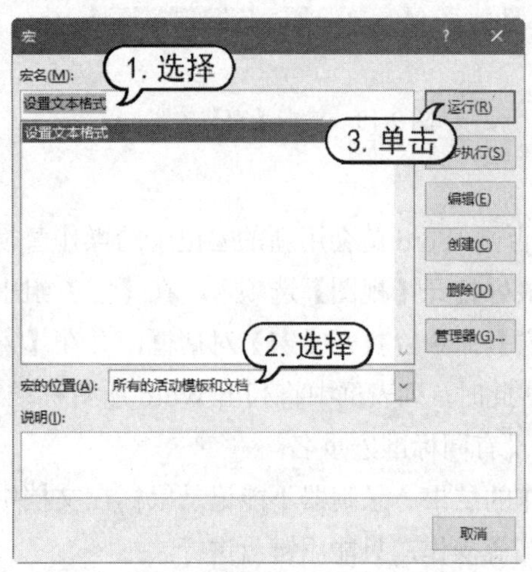

图 9-12　运行宏

> **提示**
>
> 按录制宏时指定的 Ctrl+1 快捷键和单击快速访问工具栏中的【宏】按钮，同样可以快速地运行宏。

Word 允许创建自动运行宏，要创建自动运行宏，对宏命令必须采取下列方式之一。

- AutoExec：全局宏，打开或退出 Word 时将立即运行。
- AutoNew：全局宏或模板宏，当用户创建文档时，其模板若含有 AutoNew 宏命令，就可自动执行。
- AutoOpen：全局宏或模板宏，当打开存在的文档时，立即执行。
- AutoClose：全局宏或模板宏，当关闭当前文档时，自动执行。

上面所讲述的宏的运行方法是直接运行，除此之外，Word 2019 还有另外一种宏的运行方法是单步运行宏。它同直接运行宏的区别在于：直接运行宏是从宏的第一步执行到最后一步操作，而单步运行宏则是每次只执行一条操作，这样，就可以清楚地看到每一步操作及其效果。因为宏是一系列操作的集合，本质是 Visual Basic 代码，因此，可以用 Visual Basic 编辑器打开宏并单步运行宏。

要单步执行宏，可打开【开发工具】选项卡，在【代码】组中单击【宏】按钮，打开【宏】对话框，在对话框中选择要运行的宏命令，然后单击【单步运行】按钮。

9.1.5　编辑宏

录制宏生成的代码通常都不够简洁、高效，并且功能和范围非常有限。如果要删除宏中的某些错误操作，或者是要添加诸如“添加分支”“变量指定”“循环结构”“自定义用户窗体”“出错处理”等功能的代码。这时，就需要对宏进行编辑操作。

打开【开发工具】选项卡，在【代码】组中单击 Visual Basic 按钮，打开 Visual Basic 编辑窗口(也可以按 Alt+F11 组合键)，如图 9-13 所示。

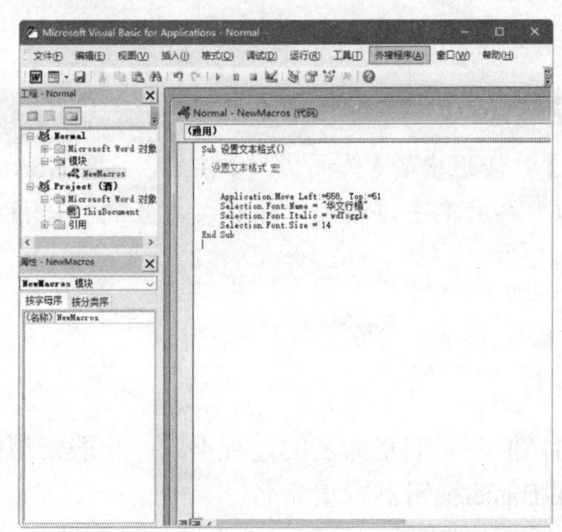

图 9-13　使用 Visual Basic 编辑宏

> **提示**
>
> 在【宏】对话框中，选择要编辑的宏后，单击【编辑】按钮，同样可以打开 Visual Basic 编辑窗口。

在 Visual Basic 编辑器中，可以对宏的源代码进行修改，添加或删除宏的源代码。编辑完毕后，可以在 Visual Basic 编辑器中选择【文件】|【关闭并返回到 Microsoft Word】命令，返回 Word，Visual Basic 将自动保存所做的修改。

9.1.6　复制宏

Normal 模板中的宏可应用到每一个 Word 文档中，利用【管理器】对话框，也可以将其保存在其他模板或单个模板中；如果创建的宏能和其他文件共享，利用【管理器】对话框可以将其移到 Normal 模板中。

在 Word 2019 中，很容易从一个模板(或文档)中复制一组宏到另一个模板(或文档)中。宏被保存在模板或组中，不能传递单个宏，只能传递一组宏。

要在模板或文档中复制宏，可以在【宏】对话框中单击【管理器】按钮，在打开的【管理器】对话框中进行相关的设置。

打开一篇 Word 文档，打开【开发工具】选项卡，在【代码】组中单击【宏】按钮，打开【宏】对话框，单击【管理器】按钮，打开【管理器】对话框的【宏方案项】选项卡，在左边列表框中显示了当前活动文档中使用的宏组，在右边列表框中显示的是 Normal 模板中的宏，在右侧列表框中选择要复制的宏组 NewMacros，单击【复制】按钮，如图 9-14 所示。

将选定的宏组复制到左边的当前活动文档中，单击【关闭】按钮，如图 9-15 所示，完成宏的复制。此时在新文档中可以使用该宏命令。

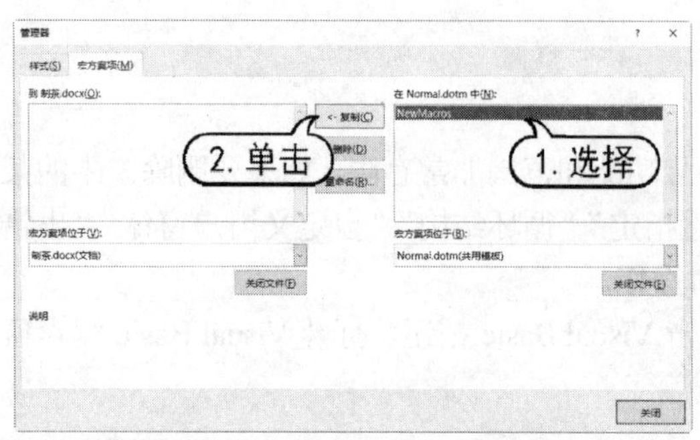

图 9-14 【宏方案项】选项卡

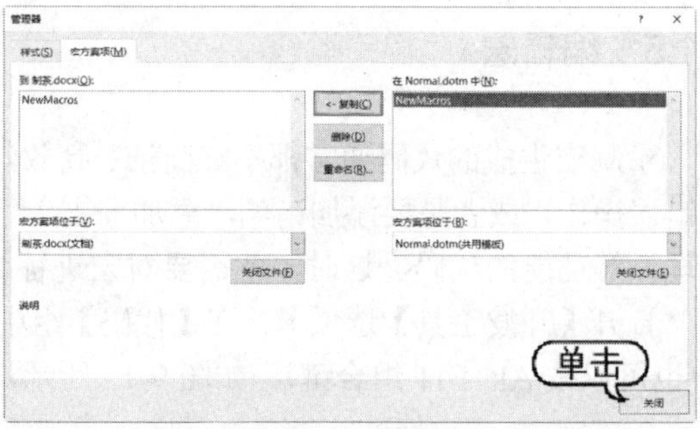

图 9-15 复制宏

提示

如果要复制别的模板中的宏，可以单击【管理器】对话框中的【关闭文件】按钮，关闭 Normal 模板。此时【关闭文件】按钮变成【打开文件】按钮，再次单击该按钮，即可在打开的对话框中选择要复制的宏的模板或文件。

9.1.7 重命名宏与宏组

Word 2019 可以为已经创建好的宏或宏组重命名，但两者的重命名的过程不同，一般宏组能在宏管理器中直接重命名，而单个宏则必须在 Visual Basic 编辑器中重命名。

要重命名宏组，可以先打开包含需要重命名宏组的文档或模板。打开【开发工具】选项卡，在【代码】组中单击【宏】按钮，在打开的【宏】对话框中单击【管理器】按钮，打开【管理器】对话框的【宏方案项】选项卡。选中需要重命名的宏组，单击【重命名】按钮，在打开的如图 9-16 所示的【重命名】对话框中输入新名称即可。

要重命名单步宏，可以打开【开发工具】选项卡，在【代码】组中单击【宏】按钮，打开【宏】对话框，在列表框中找到要重命名的宏。单击右侧的【编辑】按钮，将打开 Visual Basic 编辑窗口，同时打开用户的宏组，以便进行编辑。找到想要重命名的宏，修改宏的名称即可。

如果想要将名为 NewMacros 的宏重命名为 MyMacro，可以在 Visual Basic 编辑器中打开其源代码，并修改第 1 行内容。例如，将 Sub NewMacros()改为 Sub MyMacro()。如图 9-17 所示。

图 9-16 【重命名】对话框

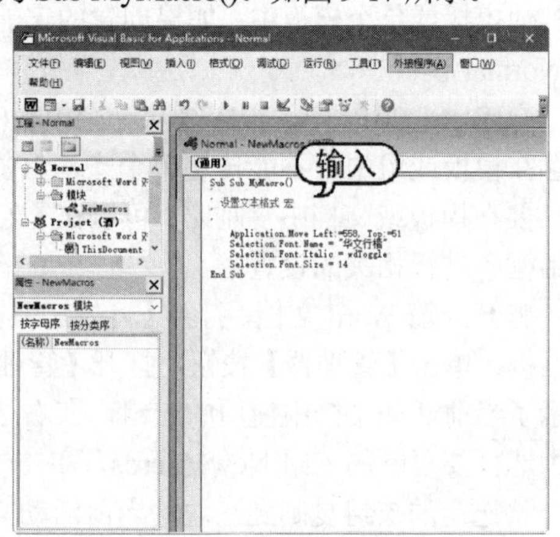

图 9-17 重命名宏

9.1.8　删除宏

要删除在文档或模板中不需要的宏命令，可以先打开包含需要删除宏的文档或模板。打开【开发工具】选项卡，在【代码】组中单击【宏】按钮，打开【宏】对话框，在【宏名】列表框中选择要删除的宏，然后单击【删除】按钮，如图 9-18 所示。此时系统将打开如图 9-19 所示的消息对话框，在该对话框中单击【是】按钮，即可删除该宏命令。

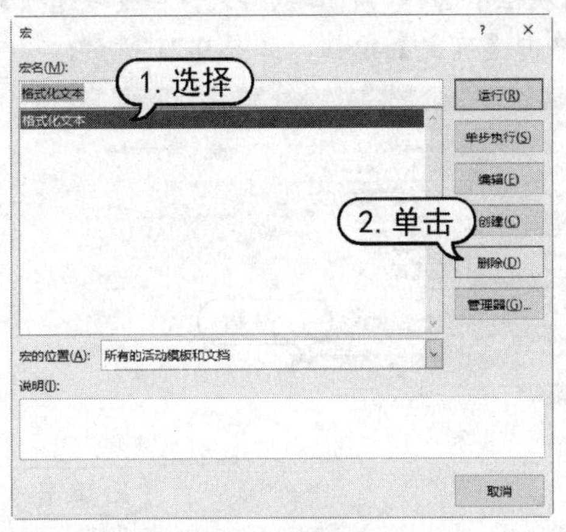

图 9-18　删除宏

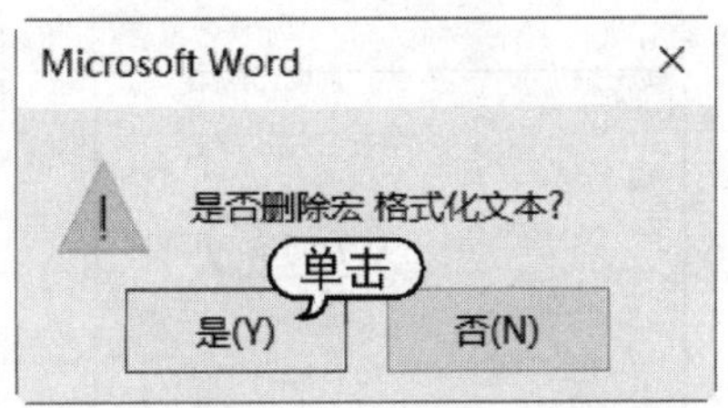

图 9-19　单击【是】按钮

9.2　使用域

域是一种特殊的代码，用于指示 Word 在文档中插入某些特定的内容或自动完成某些复杂的功能。在 Word 中，可以使用域插入许多有用的内容，包括页码、时间和某些特定的文字内容或图形等。使用域，还可以完成一些复杂而非常实用的操作，如自动编写索引、目录。

9.2.1　插入域

在一些文档中，某些文档内容可能需要随时更新。例如，在一些每日报道型的文档中，报道日期需要每天更新。如果手工更新这些日期，不仅烦琐而且容易遗忘，此时，可以通过在文档中插入 Data 域代码来实现日期的自动更新。

域是文档中可能发生变化的数据或邮件合并文档中套用信函、标签的占位符。最常用的域有 Page 域(插入页码)和 Date 域(插入日期和时间)。域包括域代码和域结果两部分，域代码是代表域的符号；域结果是利用域代码进行一定的替换计算得到的结果。域类似于 Microsoft Excel 中的公式，具体来说，域代码类似于公式，域结果类似于公式产生的值。

域的最大优点是可以根据文档的改动或其他有关因素的变化而自动更新。例如，生成目录后，目录中的页码会随着页面的增减而产生变化，这时可通过更新域来自动修改页码。因而使用域不仅可以方便、快捷地完成许多工作，而且能够保证结果的准确性。

在 Word 2019 中，可以使用【域】对话框，将不同类别的域插入文档中，并可设置域的相关格式。

【例 9-2】 插入【日期和时间】类型的域，并设置该日期在文档中可以自动更新。视频

(1) 启动 Word 2019，打开“酒”文档，将光标放置在需要插入域的位置，打开【插入】选项卡，在【文本】组中单击【浏览文档部件】按钮，在弹出的菜单中选择【域】命令，如图 9-20 所示。

(2) 打开【域】对话框，在【类别】下拉列表框中选择【日期和时间】选项，在【域名】列表框中选择 CreateDate 选项，在【日期格式】列表框中选择一种日期格式，在【域选项】选项区域中保持选中【更新时保留原格式】复选框，单击【确定】按钮，如图 9-21 所示。

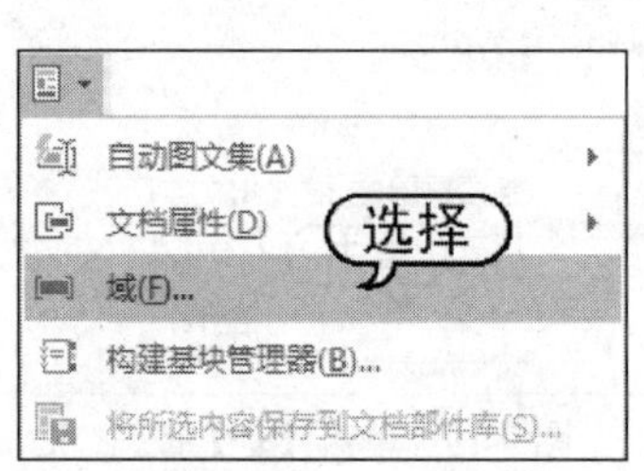

图 9-20 选择【域】命令

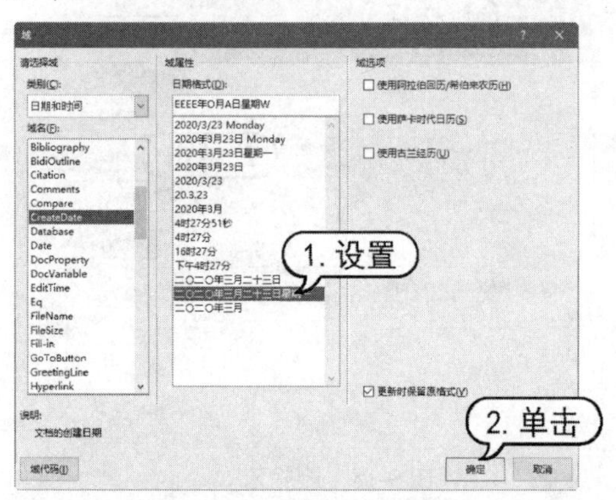

图 9-21 【域】对话框

(3) 此时即可在文档中插入一个 CreateDate 域。当用鼠标单击该部分文档内容时，域内容将显示为灰色，如图 9-22 所示。

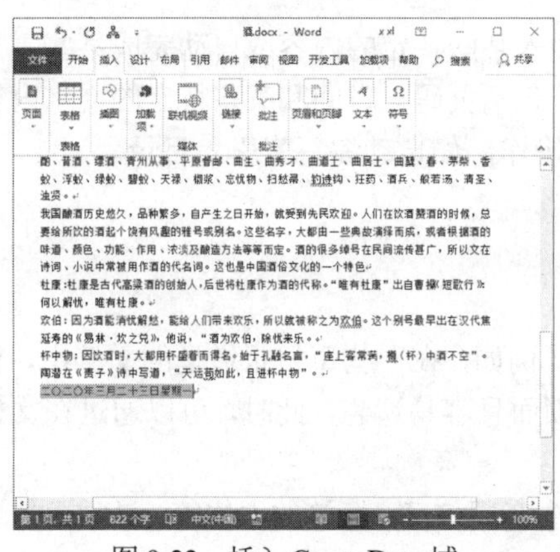

图 9-22 插入 CreateDate 域

> **提示**
>
> 按 Ctrl+F9 组合键，可以在文档中输入一个空域{ | }。

9.2.2 更新域和设置域格式

对域有了一个直观的认识后，可以进一步了解域的组成部分和操作原理。实际上，域类似于 Microsoft Excel 中的公式，其中，有“域代码”这样一个“公式”，可以算出“域结果”并将结果显示出来，用于保持信息的最新状态。

以如图 9-22 所示的 CreateData 域为例，该图显示的就是该域的域结果，当单击该域后按 Shift+F9 组合键，Word 将显示出该域的域代码，如图 9-23 所示。

{ CREATEDATE \@ "yyyy-MM-dd" * MERGEFORMAT }

图 9-23　显示域代码

域代码显示在一个大括号{}中，其中：

- CREATEDATE 是域名称。
- yyyy-MM-dd 是一个日期域开关，指定日期的显示方式。
- MERGEFORMAT 是一个字符格式开关，该开关的含义是将以前的域结果所使用的格式作用于当前的新结果。

提示

所谓域“开关”是指导致产生特定操作的特殊说明，例如用于指定域结果的显示方式、字符格式等，向域中添加开关后可以更改域结果。

通过查阅域代码可以了解域的具体内容，查阅完毕后再按 Shift+F9 组合键则可以切换回域结。

更新域实际就是更新域代码所引用的数据，而计算出来的域结果也将被相应更新。更新域的方法很简单，如果要更新单个域，则只需单击该域，按 F9 键即可；如果要更新文档中所有的域，则按 Ctrl+A 组合键选定整篇文档后再按 F9 键。

如果域信息未更新，则可能此域已被锁定，要解除锁定，可以选中此域，然后按 Ctrl+Shift+F11 组合键，最后按下 F9 键即可更新；要锁定某个域以防止更新结果，可以按 Ctrl+ F11 组合键。另外，在域上右击，从弹出的快捷菜单中选择【更新域】【编辑域】【切换域代码】等命令来完成对域的相关操作。

9.3 使用公式

Word 2019 集成了公式编辑器，内置了多种公式，使用它们可以方便地在文档中插入复杂的数据公式。

9.3.1 使用公式编辑器创建公式

使用公式编辑器可以方便地在文档中插入公式。打开【插入】选项卡，在【文本】组中单击【对象】按钮，打开【对象】对话框的【新建】选项卡，在【对象类型】列表框中选择【Microsoft 公式 3.0】选项，单击【确定】按钮，如图 9-24 所示。随后即可打开【公式编辑器】窗口和【公式】工具栏，如图 9-25 所示。

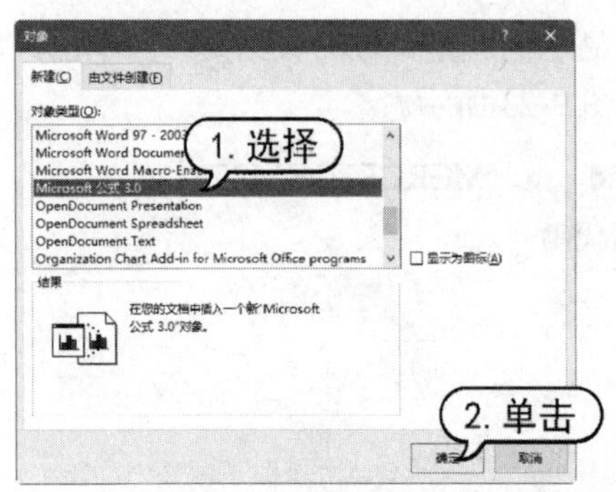

图 9-24　【对象】对话框

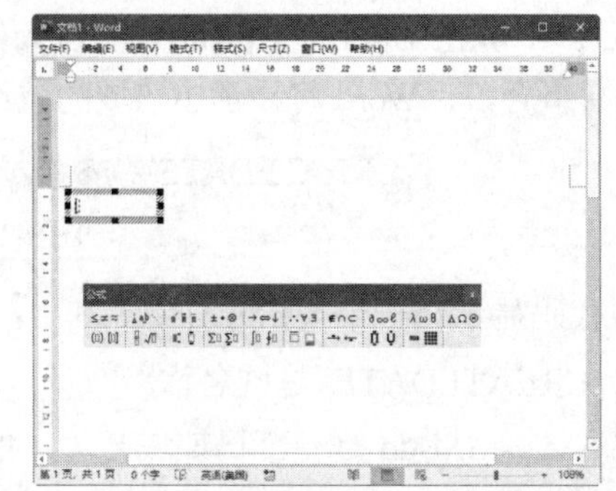

图 9-25　【公式编辑器】窗口和【公式】工具栏

在【公式编辑器】窗口的文本框中，用户可以进行公式编辑，在【公式】工具栏中单击【下标和上标模板】按钮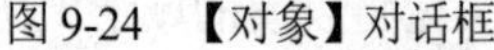，选择所需的上标样式，插入一个上标符号并在文本框中输入符号内容。使用同样的方法输入其他符号，编辑完后在文本框外任意处单击，即可返回原来的文档编辑状态,，如图 9-26 所示。在文档中双击创建的公式，打开【公式编辑器】窗口和【公式】工具栏。此时，即可重新编辑公式。

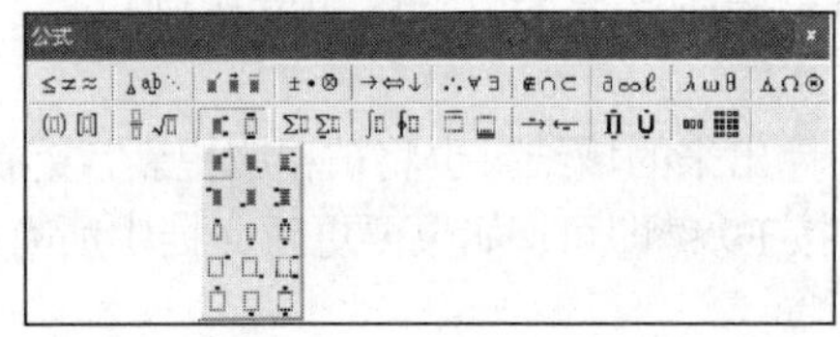

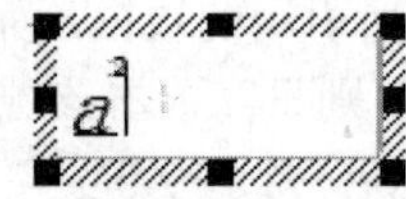

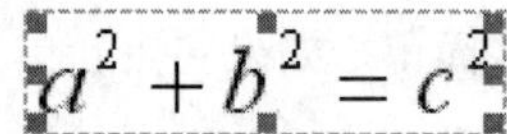

图 9-26　使用公式编辑器编辑公式

9.3.2　使用内置公式创建公式

在 Word 2019 的公式库中，系统提供了多款内置公式，利用这几款内置公式，用户可以方便地在文档中创建新公式。

打开【插入】选项卡，单击【符号】组中的【公式】下拉按钮，在弹出的下拉列表中预设了多个内置公式，这里选择【泰勒展开式】公式样式，此时即可在文档中插入该内置公式，如图 9-27 所示。

插入内置公式后，系统自动打开【公式工具】的【设计】选项卡。在【工具】组中单击【公式】下拉按钮，弹出内置公式下拉列表。在该下拉列表中选择一种公式样式，同样可以插入内置公式。

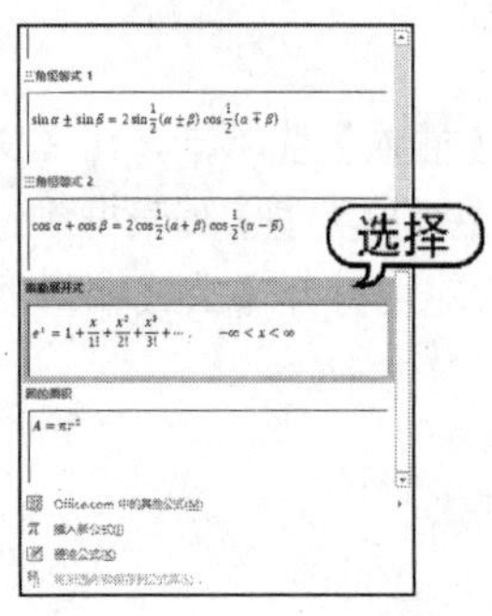

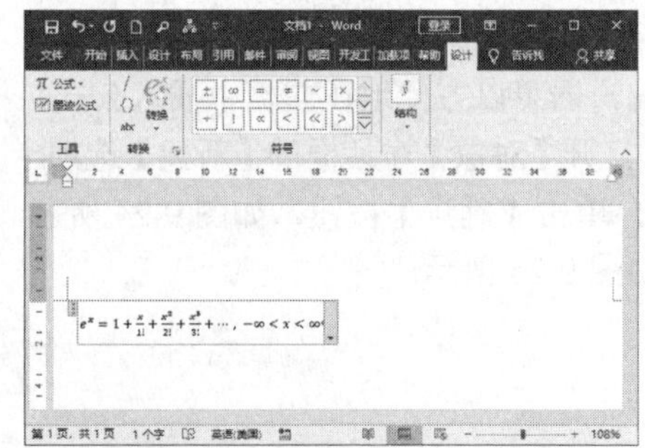

图 9-27　使用内置公式创建公式

9.3.3　使用命令创建公式

打开【插入】选项卡，在【符号】组中单击【公式】下拉按钮，在弹出的下拉菜单中选择【插入新公式】命令，打开【公式工具】窗口的【设计】选项卡。在该窗口的【在此处键入公式】提示框中可以进行公式编辑，如图 9-28 所示。

在【符号】组中内置了多种符号，供用户输入公式。单击【其他】按钮，在弹出的列表框中单击【基础数学】下拉按钮，从弹出的菜单中选择其他类别的符号，如图 9-29 所示。

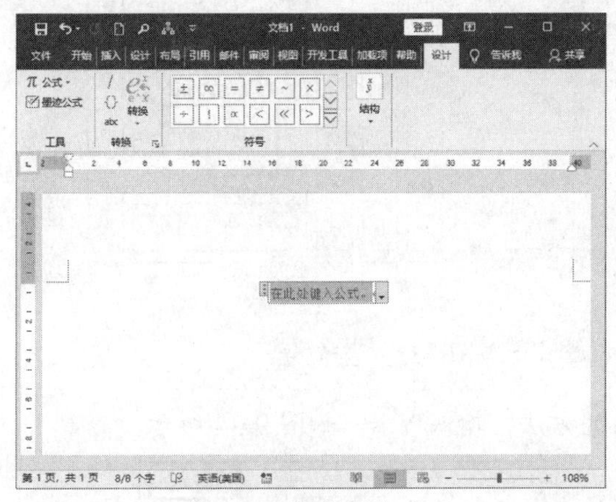

图 9-28　插入新公式

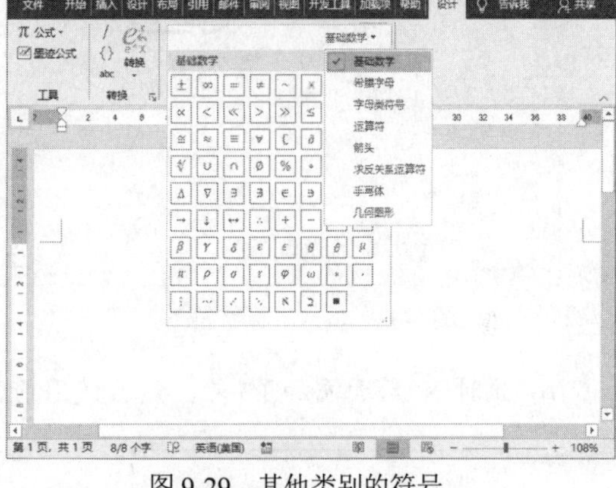

图 9-29　其他类别的符号

【例 9-3】　使用【公式工具】窗口中的命令制作方程式。视频

(1) 启动 Word 2019，新建一个空白文档，将其以“制作方程式”为名保存。。

(2) 将鼠标指针定位在文档中，打开【插入】选项卡，在【符号】组中单击【公式】下拉按钮，在弹出的下拉菜单中选择【插入新公式】命令，如图 9-30 所示。

(3) 打开【公式工具】的【设计】选项卡，此时在文档中出现【在此处键入公式】提示框，在【结构】组中单击【上下标】按钮，在打开的列表框中选择【上标】样式，如图 9-31 所示。

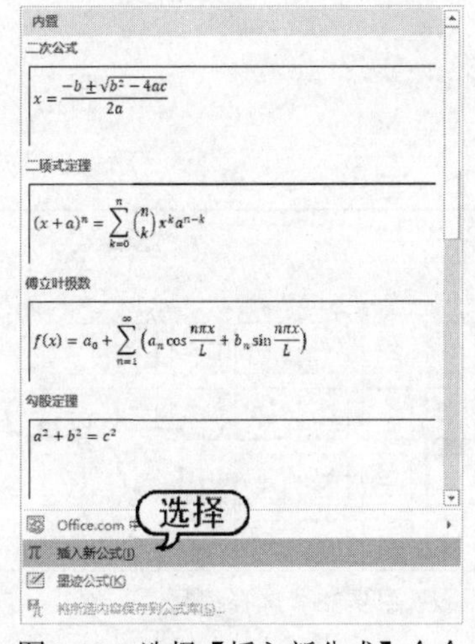

图 9-30　选择【插入新公式】命令

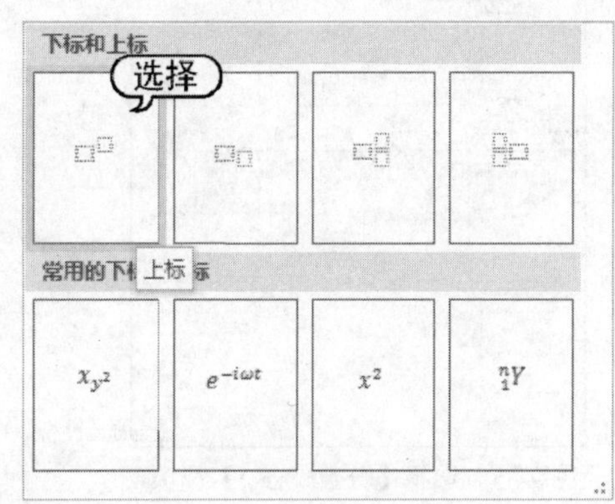

图 9-31　选择【上标】样式

计算机基础与实训教材系列

(4) 在文本框中插入上标符号，并在文本框中输入公式字符，如图 9-32 所示。

(5) 将光标定位在 X^2 末尾处，若光标比正常的还短，需按一下方向键→，使接下来输入的内容向字母看齐，单击【设计】选项卡的【符号】组中的【其他】按钮，选择+号，如图 9-33 所示。

图 9-32 输入上标字符

图 9-33 选择+号

(6) 此时 X^2 后面添加了+号，然后使用前面的方法，输入 Y^2=，如图 9-34 所示。

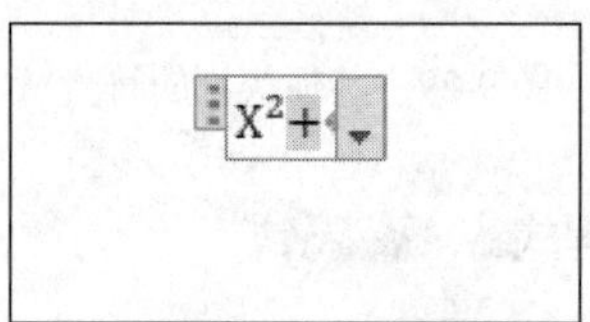

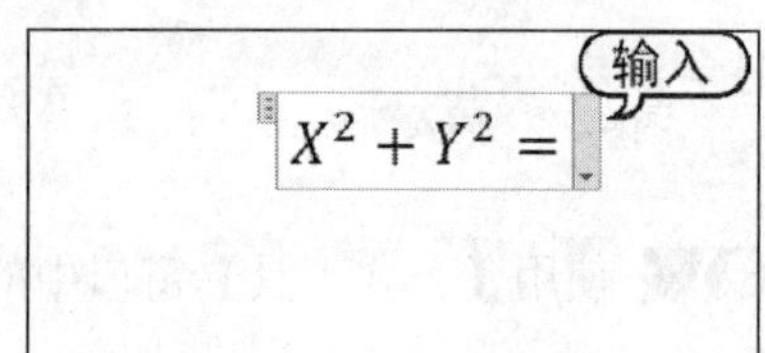

图 9-34 插入运算符

(7) 单击【设计】选项卡的【结构】组中的【分式】按钮，选择【分数(竖式)】选项，如图 9-35 所示。

(8) 选中分数上面的方框，单击【设计】选项卡的【符号】组中的【其他】按钮，选择√号，如图 9-36 所示。

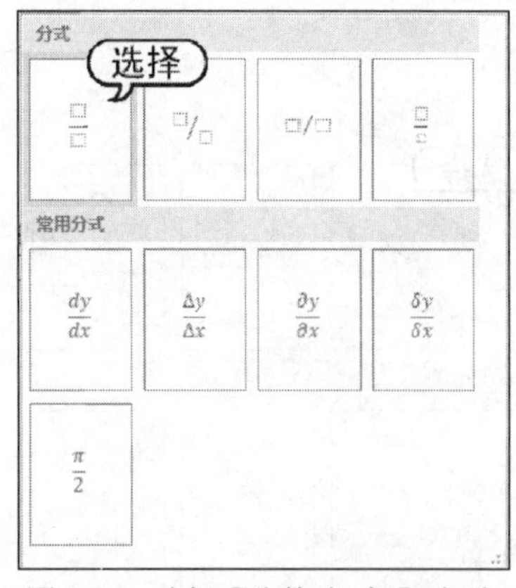

图 9-35 选择【分数(竖式)】选项

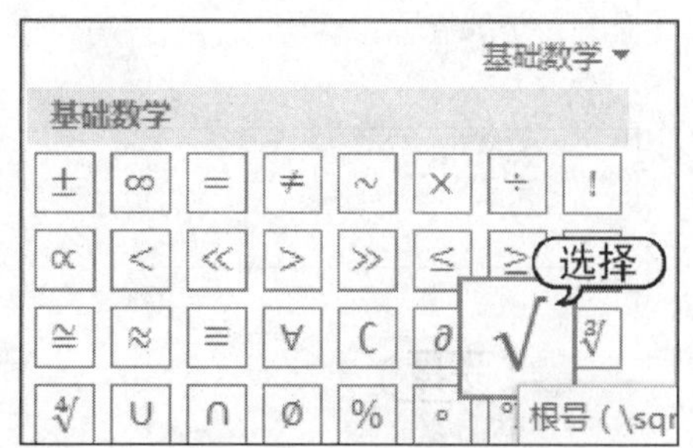

图 9-36 选择根号

(9) 此时方程式显示为如图 9-37 所示。

(10) 继续输入字符，然后选中制作好的方程式，在【转换】组中单击【abc 文本】按钮，显示为普通文本的方程式，最终效果如图 9-38 所示。

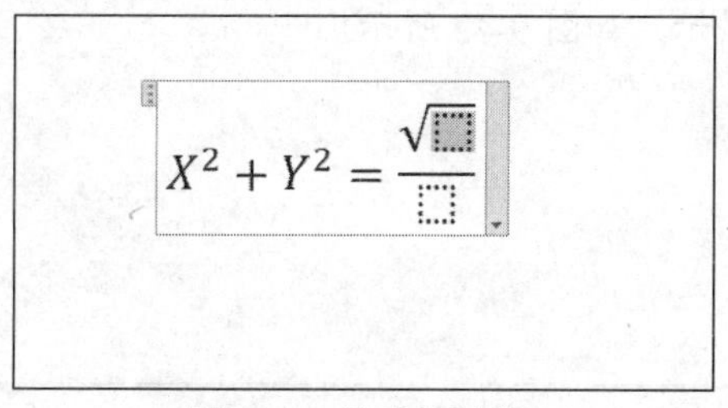

图 9-37　显示方程式

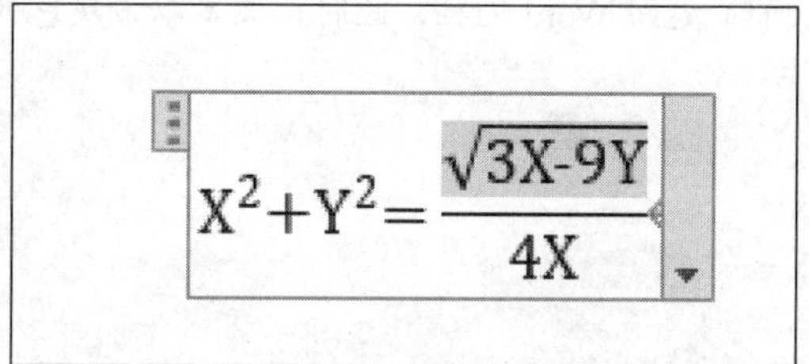

图 9-38　显示普通文本效果

9.4　实例演练

本章的实例演练部分为创建带提示域的请柬和进行宏操作两个综合实例操作，用户通过练习从而巩固本章所学知识。

9.4.1　创建带提示域的文档

【例 9-4】 创建带提示域的请柬文档。视频

(1) 启动 Word 2019，创建一篇空白文档。在插入点处输入“请柬”，设置字体为【隶书】，字号为【二号】，并且居中对齐。

(2) 将插入点定位在第 2 行，打开【插入】选项卡，在【文本】组中单击【文档部件】按钮，在弹出的菜单中选择【域】命令，打开【域】对话框，在【域名】列表框中选择【MacroButton】选项，在【显示文字】文本框中输入“请输入被邀请者称呼”，在【宏名】列表框中选择【DoFiledClick】选项，单击【确定】按钮，如图 9-39 所示。

(3) 返回 Word 文档中，在插入点处显示文本“请输入被邀请者称呼”，如图 9-40 所示。

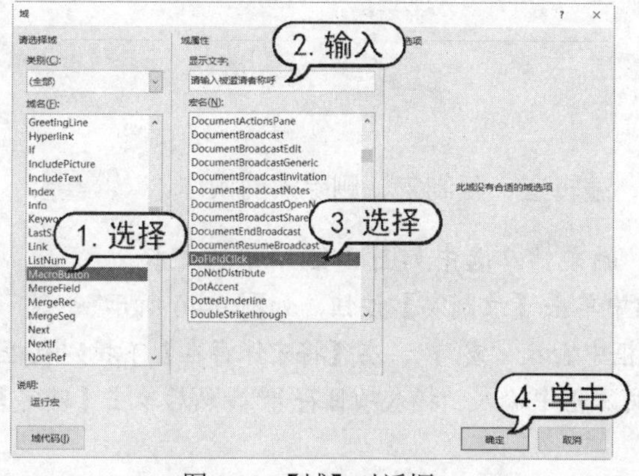

图 9-39 【域】对话框

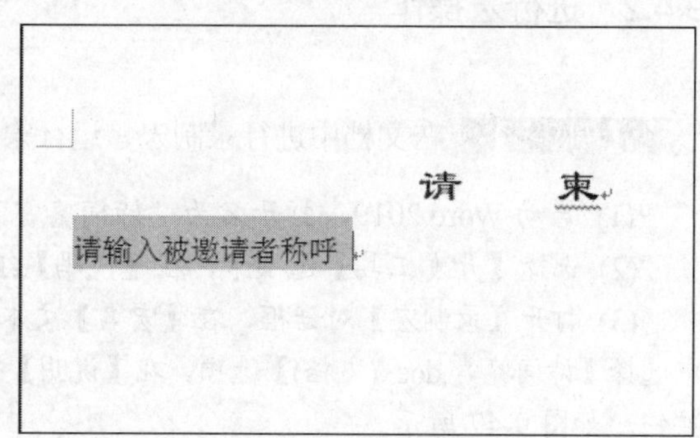

图 9-40　显示文本

(4) 单击【文件】按钮，在弹出的菜单中选择【选项】选项，打开【Word 选项】对话框，打开

【高级】选项卡，在右侧的【显示文档内容】选项区域的【域底纹】下拉列表框中选择【始终显示】选项，单击【确定】按钮，如图 9-41 所示。

(5) 返回 Word 文档，此时，文本以带灰色的底纹显示，如图 9-42 所示。

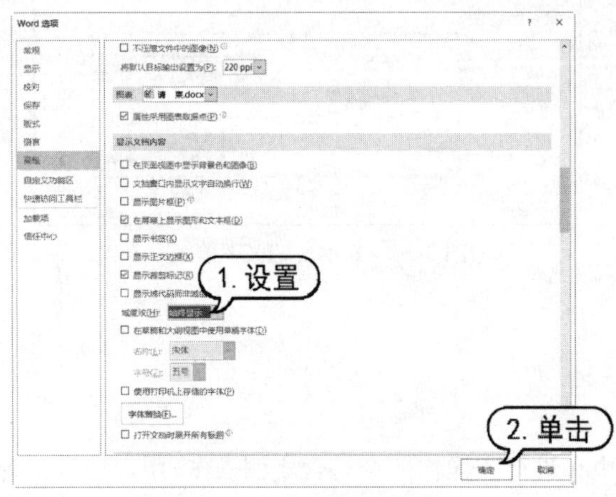

图 9-41 【Word 选项】对话框

图 9-42 显示底纹

(6) 使用同样的方法，创建其他提示域及文本，如图 9-43 所示。

(7) 设置请柬正文的字号为四号，首行缩进 2 个字符，最后两个段落为左对齐，效果如图 9-44 所示。

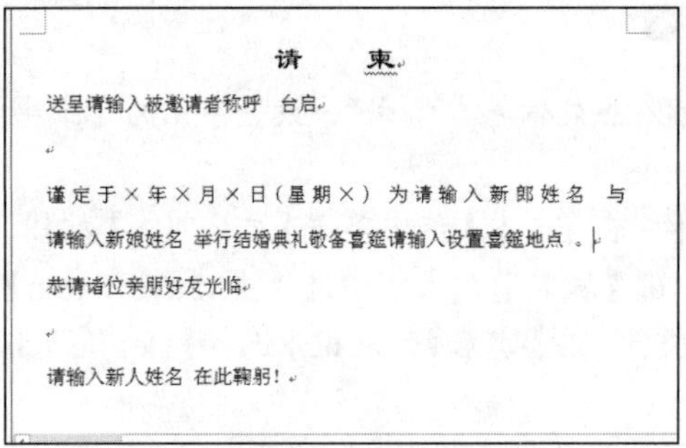

请　柬

送呈请输入被邀请者称呼 台启

谨定于×年×月×日（星期×）为请输入新郎姓名 与请输入新娘姓名 举行结婚典礼敬备喜筵请输入设置喜筵地点 。

恭请诸位亲朋好友光临

请输入新人姓名 在此鞠躬！

图 9-43 创建其他提示域及文本

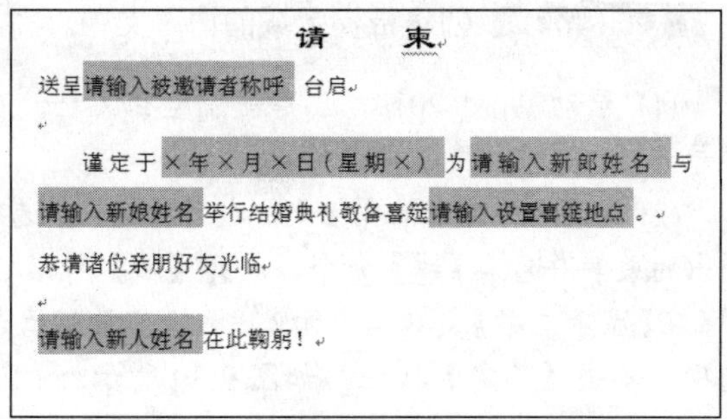

请　柬

送呈请输入被邀请者称呼 台启

谨定于×年×月×日（星期×）为请输入新郎姓名 与请输入新娘姓名 举行结婚典礼敬备喜筵请输入设置喜筵地点 。

恭请诸位亲朋好友光临

请输入新人姓名 在此鞠躬！

图 9-44 显示效果

9.4.2 进行宏操作

【例 9-5】 在文档中进行录制宏、运行宏、编辑宏、复制宏、删除宏的操作。 视频

(1) 启动 Word 2019，打开名为“诗词鉴赏”的文档，选中如图 9-45 所示的文本。

(2) 选择【开发工具】选项卡，在【代码】组中单击【录制宏】按钮，如图 9-46 所示。

(3) 打开【录制宏】对话框，在【宏名】文本框中输入“宏 1”，在【将宏保存在】下拉列表框中选择【诗词鉴赏.docx(文档)】选项，在【说明】文本框中输入“插入项目符号”，然后单击【确定】按钮，如图 9-47 所示。

(4) 此时，鼠标指针后面有一个宏录制图标。选择【开始】选项卡，在【段落】组中单击【项目符号】下拉按钮，在弹出的下拉列表中选择一个项目符号选项，如图 9-48 所示。

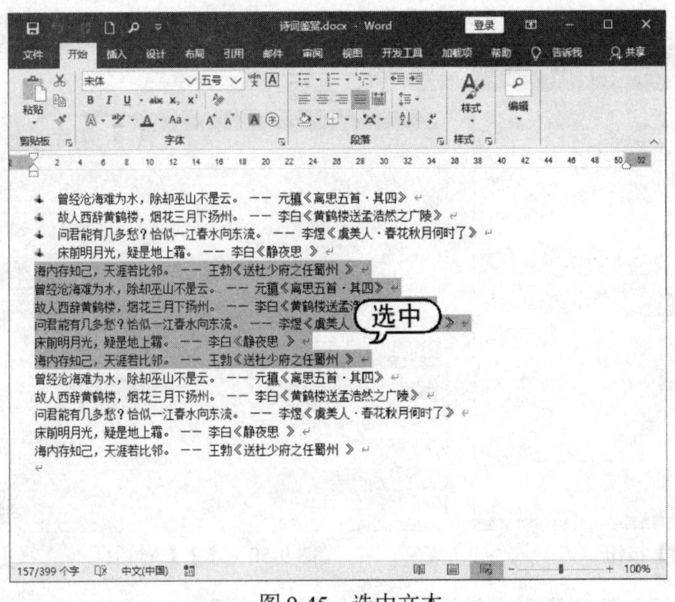

图 9-45　选中文本

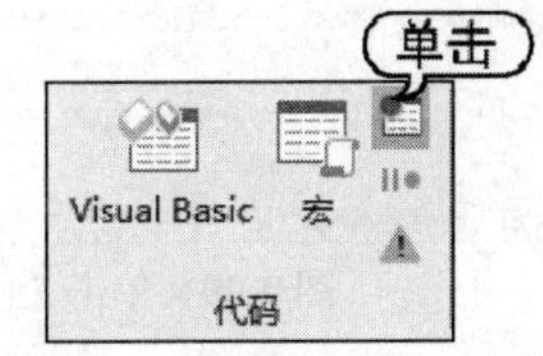

图 9-46　单击【录制宏】按钮

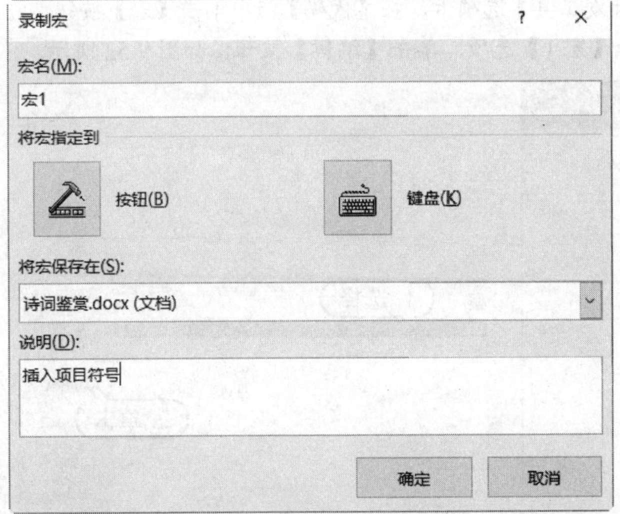

图 9-47　【录制宏】对话框

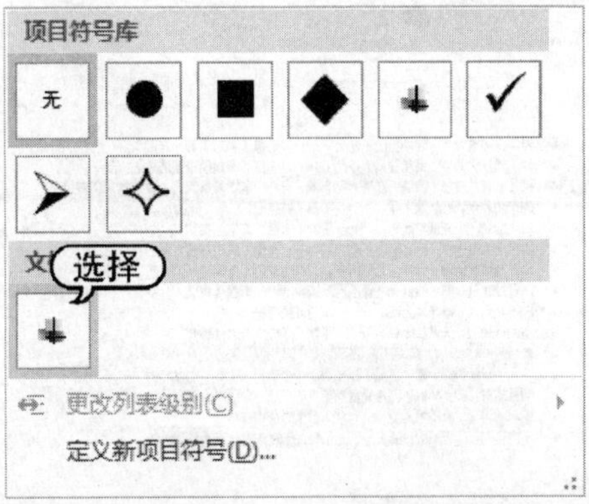

图 9-48　选择项目符号

(5) 选择【开发工具】选项卡，在【代码】组中单击【停止录制】按钮■，完成录制宏的操作，如图 9-49 所示。

(6) 录制完成后，可以运行宏。选择文档中所有未添加项目符号的文本，然后打开【开发工具】选项卡，在【代码】组中单击【宏】按钮，打开【宏】对话框。在【宏名】列表框中选择【宏 1】选项，在【宏的位置】下拉列表框中选择【诗词鉴赏.docx(文档)】选项，单击【运行】按钮，如图 9-50 所示。

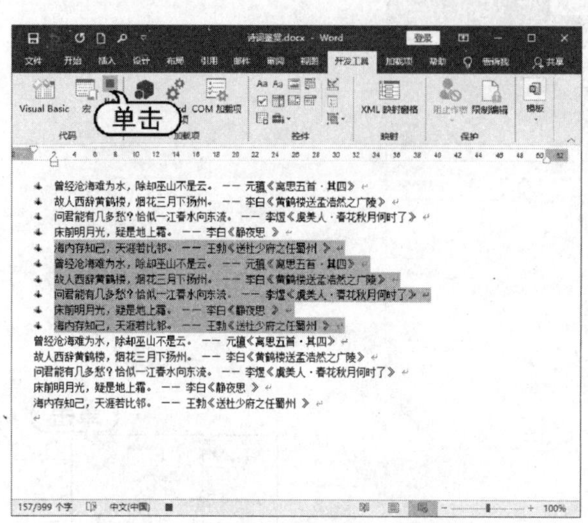

图 9-49 单击【停止录制】按钮

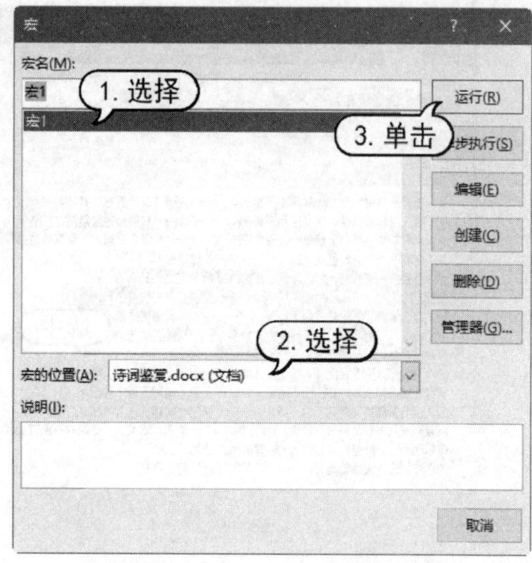

图 9-50 【宏】对话框

(7) 开始运行宏，为其他文本添加项目符号，完成运行宏的操作，如图 9-51 所示。

(8) 接下来进行编辑宏的操作。打开【开发工具】选项卡，在【代码】组中单击【宏】按钮，打开【宏】对话框。在【宏名】列表框中选择【宏 1】选项，单击【编辑】按钮，如图 9-52 所示。

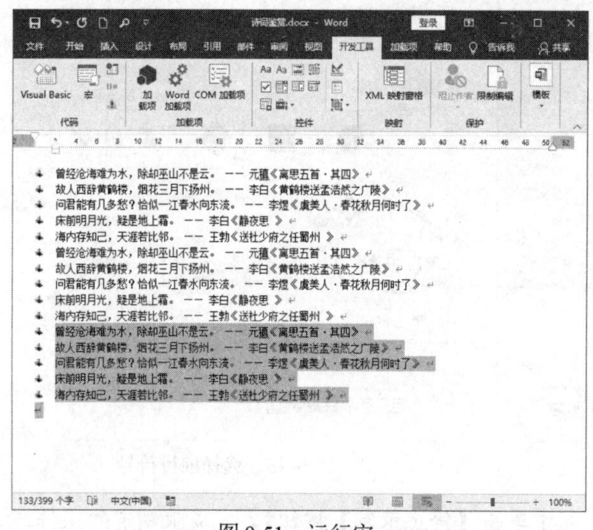

图 9-51 运行宏

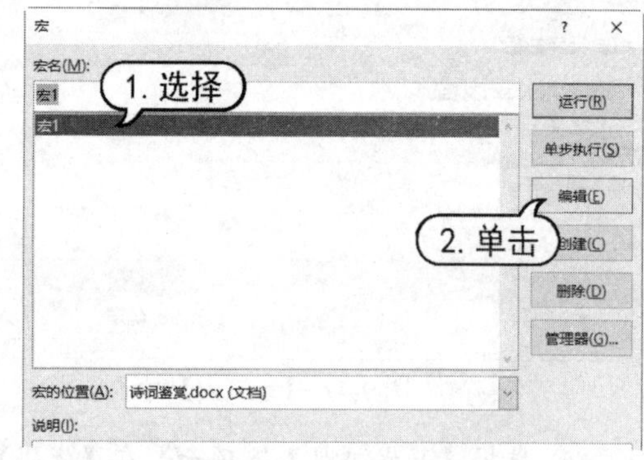

图 9-52 【宏】对话框

(9) 打开代码窗口，用户可以在窗口中对宏进行代码编辑操作，如图 9-53 所示。

(10) 完成宏的编辑后，开始复制宏的操作。首先新建一个空白 Word 文档"文档 1"，打开【开发工具】选项卡，在【代码】组中单击【宏】按钮，打开【宏】对话框，单击【管理器】按钮，如图 9-54 所示。

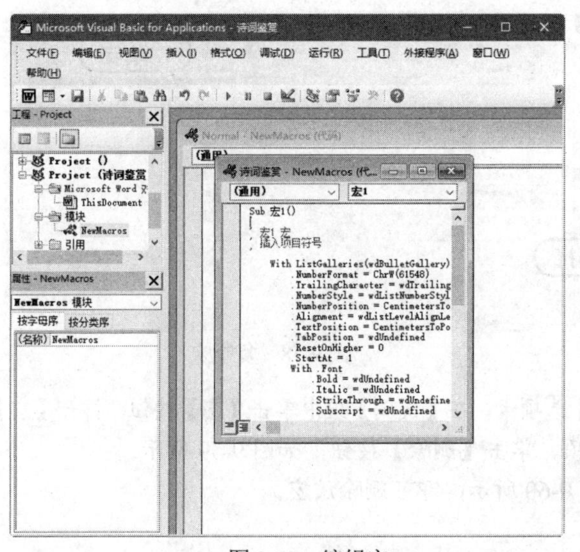

图 9-53　编辑宏

图 9-54　单击【管理器】按钮

(11) 打开【管理器】对话框，在该对话框中单击右侧的【关闭文件】按钮，如图 9-55 所示。

(12) 此时，该按钮变为【打开文件】按钮，单击该按钮，如图 9-56 所示。

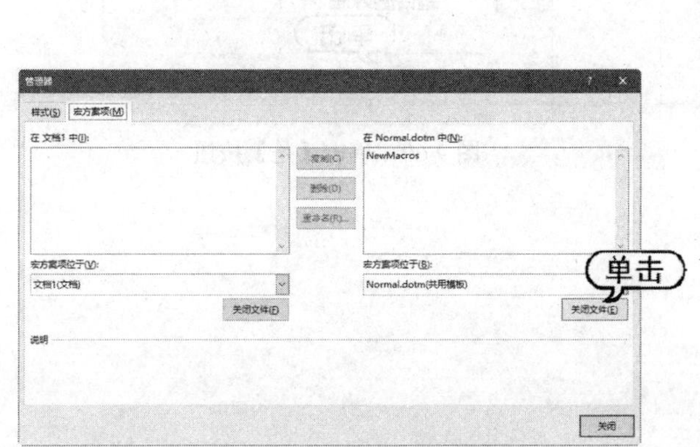

图 9-55　单击【关闭文件】按钮

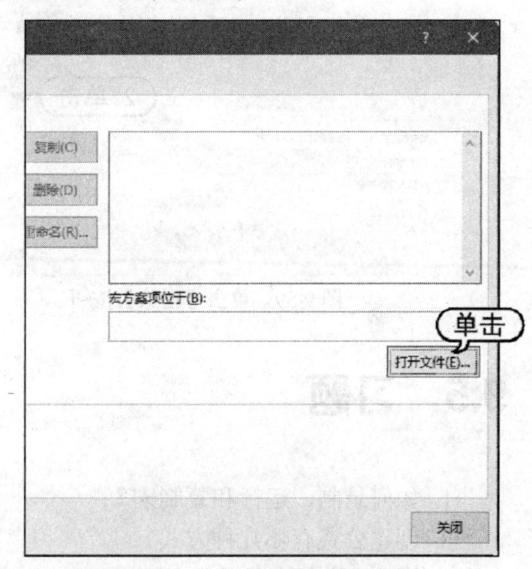

图 9-56　单击【打开文件】按钮

(13) 打开【打开】对话框，在该对话框中【文件名】后的下拉列表中选择【所有文件】选项，选择【诗词鉴赏】文档，然后单击【打开】按钮，如图 9-57 所示。

(14) 返回【管理器】对话框，单击【复制】按钮，即可复制宏。单击【关闭】按钮退出对话框，如图 9-58 所示。

图 9-57 【打开】对话框　　　　图 9-58 复制宏

(15) 如果用户要删除宏，打开【开发工具】选项卡，在【代码】组中单击【宏】按钮，打开【宏】对话框。在【宏名】列表框中选择【宏 1】选项，单击【删除】按钮，如图 9-59 所示。

(16) 弹出提示框，单击【是】按钮，如图 9-60 所示，即可删除该宏。

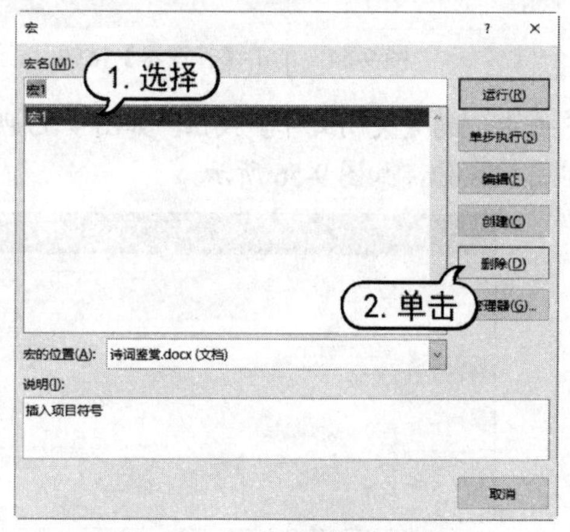

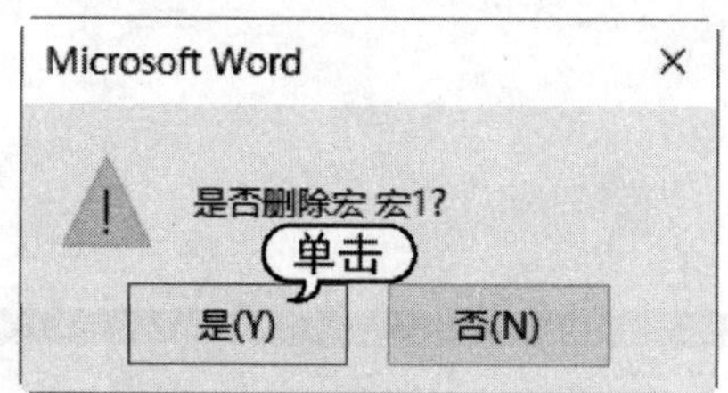

图 9-59 单击【删除】按钮　　　　图 9-60 单击【是】按钮

9.5 习题

1. 如何录制、运行和复制宏？
2. 创建公式有哪几种方式？
3. 在 Word 文档中创建 $3NaAlO_2+AlCl_3+6H_2O$===$4Al(OH)_3\downarrow+3NaCl$ 的方程式。

第 10 章 Word的网络应用

Word 2019 不仅是一个优秀的文字处理软件，而且能良好地支持 Internet。它提供了链接 Internet 网址及电子邮件地址等功能，还可以发送电子邮件和文档。本章将主要介绍使用超链接、发布电子邮件和邮件合并等操作。

本章重点

- 添加超链接
- 制作中文信封
- 发送电子邮件
- 发布博客文章

二维码教学视频

【例 10-1】插入超链接
【例 10-2】自动更正超链接
【例 10-3】修改超链接的网址和提示文本
【例 10-4】修改超链接的外观
【例 10-5】将已有的文档转换为主文档
【例 10-6】创建数据源
【例 10-7】插入姓名至称呼处
【例 10-8】制作中文信封
【例 10-9】创建批量邮件标签

10.1　添加超链接

超链接指将不同应用程序、不同文档、甚至是网络中不同计算机之间的数据和信息通过一定的手段联系在一起的链接方式。在文档中，超链接通常以蓝色下画线显示，单击后就可以从当前的文档跳转到另一个文档或当前文档的其他位置，也可以跳转到 Internet 的网页上。

10.1.1　插入超链接

在 Word 2019 中，可以使用插入功能在文档中直接插入超链接。将插入点定位在需要插入超链接的位置，打开【插入】选项卡，在【链接】组中单击【链接】按钮，打开【插入超链接】对话框，如图 10-1 所示。

图 10-1　【插入超链接】对话框

> **提示**
>
> 在【链接到】列表框中选择链接位置；在【要显示的文字】文本框中输入超链接的名称；在【地址】下拉列表框中输入超链接的路径；单击【屏幕提示】按钮，打开【设置超链接屏幕提示】对话框，在其中可以输入系统对该超链接的屏幕提示。

【例 10-1】　新建一个文档，插入超链接。　视频

(1) 启动 Word 2019，创建“百度简介”文档，输入和设置文本后，将插入点定位在第 1 段的正文第 1 处“百度”文本后面，如图 10-2 所示。

(2) 打开【插入】选项卡，在【链接】组中单击【链接】按钮，如图 10-3 所示。

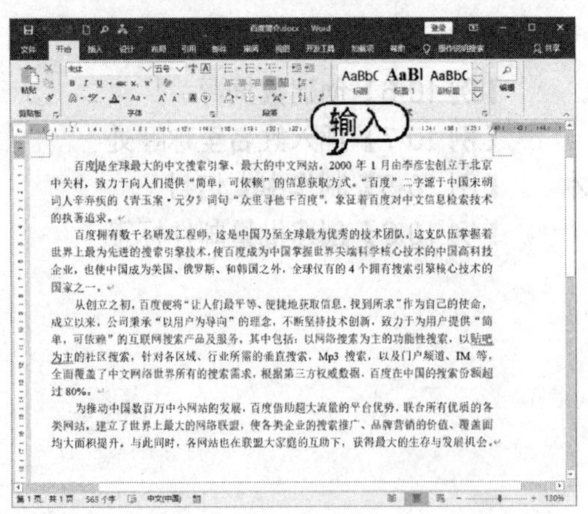

图 10-2　输入文本

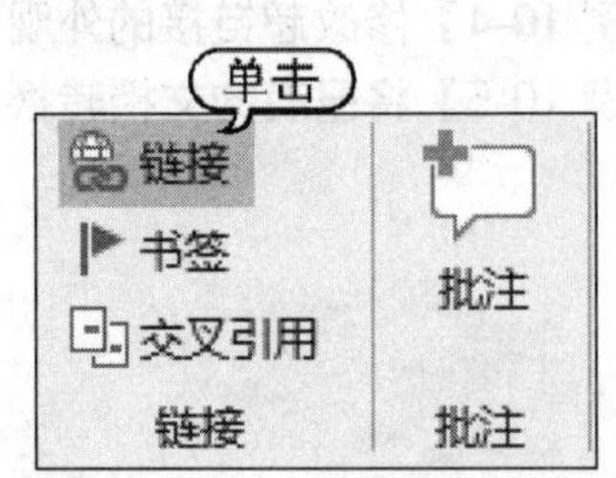

图 10-3　单击【链接】按钮

(3) 打开【插入超链接】对话框，在【要显示的文字】文本框中输入 www.baidu.com，在【地址】下拉列表框中输入 http://www.baidu.com，单击【屏幕提示】按钮，如图 10-4 所示。

(4) 打开【设置超链接屏幕提示】对话框，在【屏幕提示文字】文本框中输入“百度首页”，然后单击【确定】按钮，如图 10-5 所示。

图 10-4　【插入超链接】对话框

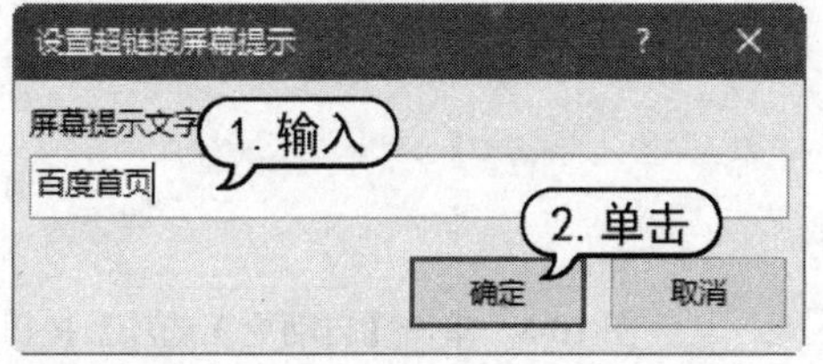

图 10-5　【设置超链接屏幕提示】对话框

(5) 返回【插入超链接】对话框，单击【确定】按钮，完成设置。此时文档中将出现以蓝色下画线显示的超链接，将光标移到该超链接，将出现屏幕提示文本，如图 10-6 所示。

(6) 按住 Ctrl 键，鼠标指针变为手形，单击该超链接，将打开网络浏览器并转向百度首页，如图 10-7 所示。

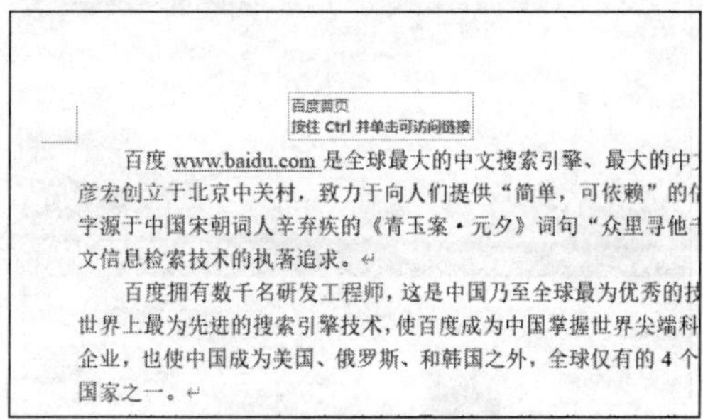

图 10-6　显示超链接

图 10-7　打开百度首页

10.1.2　自动更正超链接

Word 2019 提供了自动更正超链接的功能，当输入 Internet 网址或电子邮件地址时，系统会自动将其转换为超链接，并以蓝色下画线表示该超链接。

【例 10-2】 使用自动更正超链接功能，在“百度简介”文档中输入网址。 视频

(1) 启动 Word 2019，打开“百度简介”文档，单击【文件】按钮，在弹出的菜单中选择【选项】选项，打开【Word 选项】对话框，选择【校对】选项卡，单击【自动更正选项】按钮，如图 10-8 所示。

(2) 打开【自动更正】对话框，打开【键入时自动套用格式】选项卡，并在【键入时自动替换】选项区域中选中【Internet 及网络路径替换为超链接】复选框，单击【确定】按钮，如图 10-9 所示。

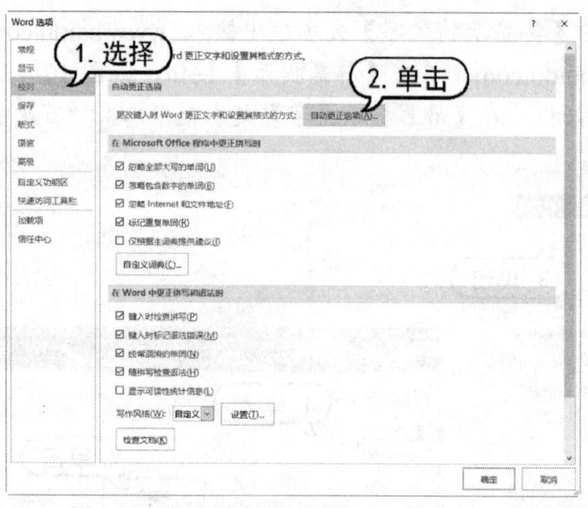

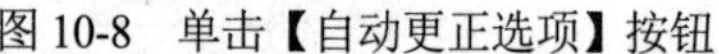
图 10-8　单击【自动更正选项】按钮

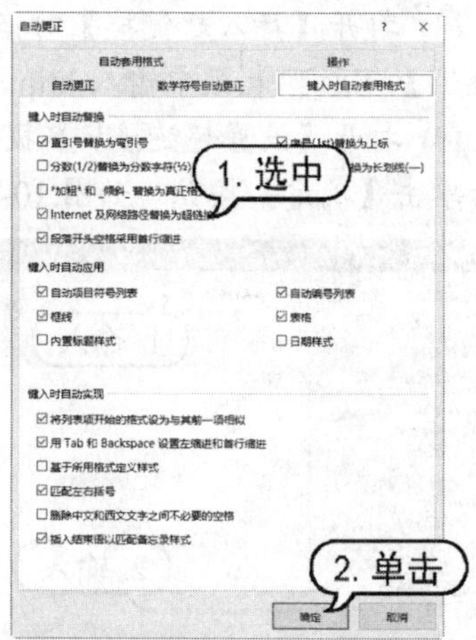

图 10-9　【自动更正】对话框

(3) 返回【Word 选项】对话框，单击【确定】按钮返回文档。将插入点定位在倒数第 2 段中文本“贴吧”后面，输入文本 http://tieba.baidu.com/，按空格键，前面输入的文本自动变为超链接，如图 10-10 所示。

(4) 单击该超链接，即可打开网络浏览器并跳转到百度贴吧页面，如图 10-11 所示。

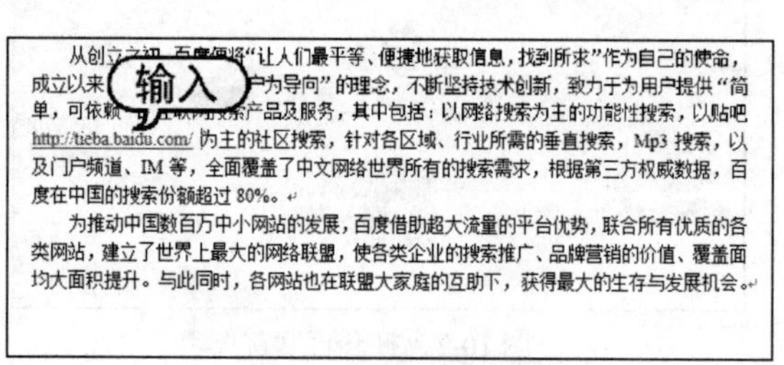

从创立之初，百度便将“让人们最平等、便捷地获取信息，找到所求”作为自己的使命，成立以来……户为导向”的理念，不断坚持技术创新，致力于为用户提供“简单，可依赖……产品及服务，其中包括：以网络搜索为主的功能性搜索，以贴吧 http://tieba.baidu.com/ 为主的社区搜索，针对各区域、行业所需的垂直搜索，Mp3 搜索，以及门户频道、IM 等，全面覆盖了中文网络世界所有的搜索需求，根据第三方权威数据，百度在中国的搜索份额超过 80%。

为推动中国数百万中小网站的发展，百度借助超大流量的平台优势，联合所有优质的各类网站，建立了世界上最大的网络联盟，使各类企业的搜索推广、品牌营销的价值、覆盖面均大面积提升。与此同时，各网站也在联盟大家庭的互助下，获得最大的生存与发展机会。

图 10-10　输入超链接文本

图 10-11　打开百度贴吧页面

10.1.3　编辑超链接

在 Word 中不仅可以插入超链接，还可以对超链接进行编辑，如修改链接的网址及其提示文本，修改默认的超链接外观等。

1. 修改超链接的网址及其提示文本

要修改超链接的网址及其提示文本，只需右击该超链接，在弹出的快捷菜单中选择【编辑超链接】命令，打开【编辑超链接】对话框，如图 10-12 所示。

在【编辑超链接】对话框中，可以进行相应的修改。在【要显示的文字】文本框中可以修改超链接的网址；单击【屏幕提示】按钮，打开【设置超链接屏幕提示】对话框，在该对话框中可以修改提示文本。

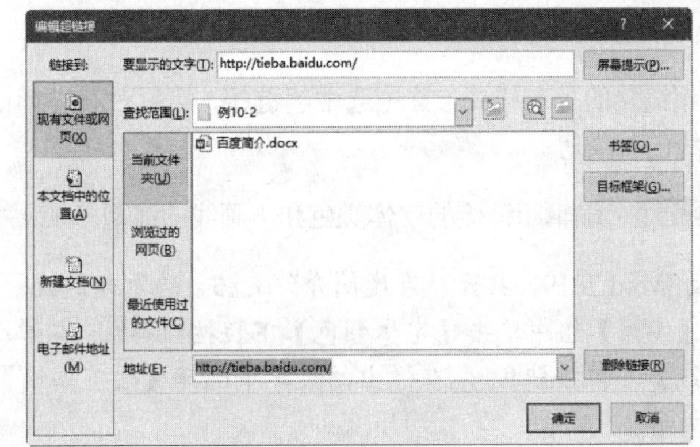

图 10-12　打开【编辑超链接】对话框

【例 10-3】 编辑超链接，改变其文本和屏幕提示。 视频

(1) 启动 Word 2019，打开“百度简介”文档，将插入点定位在超链接 http://tieba.baidu.com/ 中，右击，在弹出的快捷菜单中选择【编辑超链接】命令，如图 10-13 所示。

(2) 打开【编辑超链接】对话框，在【要显示的文本】文本框中输入 mail.baidu.net，在【地址】文本框中输入 http://mail.baidu.net/，单击【屏幕提示】按钮，如图 10-14 所示。

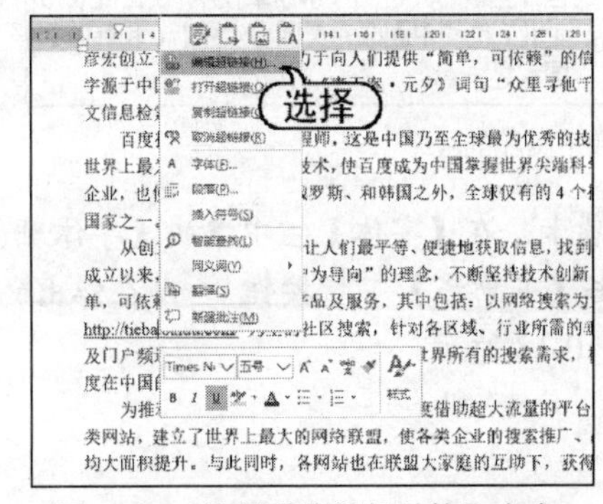

图 10-13　选择【编辑超链接】命令

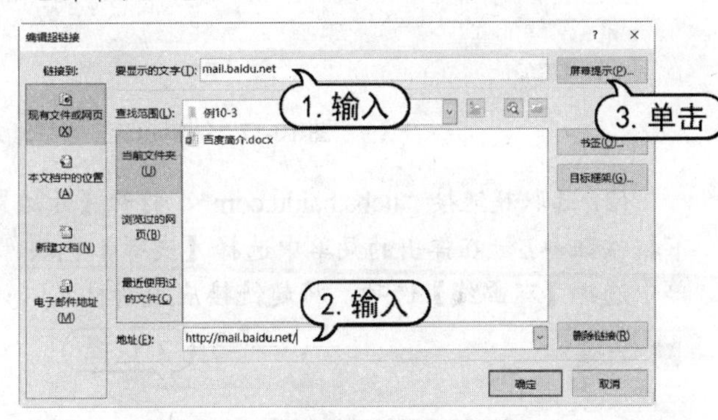

图 10-14　【编辑超链接】对话框

(3) 打开【设置超链接屏幕提示】对话框，在【屏幕提示文字】文本框中输入“企业邮箱”，单击【确定】按钮，如图 10-15 所示。

(4) 返回【编辑超链接】对话框，单击【确定】按钮。此时，文档中将出现以蓝色下画线显示的超链接，将光标移到该超链接上，将出现屏幕提示文本，如图 10-16 所示。

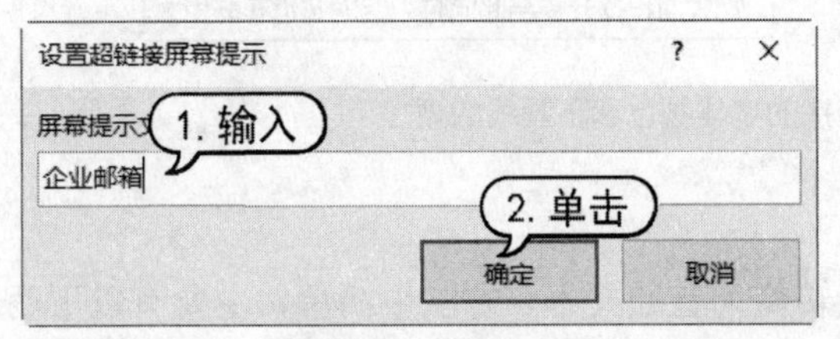

图 10-15　【设置超链接屏幕提示】对话框

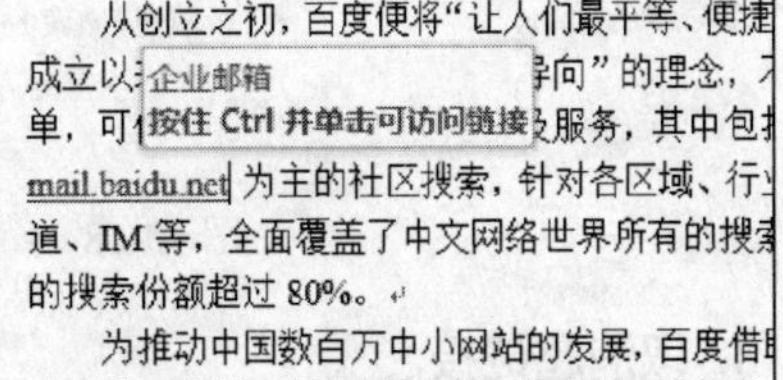

图 10-16　显示编辑后的超链接

2. 修改超链接的外观

要修改超链接的外观样式，首先选中超链接，然后对其进行格式化。例如，修改字体、字号、颜色、下画线的种类等。

【例 10-4】 编辑超链接的字体颜色和下画线的线型。视频

(1) 启动 Word 2019，打开“百度简介”文档，选取超链接“www.baidu.com”，打开【开始】选项卡，在【字体】组中单击【字体颜色】下拉按钮，在弹出的菜单中选择【绿色】色块，单击【下画线】下拉按钮，在弹出的菜单中选择【虚下画线】选项，将超链接应用新样式，如图 10-17 所示。

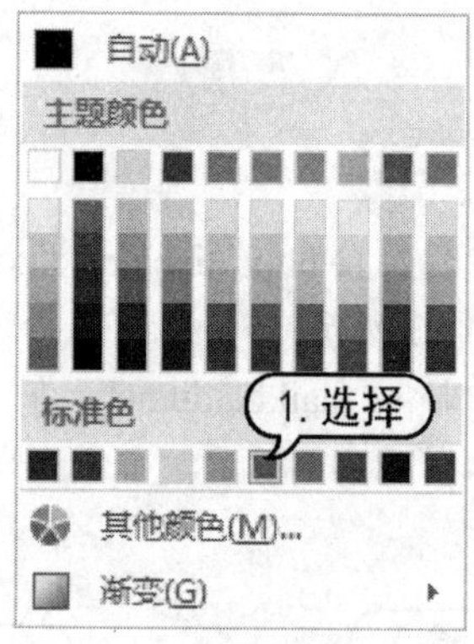

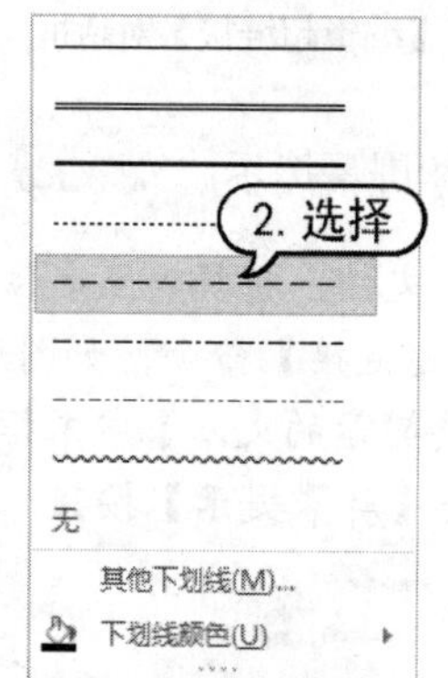

图 10-17 编辑超链接的字体颜色和下画线的线型

(2) 选取超链接“tieba.baidu.com”，打开【开始】选项卡，在【字体】组中单击【字体颜色】下拉按钮，在弹出的菜单中选择【浅绿】色块，单击【下画线】下拉按钮，在弹出的菜单中选择【双画线】选项，将超链接应用新样式，如图 10-18 所示。

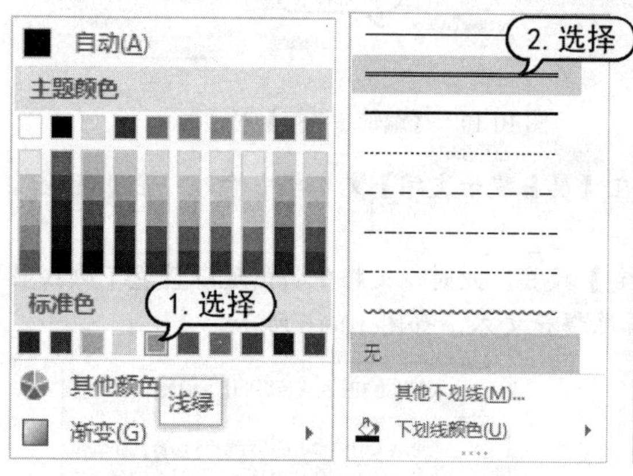

图 10-18 编辑超链接的字体颜色和下画线的型

3. 取消超链接

插入一个超链接后，可以随时将超链接转换为普通文本，方法很简单，主要有以下两种操作方法。

- 右击超链接，从弹出的快捷菜单中选择【取消超链接】命令，如图 10-19 所示。

▽ 选择超链接，按 Shift+Ctrl+F9 组合键。

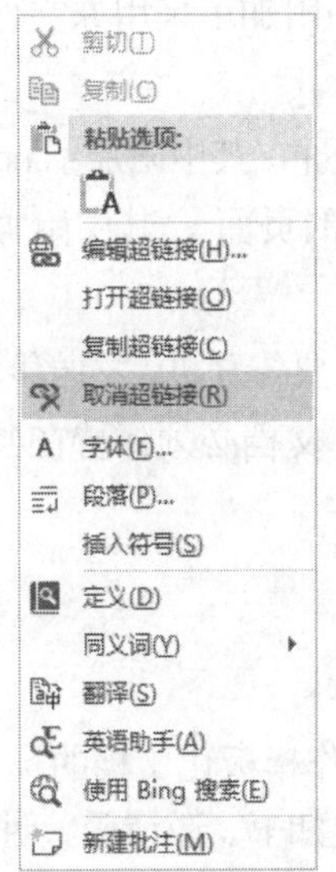

图 10-19 选择【取消超链接】命令

> **提示**
>
> 在文档中插入超链接后，系统会自动在超链接的下面显示一条下画线，打印文档时，下画线也会被打印出来。选取超链接，打开【开始】选项卡，在【字体】组中单击【下画线】按钮 U 或者按 Ctrl+U 组合键，系统就会在保持该超链接的基础上取消其下画线。

10.2 发送电子邮件

在 Word 2019 中，可以将文档作为电子邮件发送。用户还可以借助 Word 的邮件合并功能来批量处理电子邮件。

在需要发送的文档中，单击【文件】按钮，在弹出的菜单中选择【共享】选项，在中间的窗格里选择【电子邮件】选项，并在右侧窗格中选择一种发送方式，如【作为附件发送】选项，如图 10-20 所示。此时自动启动 Outlook 2019，打开一个邮件窗口，文档名已填入【附件】框中，在【收件人】【主题】和【抄送】文本框中填写相关信息，单击【发送】按钮，即可以邮件的形式发送文档，如图 10-21 所示。

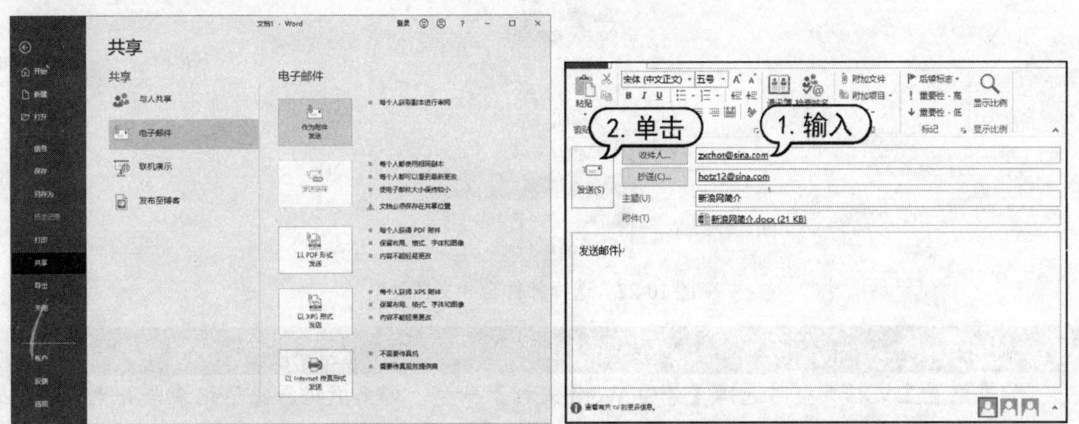

图 10-20 选择电子邮件的发送方式　　图 10-21 邮件窗口

电子邮件的发送方式主要有如下几种。

- 作为附件发送：以附件形式发送的电子邮件页面，其中附加了采用原文件格式的文件副本及网页形式的文件副本。
- 以PDF形式发送：以电子邮件的形式发送 PDF形式的页面，其中附加了.pdf 格式的附件。
- 以 XPS 形式发送：以电子邮件的形式发送 XPS 形式的页面，其中附加了.xps 格式的附件。
- 以 Internet 传真形式发送：只需要传真服务提供商，不需要传真机，发送传真形式的文件。
- 作为链接发送：以链接方式发送，可以看到更新内容，文档必须保持在共享位置。

10.3 邮件合并

邮件合并是 Word 的一项高级功能，能够在任何需要大量制作模板化文档的场合中大显身手。用户可以借助 Word 的邮件合并功能来批量处理电子邮件，如通知书、邀请函、明信片、准考证、成绩单、毕业证书等，从而提高办公效率。邮件合并是将作为邮件发送的文档与由收信人信息组成的数据源合并在一起，作为完整的邮件。邮件合并操作的主要过程包括创建主文档、选择数据源和合并文档等。

10.3.1 创建主文档

要合并的邮件由两部分组成，一部分是在合并过程中保持不变的主文档，另一部分是包含多种信息(如姓名、单位等)的数据源。因此，进行邮件合并时，首先应该创建主文档。创建主文档的方法有两种：一种是新建一个文档作为主文档；另一种是将已有的文档转换为主文档。

如果要新建一个文档作为主文档，首先打开【邮件】选项卡，在【开始邮件合并】组中单击【开始邮件合并】按钮，在弹出的如图 10-22 所示的菜单中选择文档类型，如【信函】【电子邮件】【信封】【标签】和【目录】等，即可创建一个主文档。

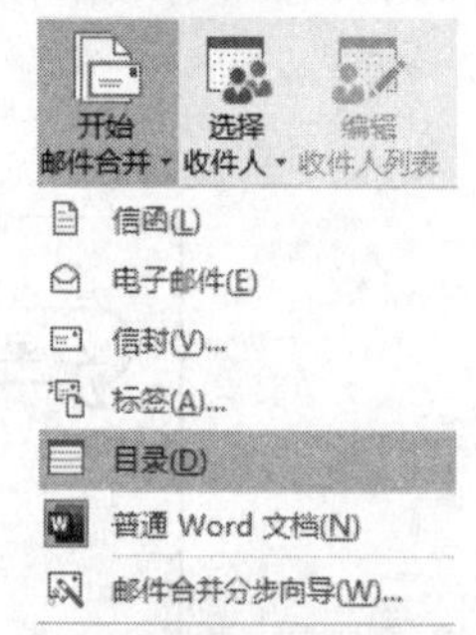

图 10-22 选择邮件合并文档类型

> **提示**
>
> 如果设置主文档类型时选择【普通 Word 文档】命令，那么数据源每条记录合并生成的内容后面都有【下一页】的分页符，每条记录所生成的合并内容都会从新页面开始。如果想节省版面，可以选择【目录】类型，这样合并后每条记录之前的分页符自动设置为【连续】。

如果要将已有的文档转换为主文档，首先打开一篇已有的文档，打开【邮件】选项卡，在【开始邮件合并】组中单击【开始邮件合并】按钮，在弹出的菜单中选择【邮件合并分步向导】命令，打开【邮件合并】任务窗格，在其中进行相应的设置，就可以将该文档转换为主文档。

【例 10-5】　打开“百度简介”文档，将其转换为信函类型的主文档。视频

(1) 启动 Word 2019，打开“百度简介”文档，打开【邮件】选项卡，在【开始邮件合并】组中单击【开始邮件合并】按钮，在弹出的菜单中选择【邮件合并分步向导】命令，如图 10-23 所示。

(2) 打开【邮件合并】任务窗格，选中【信函】单选按钮，单击【下一步：开始文档】链接，如图 10-24 所示。

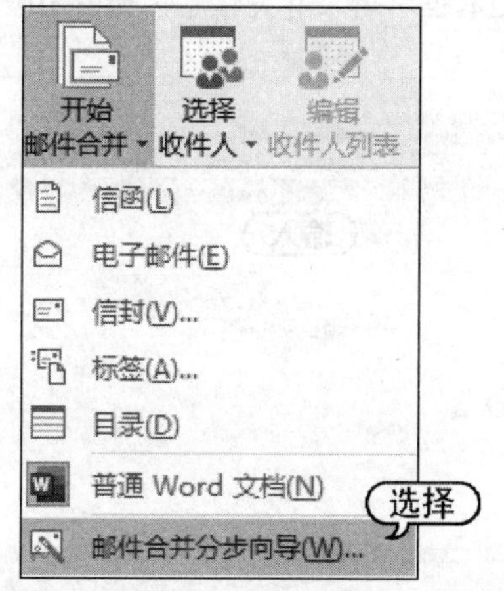

图 10-23　选择【邮件合并分步向导】命令

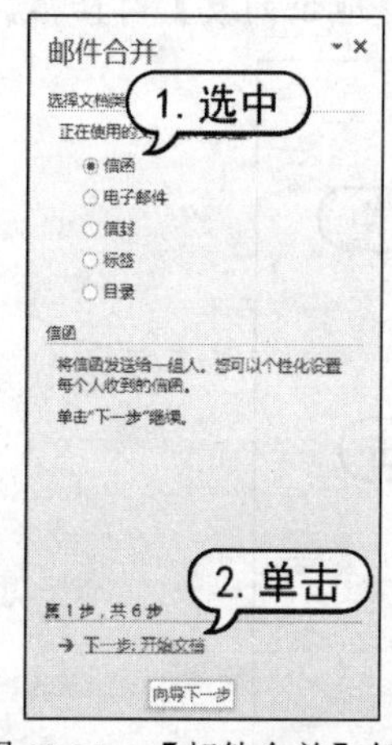

图 10-24　【邮件合并】任务窗格

(3) 打开如图 10-25 所示的【邮件合并】任务窗格，选中【使用当前文档】单选按钮。

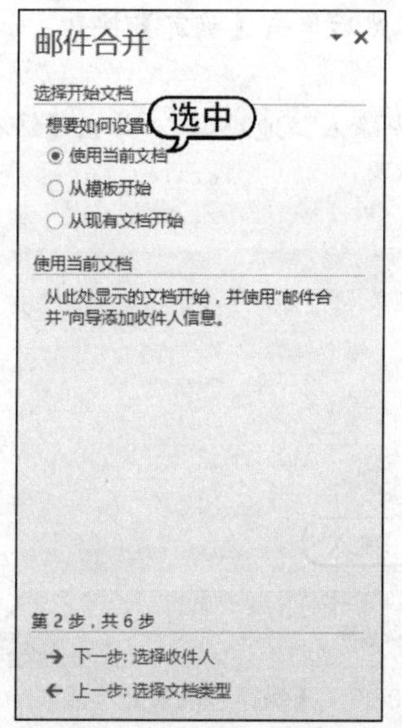

图 10-25　选中【使用当前文档】单选按钮

提示

操作到此步骤时可以先暂停，学习下面的章节内容时，将会在该例题的基础上进行补充。

10.3.2　选择数据源

数据源是指要合并到文档中的信息文件，如要在邮件合并中使用的名称和地址列表等。主文档必须连接到数据源，才能使用数据源中的信息。在邮件合并过程中所使用的【地址列表】是一个专门用于邮件合并的数据源。

【例 10-6】 在例 10-5 的基础上，创建一个名为“地址簿”的数据源并输入信息。 视频

(1) 在如图 10-25 所示的任务窗格中，单击【下一步：选择收件人】链接，打开如图 10-26 所示的任务窗格，选中【键入新列表】单选按钮，在【键入新列表】选项区域中单击【创建】链接。

(2) 打开【新建地址列表】对话框，在相应的域文本框中输入有关信息，如图 10-27 所示。

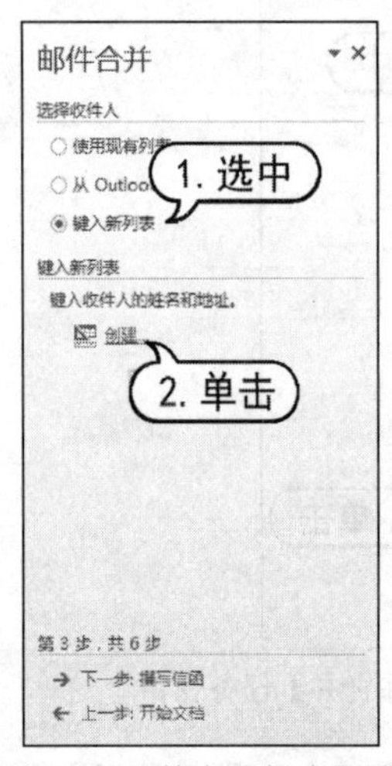

图 10-26　单击【创建】链接

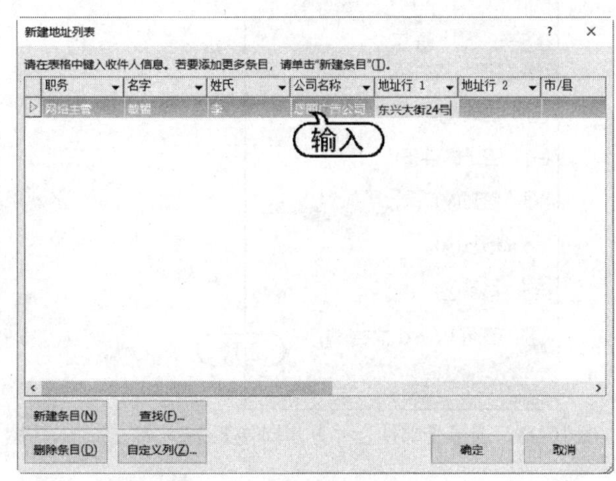

图 10-27　【新建地址列表】对话框

(3) 单击【新建条目】按钮，可以继续输入其他条目，然后单击【确定】按钮，如图 10-28 所示。

(4) 打开【保存通讯录】对话框，在【文件名】文本框中输入“地址簿”，单击【保存】按钮，如图 10-29 所示。

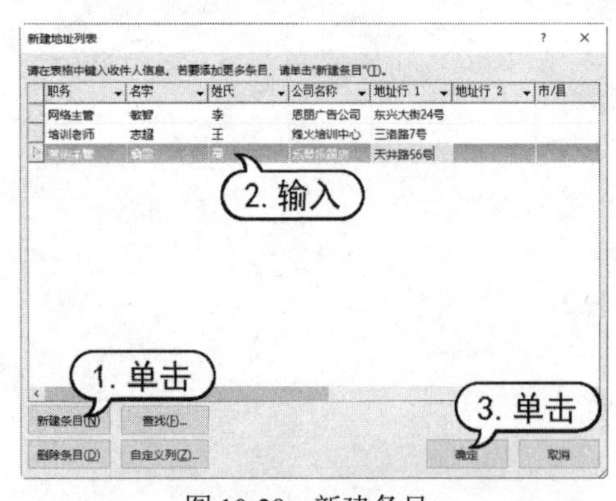

图 10-28　新建条目

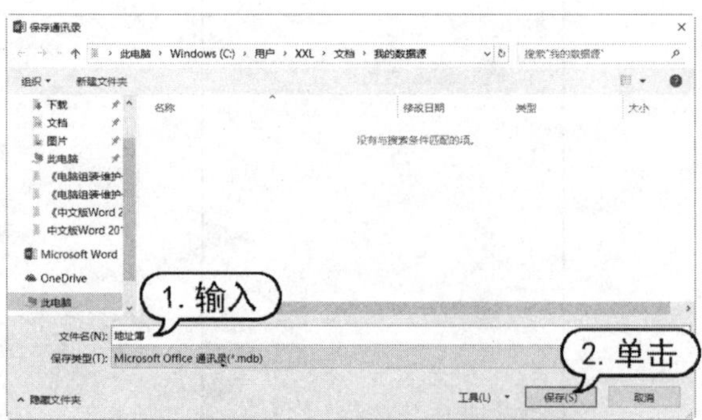

图 10-29　【保存通讯录】对话框

(5) 打开【邮件合并收件人】对话框，在该对话框列出了创建的所有条目，单击【确定】按

钮，如图 10-30 所示。

(6) 返回【邮件合并】任务窗格，在【使用现有列表】选项区域中，可以看到创建的列表名称，如图 10-31 所示。

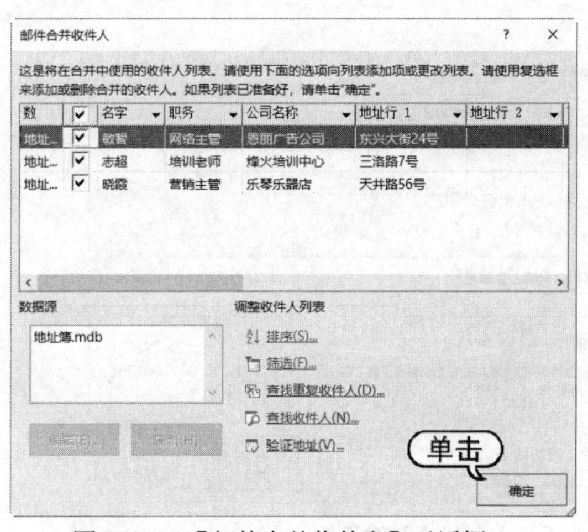

图 10-30　【邮件合并收件人】对话框

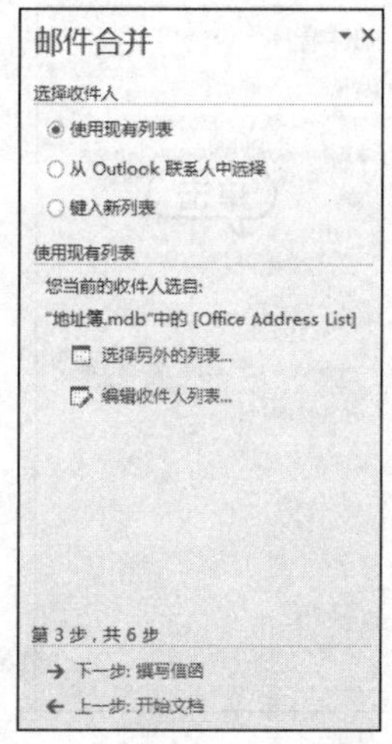

图 10-31　完成收件人条目的创建

10.3.3　编辑主文档

创建完数据源后就可以编辑主文档了。在编辑主文档的过程中，需要插入各种域，只有在插入域后，Word 文档才成为真正的主文档。

1. 插入地址块和问候语

要插入地址块，将插入点定位在要插入合并域的位置，在【邮件合并】任务窗格的第 4 步单击【地址块】链接，打开【插入地址块】对话框，在该对话框中使用 3 个合并域插入收件人的基本信息，如图 10-32 所示。

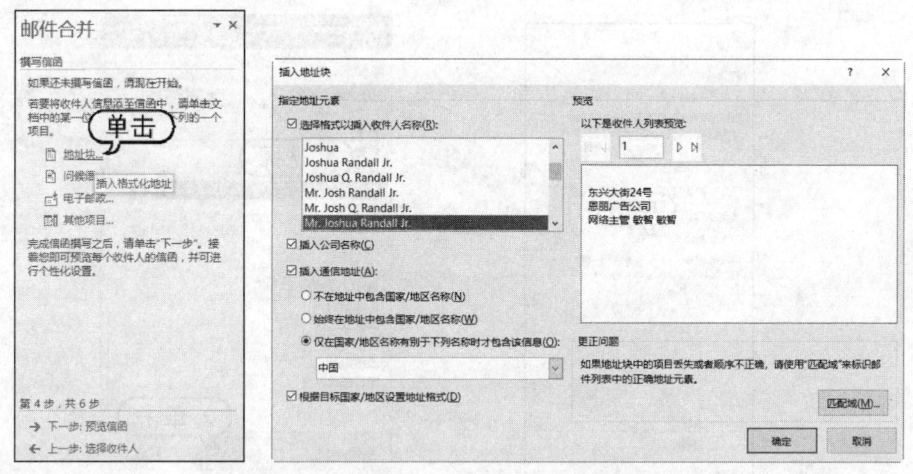

图 10-32　打开【插入地址块】对话框

插入问候语与插入地址块的方法类似，将插入点定位在要插入合并域的位置，在【邮件合并】任务窗格的第 4 步，单击【问候语】链接，打开【插入问候语】对话框，在该对话框中可以自定义问候语格式等，如图 10-33 所示。

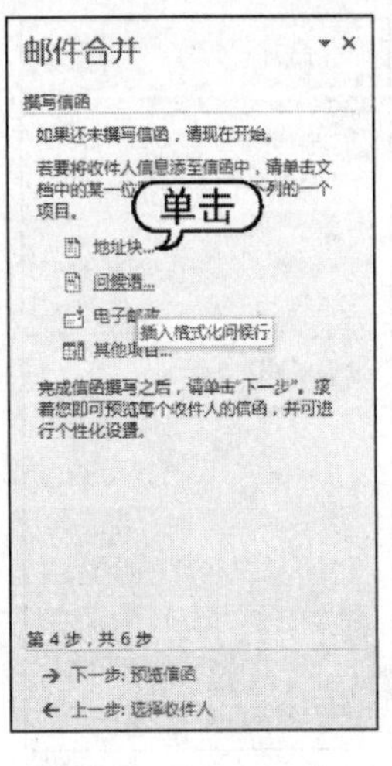

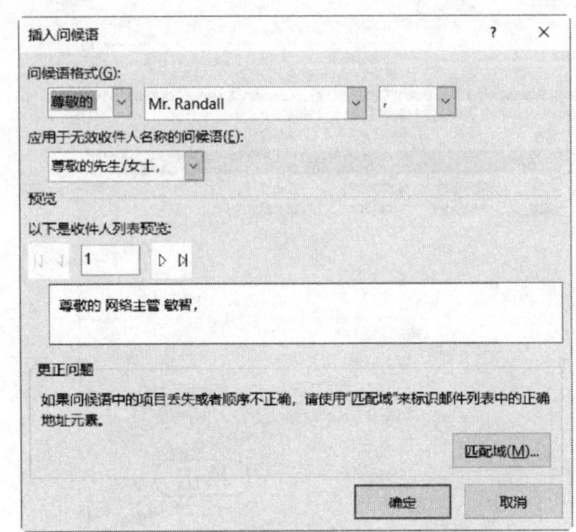

图 10-33　打开【插入问候语】对话框

2. 插入其他合并域

在使用中文编辑邮件合并时，应使用【其他项目】来完成主文档的编辑操作，使其符合中国人的阅读习惯。

【例 10-7】 在例 10-6 的基础上，插入姓名到称呼处。 视频

(1) 在如图 10-31 所示的任务窗格中，单击【下一步：撰写信函】链接，打开如图 10-34 所示的【邮件合并】任务窗格，单击【其他项目】链接。

(2) 打开【插入合并域】对话框，在【域】列表框中选择【姓氏】选项，单击【插入】按钮，如图 10-35 所示。

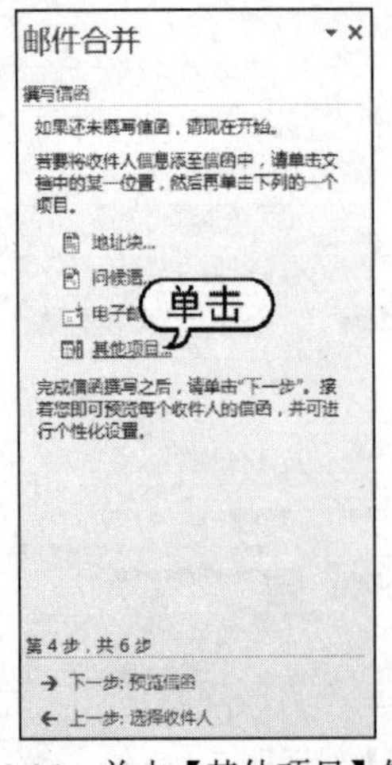

图 10-34　单击【其他项目】链接

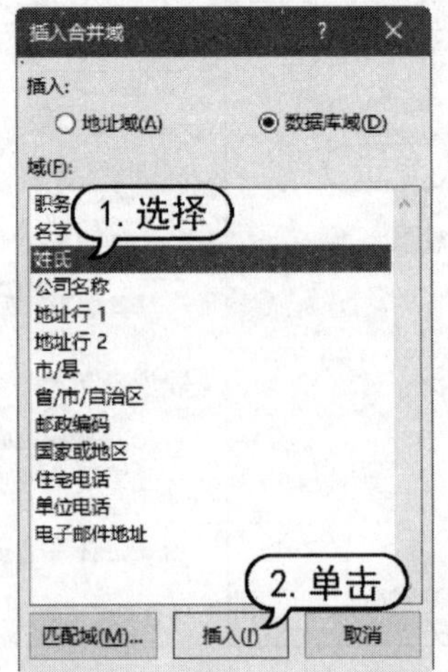

图 10-35　【插入合并域】对话框

(3) 此时将域【姓氏】插入文档。使用同样的方法，插入域【名字】，如图 10-36 所示。

(4) 在【邮件合并】任务窗格中单击【下一步：预览信函】链接，在文档中插入收件人的信息并进行预览，如图 10-37 所示。

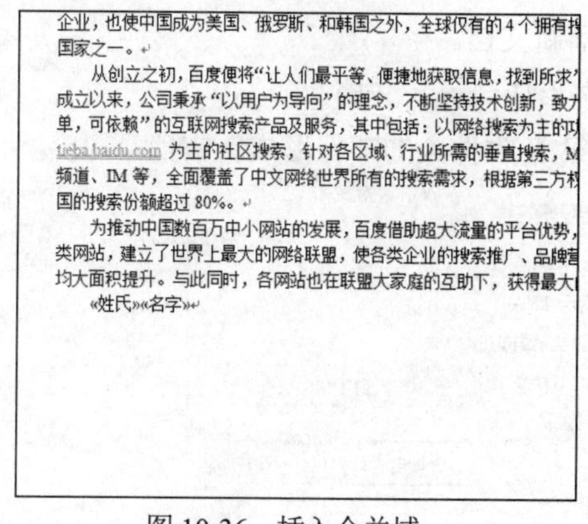

图 10-36　插入合并域

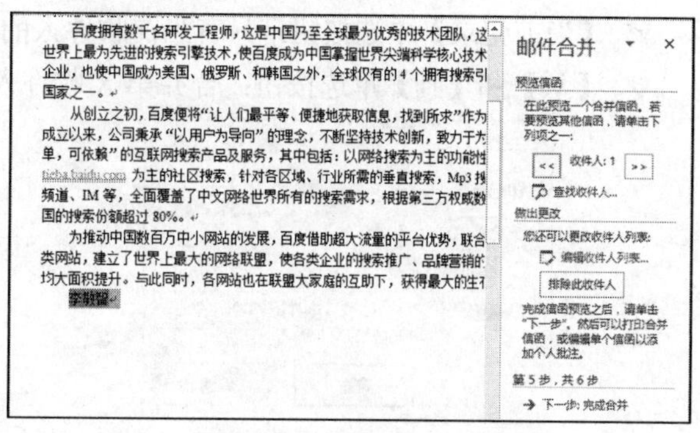

图 10-37　预览信函

3. 合并文档

主文档编辑完成并设置数据源后，需要将两者进行合并，从而完成邮件合并工作。要合并文档，只需在如图 10-37 所示的任务窗格中，单击【下一步：完成合并】链接即可。

完成文档合并后，在任务窗格的【合并】选项区域中可实现两个功能：合并到打印机和合并到新文档，用户可以根据需要进行选择，如图 10-38 所示。

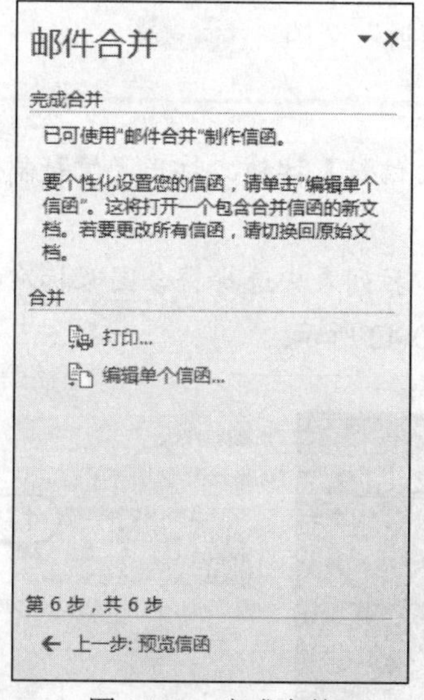

图 10-38　完成合并

提示

使用邮件合并功能的文档，其文本不能使用类似 1.，2.，3. …数字或字母序列的自动编号，应使用非自动编号，否则邮件合并后生成的文档，下文将自动接上文继续编号，造成文本内容的改变。

在任务窗格中单击【打印】链接，将打开如图 10-39 所示的【合并到打印机】对话框，该对话框中主要选项的功能如下所示。

- 【全部】单选按钮：打印所有收件人的邮件。
- 【当前记录】单选按钮：只打印当前收件人的邮件。

- 【从】和【到】单选按钮：打印从第 X 收件人到第 X 收件人的邮件。

在任务窗格中单击【编辑单个信函】链接，将打开如图 10-40 所示的【合并到新文档】对话框，该对话框中主要选项的功能如下所示。

- 【全部】单选按钮：所有收件人的邮件形成一篇新文档。
- 【当前记录】单选按钮：只有当前收件人的邮件形成一篇新文档。
- 【从】和【到】单选按钮：合并第 X 收件人到第 X 收件人的邮件形成新文档。

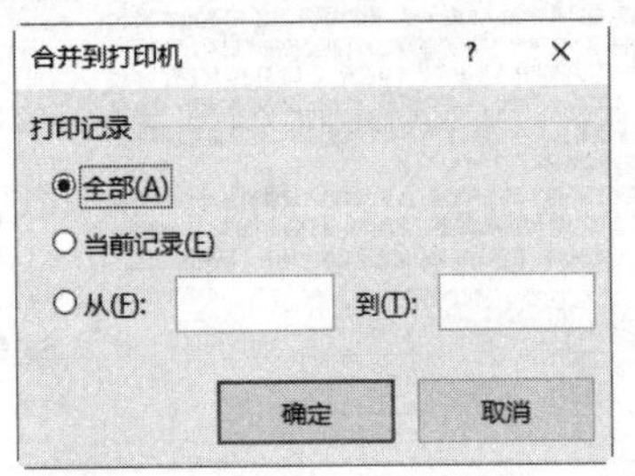

图 10-39 【合并到打印机】对话框

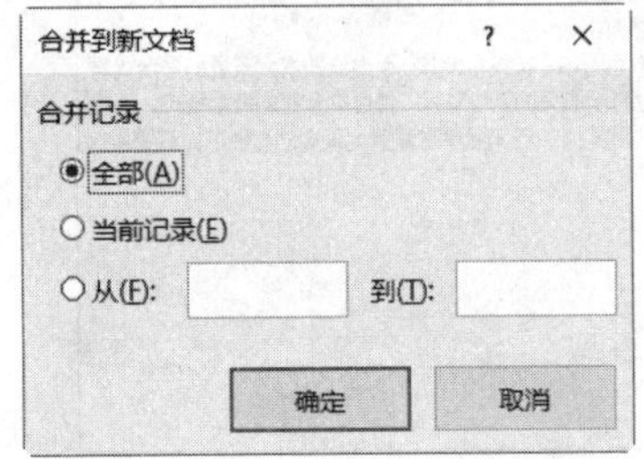

图 10-40 【合并到新文档】对话框

10.4 制作中文信封

Word 2019 提供了制作中文信封的功能，用户可以利用该功能制作符合国家标准，含有邮政编码、地址和收信人的信封。

【例 10-8】 使用 Word 2019 中文信封功能制作"信封"文档。 视频

(1) 启动 Word 2019，创建一个空白文档。

(2) 打开【邮件】选项卡，在【创建】组中单击【中文信封】按钮，打开【信封制作向导】对话框，单击【下一步】按钮，如图 10-41 所示。

(3) 打开【选择信封样式】对话框，在【信封样式】下拉列表中选择符合国家标准的信封型号，并选中所有的复选框，单击【下一步】按钮，如图 10-42 所示。

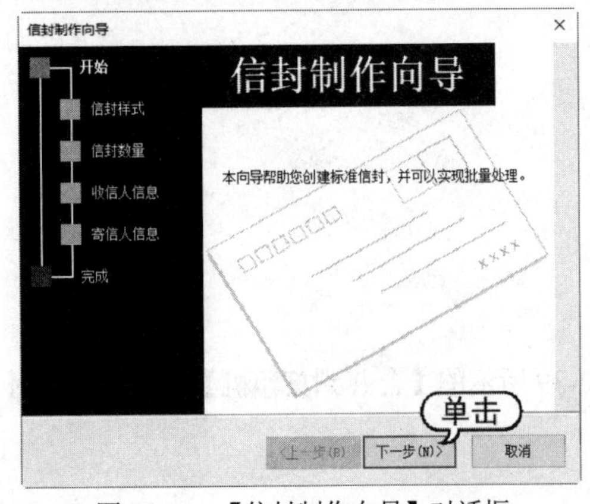

图 10-41 【信封制作向导】对话框

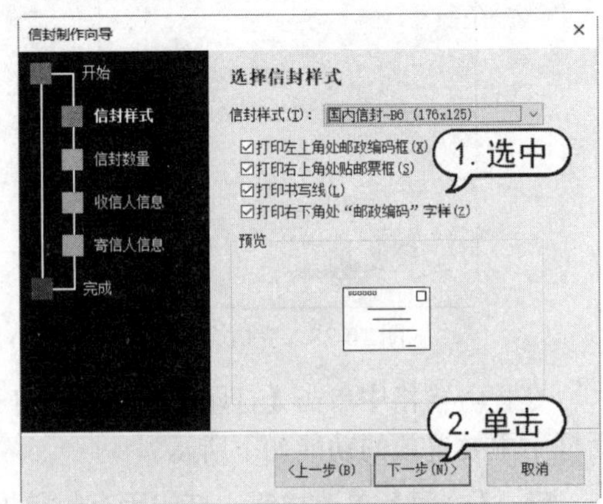

图 10-42 【选择信封样式】对话框

(4) 打开【选择生成信封的方式和数量】对话框，保持默认设置后，单击【下一步】按钮，如图 10-43 所示。

(5) 打开【输入收信人信息】对话框，输入收件人信息，单击【下一步】按钮，如图 10-44 所示。

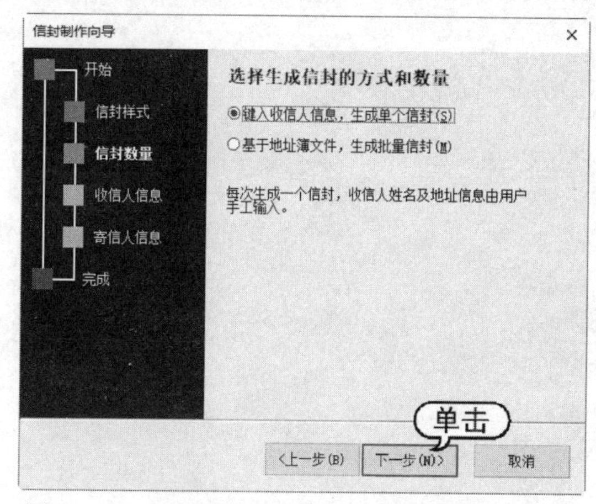

图 10-43　【选择生成信封的方式和数量】对话框

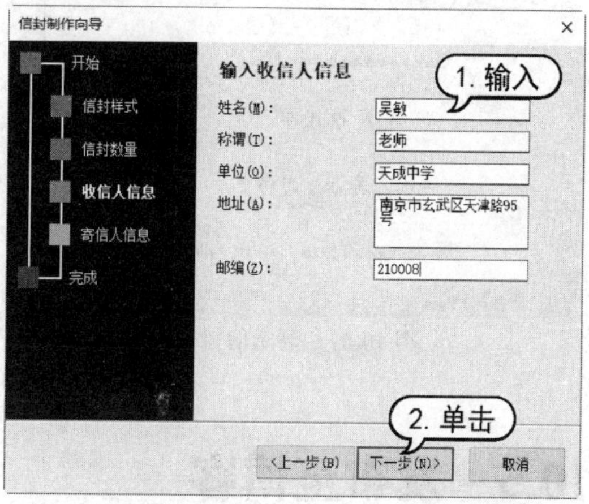

图 10-44　【输入收信人信息】对话框

(6) 打开【输入寄信人信息】对话框，输入寄信人的信息，单击【下一步】按钮，如图 10-45 所示。

(7) 打开信封制作完成对话框，单击【完成】按钮，如图 10-46 所示。

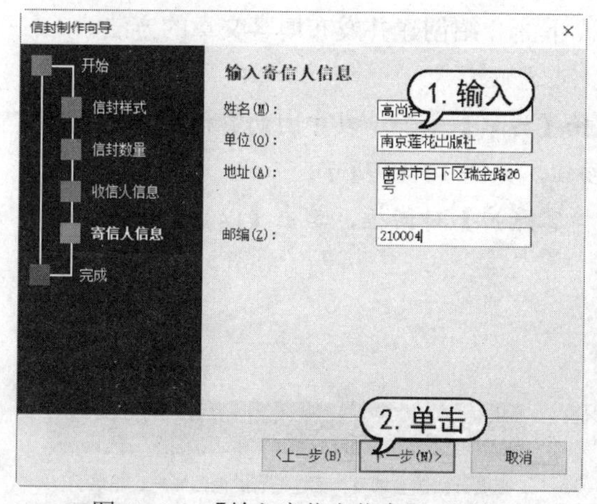

图 10-45　【输入寄信人信息】对话框

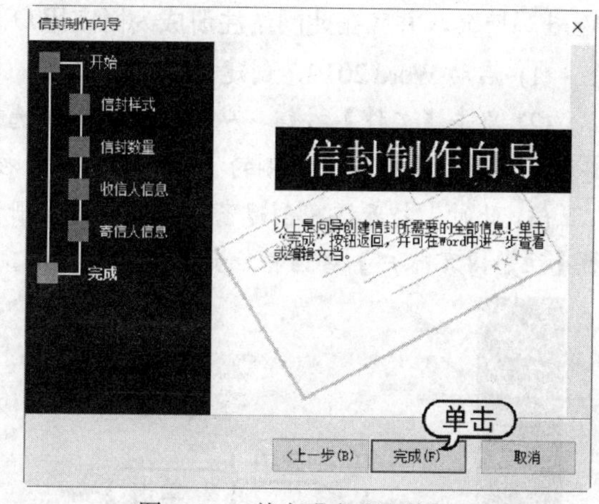

图 10-46　单击【完成】按钮

(8) 完成信封的制作后，会自动打开信封 Word 文档，设置字体为【楷体】，设置第 1 行和第 4 行文本的字号为【小四】，设置第 2 行和第 3 行文本的字号为【一号】，效果如图 10-47 所示。

(9) 在快速访问工具栏中单击【保存】按钮，将文档以“信封”为名进行保存。

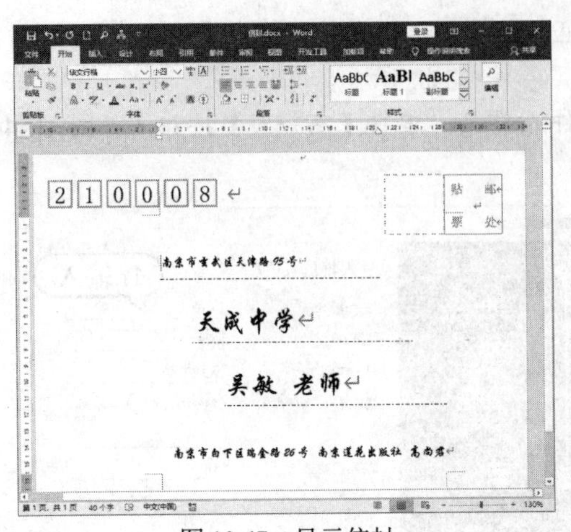

图 10-47　显示信封

提示

用中文信封功能不仅可以制作单个信封，还可以制作批量信封。制作批量信封时，必须使用邮件合并功能。

10.5　发布至博客

使用 Word 2019 提供的发布博客功能，可以直接在 Word 2019 中编写并发布自己的博客文章。

Word 2019 支持当前文档以博客文章的方法将内容发布到网站。当然，博客网站必须支持 Word 写博客，并应在此网站注册成为博客用户。下面介绍创建并发布博客文章的方法。

(1) 启动 Word 2019，创建一个空白文档。

(2) 单击【文件】按钮，从弹出的菜单中选择【共享】命令，在中间的窗格中选择【发布至博客】选项，然后单击右侧的【发布至博客】按钮，如图 10-48 所示。

(3) 此时，打开博客创建窗口，打开【注册博客账户】对话框，单击【以后注册】按钮，关闭【注册博客账户】对话框，如图 10-49 所示。

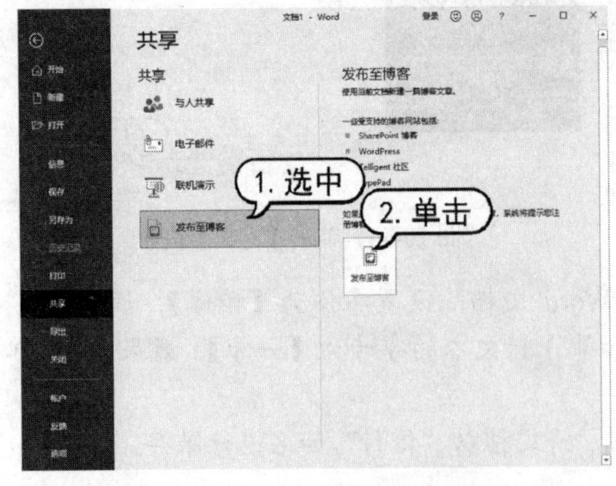

图 10-48　单击【发布至博客】按钮

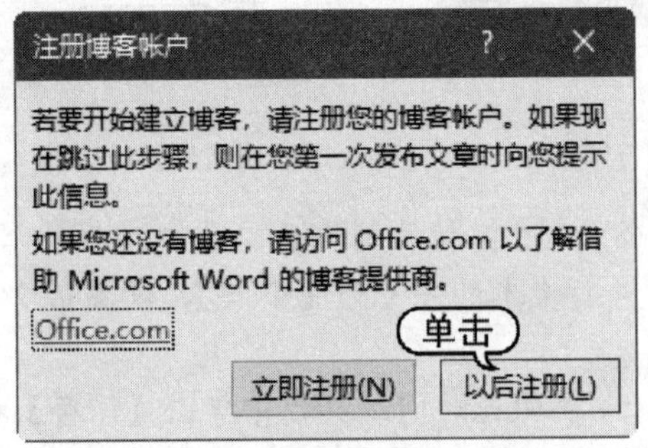

图 10-49　单击【以后注册】按钮

(4) 在博客创建窗口中输入博客文章的标题和内容，如图 10-50 所示。

(5) 博客文档创建完成后，在【博客文章】选项卡的【博客】组中单击【发布】按钮，从弹出的下拉菜单中选择【发布】命令，如图 10-51 所示。

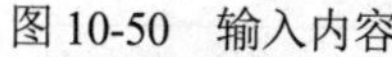

图 10-50　输入内容

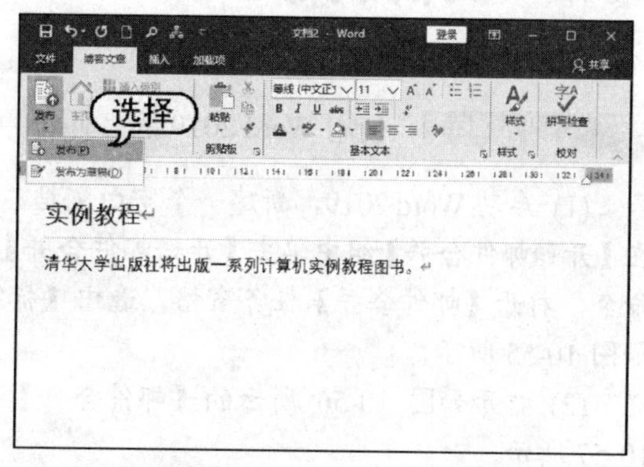

图 10-51　选择【发布】命令

(6) 打开【注册博客账户】对话框，单击【注册账户】按钮，如图 10-52 所示。

(7) 打开【新建博客账户】对话框，在【博客】下拉列表中选择【其他】选项，单击【下一步】按钮，如图 10-53 所示。

图 10-52　单击【注册账户】按钮

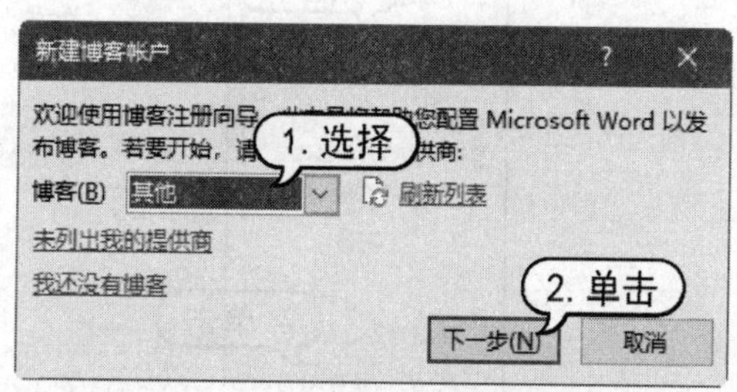

图 10-53　选择【其他】选项

(8) 打开【新建账户】对话框，在其中输入博客地址、用户名和密码，单击【确定】按钮，即可完成 Word 与博客账户的关联设置，如图 10-54 所示。

(9) 此时，Word 将当前文档发布到博客网站，用户可以通过网页浏览器登录到博客页面查看发布的文章。

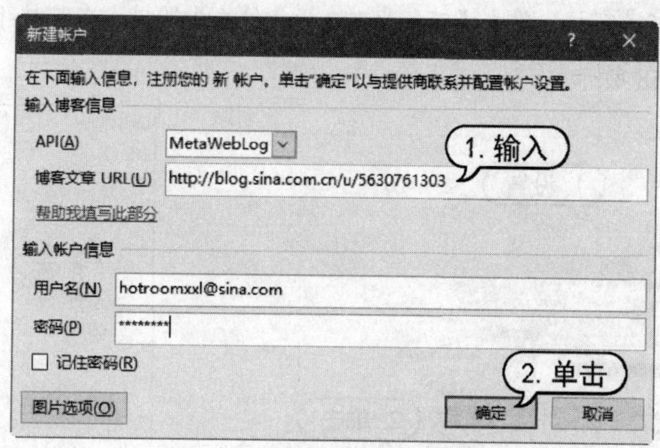

图 10-54　【新建账户】对话框

计算机基础与实训教材系列

10.6 实例演练

【例 10-9】 使用 Word 2019 的邮件合并功能创建批量邮件标签。 视频

(1) 启动 Word 2019，新建一个空白文档，命名为“批量邮件标签”。打开【邮件】选项卡，在【开始邮件合并】组中单击【开始邮件合并】按钮，在弹出的菜单中选择【邮件合并分步向导】命令，打开【邮件合并】任务窗格。选中【标签】单选按钮，单击【下一步：开始文档】链接，如图 10-55 所示。

(2) 打开如图 10-56 所示的【邮件合并】任务窗格，单击窗格中的【标签选项】链接，如图 10-57 所示。

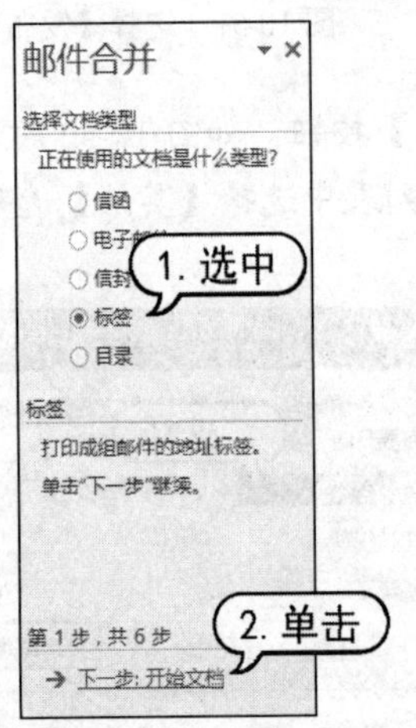

图 10-55 选中【标签】单选按钮

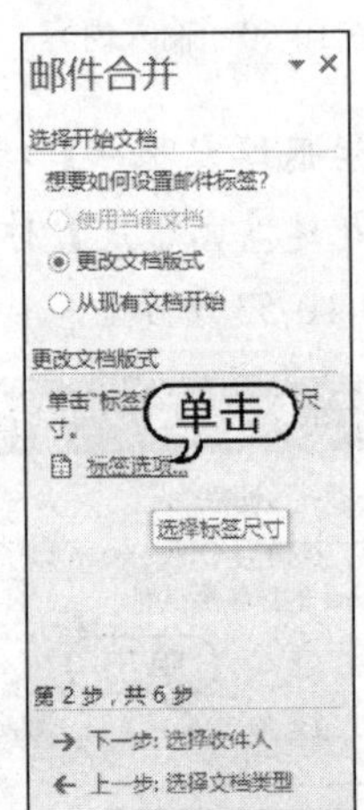

图 10-56 单击【标签选项】链接

(3) 打开【标签选项】对话框，在【纸盒】下拉列表中选择默认纸盒，在【标签供应商】下拉列表中选择 Avery US Letter 选项，在【产品编号】列表框中选择 3380 Textured Postcards 选项，单击【确定】按钮，如图 10-57 所示。

(4) 返回【邮件合并】任务窗格，单击【下一步：选择收件人】链接，在新打开的任务窗格中单击【浏览】链接，如图 10-58 所示。

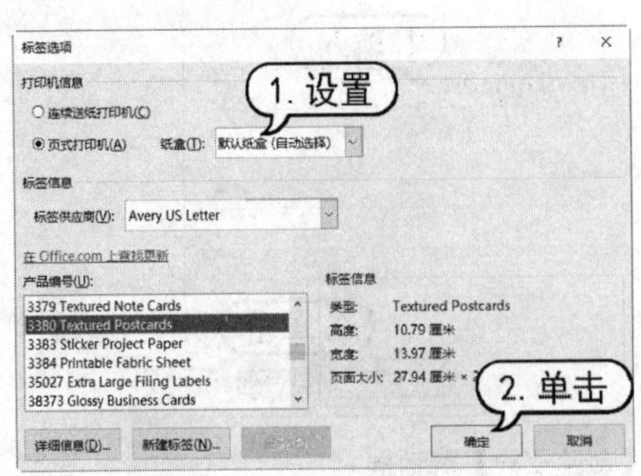

图 10-57 【标签选项】对话框

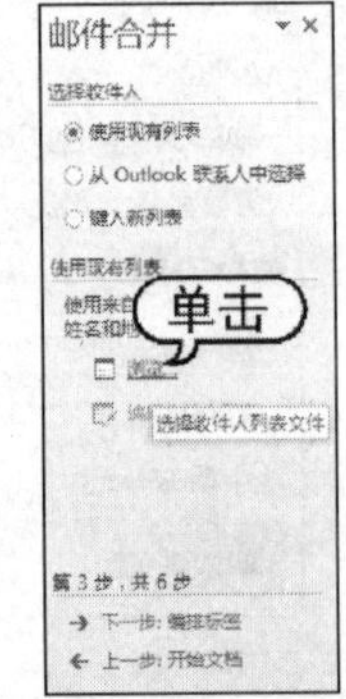

图 10-58 单击【浏览】链接

(5) 打开【选取数据源】对话框，选择【地址簿】文件，单击【打开】按钮，如图 10-59 所示。

(6) 打开【邮件合并收件人】对话框，选取需要的收件人，单击【确定】按钮，如图 10-60 所示。

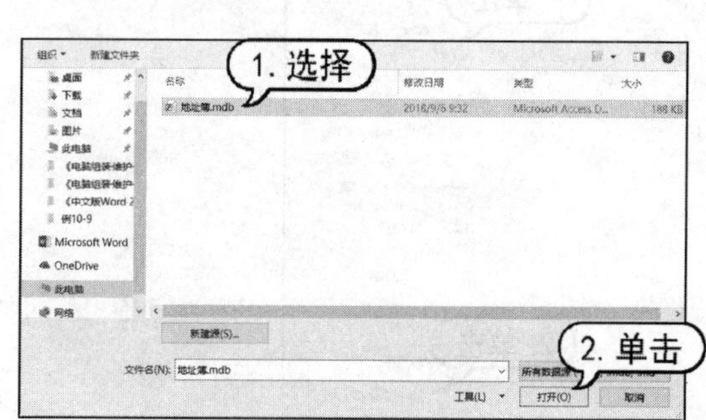

图 10-59　【选取数据源】对话框

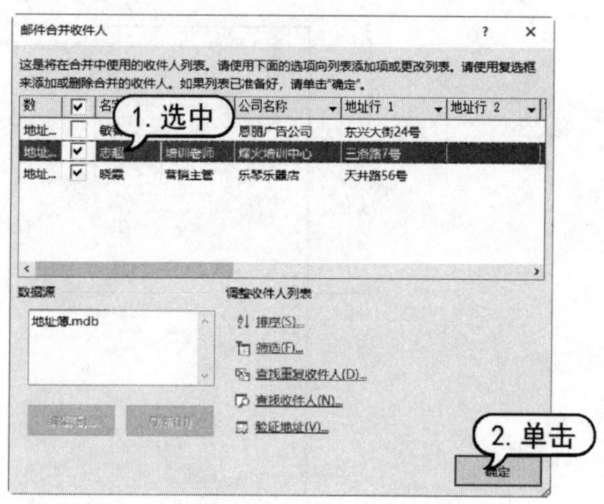

图 10-60　【邮件合并收件人】对话框

(7) 返回任务窗格，单击【下一步：编排标签】链接，打开任务窗格，单击【其他项目】链接，如图 10-61 所示。

(8) 打开【插入合并域】对话框，在【域】列表框中分别选择【地址行 1】【姓氏】和【名字】选项，单击【插入】按钮，如图 10-62 所示。

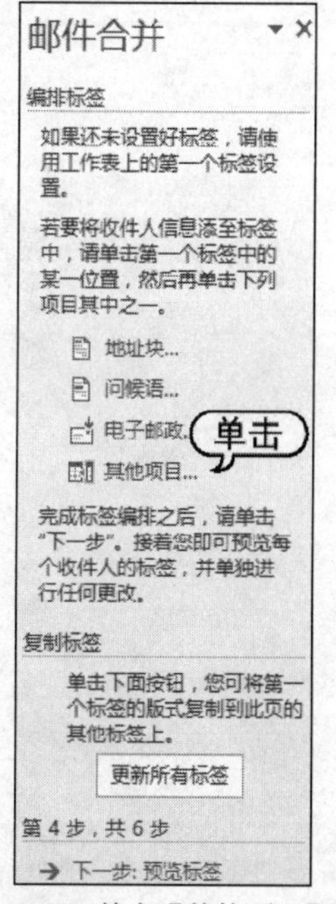

图 10-61　单击【其他项目】链接

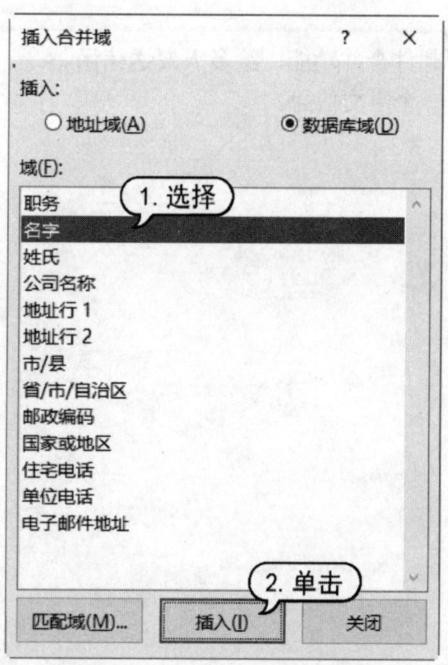

图 10-62　【插入合并域】对话框

(9) 单击【关闭】按钮，关闭对话框，返回任务窗格，单击【下一步：预览标签】链接，打开如图 10-63 所示的任务窗格。此时，系统将数据源中的信息插入到标签中，通过单击【收件人】左右两边的按钮，选取不同的收件人进行查看，单击【下一步：完成合并】链接，生成合并文档，如图 10-64 所示。

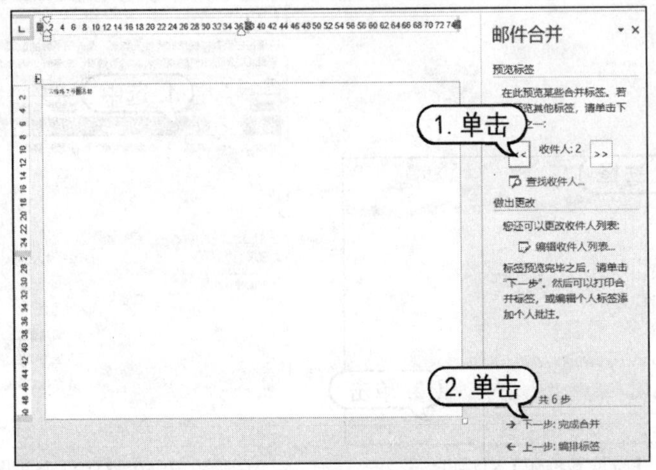

图 10-63　生成合并文档

10.7　习题

1. 新建一个 Word 文档，并在文档中创建几个超链接，然后将该文档作为电子邮件发送出去。

2. 使用邮件合并功能，给多人发送信函。

3. 制作一个中文信封。

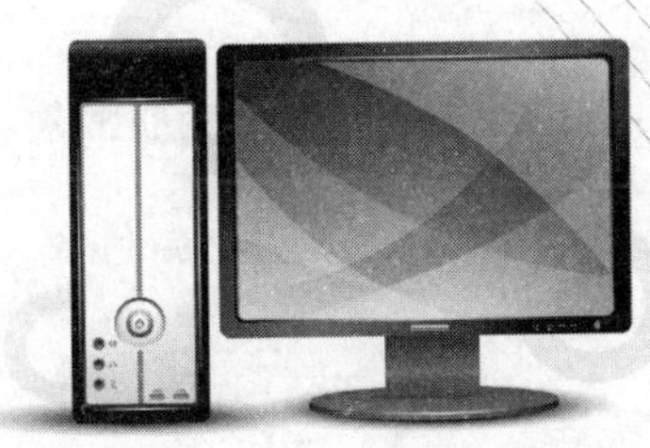

第 11 章

Word文档的保护、转换与打印

Word 2019 提供了文档的保护和转换功能，可以方便地加密文档和快速地转换文档。本章将主要介绍文档的保护、转换操作以及打印设置等内容。

本章重点

- 文档的保护
- 添加打印机
- 文档的转换
- 打印文档

二维码教学视频

【例 11-1】加密文档
【例 11-2】以只读方式保护文档
【例 11-3】保护正文部分
【例 11-4】转换为 Word 2003 格式
【例 11-5】转换为 HTML 格式
【例 11-6】转换为 PDF 格式
【例 11-7】打印文档
【例 11-8】设置打印和保护
【例 11-9】转换文档格式

11.1 保护 Word 文档

为防止他人盗用文档或任意修改排版过的文档，可以对文档进行保护操作，如为文档加密、以只读方式保护文档、保护文档的正文部分等。

11.1.1 加密文档

一些有关个人隐私杂记、公司重要资料等文档不希望别人打开和查看，这时就需要对这些文档进行加密。下面将以实例来介绍为文档加密的方法。

【例 11-1】 加密保护文档。 视频

(1) 启动 Word 2019，打开“公司规章制度”文档，

(2) 单击【文件】按钮，从弹出的菜单中选择【信息】命令，在右侧的窗格中单击【保护文档】下拉按钮，从弹出的下拉菜单中选择【用密码进行加密】命令，如图 11-1 所示。

(3) 打开【加密文档】对话框，在【密码】文本框中输入密码 123，单击【确定】按钮，如图 11-2 所示。

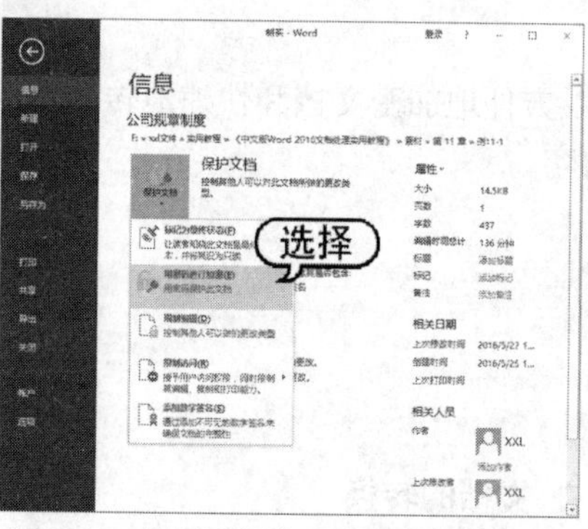

图 11-1 选择【用密码进行加密】命令

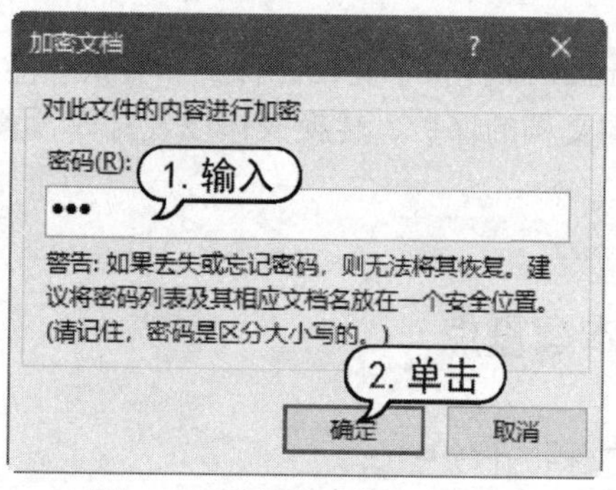

图 11-2 【加密文档】对话框

(4) 打开【确认密码】对话框，在【重新输入密码】文本框中再次输入 123，单击【确定】按钮，如图 11-3 所示。

(5) 返回 Word 2019 窗口，显示如图 11-4 所示的权限信息。

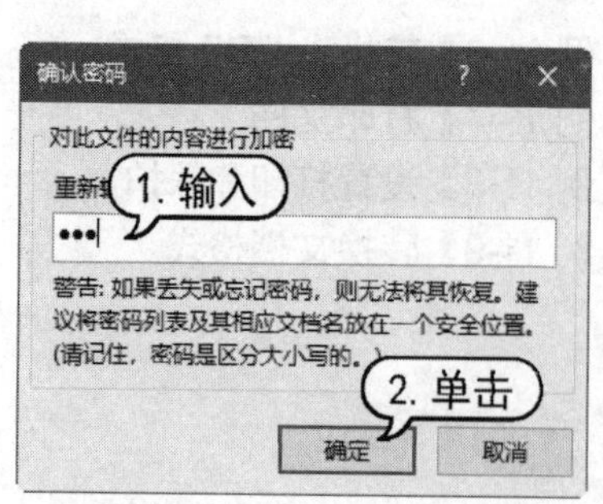

图 11-3 【确认密码】对话框

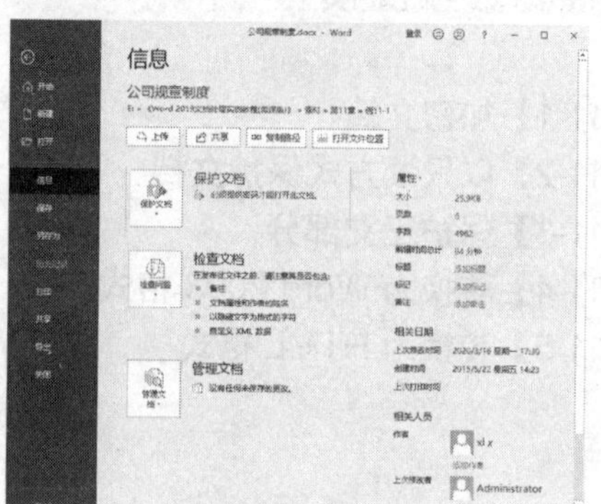

图 11-4 显示权限信息

如果要为文档设置修改密码，单击【文件】按钮，从弹出的菜单中选择【另存为】命令，打开【另存为】对话框，单击【工具】按钮，从弹出的菜单中选择【常规选项】命令，如图 11-5 所示。打开【常规选项】对话框，在【修改文件时的密码】文本框中输入密码，单击【确定】按钮即可，如图 11-6 所示。当文档设置修改密码后，在打开文档后如果不输入正确的密码，只能以只读方式打开文档，而无法编辑文档。

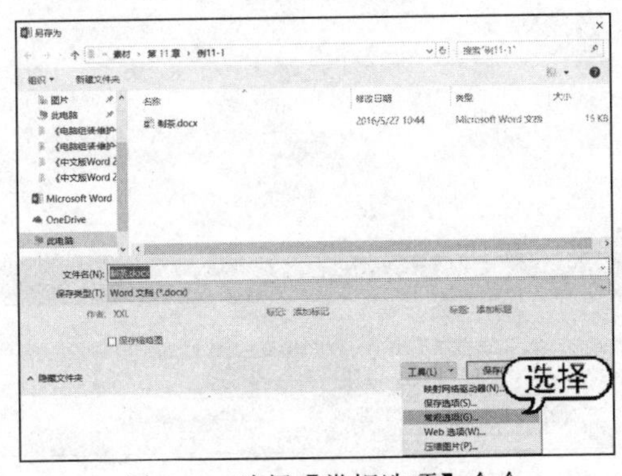

图 11-5　选择【常规选项】命令

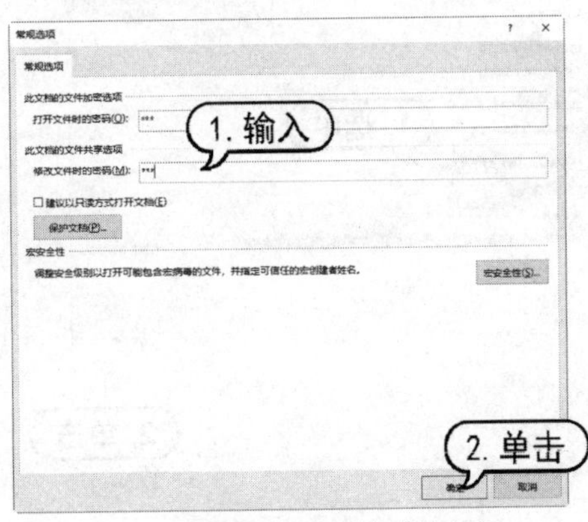

图 11-6　输入修改文件时的密码

11.1.2　以只读方式保护文档

在日常办公中，经常需要将一些文档共享供其他用户查看，但又不希望他人修改，这时就可以使用 Word 保护功能，将文档设置为以只读方式打开。

【例 11-2】 以只读方式保护文档。 视频

(1) 启动 Word 2019，打开“公司规章制度”文档。

(2) 单击【文件】按钮，从弹出的菜单中选择【另存为】命令，在中间的窗格中单击【浏览】按钮，如图 11-7 所示。

(3) 打开【另存为】对话框，单击【工具】按钮，从弹出的菜单中选择【常规选项】命令，如图 11-8 所示。

图 11-7　单击【浏览】按钮

图 11-8　选择【常规选项】命令

(4) 打开【常规选项】对话框，选中【建议以只读方式打开文档】复选框，单击【确定】按钮，如图 11-9 所示。

(5) 保护文档后，当再次打开该文档时，将弹出如图 11-10 所示的信息提示框，单击【是】按钮，文档将以只读方式打开，并在标题栏上显示文字【只读】。

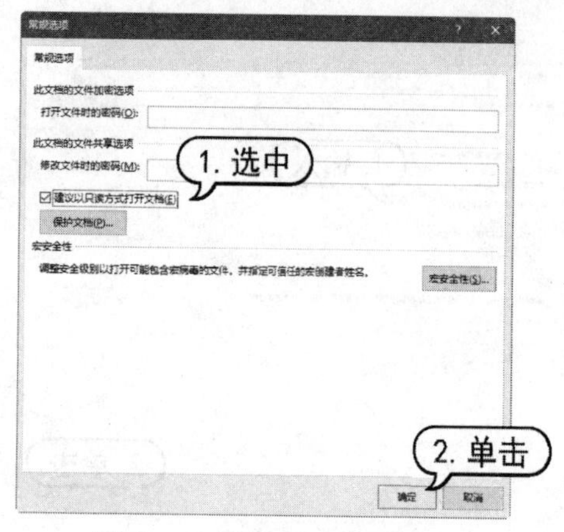

图 11-9 【常规选项】对话框

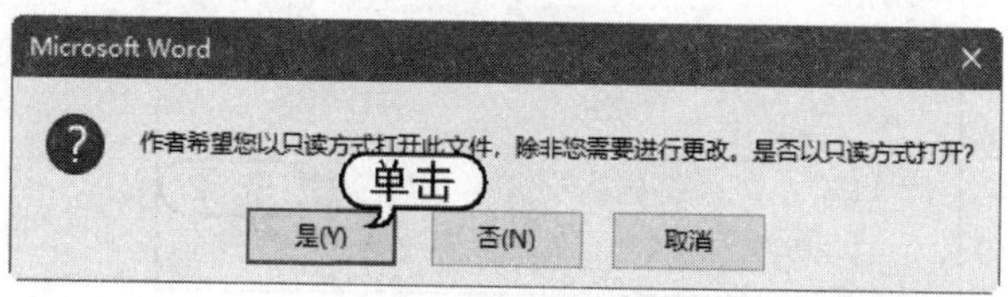

图 11-10 单击【是】按钮

11.1.3 保护正文部分

在一些固定格式的文档中，用户希望在多个指定区域填写或者选择部分列表项目时，这些可编辑区域可以通过内容控件来限制用户在一个或者多个范围内进行有限编辑，从而达到保护文档的效果。

【例 11-3】 在文档中保护正文部分。 视频

(1) 启动 Word 2019，打开“公司规章制度”文档。

(2) 打开【开发工具】选项卡，在【控件】组中单击【纯文本内容控件】按钮，在控件中输入内容“保护”，如图 11-11 所示。

(3) 打开【审阅】选项卡，在【保护】组中单击【限制编辑】按钮，打开【限制编辑】任务窗格。选中【仅允许在文档中进行此类型的编辑】复选框，在其下的下拉列表中选择【填写窗体】选项，单击【是，启动强制保护】按钮，如图 11-12 所示。

图 11-11 插入控件

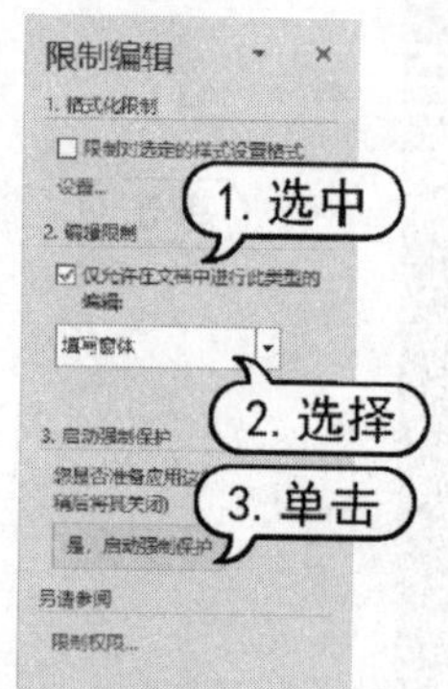

图 11-12 【限制编辑】任务窗格

(4) 打开【启动强制保护】对话框，选中【密码】单选按钮，在【新密码】和【确认新密码】文本框中输入密码 123，单击【确定】按钮，如图 11-13 所示。

(5) 文档被强制保护后，在【限制编辑】任务窗格中显示如图 11-14 所示的权限信息，此时在文档中只能编辑控件区域，其他内容处于不可编辑状态。

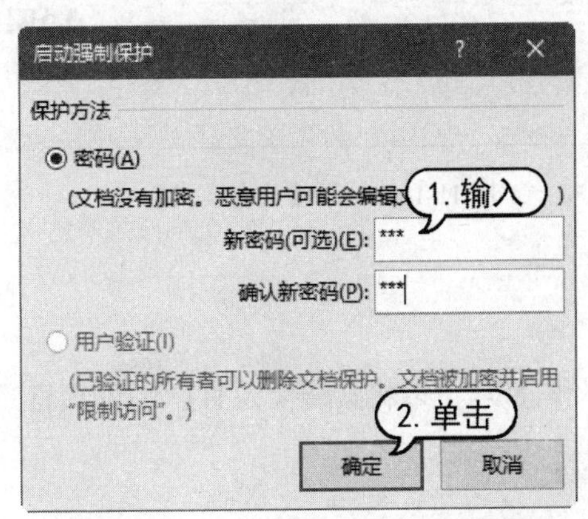

图 11-13　【启动强制保护】对话框

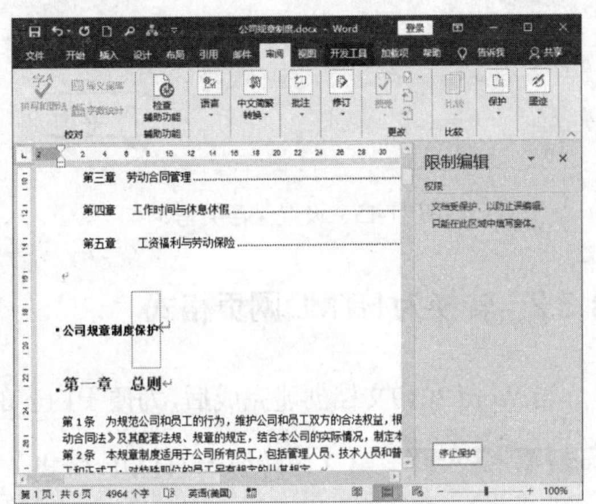

图 11-14　显示限制编辑信息

11.2　转换 Word 文档

文档在分发过程中，由于 Word 版本的不同，或者系统所安装的字体不同等原因，往往会丢失一些格式。这时如果希望完整地保留 Word 文档原有的版式，可以直接将文档转换为其他格式，如 Word 2003 格式、HTML 格式或 PDF 格式等。

11.2.1　转换为 Word 2003 格式

如果其他用户的计算机中没有安装高版本的 Word 2019 应用程序，这时就无法打开 Word 2019 文档。为了使文档在安装 Word 2003 的计算机中也能打开，则需要将其转换为低版本的 Word 2003 格式。

【例 11-4】　将文档转换为 Word 2003 格式。 视频

(1) 启动 Word 2019，打开“公司规章制度”文档。

(2) 单击【文件】按钮，从弹出的菜单中选择【另存为】命令，然后在中间的窗格中单击【浏览】按钮，打开【另存为】对话框，在【保存类型】下拉列表中选择【Word 97-2003 文档】选项，设置保存路径后，单击【保存】按钮，如图 11-15 所示。

(3) 此时在 Word 2019 窗口的标题栏中显示【兼容模式】，如图 11-16 所示，说明文档已经被转换成 Word 2003 格式(文档扩展名为.doc)。

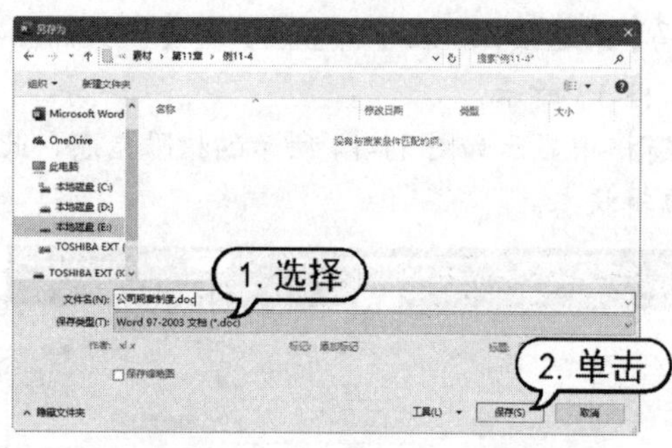

图 11-15　设置保存类型

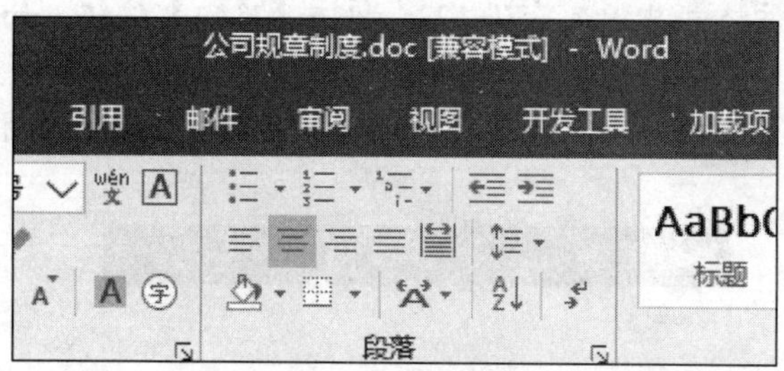

图 11-16　显示【兼容模式】

11.2.2　转换为 HTML 网页格式

当 Word 2019文档创建完成后，为便于内容的共享和分发，可以将其转换为 HTML 网页格式。

【例 11-5】　将文档转换为 HTML 格式。视频

(1) 启动 Word 2019，打开“公司规章制度”文档。

(2) 单击【文件】按钮，从弹出的菜单中选择【另存为】命令，然后在中间的窗格中单击【浏览】按钮，打开【另存为】对话框，在【保存类型】下拉列表中选择【网页】选项，单击【保存】按钮，如图 11-17 所示。

(3) 此时即可将文档转换为网页形式，在保存路径中双击网页文件，自动启动网络浏览器打开转换后的网页文件，如图 11-18 所示。

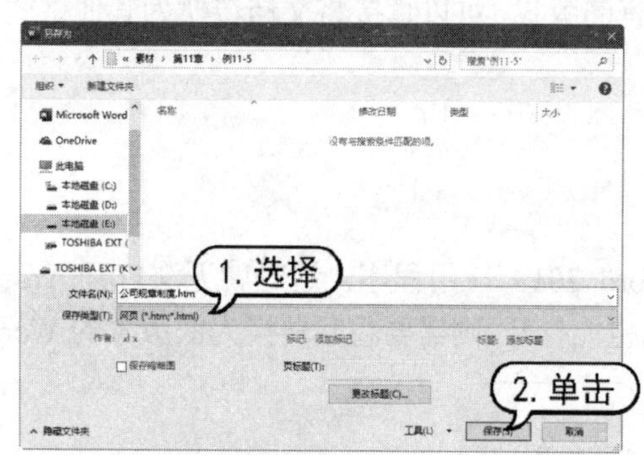

图 11-17　【另存为】对话框

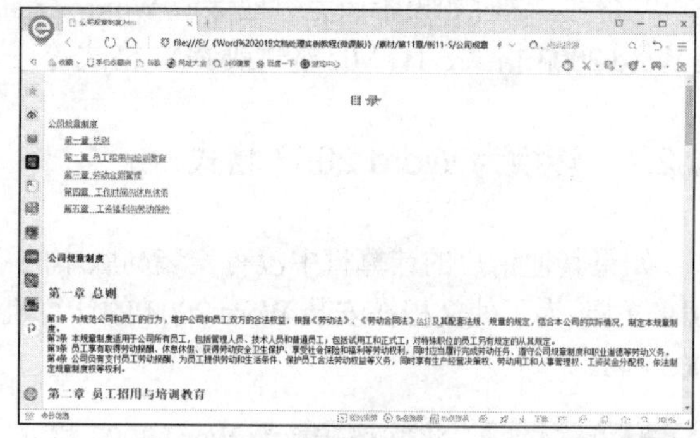

图 11-18　打开网页文件

11.2.3　转换为 PDF 格式

在 Word 2019 中，可以直接将 Word 2019 文档转换为 PDF 格式，这样即使其他用户没有安装 Word 应用程序也能够查看文档。

【例 11-6】　将文档转换为 PDF 格式。视频

(1) 启动 Word 2019，打开“公司规章制度”文档。

(2) 单击【文件】按钮，从弹出的菜单中选择【另存为】命令，然后在中间的窗格中单击【浏

览】按钮，打开【另存为】对话框，在【保存类型】下拉列表中选择 PDF 选项，单击【保存】按钮，如图 11-19 所示。

(3) 此时，即可将文档转换为 PDF 格式，自动启动 PDF 阅读器打开创建好的 PDF 文档，如图 11-20 所示。

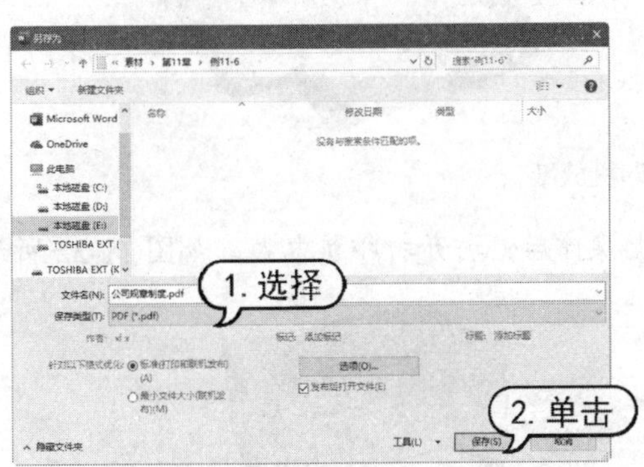

图 11-19　设置将文档转换为 PDF 格式

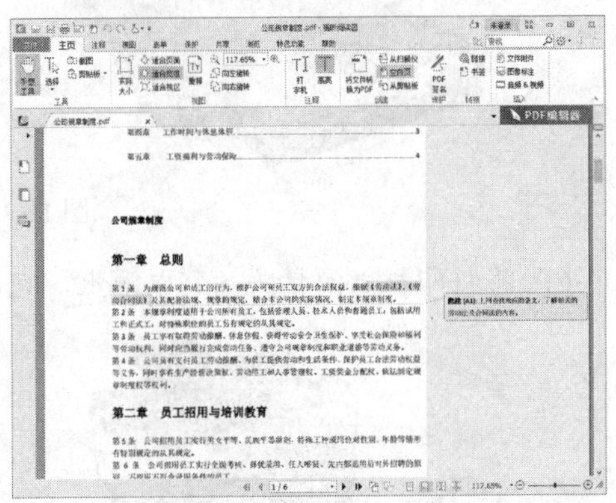

图 11-20　打开 PDF 文档

11.3　Word 文档打印设置

完成文档的制作后，必须先对其进行打印预览，按照用户的不同需求进行修改和调整，然后对打印文档的页面范围、打印份数和纸张大小等参数进行设置，最后将文档打印出来。

11.3.1　安装打印机

打印机的主要作用是将计算机编辑的文字、表格和图片等信息打印在纸张上，以方便用户查看。使用打印机可以将 Word 文档以纸张的形式打印出来。

1. 安装本地打印机

一般情况下，连接打印机的数据线缆的两头存在着明显的差异，其中一头是卡槽，另一头是螺钉或旋钮。由于计算机并行端口和打印机端口都是梯形接口设计，因此，电缆插入时不会发生错误。如果插不进去，只需检查两者的接口是否对应。将卡槽一头接到打印机后，带有螺钉或者旋钮的一头接到计算机上。计算机箱背面并行端口通常使用打印机图标标明，将电缆的接头接到并行端口上，拧紧螺钉或旋钮将插头固定即可。

安装本地打印机包括连接硬件和安装驱动程序。

(1) 首先参照上面介绍的方法连接打印机硬件。

(2) 在打印机中装入打印纸，调整打印机中纸张的位置，使其平整地放置在打印机进纸槽中，如图 11-21 所示。

图 11-21　打印机放纸

(3) 将打印机电源插头插到电源上，完成以上操作后，打开打印机电源，如图 11-22 所示。

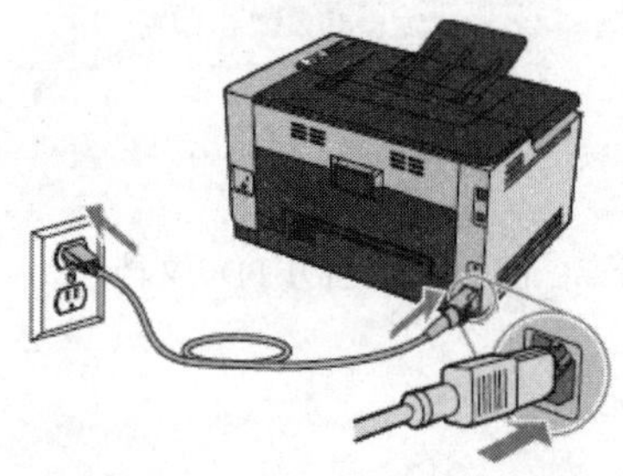
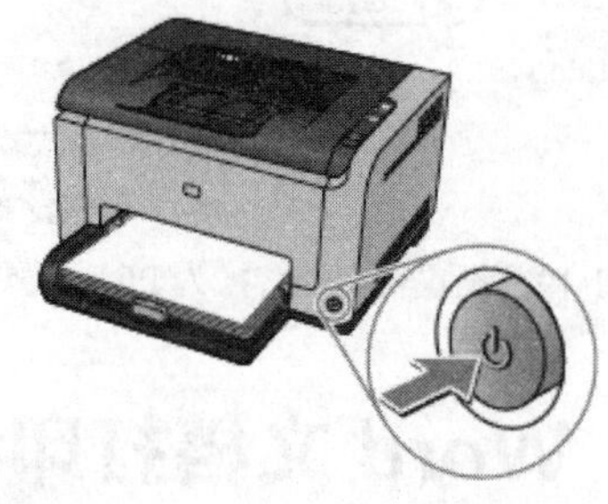

图 11-22　接通电源

(4) 右击【开始】菜单按钮，在弹出的快捷菜单中选择【控制面板】命令，打开【控制面板】窗口，单击【查看设备和打印机】链接，如图 11-23 所示。

(5) 打开【设备和打印机】窗口，单击【添加打印机】按钮，如图 11-24 所示。

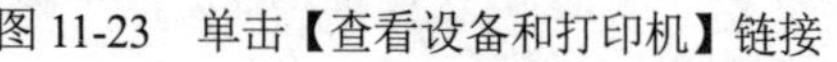
图 11-23　单击【查看设备和打印机】链接

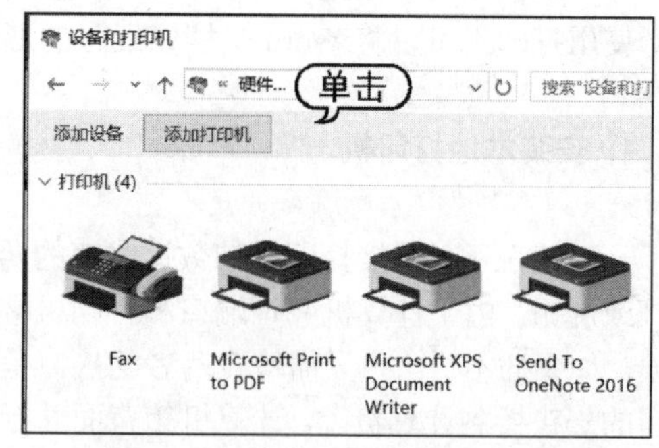

图 11-24　单击【添加打印机】按钮

(6) 打开【添加打印机】对话框，选中【通过手动设置添加本地打印机或网络打印机】单选按钮，然后单击【下一步】按钮，如图 11-25 所示。

(7) 在打开的【选择打印机端口】对话框中，单击【下一步】按钮，如图 11-26 所示。

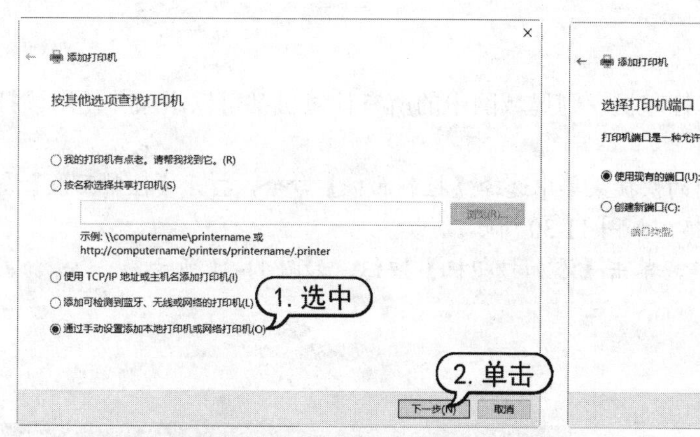

图 11-25　【添加打印机】对话框

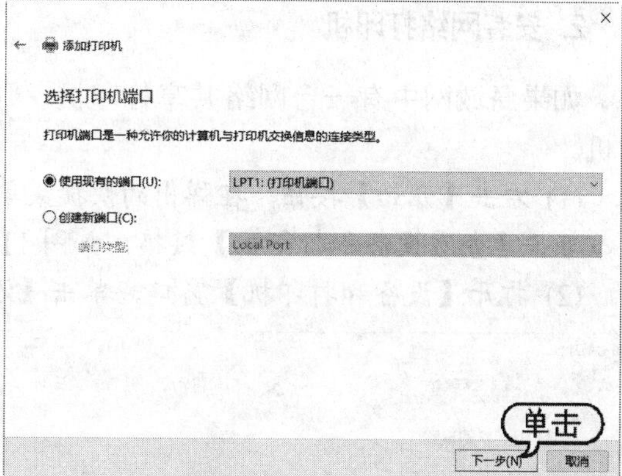

图 11-26　单击【下一步】按钮

(8) 打开【安装打印机驱动程序】对话框，选中当前所使用的打印机驱动程序，单击【下一步】按钮，如图 11-27 所示。

(9) 在打开的【键入打印机名称】对话框中，保持默认设置，单击【下一步】按钮，即可开始在 Window 系统中安装打印机驱动程序。完成安装后，在打开的成功添加对话框中单击【完成】按钮即可，如图 11-28 所示。

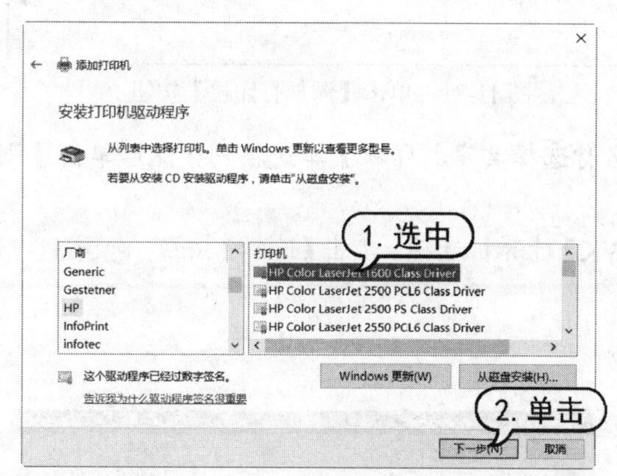

图 11-27　选中打印机驱动程序

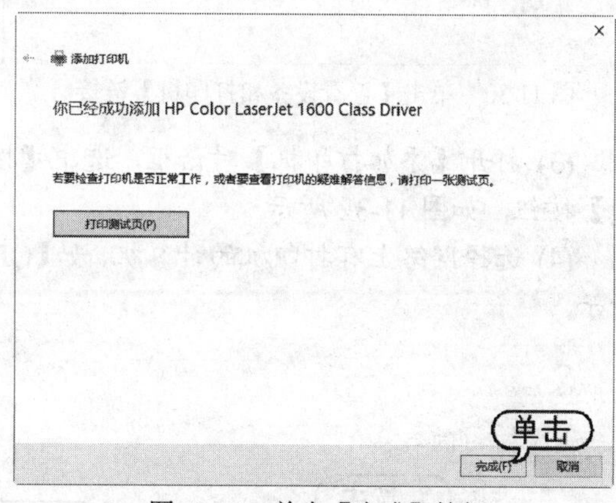

图 11-28　单击【完成】按钮

(10) 此时在【设备和打印机】窗口中，可以看到新添加的打印机，如图 11-29 所示。

图 11-29　新添加的打印机

2. 安装网络打印机

如果局域网中有一台网络共享打印机，则局域网中的所有计算机都可以添加并使用该打印机。

(1) 右击【开始】按钮，在弹出的快捷菜单中选择【控制面板】命令，打开【控制面板】窗口，单击【查看设备和打印机】链接，如图 11-30 所示。

(2) 打开【设备和打印机】窗口，单击【添加打印机】按钮，如图 11-31 所示。

图 11-30 单击【查看设备和打印机】链接

图 11-31 单击【添加打印机】按钮

(3) 打开【添加打印机】对话框，选中【按名称选择共享打印机】单选按钮，然后单击【浏览】按钮，如图 11-32 所示。

(4) 选择网络上有打印机的计算机，如【QHWK】计算机选项，单击【选择】按钮，如图 11-33 所示。

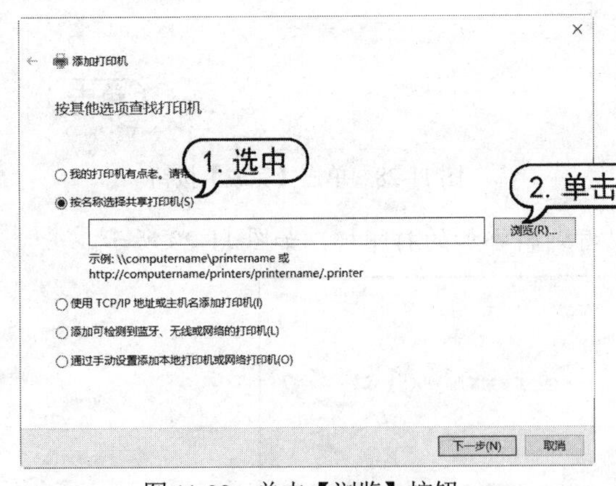

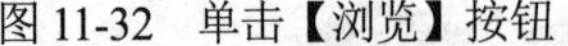

图 11-32 单击【浏览】按钮

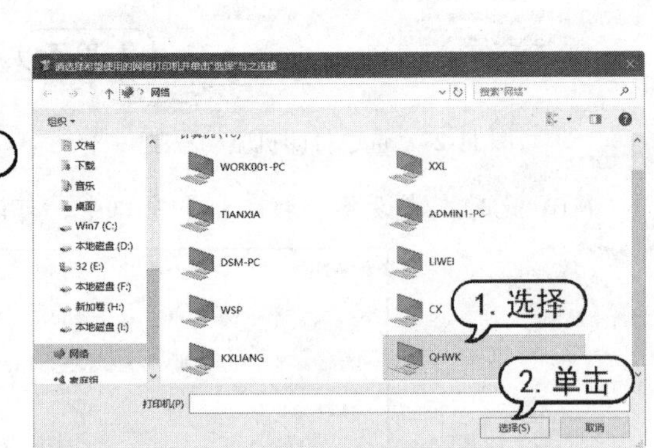

图 11-33 选择计算机

(5) 选择该计算机中的打印机，单击【选择】按钮，如图 11-34 所示。然后在打开的对话框中单击【下一步】按钮。

(6) 安装打印机驱动程序后，单击【下一步】按钮，如图 11-35 所示。

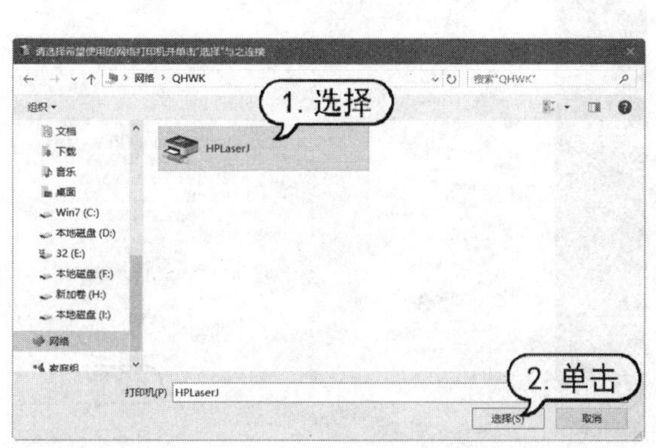

图 11-34　单击【选择】按钮

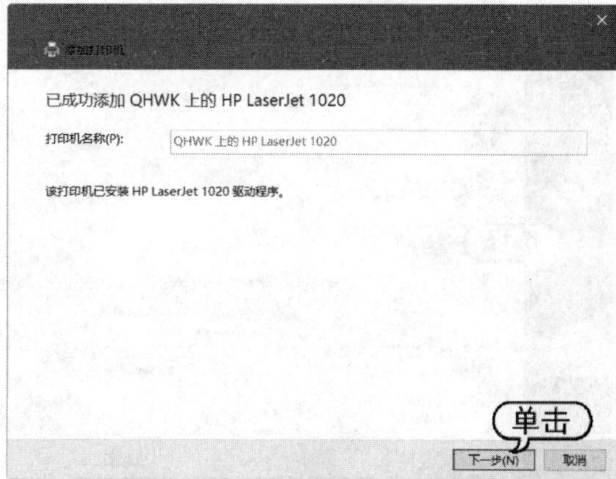

图 11-35　单击【下一步】按钮

(7) 添加打印机成功，单击【完成】按钮即可完成设置，如图 11-36 所示。

(8) 此时在【设备和打印机】窗口中，可以看到新添加的网络打印机，如图 11-37 所示。

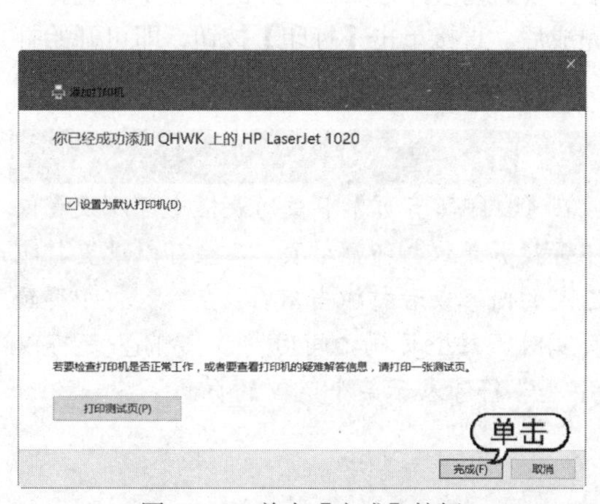

图 11-36　单击【完成】按钮

图 11-37　新添加的网络打印机

11.3.2　预览文档

在打印文档前，如果想预览打印效果，可以使用打印预览功能，利用该功能查看文档效果。打印预览的效果与实际上打印的真实效果非常相近，使用该功能可以避免打印失误和不必要的损失。另外，还可以在预览窗格中对文档进行编辑，以得到满意的效果。

在 Word 2019 窗口中，打开【文件】选项卡后，选择【打印】选项，在打开界面的右侧的预览窗格中可以预览打印文档的效果，如图 11-38 所示。如果看不清楚预览的文档，可以拖动窗格下方的滑块对文档的显示比例进行调整，如图 11-39 所示。

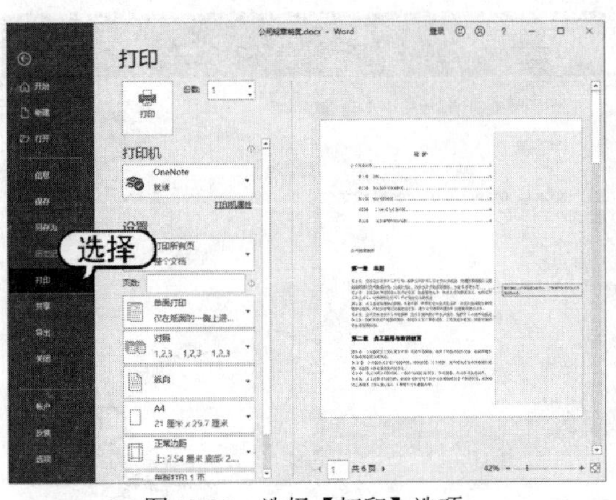

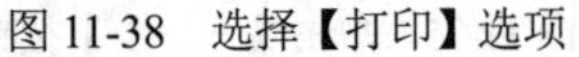

图 11-38　选择【打印】选项

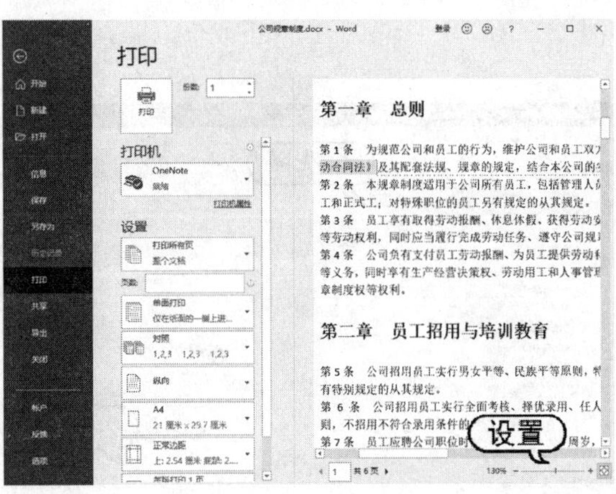

图 11-39　拖动滑块

11.3.3　打印文档

如果一台打印机与计算机已正常连接，并且安装了所需的驱动程序，就可以在 Word 2019 中直接打印所需的文档。

在 Word 文档中打开【文件】选项卡后，选择【打印】选项，可以在打开的界面中设置打印份数、打印机属性、打印页数和双页打印等。设置完成后，直接单击【打印】按钮，即可开始打印文档，如图 11-40 所示。

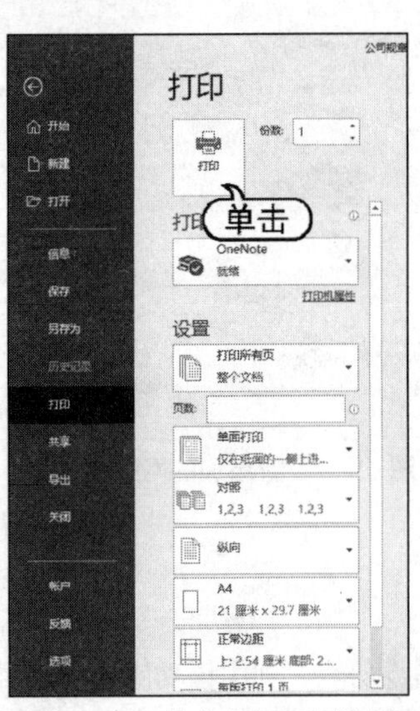

图 11-40　单击【打印】按钮

提示

在【打印所有页】下拉列表框中可以设置仅打印奇数页或仅打印偶数页，甚至可以设置打印所选定的内容或者打印当前页，在输入打印页面的页码时，每个页码之间用“,”分隔，还可以使用“-”符号表示某个范围的页面。

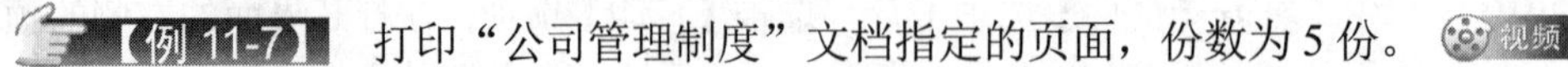

【例 11-7】 打印“公司管理制度”文档指定的页面，份数为 5 份。 视频

(1) 启动 Word 2016，打开“公司管理制度”文档。

(2) 在【打印】窗格的【份数】微调框中输入 5；在【打印机】列表框中自动显示默认的打印机，如图 11-41 所示。

(3) 在【设置】选项区域的【打印所有页】下拉列表框中选择【自定义打印范围】选项，在其下的文本框中输入“3-6”，表示打印范围为第 3~6 页文档内容，单击【单面打印】下拉按钮，从弹出的下拉菜单中选择【手动双面打印】选项，如图 11-42 所示。

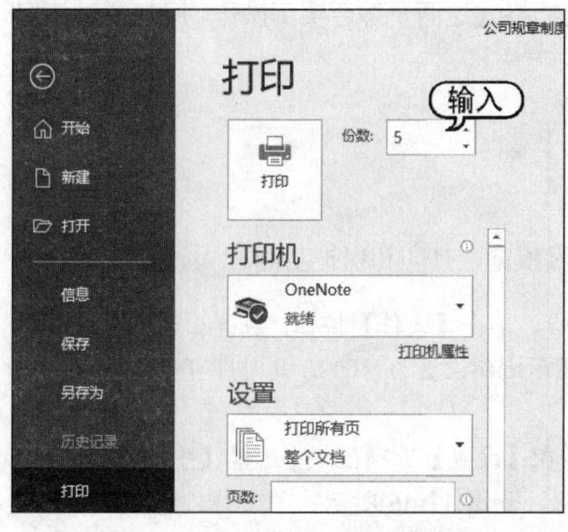

图 11-41　设置打印份数和打印机

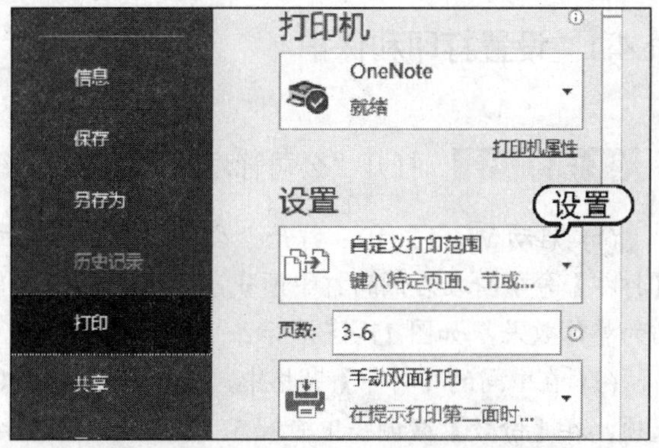

图 11-42　设置打印范围和手动双面打印

提示

手动双面打印时，打印机会先打印奇数页，将所有奇数页打印完成后，弹出提示对话框，提示用户手动换纸，将打印的文稿重新放入打印机纸盒中，单击对话框中的【确定】按钮，打印偶数页。

(4) 在【对照】下拉菜单中可以设置逐份打印，如果选择【非对照】选项，则表示多份一起打印。这里保持默认设置，即选择【对照】选项，如图 11-43 所示。

(5) 设置完打印参数后，单击【打印】按钮，即可开始打印文档，如图 11-44 所示。

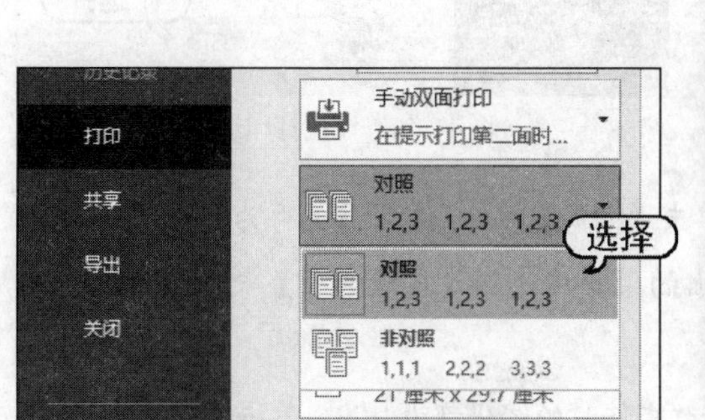

图 11-43　选择【对照】选项

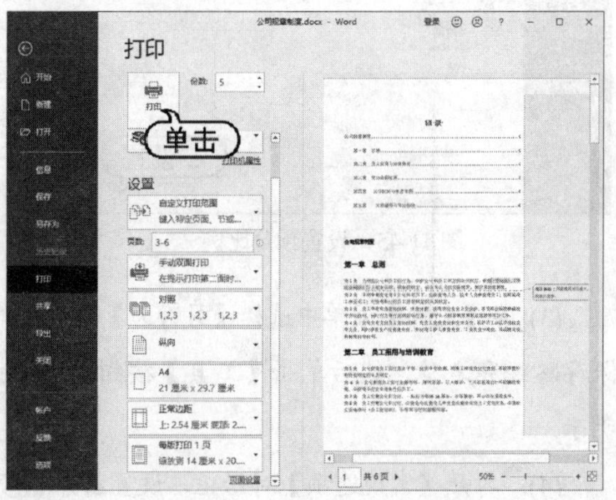

图 11-44　单击【打印】按钮

11.4 实例演练

本章的实例演练部分为设置打印和保护、转换文档格式这两个综合实例操作，用户通过练习从而巩固本章所学知识。

11.4.1 设置打印和保护

【例 11-8】 打开“公司管理制度”文档，练习预览、打印和保护功能。 视频

(1) 启动 Word 2019，打开“公司管理制度”文档，单击【文件】按钮，在弹出的菜单中选择【打印】命令，在右侧的打印预览窗格中拖动滑块将显示比例设置为 10%，此时即可查看整篇长文档的整体效果，如图 11-45 所示。

(2) 在中间的【打印】窗格中，选择当前打印机，在【设置】选项区域中选择【手动双面打印】选项，在【份数】微调框中输入 5，单击【打印】按钮，如图 11-46 所示。

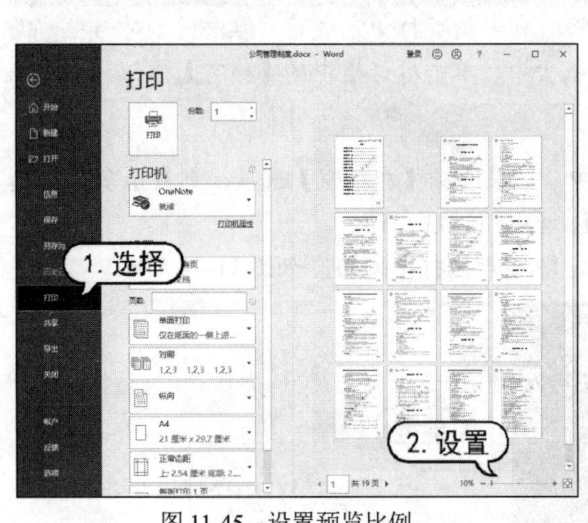

图 11-45 设置预览比例

图 11-46 设置打印选项

(3) 在【文件】菜单中选择【另存为】命令，单击【浏览】按钮，打开【另存为】对话框，设置保存路径和名称，然后单击【工具】按钮，从弹出的菜单中选择【常规选项】命令，如图 11-47 所示。

(4) 打开【常规选项】对话框，设置打开和修改文件时的密码都为 123，单击【确定】按钮，如图 11-48 所示。

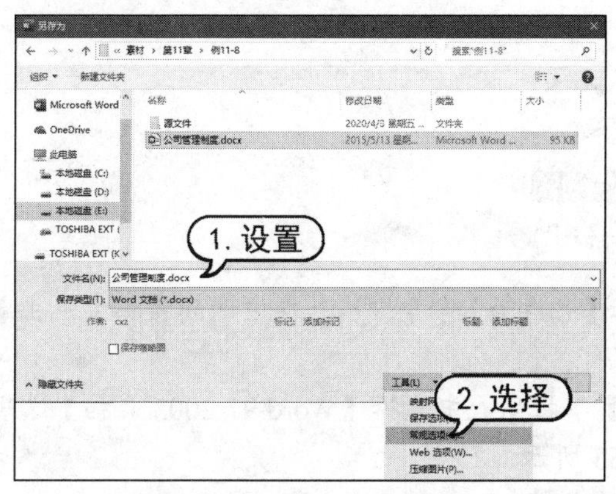

图 11-47　选择【常规选项】命令

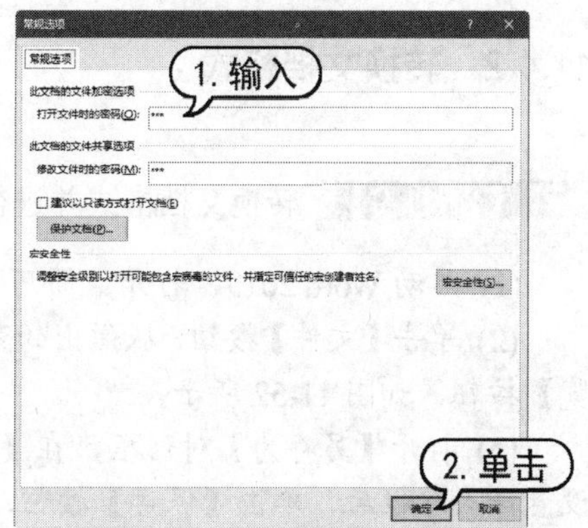

图 11-48　【常规选项】对话框

(5) 打开【确认密码】对话框，在文本框中输入打开文件时的密码，然后单击【确定】按钮，如图 11-49 所示。

(6) 打开【确认密码】对话框，在文本框中输入修改文件时的密码，然后单击【确定】按钮，如图 11-50 所示。

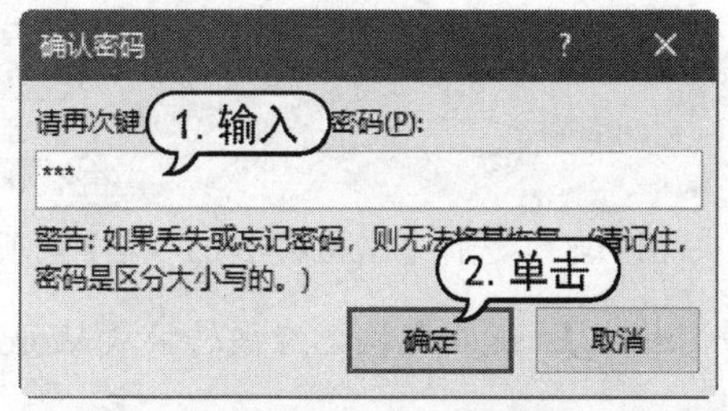

图 11-49　确认打开文件时的密码

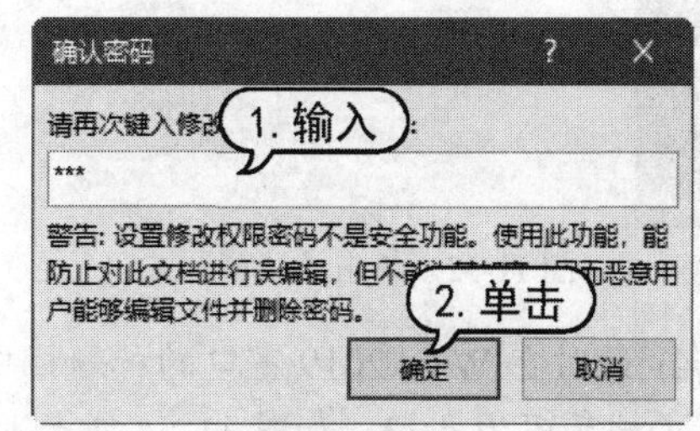

图 11-50　确认修改文件时的密码

(7) 返回【另存为】对话框，单击【保存】按钮即可加密保存该文档。

(8) 当重新打开该文档时，将连续打开两个【密码】对话框，分别输入打开和修改文件的密码才能打开和修改该文档，如图 11-51 所示。

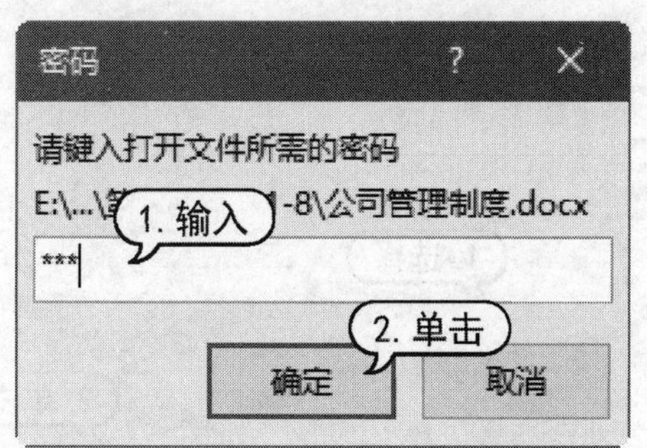

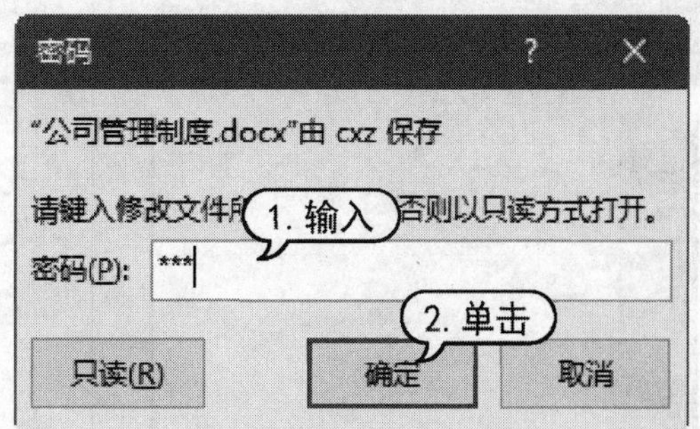

图 11-51　输入打开和修改文件的密码

11.4.2 转换文档格式

【例 11-9】 转换文档格式并进行加密。 视频

(1) 启动 Word 2019，打开“简历”文档。

(2) 单击【文件】按钮，从弹出的菜单中选择【另存为】命令，然后在中间的窗格中单击【浏览】按钮，如图 11-52 所示。

(3) 打开【另存为】对话框，在【保存类型】下拉列表中选择【Word 97-2003 文档】选项，设置保存路径后，单击【保存】按钮，如图 11-53 所示。

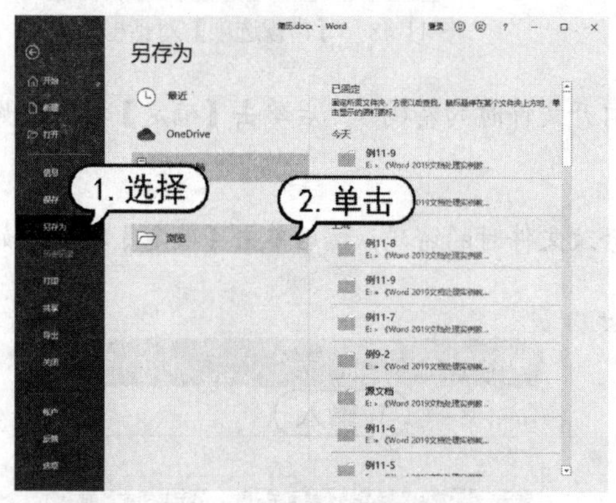

图 11-52 单击【浏览】按钮

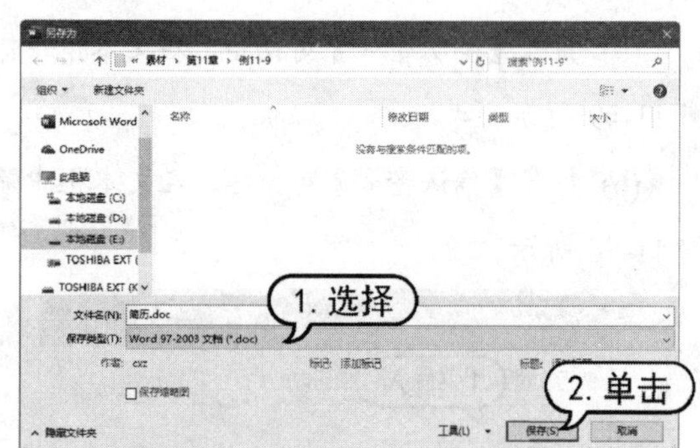

图 11-53 选择【Word 97-2003 文档】选项

(4) 此时在 Word 2019 窗口的标题栏中显示【兼容模式】，说明文档已经被转换成 Word 2003 格式(文档后缀为.doc)，如图 11-54 所示。

(5) 重新打开“简历”文档（Word 2019 格式），单击【文件】按钮，从弹出的菜单中选择【另存为】命令，单击【浏览】按钮，打开【另存为】对话框，在【保存类型】下拉列表中选择【网页】选项，单击【保存】按钮，如图 11-55 所示。

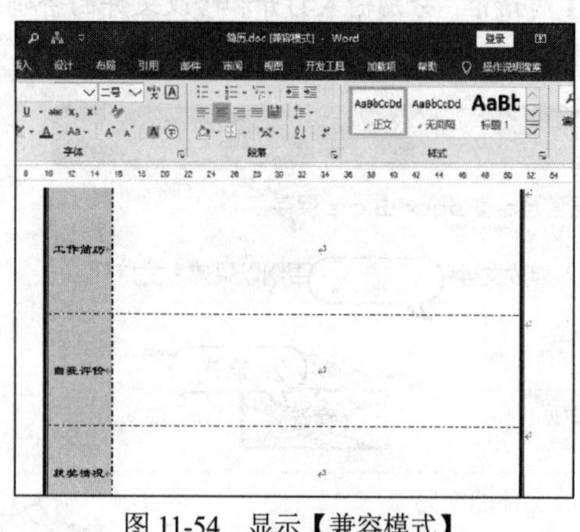

图 11-54 显示【兼容模式】

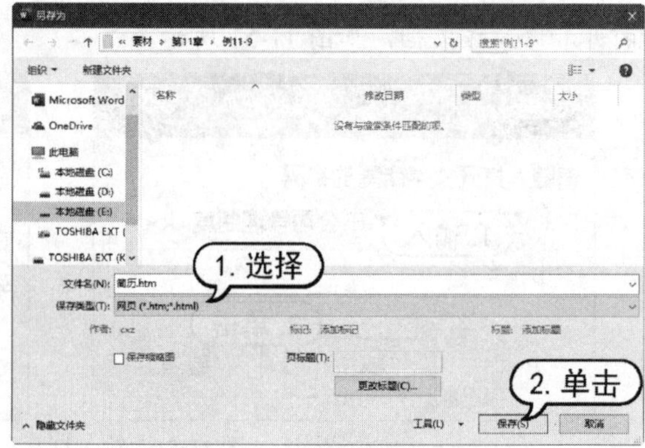

图 11-55 选择【网页】选项

(6) 打开【Microsoft Word 兼容性检查器】对话框，保持默认设置，单击【继续】按钮，如图 11-56 所示。

(7) 此时即可将文档转换为 html 网页形式，在保存路径中双击网页文件，自动启动浏览器并打开转换后的网页文件，如图 11-57 所示。

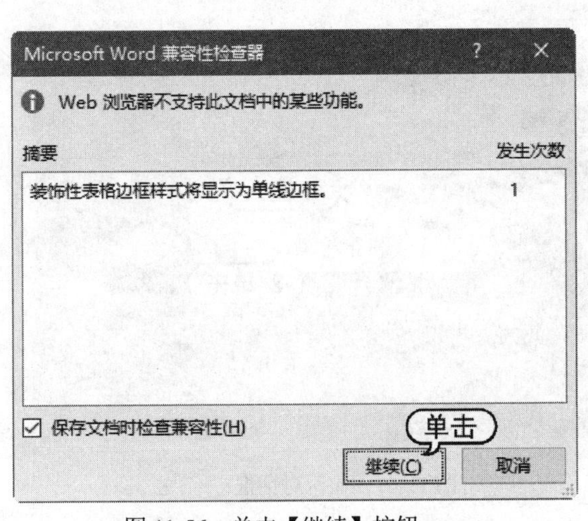

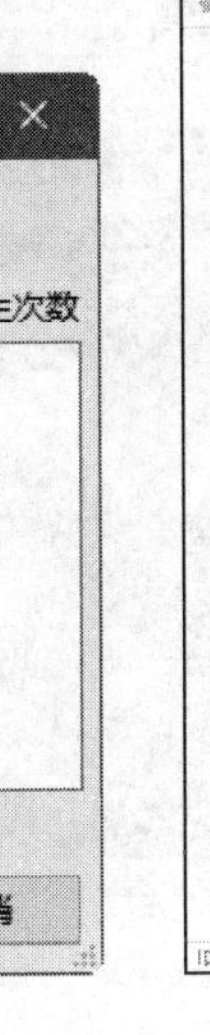

图 11-56　单击【继续】按钮　　图 11-57　打开网页文件

(8) 重新打开“简历”文档（Word 2019 格式），单击【文件】按钮，从弹出的菜单中选择【另存为】命令，然后在中间的窗格中单击【浏览】按钮，打开【另存为】对话框，在【保存类型】下拉列表框中选择 PDF 选项，单击【选项】按钮，如图 11-58 所示。

(9) 打开【选项】对话框，选中【使用密码加密文档】复选框，单击【确定】按钮，如图 11-59 所示。

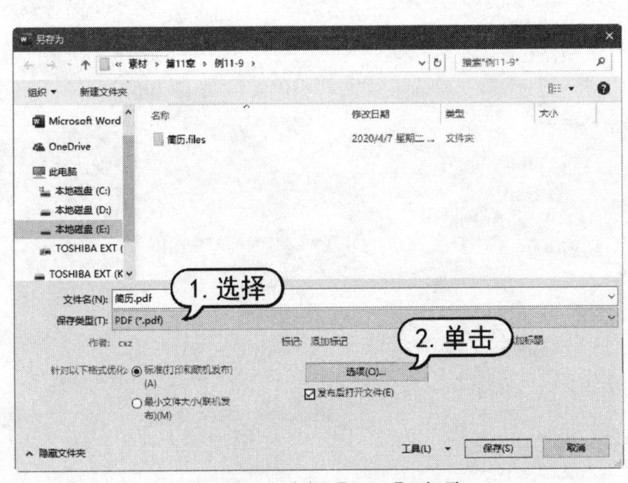

图 11-58　选择【PDF】选项

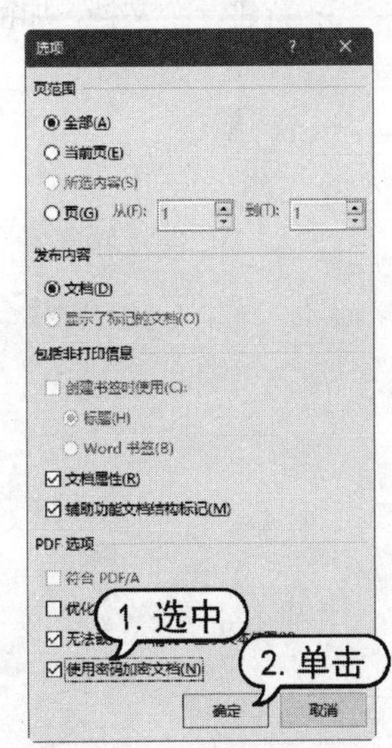

图 11-59　【选项】对话框

(10) 打开【加密 PDF 文档】对话框，在文本框中输入密码“123456”，单击【确定】按钮，如图 11-60 所示。

计算机基础与实训教材系列

(11) 返回【另存为】对话框，单击【保存】按钮，即可生成 PDF 文档，双击生成的 PDF 文档，将显示【密码】对话框，必须输入正确的密码，单击【确定】按钮才可打开文档，如图 11-61 所示。

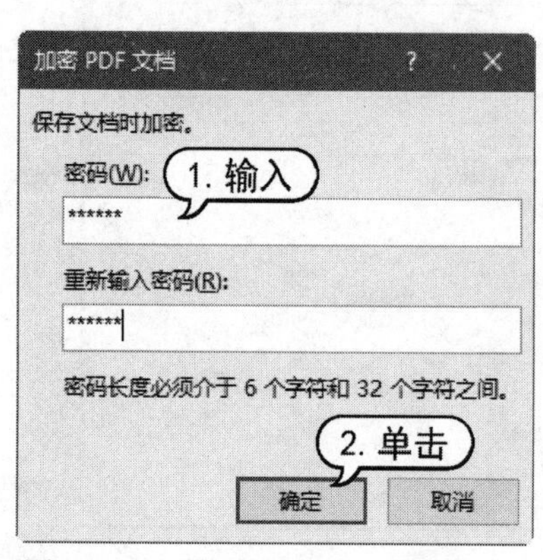

图 11-60 【加密 PDF 文档】对话框

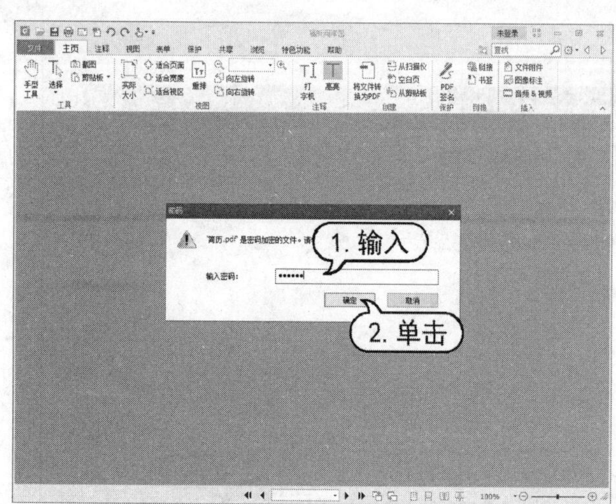

图 11-61 显示对话框

11.5 习题

1. 如何将 Word 文档转换为 PDF 格式？
2. 如何保护 Word 文档中的文本？
3. 新建一个文档，加密该文档，将其转换为网页格式，最后设置打印 10 份，进行双面打印。

第 12 章 Word 2019综合实例应用

本章将通过多个实例来串联各知识点，帮助用户加深与巩固所学知识，灵活运用 Word 2019 的各种功能，提高 Word 综合应用的能力。

本章重点

- 制作工资表
- 制作旅游行程
- 制作宣传手册
- 制作售后服务保障卡

二维码教学视频

【例 12-1】制作工资表
【例 12-2】制作旅游行程
【例 12-3】制作宣传手册
【例 12-4】制作售后服务保障卡

12.1 制作工资表

使用 Word 2019 的表格功能，在文档中创建表格，输入表格内的文本，设置表格样式。

【例 12-1】 创建“员工工资表”文档，对表格进行编辑，并设置样式。 视频

(1) 启动 Word 2019，新建一个“员工工资表”文档，输入表格标题“5 月份员工工资表”，设置字体为“微软雅黑”，字号为“二号”，字体颜色为“蓝色”，对齐方式为“居中”，如图 12-1 所示。

(2) 将插入点定位到表格标题的下一行，打开【插入】选项卡，在【表格】组中单击【表格】按钮，从弹出的菜单中选择【插入表格】命令，如图 12-2 所示。

图 12-1 输入标题

图 12-2 选择【插入表格】命令

(3) 打开【插入表格】对话框，在【列数】和【行数】文本框中分别输入 8 和 11，单击【确定】按钮，如图 12-3 所示。

(4) 此时即可在文档中插入一个 11×8 的规则表格，如图 12-4 所示。

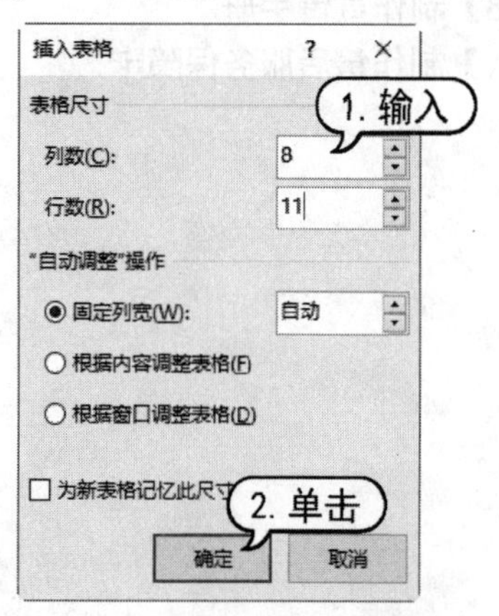

图 12-3 【插入表格】对话框

图 12-4 插入表格

(5) 将插入点定位到第 1 行第 1 个单元格中，输入文本“姓名”，如图 12-5 所示。

(6) 按下 Tab 键，定位到下一个单元格，使用同样的方法，依次在单元格中输入文本内容，如图 12-6 所示。

图 12-5 输入文本

图 12-6 继续输入文本

(7) 选定表格的第 1 行，打开【布局】选项卡，然后在【单元格大小】组中单击对话框启动器按钮，在打开的【表格属性】对话框中选择【行】选项卡，然后选中【指定高度】复选框，在其后的微调框中输入“1.2 厘米”，在【行高值是】下拉列表中选择【固定值】选项，单击【确定】按钮，如图 12-7 所示。

(8) 选定表格的第 2 列，打开【表格属性】对话框的【列】选项卡，选中【指定宽度】复选框，在其后的微调框中输入“1.2 厘米”，单击【确定】按钮，如图 12-8 所示。

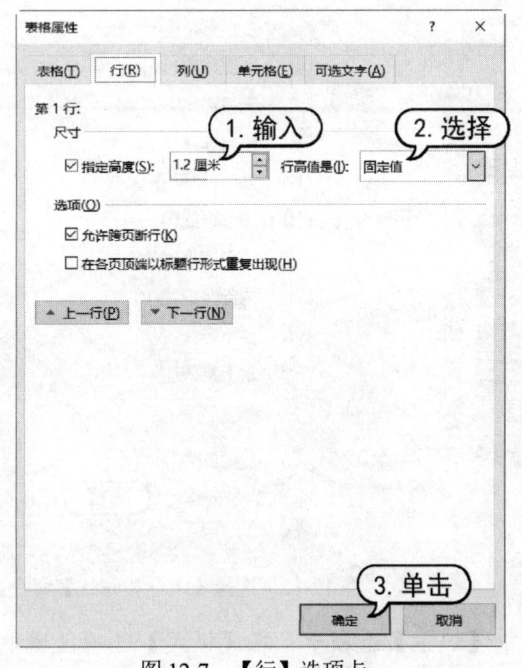

图 12-7 【行】选项卡

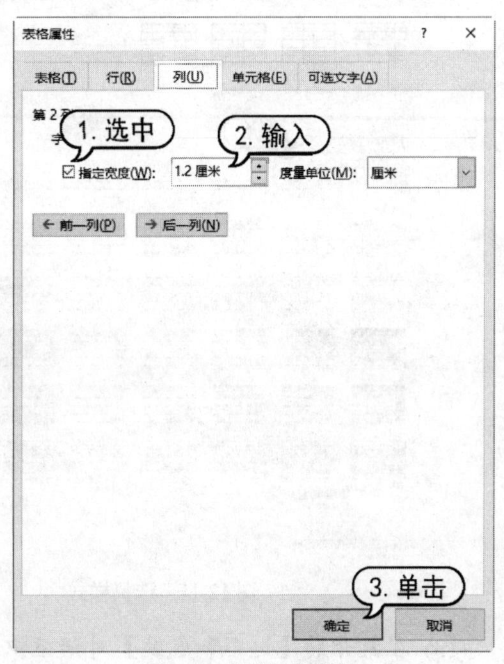

图 12-8 【列】选项卡

(9) 使用同样的方法，将表格的第 1、7、8 列的列宽设置为 2.2 厘米，效果如图 12-9 所示。

(10) 单击表格左上方的按钮，选定整个表格，选择【表格工具】的【布局】选项卡，在【对齐方式】组中单击【水平居中】按钮，设置表格文本水平居中对齐，如图 12-10 所示。

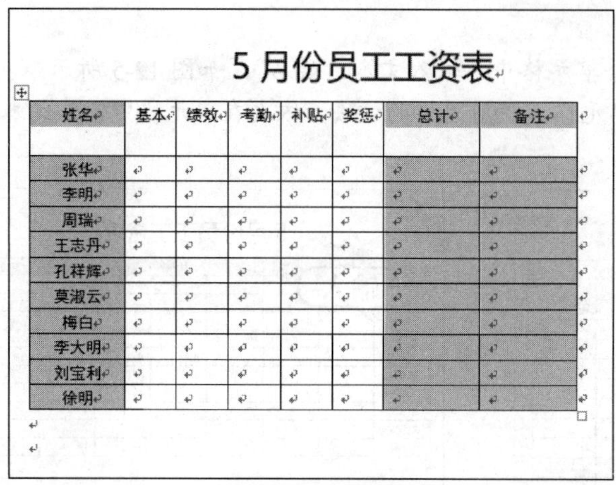

5月份员工工资表

姓名	基本	绩效	考勤	补贴	奖惩	总计	备注
张华							
李明							
周瑞							
王志丹							
孔祥辉							
莫淑云							
梅白							
李大明							
刘宝利							
徐明							

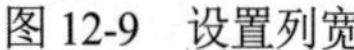

图 12-9　设置列宽

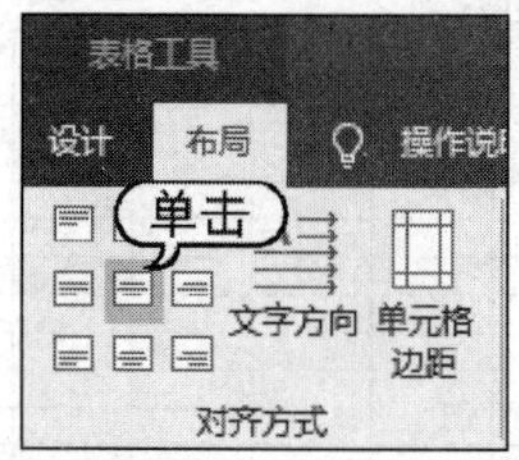

图 12-10　单击【水平居中】按钮

(11) 选中整个表格，选择【表格工具】的【设计】选项卡，然后在【表格样式】组中单击【其他】按钮，在弹出的列表框中选择【网格表 1，浅色，着色 1】选项，为表格快速应用该底纹样式，如图 12-11 所示。

(12) 选中整个表格，在【设计】选项卡的【表格样式】组中单击【边框】按钮，在弹出的菜单中选择【边框和底纹】命令，如图 12-12 所示。

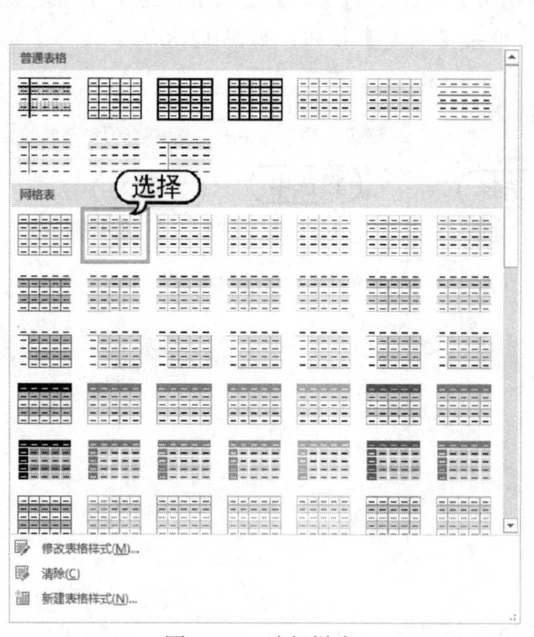

图 12-11　选择样式

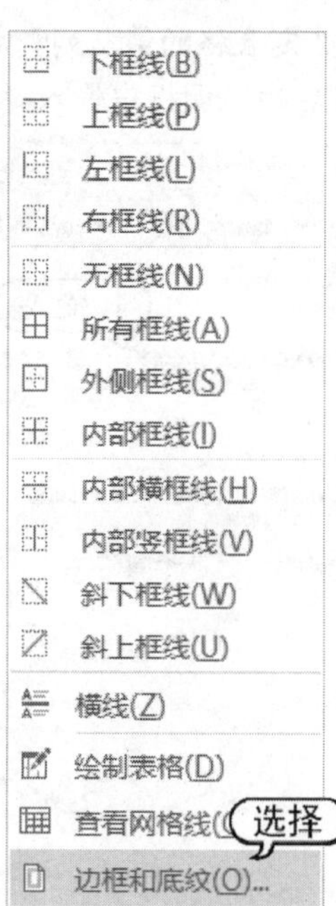

图 12-12　选择【边框和底纹】命令

(13) 在打开的【边框和底纹】对话框中选中【边框】选项卡，在【样式】选项区域中选择一种线型，在【颜色】下拉列表中选择【蓝色】色块，在【预览】选项区域中分别单击【上框线】【下框线】【内部横框线】和【内部竖框线】等按钮，然后单击【确定】按钮，如图 12-13 所示。

(14) 此时即可完成边框的设置，效果如图 12-14 所示。

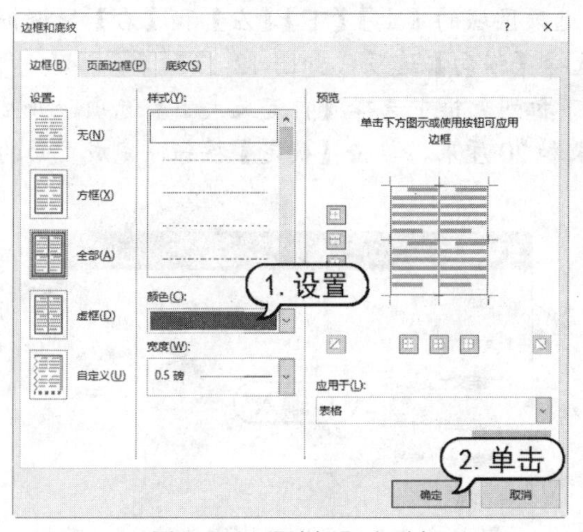

图 12-13　【边框】选项卡

5 月份员工工资表

姓名	基本	绩效	考勤	补贴	奖惩	总计	备注
张华							
李明							
周瑞							
王志丹							
孔祥辉							
莫淑云							
梅白							
李大明							
刘宝利							
徐明							

图 12-14　显示边框效果

(15) 选中表格的第 1、6、11 行，在【表格样式】组中单击【底纹】按钮，从弹出的颜色面板中选择【浅绿】色块，如图 12-15 所示。

(16) 此时即可完成底纹的设置，效果如图 12-16 所示。

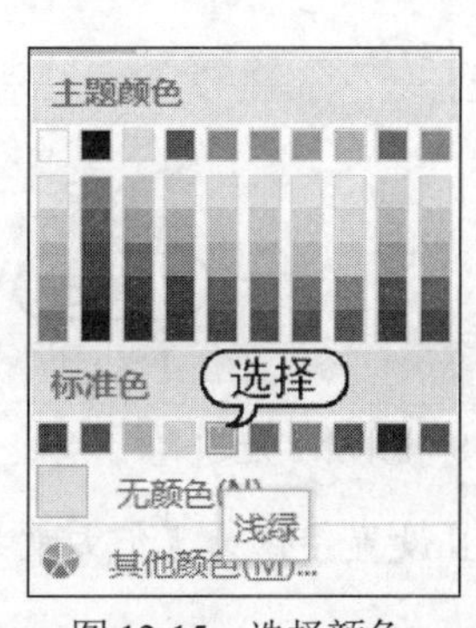

图 12-15　选择颜色

5 月份员工工资表

姓名	基本	绩效	考勤	补贴	奖惩	总计	备注
张华							
李明							
周瑞							
王志丹							
孔祥辉							
莫淑云							
梅白							
李大明							
刘宝利							
徐明							

图 12-16　显示底纹效果

12.2　制作旅游行程

通过制作“旅游行程”文档，巩固格式化文本、添加边框和底纹、页面设置、插入图片和表格等知识。

【例 12-2】 制作“旅游行程”文档。 视频

(1) 启动 Word 2019，新建一个名为“旅游行程”的文档。

(2) 打开【布局】选项卡，在【页面设置】组中单击对话框启动器按钮，打开【页面设置】对话框，打开【页边距】选项卡，在【页边距】选项区域的【上】【下】【左】和【右】微调框中均输入 3 厘米，并且在【方向】选项区域中选择【横向】选项，如图 12-17 所示。

(3) 打开【纸张】选项卡，在【纸张大小】下拉列表框中选择【自定义大小】选项，并且在【宽度】和【高度】微调框中分别输入 30 厘米和 20 厘米，单击【确定】按钮，完成页面的设置，如图 12-18 所示。

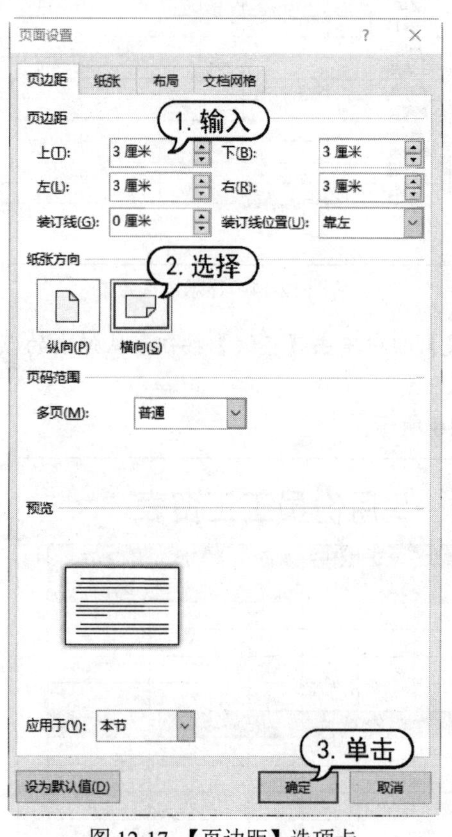

图 12-17 【页边距】选项卡

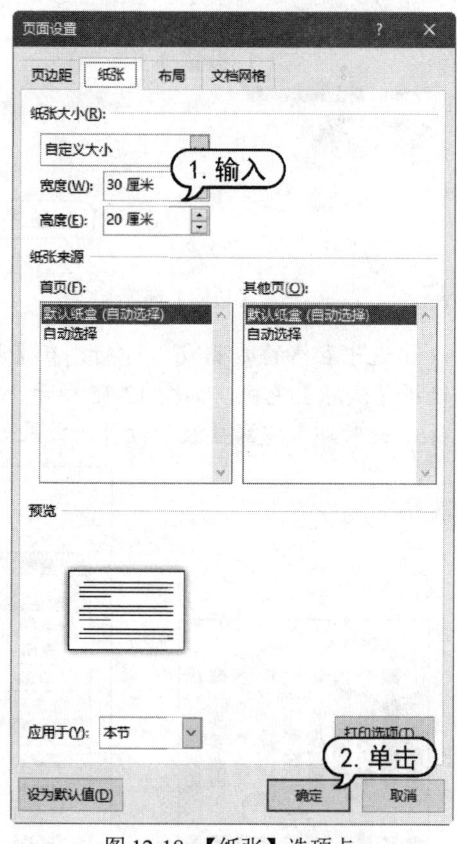

图 12-18 【纸张】选项卡

(4) 将插入点定位在页面的首行，输入标题“杭州西湖”，并且设置字体为【华文隶书】，字号为【小二】，居中对齐，如图 12-19 所示。

(5) 按 Home 键，将插入点定位在文本开始处，打开【插入】选项卡，在【符号】组中单击【符号】按钮，从弹出的列表框中选择【其他符号】选项，打开【符号】对话框，在【字体】下拉列表框中选择 Wingdings 选项，并在其下拉列表框中选择选择一种需要插入的符号，单击【插入】按钮，如图 12-20 所示。

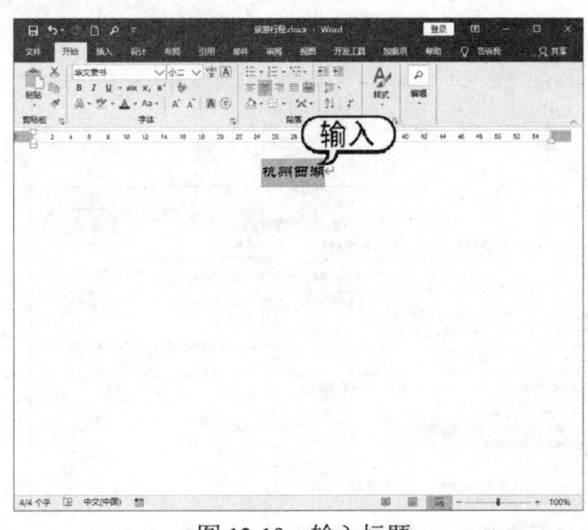

图 12-19　输入标题

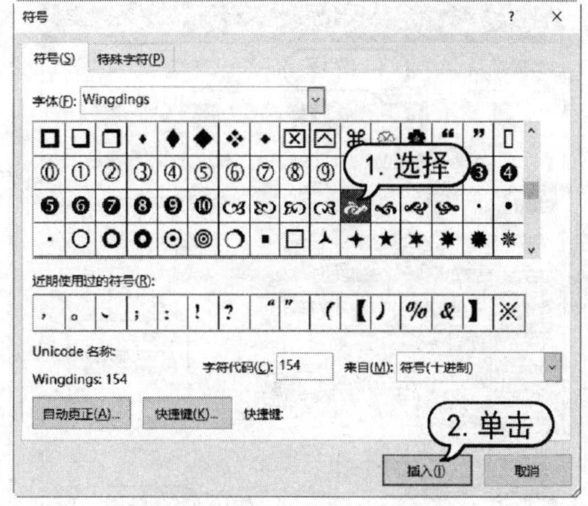

图 12-20 【符号】对话框

(6) 使用同样的方法，在标题末尾处插入符号，如图 12-21 所示。

(7) 打开【布局】选项卡，在【页面设置】组中单击【分隔符】按钮，在弹出的菜单的【分节符】选项区域中选择【连续】命令，如图 12-22 所示。

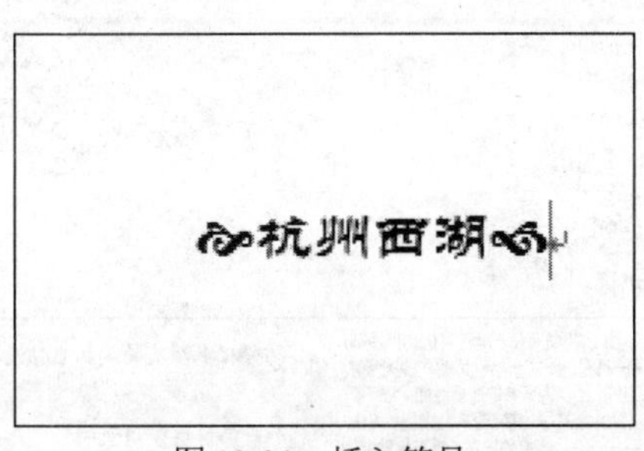

图 12-21　插入符号

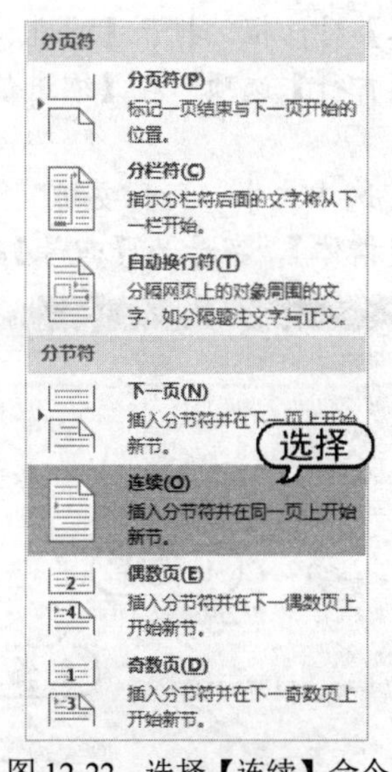

图 12-22　选择【连续】命令

(8) 按 Backspace 键，将插入点移动到行的开头处，设置字体为宋体，字号为五号。

(9) 打开【布局】选项卡，在【页面设置】组中单击【栏】按钮，从弹出的菜单中选择【更多栏】命令，打开【栏】对话框，在【预设】选项区域中选择【两栏】选项，单击【确定】按钮，如图 12-23 所示。

(10) 此时完成分栏的设置，按 Enter 键，将插入点定位在标题的下一行，输入文本内容，如图 12-24 所示。

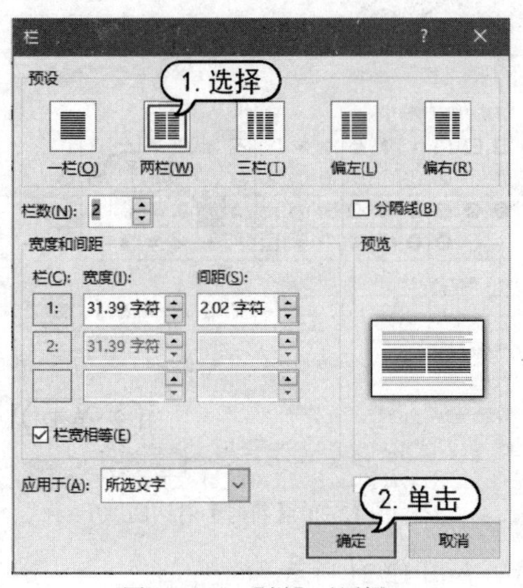

图 12-23 【栏】对话框

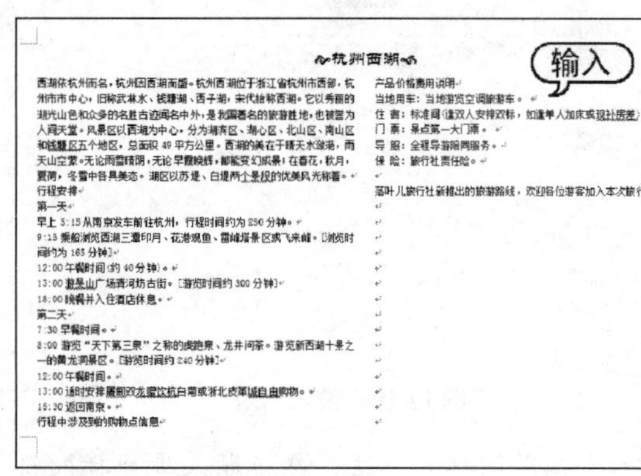

图 12-24 输入文本

(11) 选中所有的文本，打开【开始】选项卡，在【段落】组中单击对话框启动器按钮，打开【段落】对话框，打开【缩进和间距】选项卡，在【缩进】选项区域的【特殊】下拉列表框中选择【首行】选项，在【缩进值】微调框中输入“2 字符”，单击【确定】按钮，如图 12-25 所示。

(12) 选中文本“行程安排”“行程中涉及的购物点信息”“产品价格费用说明”，设置文本字体为【楷体】，字号为【四号】，字形为【加粗】，效果如图 12-26 所示。

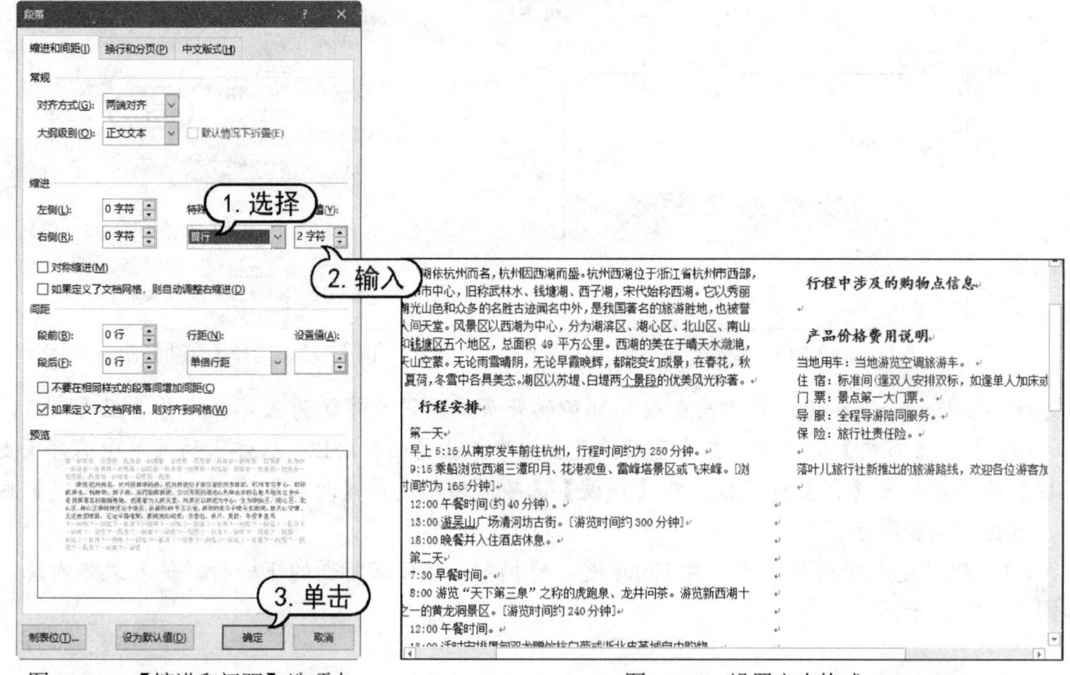

图 12-25 【缩进和间距】选项卡

图 12-26 设置文本格式

(13) 设置第一段文本的字体为【华文楷体】，字体颜色为【蓝色】；设置最后一段文本的字体为【华文彩云】，字号为【三号】，颜色为【红色】；设置文本“第一天”和“第二天”的字形为【加粗倾斜】，字体颜色为【红色】，效果如图 12-27 所示。

(14) 选中文本“第一天”下的文本段落，在【开始】选项卡的【段落】组中单击【项目符号】下拉按钮，从弹出的下拉列表中选择一种项目符号样式，为文本段落添加项目符号，如图 12-28 所示。

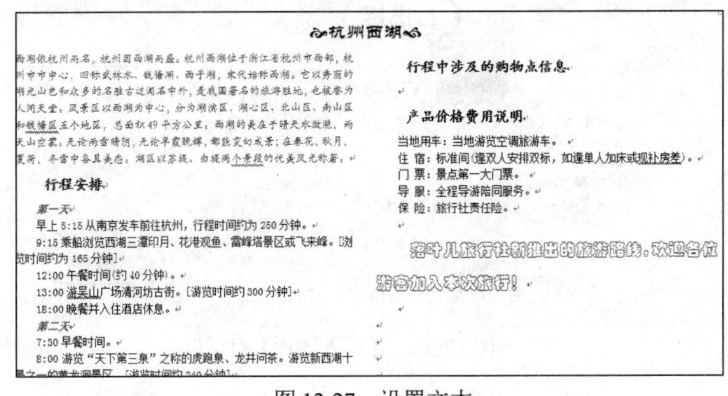

图 12-27　设置文本　　　　图 12-28　选择项目符号

(15) 使用同样的方法，为其他文本段落添加项目符号，效果如图 12-29 所示。

(16) 选中开头文字“西”，打开【插入】选项卡，在【文本】组中单击【首字下沉】下拉按钮，从弹出的下拉菜单中选择【首字下沉选项】命令，如图 12-30 所示。

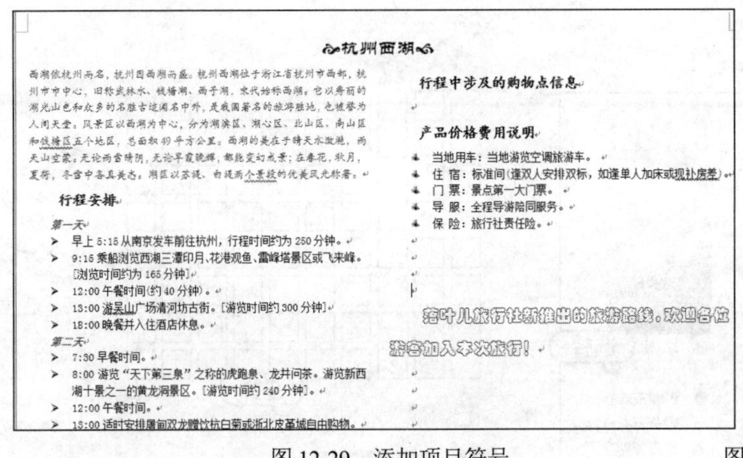

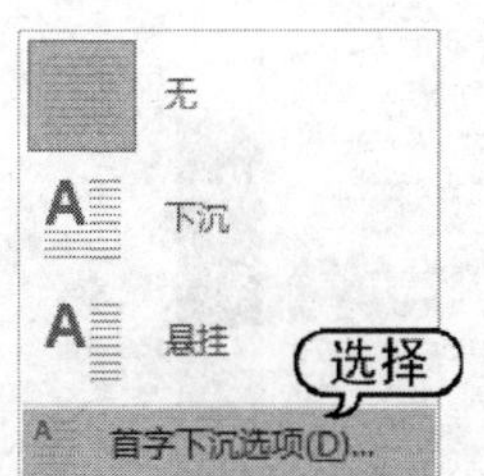

图 12-29　添加项目符号　　　　图 12-30　选择【首字下沉选项】命令

(17) 打开【首字下沉】对话框，选择【下沉】选项，在【距正文】微调框中输入“0.3 厘米”，单击【确定】按钮，如图 12-31 所示。

(18) 将插入点定位在第一段文本末尾处，打开【插入】选项卡，在【插图】组中单击【图片】按钮，打开【插入图片】对话框，选择需要插入的图片，单击【插入】按钮，如图 12-32 所示。

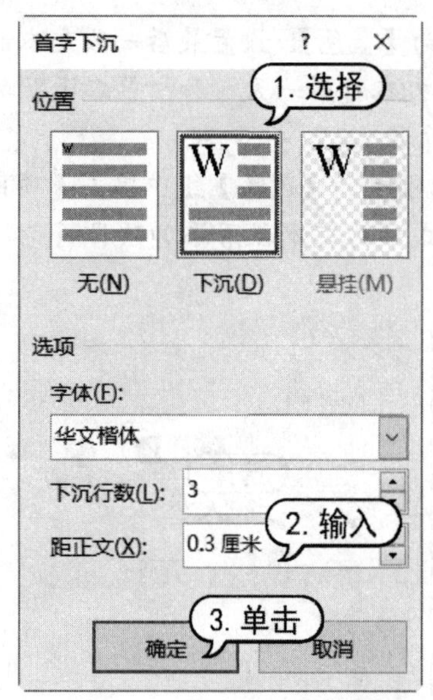

图 12-31 【首字下沉】对话框

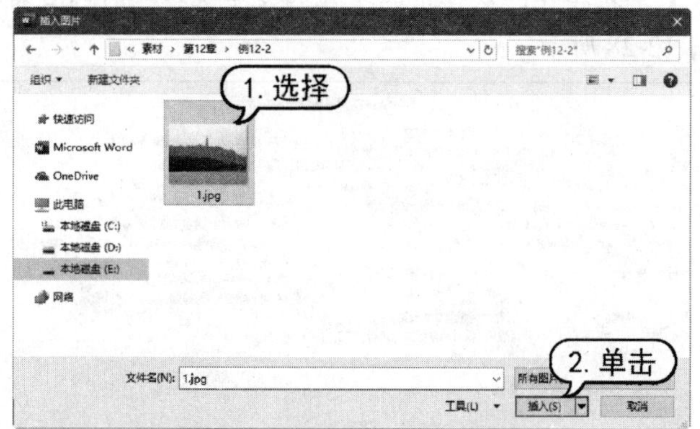

图 12-32 【插入图片】对话框

(19) 调整图片的大小，然后右击图片，在弹出的快捷菜单中选择【环绕文字】|【四周型】命令，使文字包围图片，如图 12-33 所示。

(20) 将插入点定位在“行程中涉及的购物点信息”下一段，打开【插入】选项卡，在【表格】组中单击【表格】下拉按钮，从弹出的下拉菜单中选择【插入表格】命令，如图 12-34 所示。

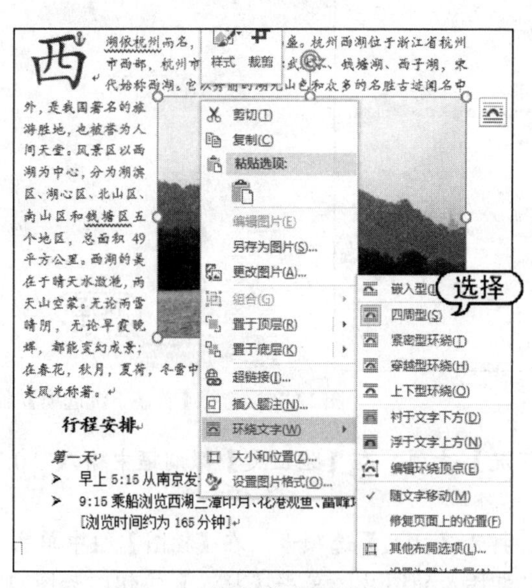

图 12-33 选择【四周型】命令

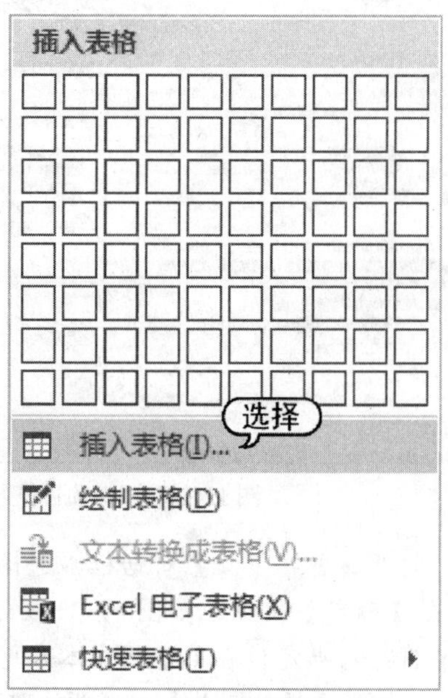

图 12-34 选择【插入表格】命令

(21) 打开【插入表格】对话框，在【列数】和【行数】文本框中分别输入 4 和 3，单击【确定】按钮，如图 12-35 所示。

(22) 此时在文档中插入表格，然后在表格中输入文本，如图 12-36 所示。

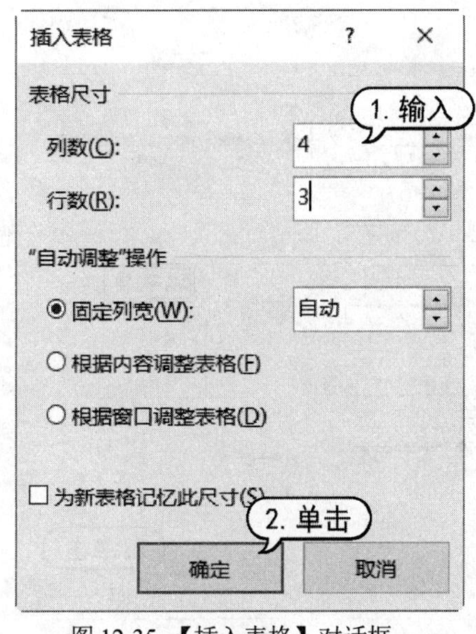

图 12-35　【插入表格】对话框

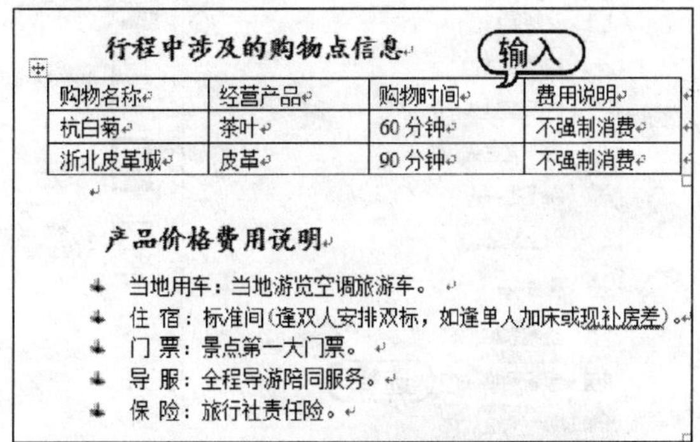

图 12-36　在表格中输入文本

(23) 选中插入的表格，打开【表格工具】的【设计】选项卡，在【表格样式】组中单击【其他】按钮，从弹出的表格样式列表框中选择【网格表 4，着色 1】选项，如图 12-37 所示。

(24) 此时为表格快速应用选中的样式，效果如图 12-38 所示。

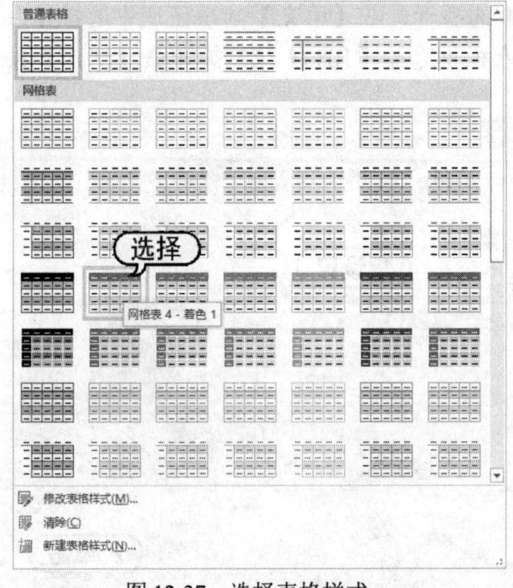

图 12-37　选择表格样式

图 12-38　表格效果

(25) 选中标题文字，打开【开始】选项卡，在【段落】组中单击【边框】下拉按钮，从弹出的菜单中选择【边框和底纹】命令，如图 12-39 所示。

(26) 打开【边框和底纹】对话框，打开【边框】选项卡，在【设置】选项区域中选择【方框】选项，在【样式】下拉列表中选择一种样式，在【宽度】下拉列表中选择【1.5 磅】选项，在【应用于】下拉列表中选择【文字】选项，单击【确定】按钮，如图 12-40 所示。

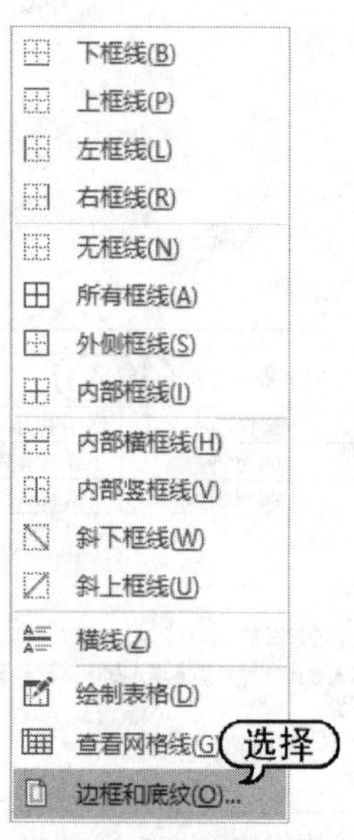

图 12-39　选择【边框和底纹】命令

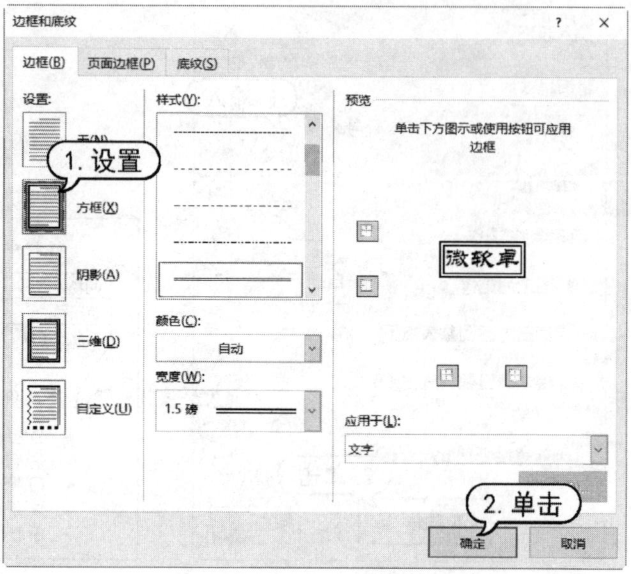

图 12-40　【边框】选项卡

(27) 此时为标题文字添加边框，效果如图 12-41 所示。

(28) 选中“行程安排”“行程中涉及的购物点信息”“产品价格费用说明”段落文本，然后在【开始】选项卡的【段落】组中单击【边框】下拉按钮，从弹出的下拉菜单中选择【边框和底纹】命令，打开【边框和底纹】对话框的【底纹】选项卡，在【填充】选项区域中选择【白色，背景 1，深色 35%】色块，在【样式】下拉列表框中选择【10%】选项，单击【确定】按钮，如图 12-42 所示。

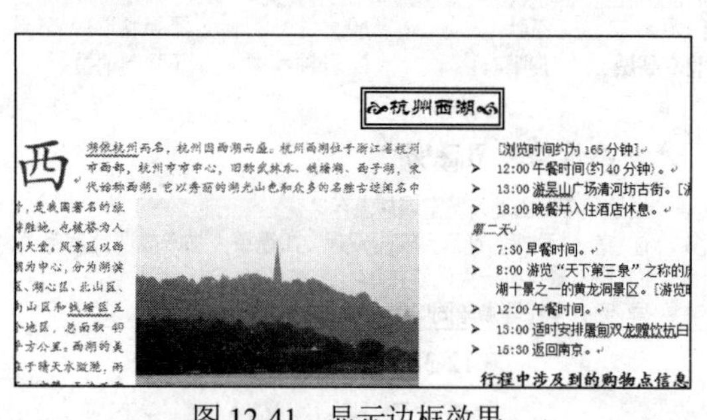

图 12-41　显示边框效果

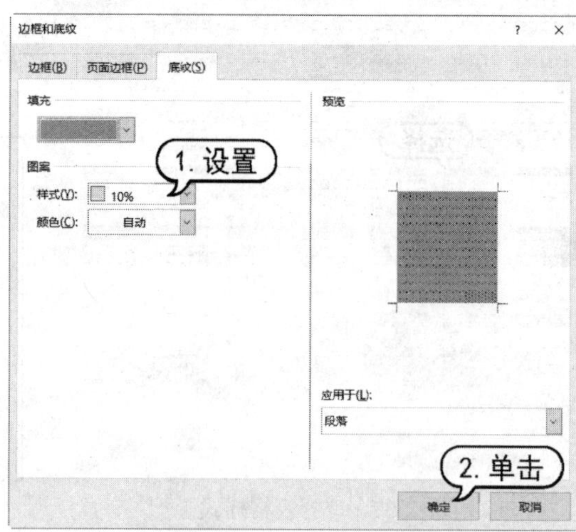

图 12-42　【底纹】选项卡

(29) 打开【插入】选项卡，在【插图】组中单击【形状】下拉按钮，从弹出的【箭头总汇】下拉列表中选择【虚尾箭头】选项，如图 12-43 所示。

(30) 按 Ctrl 键，在文档标题处拖动鼠标绘制箭头，选择绘制的图形，按 Ctrl+C 组合键复制图形，然后按 Ctrl+V 组合键粘贴图形至其他位置，如图 12-44 所示。

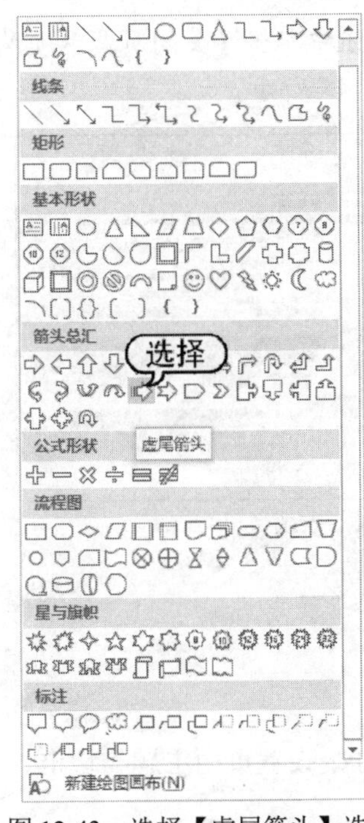

图 12-43　选择【虚尾箭头】选项

图 12-44　复制图形

(31) 右击复制的图形，从弹出的快捷菜单中选择【设置形状格式】命令，打开【设置形状格式】窗格，在【三维旋转】选项区域的【X 旋转】框中输入 180°，如图 12-45 所示。

(32) 此时调整箭头图形的位置，效果如图 12-46 所示。

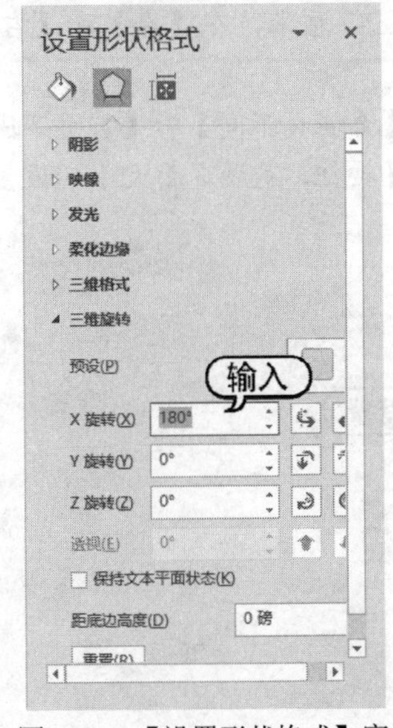

图 12-45　【设置形状格式】窗格

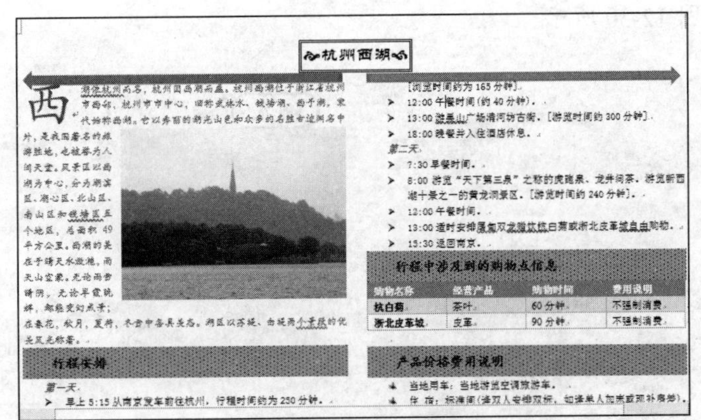

图 12-46　箭头图形效果

(33) 打开【插入】选项卡，在【页眉和页脚】组中单击【页眉】下拉按钮，从弹出的下拉菜单中选择【编辑页眉】命令，进入页眉和页脚编辑状态。在页眉区中输入文本，设置文字字体为【华文隶书】，字号为【四号】，字体颜色为【绿色】，效果如图 12-47 所示。

(34) 打开【页眉和页脚工具】的【设计】选项卡，在【关闭】组中单击【关闭页眉和页脚】按钮，退出页眉和页脚的编辑状态，此时文档的完成效果如图 12-48 所示。

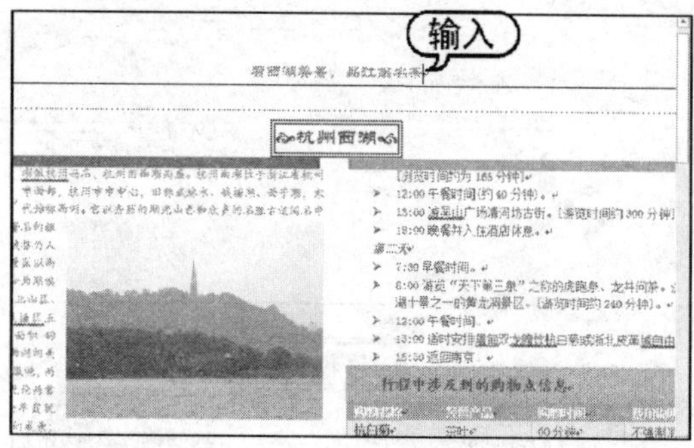

图 12-47　输入页眉文本

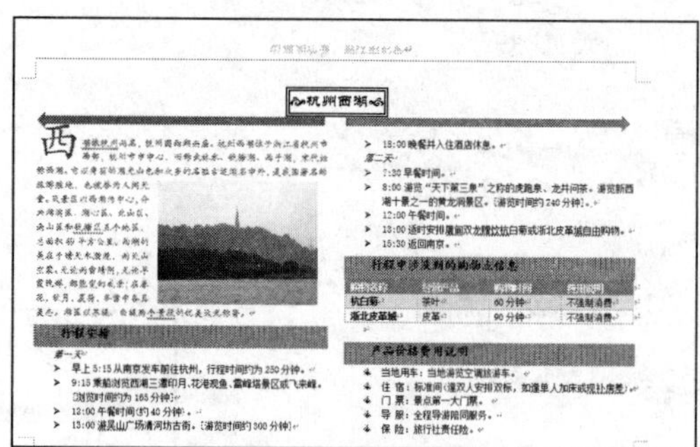

图 12-48　文档效果

12.3　制作宣传手册

通过在 Word 2019 中制作广告宣传手册，巩固学习设置页面大小、设置页面主题与边框、制作标题文字、编辑正文文本、插入图片和文本框等内容。

【例 12-3】 制作一个广告宣传手册。 视频

(1) 启动 Word 2019，新建一个名为“广告宣传手册”的文档。

(2) 打开【布局】选项卡，单击【页面设置】组中的对话框启动器按钮，打开【页面设置】对话框，在【页边距】选项卡中的【上】和【下】微调框中均输入 2.7 厘米，在【左】和【右】微调框中均输入 3.2 厘米，如图 12-49 所示。

(3) 选择【版式】选项卡，在【页眉和页脚】选项区域中选中【奇偶页不同】和【首页不同】复选框，并将页眉和页脚与边界的距离设置为 2 厘米，单击【确定】按钮，完成页面大小的设置，如图 12-50 所示。

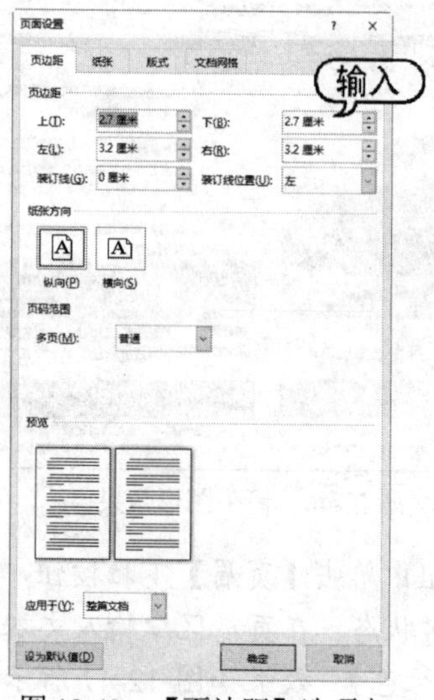

图 12-49　【页边距】选项卡

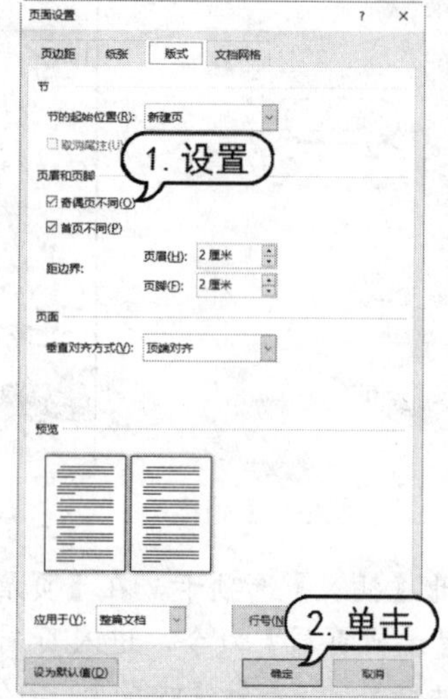

图 12-50　【版式】选项卡

(4) 打开【设计】选项卡，在【页面背景】组中单击【页面颜色】按钮，在弹出的下拉菜单中选择【填充效果】命令，如图 12-51 所示。

(5) 打开【填充效果】对话框，选择【图案】选项卡，在【图案】选项区域中选择第 1 种图案；在【前景】下拉列表框中选择紫色色块，单击【确定】按钮，完成页面背景的填充，如图 12-52 所示。

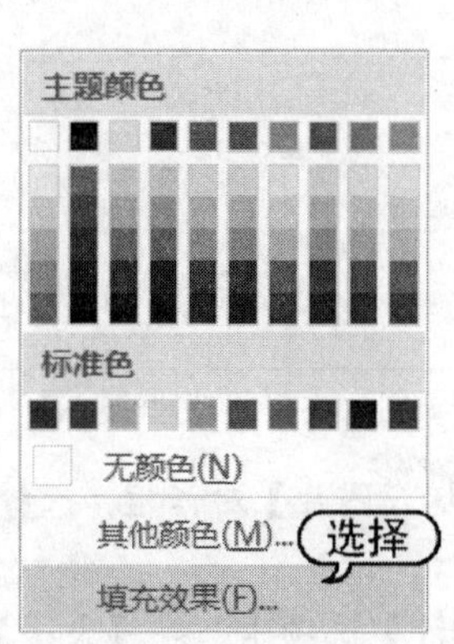

图 12-51　选择【填充效果】命令

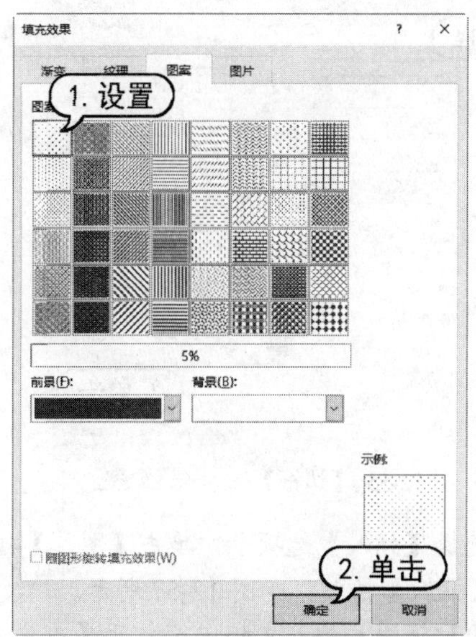

图 12-52　【图案】选项卡

(6) 打开【插入】选项卡，在【页眉和页脚】组中单击【页眉】按钮，在弹出的下拉菜单中选择【空白】选项，如图 12-53 所示。

(7) 此时添加了页眉，进入页眉和页脚的编辑状态，如图 12-54 所示。

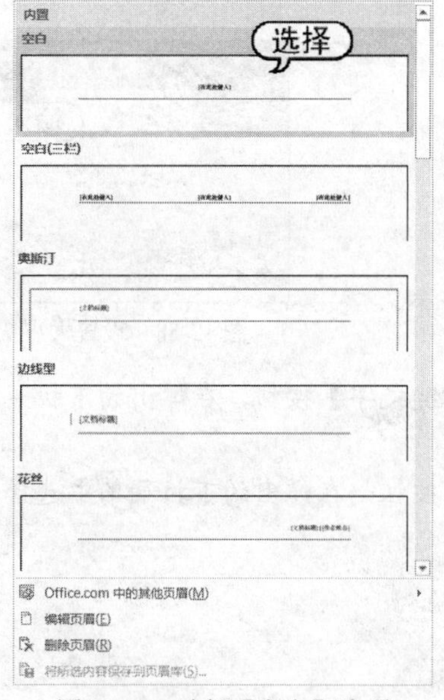

图 12-53　选择【空白】选项

图 12-54　页眉和页脚的编辑状态

计算机基础与实训教材系列

(8) 打开【开始】选项卡，在【段落】组中单击【边框和底纹】下拉按钮，在弹出的下拉菜单中选择【边框和底纹】命令，打开【边框和底纹】对话框，选择【边框】选项卡，在【设置】选项区域中选择【无】选项，然后单击【确定】按钮，如图 12-55 所示。

(9) 此时页眉上的框线被取消，效果如图 12-56 所示。

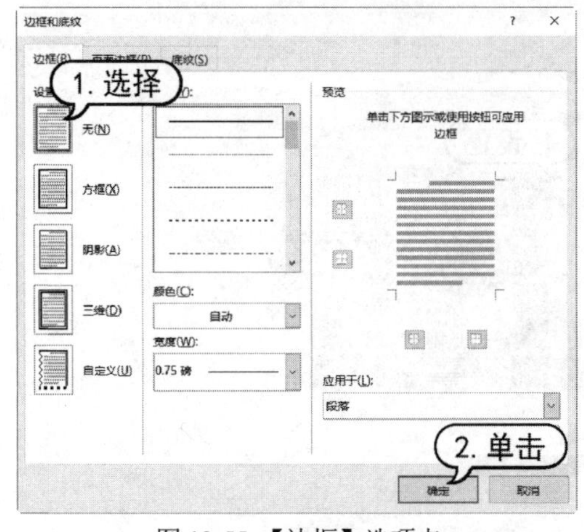

图 12-55 【边框】选项卡

图 12-56 取消框线

(10) 选择【插入】选项卡，单击【图片】按钮，打开【插入图片】对话框，选择一张图片，然后单击【插入】按钮，如图 12-57 所示。

(11) 此时将图片插入文档中，打开【图片工具】的【设计】选项卡，在【大小】组中设置高度和宽度都为 8 厘米，如图 12-58 所示。

图 12-57 【插入图片】对话框

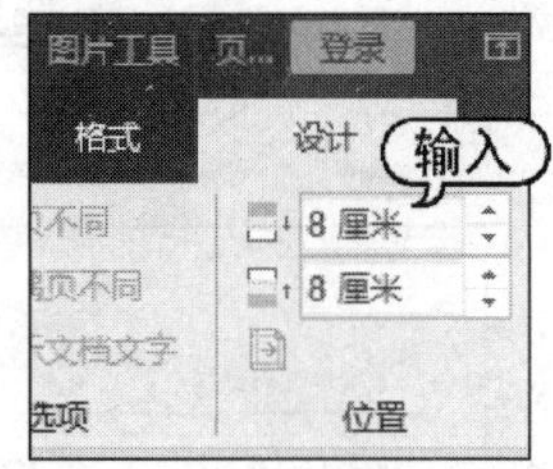

图 12-58 设置大小

(12) 选择【格式】选项卡，在【排列】组中单击【环绕文字】按钮，在弹出的下拉菜单中选择【浮于文字上方】命令，如图 12-59 所示。

(13) 调整图片的位置，在【调整】组中单击【颜色】按钮，在弹出的下拉菜单中选择【冲蚀】选项，如图 12-60 所示。

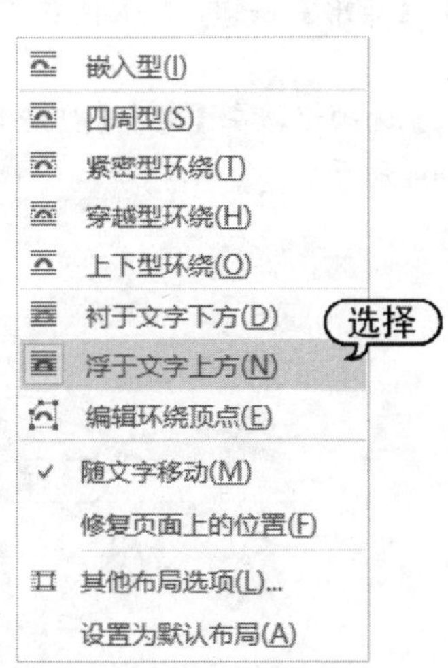

图 12-59　选择【浮于文字上方】命令

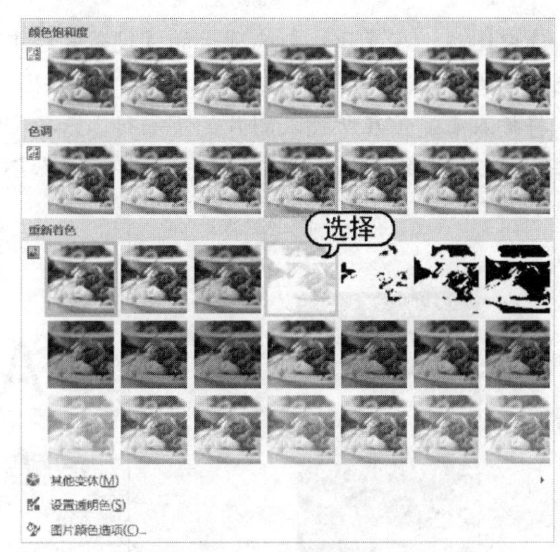

图 12-60　选择【冲蚀】选项

(14) 在【页眉和页脚工具】的【设计】选项卡中单击【关闭页眉和页脚】按钮，退出页眉和页脚的编辑状态，此时页面效果如图 12-61 所示。

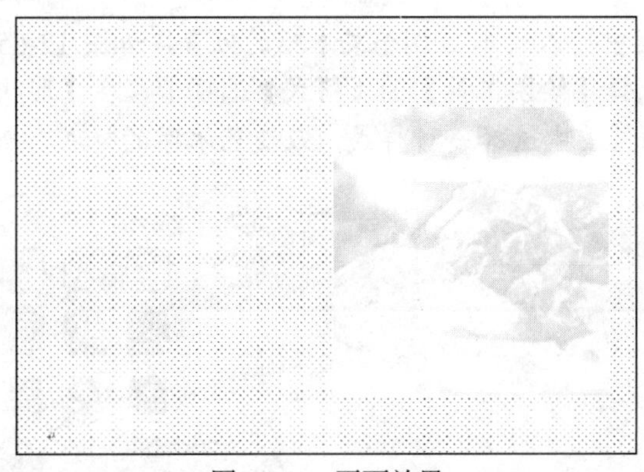

图 12-61　页面效果

(15) 将插入点定位在第 1 行，选择【插入】选项卡，单击【图片】按钮，打开【插入图片】对话框，选择一张图片，然后单击【插入】按钮，如图 12-62 所示。

图 12-62　【插入图片】对话框

(16) 选中图片，在【开始】选项卡的【段落】组中单击【居中】按钮，设置图片居中显示，如图 12-63 所示。

(17) 将插入点定位在所插入图片的下一行，选择【插入】选项卡，在【文本】组中单击【艺术字】按钮，在弹出的下拉菜单中选择一种样式，如图 12-64 所示。

图 12-63　设置图片

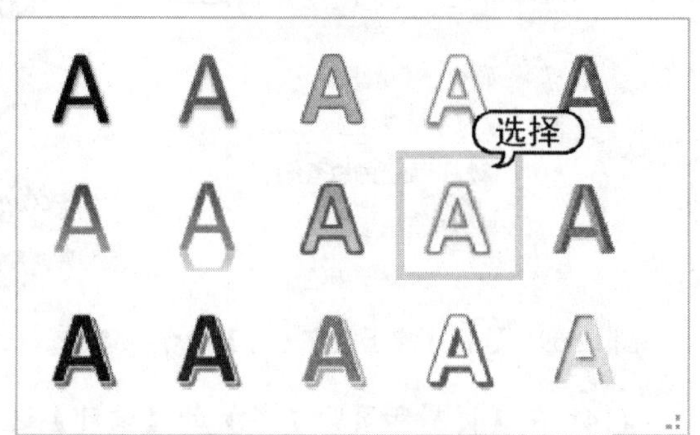

图 12-64　艺术字样式

(18) 在艺术字文本框中输入文本，调整文本框的位置，如图 12-65 所示。

(19) 选中艺术字，选择【绘图工具】的【格式】选项卡，在【形状样式】组中单击【其他】下拉按钮，在弹出的下拉菜单中选择一种样式，改变艺术字的样式，如图 12-66 所示。

图 12-65　输入艺术字

图 12-66　选择形状样式

(20) 打开【开始】选项卡，在【段落】组中单击【边框和底纹】下拉按钮，从弹出的下拉列表中选择【边框和底纹】命令，打开【边框和底纹】对话框，选择【页面边框】选项卡，在【设置】选项区域中选择【方框】选项，在【艺术型】下拉列表框中选择一种艺术型，在【应用于】

下拉列表框中选择【本节-仅首页】选项，然后单击【确定】按钮，如图 12-67 所示。

(21) 为首页应用边框，效果如图 12-68 所示。

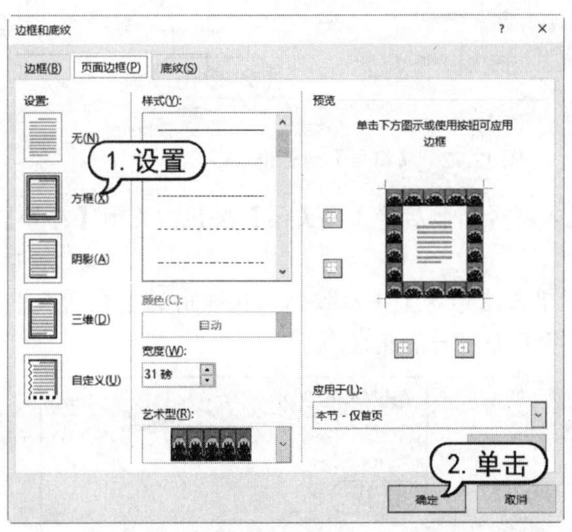

图 12-67　【页面边框】选项卡

图 12-68　显示效果

(22) 将插入点定位在第 2 页，双击页眉部位，进入偶数页页眉和页脚编辑状态，使用前面的方法，删除偶数页中页眉处的横线，效果如图 12-69 所示。

(23) 将光标定位在页眉区域，输入“美食攻略餐厅”，设置字体为【华文新魏】，字号为【三号】，字形为【加粗】，字体颜色为【绿色】，效果如图 12-70 所示。

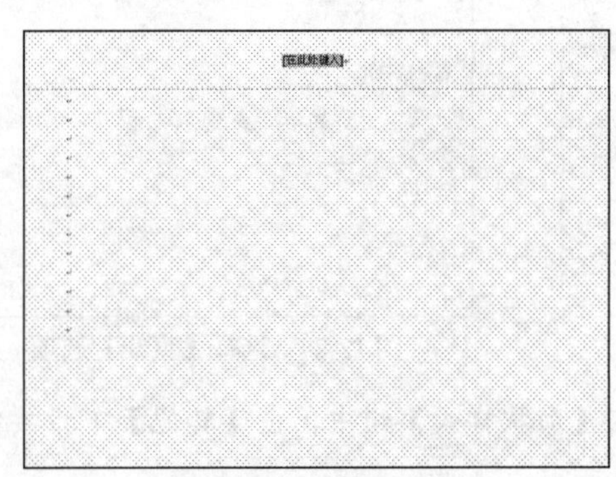

图 12-69　删除横线

图 12-70　输入并设置文本

(24) 将光标定位在文字开头，打开【插入】选项卡，在【符号】组中单击【符号】下拉按钮，在弹出的下拉菜单中选择【其他符号】命令，如图 12-71 所示。

(25) 打开【符号】对话框，选择一种符号，单击【插入】按钮，如图 12-72 所示，在页眉处插入符号。

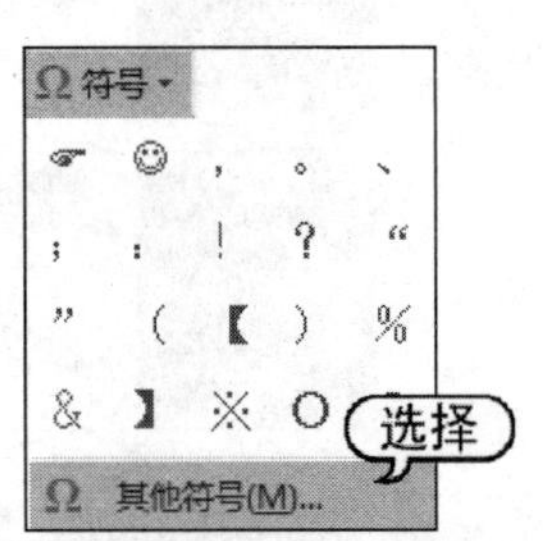

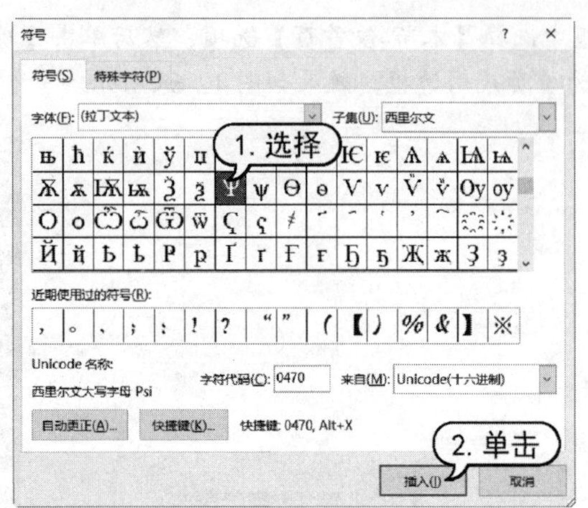

图 12-71　选择【其他符号】命令　　　　图 12-72　【符号】对话框

(26) 使用同样的方法，在页眉文字末尾处插入符号，然后单击【关闭】按钮，关闭【符号】对话框，显示页眉文本，效果如图 12-73 所示。

(27) 打开【插入】选项卡，在【插图】组中单击【形状】下拉按钮，在弹出的下拉列表中选择【直线】选项，如图 12-74 所示，在页眉文字下绘制一条直线。

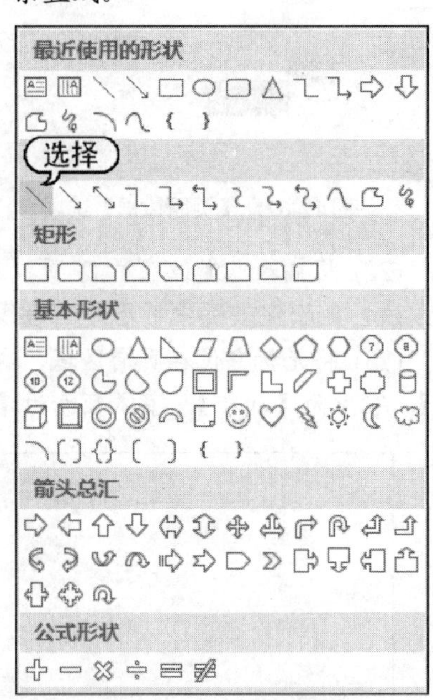

图 12-73　插入符号　　　　图 12-74　选择【直线】选项

(28) 打开【绘图工具】的【格式】选项卡，在【形状样式】组中单击【其他】下拉按钮，在弹出的下拉列表中选择一种样式，如图 12-75 所示。

(29) 将插入点移至偶数页的页脚中，在【插图】组中单击【形状】下拉按钮，在弹出的下拉列表中选择【矩形】选项，在页脚位置左下角绘制 1 个矩形，如图 12-76 所示。

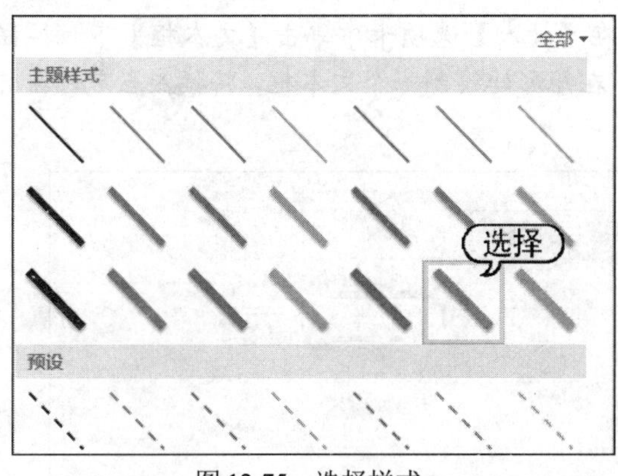

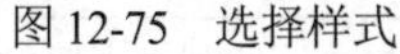
图 12-75　选择样式

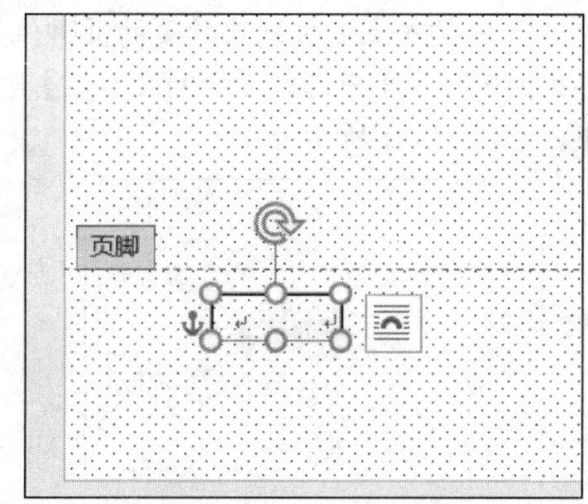

图 12-76　绘制矩形

(30) 右击矩形，在弹出的快捷菜单中选择【设置形状格式】命令，打开【设置形状格式】窗格，在【填充】选项区域中选中【纯色填充】单选按钮，单击【颜色】按钮，选择【蓝色，个性色 1】选项，如图 12-77 所示。

(31) 右击页眉中的线条，在弹出的快捷菜单中选择【设置形状格式】命令，打开【设置形状格式】窗格，在【线条】选项区域中选中【实线】单选按钮，单击【颜色】按钮，选择【水绿色，个性色 5】选项，如图 12-78 所示。

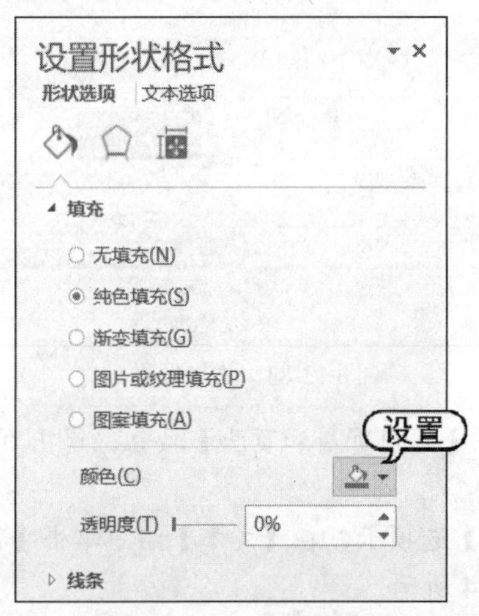

图 12-77　设置填充颜色

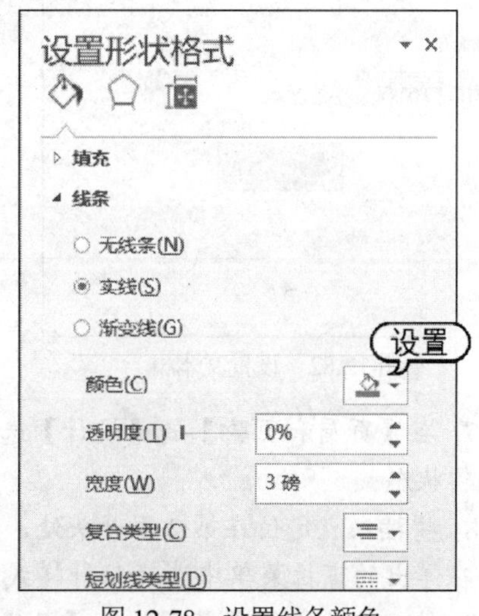

图 12-78　设置线条颜色

(32) 此时偶数页页脚和页眉的线条效果如图 12-79 所示。

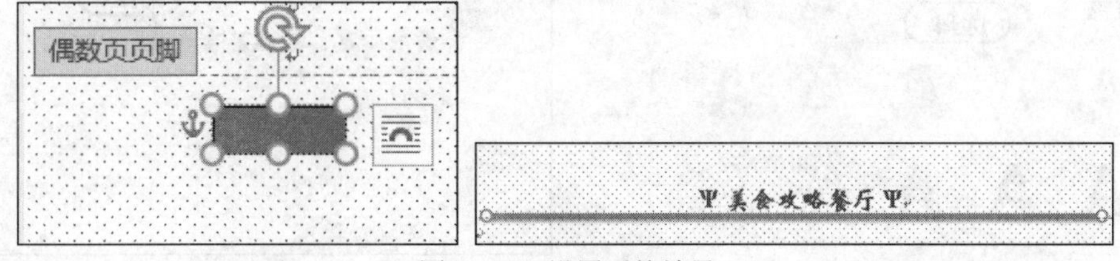

图 12-79　设置后的效果

(33) 偶数页的页眉和页脚制作完成后，使用同样的方法，设置第 3 页的页眉和页脚，即奇数页的页眉和页脚，效果如图 12-80 所示。

计算机基础与实训教材系列

(34) 将插入点定位到偶数页的页脚位置，在【插入】选项卡中单击【文本框】下拉按钮，在弹出的下拉菜单中选择【绘制文本框】命令，在矩形处绘制一个文本框，将插入点定位在文本框中，如图 12-81 所示。

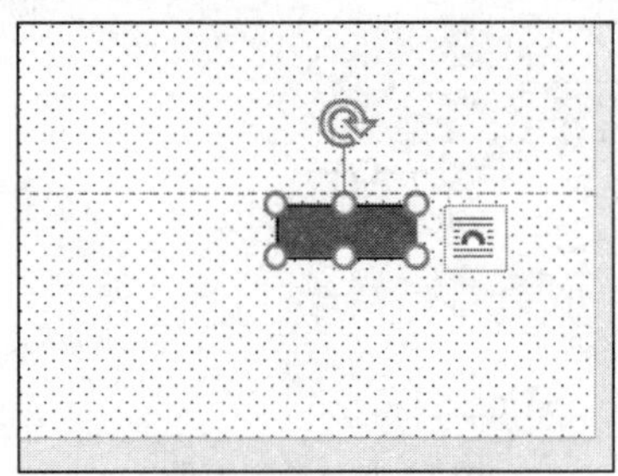

图 12-80　设置页眉和页脚

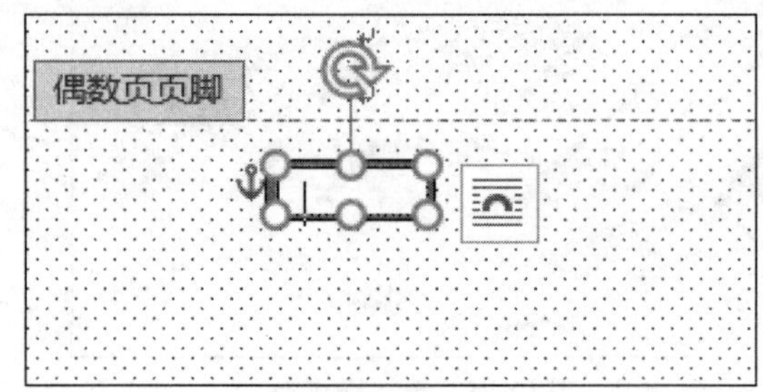

图 12-81　绘制文本框

(35) 在文本框中输入“2”，右击，在弹出的快捷菜单中选择【设置形状格式】命令，打开【设置形状格式】窗格，在【填充】选项区域中设置文本框为【无填充】，此时矩形内显示页码数字，如图 12-82 所示。

(36) 使用相同的方法在奇数页页脚处添加页码，效果如图 12-83 所示。

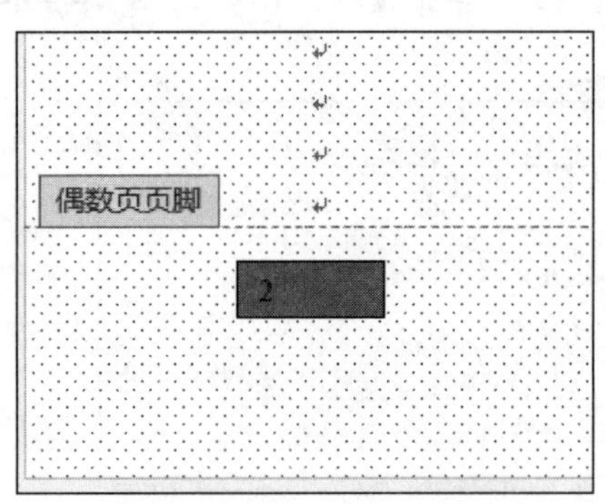

图 12-82　设置文本框

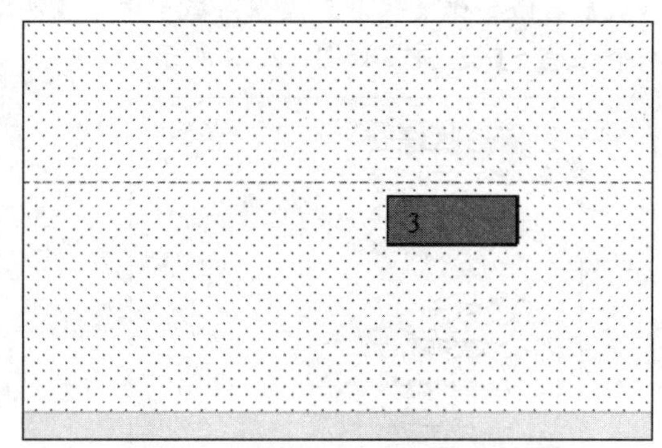

图 12-83　添加页码

(37) 在【页眉和页脚】的【设计】选项卡中单击【关闭页眉和页脚】按钮，退出页眉和页脚的编辑状态。

(38) 将插入点定位在第 2 页开头处，选择【插入】选项卡，在【文本】组中单击【艺术字】按钮，在弹出的下拉菜单中选择一种样式，如图 12-84 所示。

(39) 输入文本，设置其字体为【汉仪中楷简】，字号为【一号】，效果如图 12-85 所示。

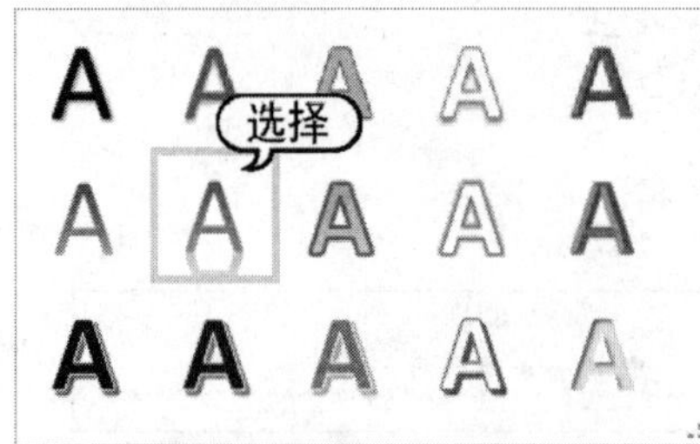

图 12-84　选择艺术字样式

图 12-85　输入艺术字

(40) 将插入点定位到下一行，输入文本，然后选中前两段文本，打开【字体】对话框，设

置文本字体为【楷体】，字号为【三号】，字形为【加粗】，字体颜色为【紫色】，然后单击【确定】按钮，如图 12-86 所示。

(41) 选取其他文本，打开【字体】对话框。设置字体为【隶书】，字号为【五号】，字形为【加粗】，字体颜色为【橙色，个性色 6】，然后单击【确定】按钮，如图 12-87 所示。

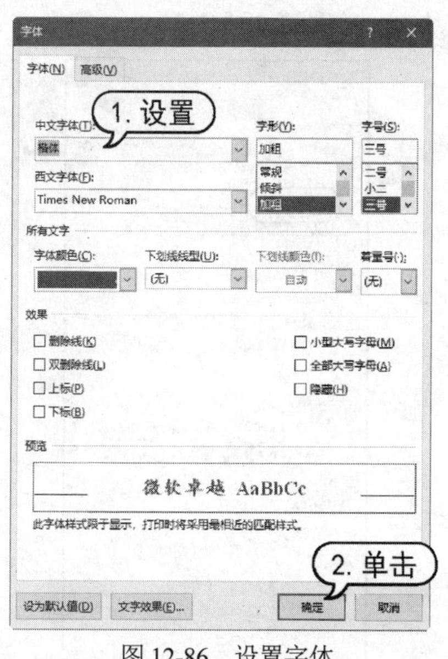

图 12-86　设置字体

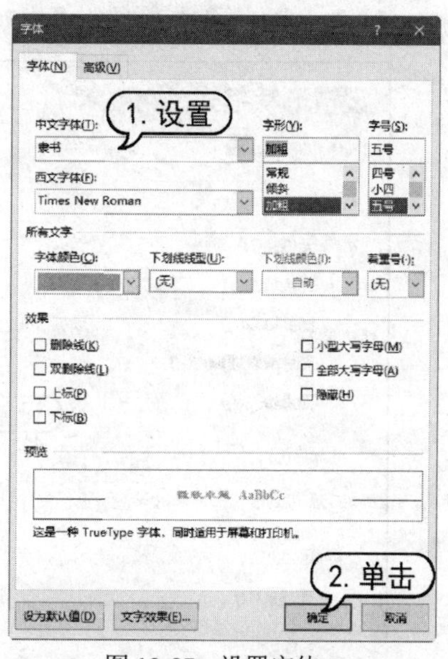

图 12-87　设置字体

(42) 在【开始】选项卡的【段落】组中单击对话框启动器按钮，打开【段落】对话框的【缩进和间距】选项卡，在【特殊格式】下拉列表框中选择【首行缩进】选项；在【缩进值】微调框中输入“2 字符”，然后单击【确定】按钮，为文本设置段落缩进，如图 12-88 所示。

(43) 打开【插入】选项卡，在【插图】组中单击【形状】下拉按钮，如图 12-89 所示，在弹出的下拉列表中选择【心形】选项，在文字下方绘制一个心形。

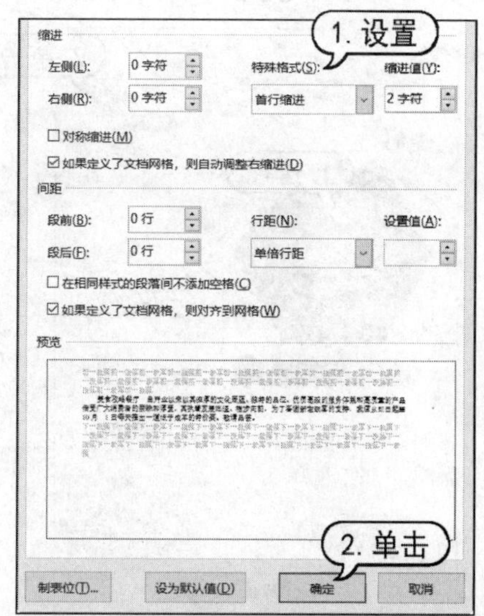

图 12-88　设置段落缩进

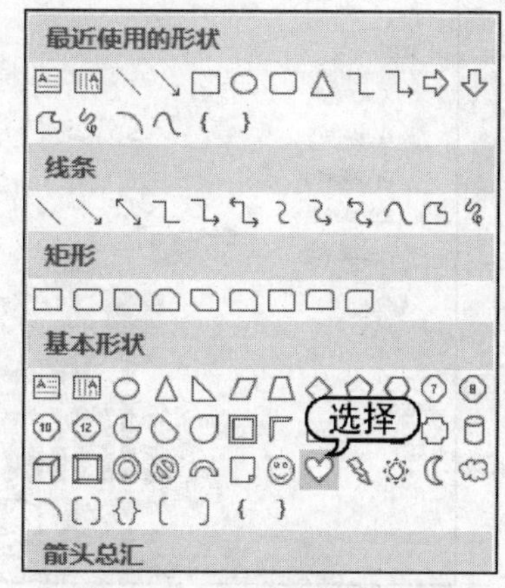

图 12-89　选择【心形】选项

(44) 使用鼠标调整心形的大小和位置，右击，在弹出的快捷菜单中选择【设置形状格式】命令，打开【设置形状格式】窗格，在【填充】选项区域中选中【纯色填充】单选按钮，单击【颜色】按钮，选择【红色】选项。在【线条颜色】选项区域中选中【无线条】单选按钮。

(45) 打开【插入】选项卡，在【插图】组中单击【形状】下拉按钮，在弹出的下拉列表中选择【圆角矩形】选项，如图 12-91 所示，在心形旁绘制一个圆角矩形。

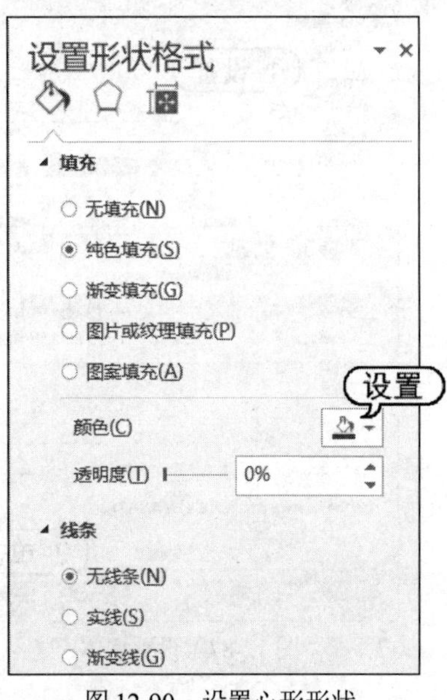

图 12-90　设置心形形状

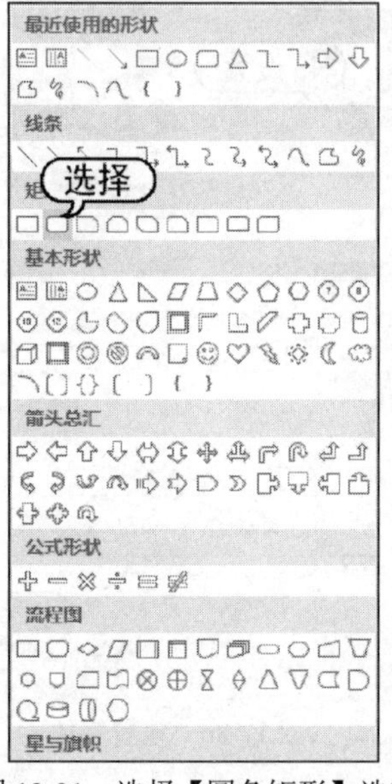

图 12-91　选择【圆角矩形】选项

(46) 使用鼠标调整圆角矩形的大小和位置，右击，在弹出的快捷菜单中选择【设置形状格式】命令，打开【设置形状格式】窗格，在【填充】选项区域中选中【纯色填充】单选按钮，单击【颜色】按钮，选择【其他颜色】命令，如图 12-92 所示。

(47) 打开【颜色】对话框，从中选择一种淡蓝色色块，单击【确定】按钮，如图 12-93 所示。

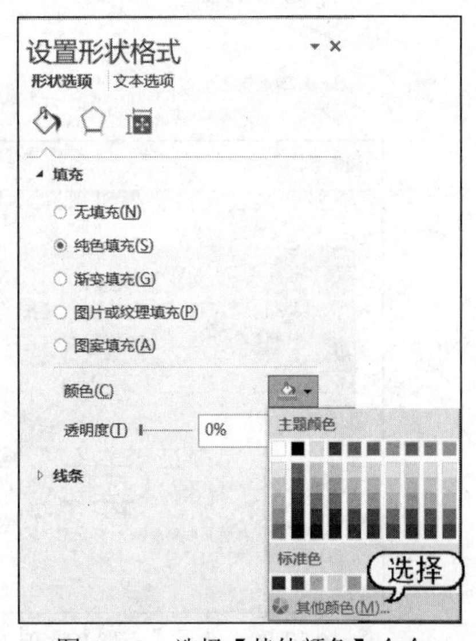

图 12-92　选择【其他颜色】命令

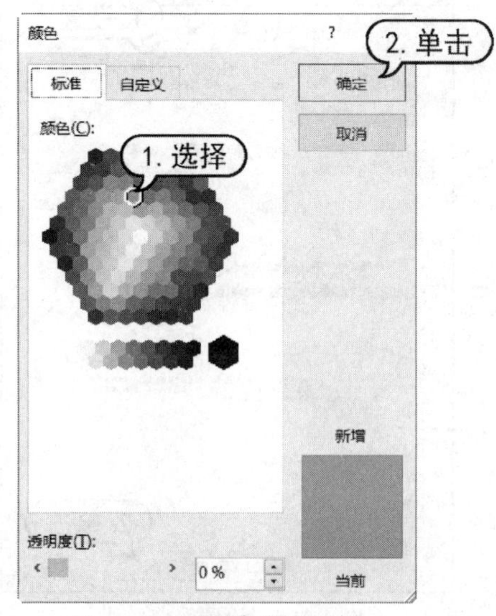

图 12-93　【颜色】对话框

(48) 返回【设置形状格式】窗格，打开【效果】的【阴影】选项区域，在其中设置阴影选项，如图 12-94 所示。

(49) 右击圆角矩形，从弹出的快捷菜单中选择【添加文字】命令，在其中添加文字，并且设置字体为【华文新魏】，字号为【五号】，效果如图 12-95 所示。

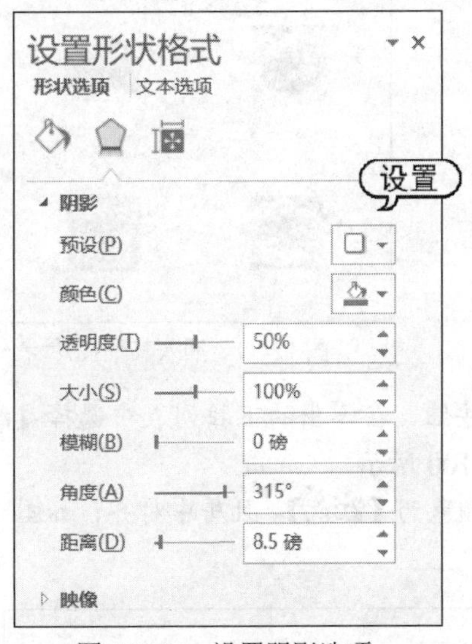

图 12-94　设置阴影选项

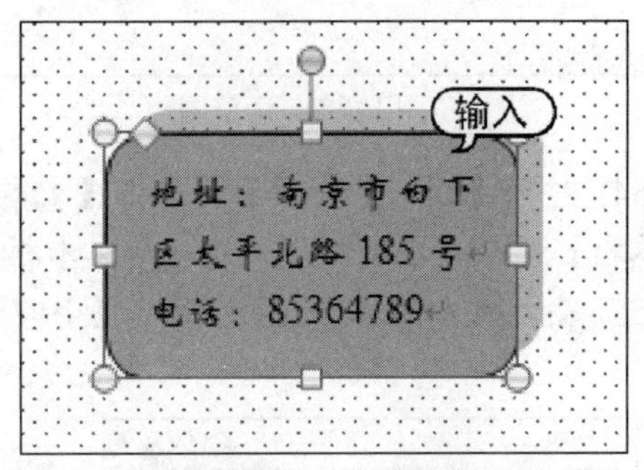

图 12-95　添加文字

(50) 将插入点定位在第 3 页开始处，打开【插入】选项卡，单击【图片】按钮，打开【插入图片】对话框，在其中选择一幅图片，单击【插入】按钮，如图 12-96 所示。

(51) 选中该图片，在【图片工具】的【格式】选项卡中单击【环绕文字】按钮，在弹出的下拉菜单中选择【浮于文字上方】命令，如图 12-97 所示。

图 12-96　【插入图片】对话框

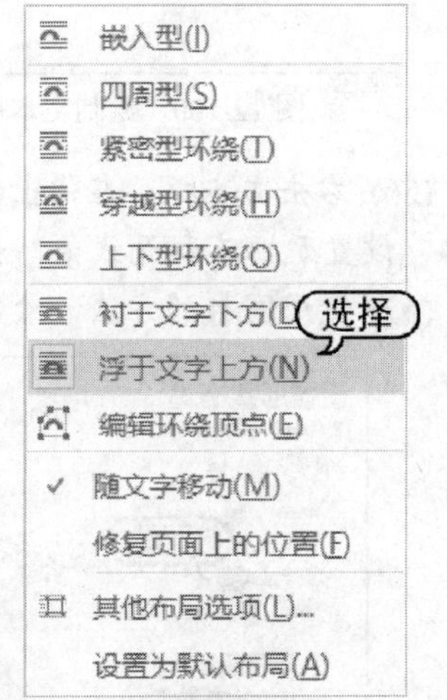

图 12-97　选择【浮于文字上方】命令

(52) 使用鼠标调整图片的位置和大小，效果如图 12-98 所示。

(53) 使用同样的方法，插入其他图片，并设置图片浮于文字上方，效果如图 12-99 所示。

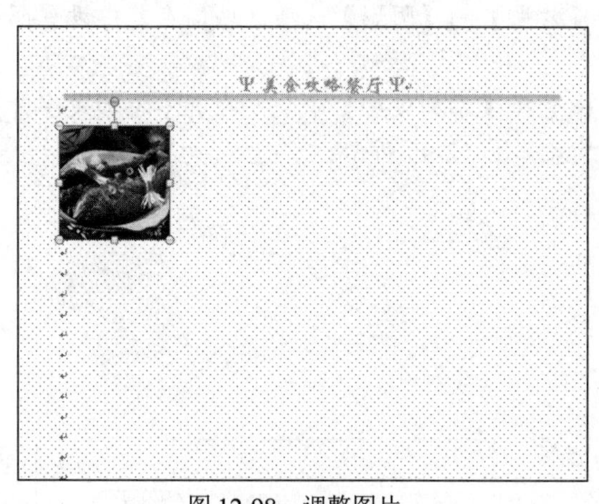

图 12-98　调整图片

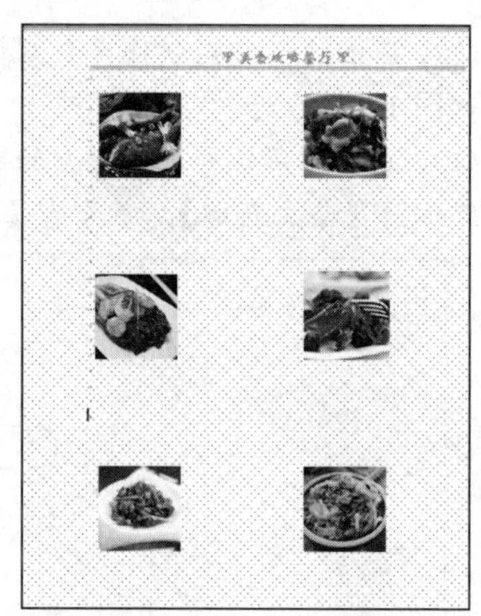

图 12-99　插入其他图片

(54) 打开【插入】选项卡，单击【文本框】下拉按钮，在弹出的下拉列表中选择【绘制横排文本框】命令，在文档中绘制一个文本框，如图 12-100 所示。

(55) 输入文本内容，设置字体为【小四号】，字体颜色为【红色】，且居中对齐，如图 12-101 所示。

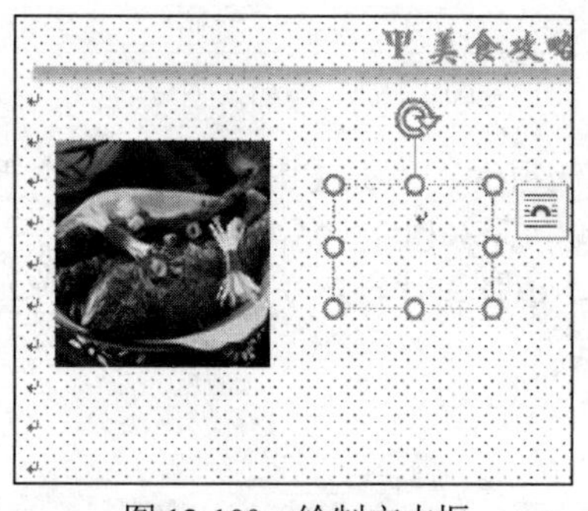

图 12-100　绘制文本框

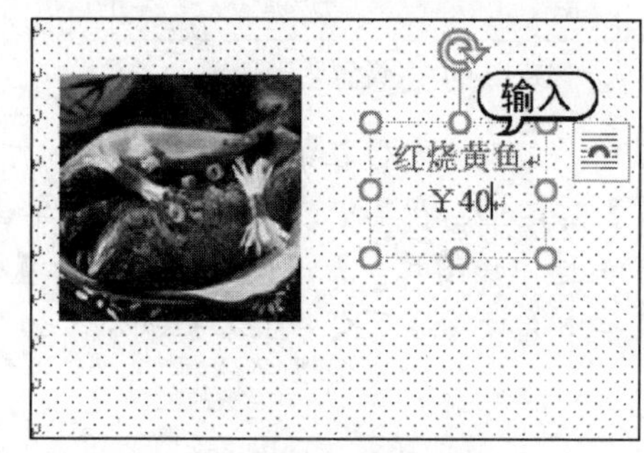

图 12-101　输入文本

(56) 右击文本框，在弹出的快捷菜单中选择【设置形状格式】命令，打开【设置形状格式】窗格，设置无填充和无线条，如图 12-102 所示。

(57) 使用同样的方法，绘制其他的文本框，输入文本并设置格式，效果如图 12-103 所示。

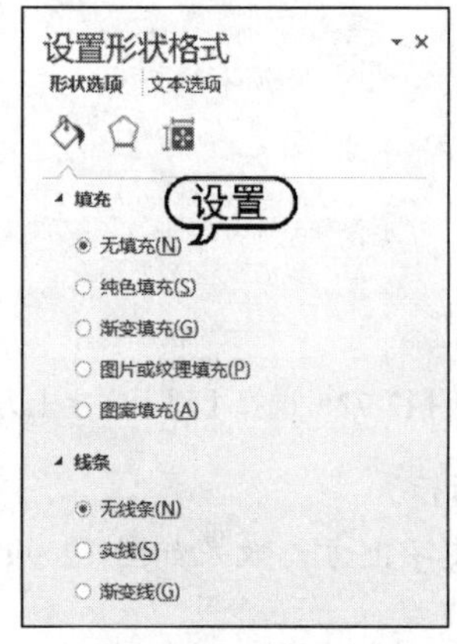

图 12-102　设置形状

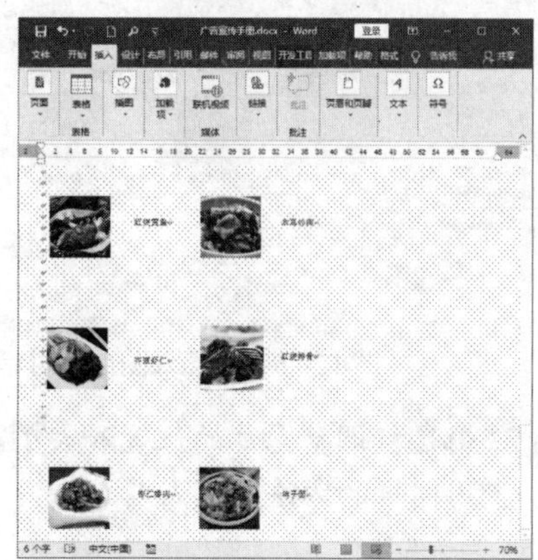

图 12-103　绘制文本框

12.4　制作售后服务保障卡

使用 Word 2019 的图文混排功能，通过绘制矩形图形来绘制整体背景，然后绘制售后服务保障卡，并插入素材文件，最后使用文本框工具输入文本内容。

【例 12-4】 创建“售后服务保障卡”文档，在其中插入图片等元素。视频

(1) 启动 Word 2019，新建一个名为“售后服务保障卡”的文档。

(2) 选择【布局】选项卡，在【页面设置】组中单击对话框启动器按钮，在打开的【页面设置】对话框的【页边距】选项卡中，将【上】【下】【左】【右】都设置为【1.5 厘米】，如图 12-104 所示。

(3) 选择【纸张】选项卡，将【宽度】和【高度】分别设置为【23.2 厘米】和【21.2 厘米】，单击【确定】按钮，如图 12-105 所示。

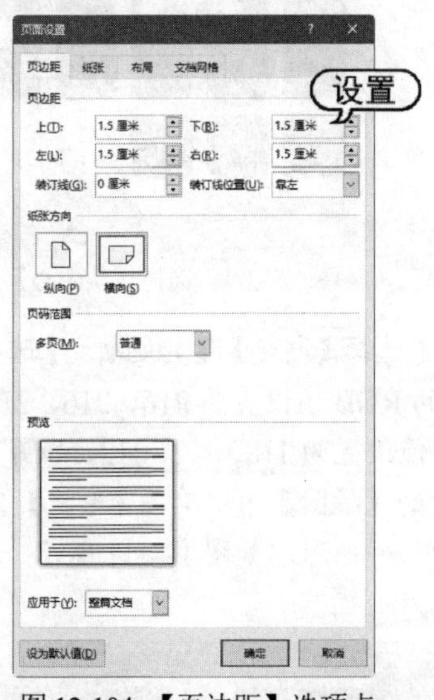

图 12-104　【页边距】选项卡

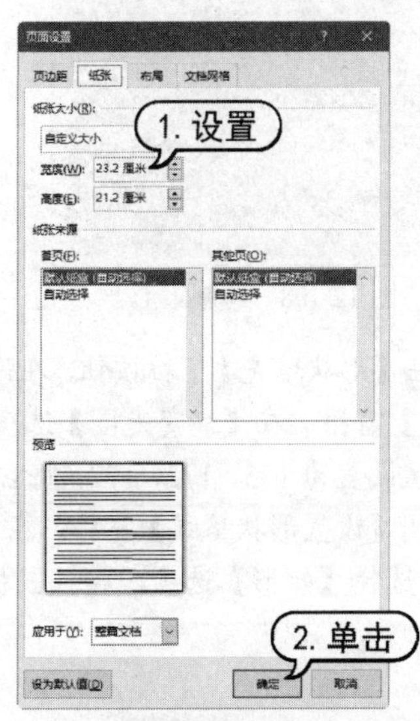

图 12-105　【纸张】选项卡

(4) 选择【插入】选项卡，在【页面】组中单击【空白页】按钮，如图 12-106 所示，添加一个空白页。

(5) 在【插图】组中单击【形状】下拉按钮，在展开的库中选择【矩形】选项，如图 12-107 所示。

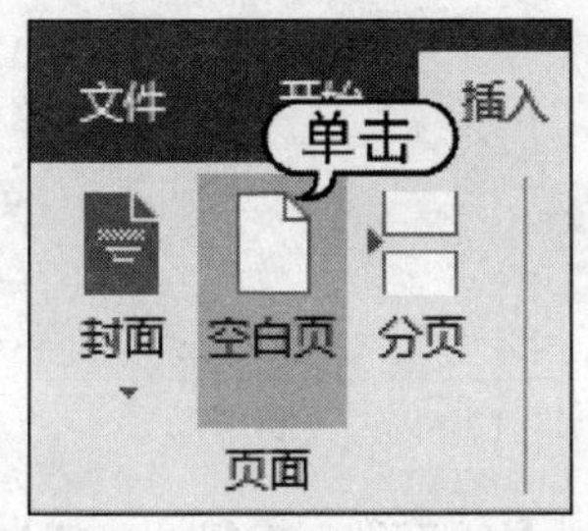

图 12-106　单击【空白页】按钮

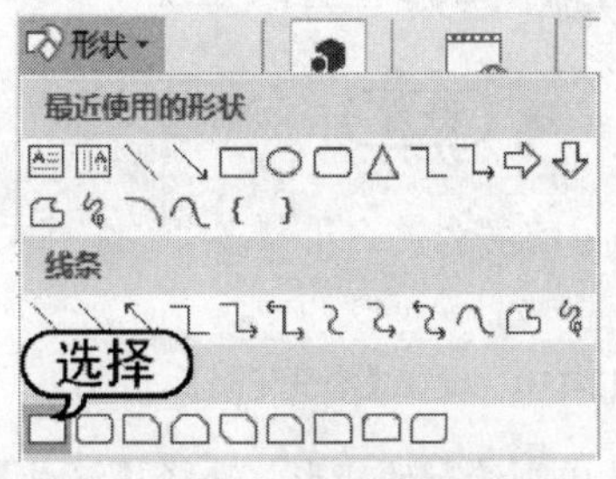

图 12-107　选择【矩形】选项

(6) 按住鼠标，在文档的第一页中绘制一个与文档页面大小相同的矩形，如图 12-108 所示。

(7) 选择【格式】选项卡，在【形状样式】组中单击【形状填充】下拉按钮，在展开的库中选择【渐变】|【从中心】选项，如图 12-109 所示。

图 12-108　绘制矩形

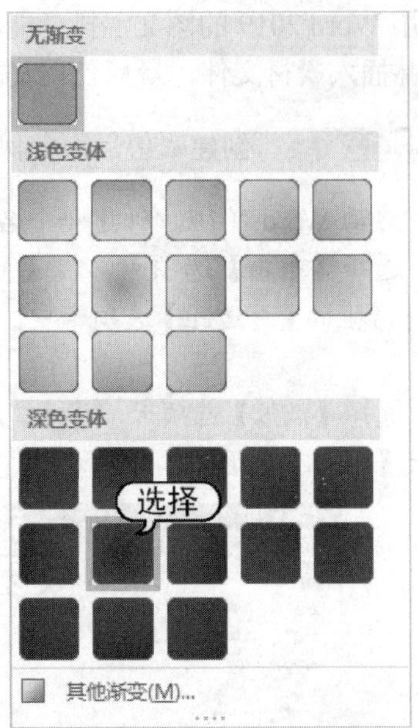

图 12-109　选择【从中心】选项

(8) 单击【形状填充】下拉按钮，在弹出的下拉列表中选择【渐变】|【其他渐变】选项，打开【设置形状格式】窗格，在【渐变光圈】选项中将左侧光圈的 RGB 值设置为 216、216、216，将中间光圈的 RGB 值设置为 175、172、172，将右侧光圈的 RGB 值设置为 118、112、112，如图 12-110 所示。

(9) 关闭【设置形状格式】窗格，在【插入】选项卡的【插图】组中单击【形状】下拉按钮，在展开的库中选择【矩形】选项，按住鼠标在文档中绘制一个矩形，如图 12-111 所示。

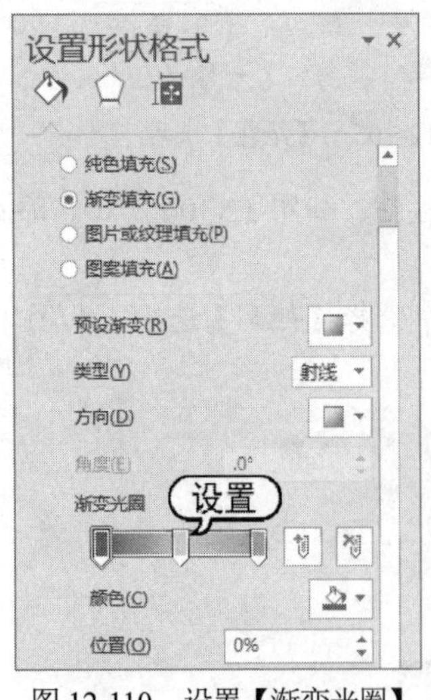

图 12-110　设置【渐变光圈】

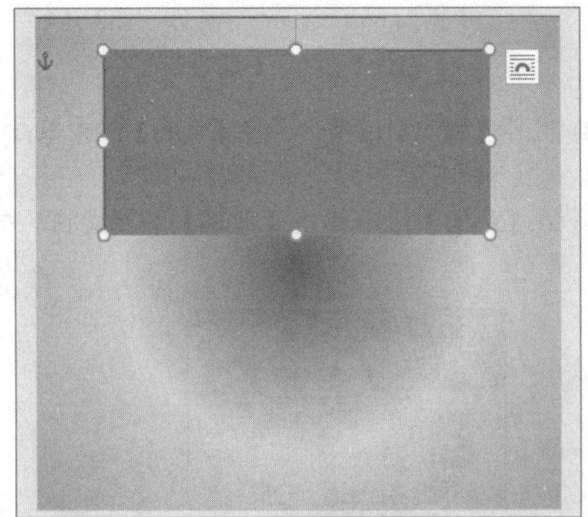

图 12-111　绘制矩形

(10) 选中刚绘制的矩形，选择【格式】选项卡，在【大小】组中单击按钮，打开【布局】对话框，选择【大小】选项卡，在【高度】选项区域中将【绝对值】设置为 9.6 厘米，在【宽度】选项区域中将【绝对值】设置为 21.2 厘米，如图 12-112 所示。

(11) 在【布局】对话框中选择【位置】选项卡，在【水平】和【垂直】选项区域中将【绝对位置】均设置为【-0.55 厘米】，单击【确定】按钮，关闭【布局】对话框，如图 12-113 所示。

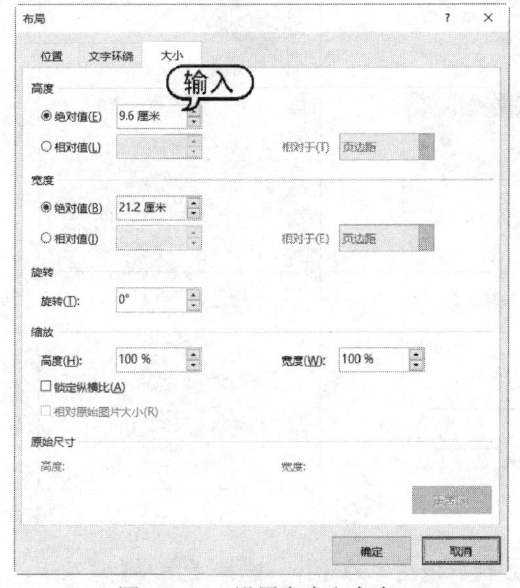

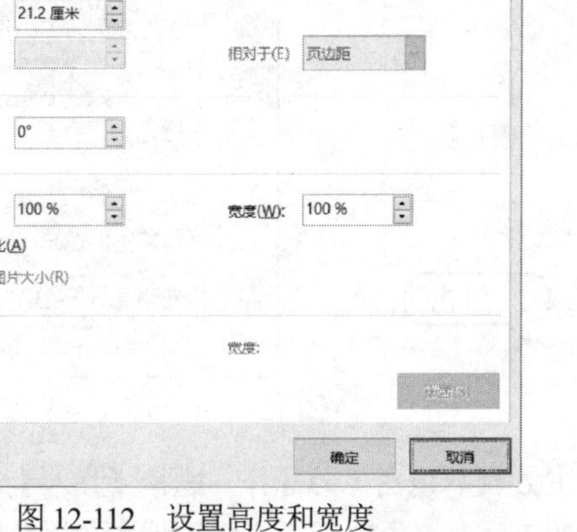

图 12-112　设置高度和宽度

图 12-113　设置绝对位置

(12) 在【形状样式】组中单击【设置形状样式】按钮，在打开的【设置形状格式】窗格中单击【颜色】下拉按钮，选择下拉菜单中的【其他颜色】命令，如图 12-114 所示。

(13) 打开【颜色】对话框，将【颜色】的 RGB 值设置为 0、88、152，然后单击【确定】按钮，如图 12-115 所示。

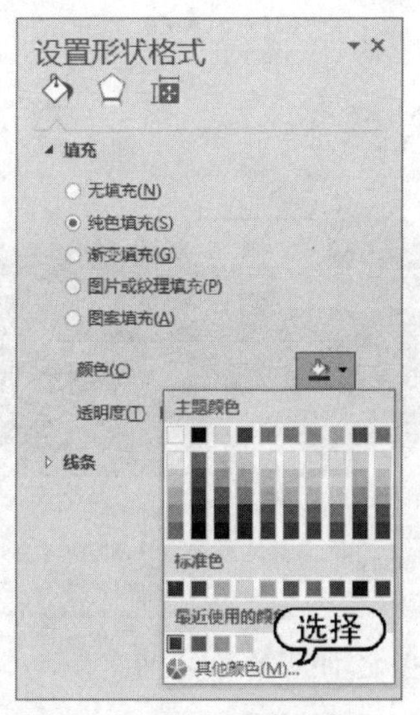

图 12-114　选择【其他颜色】命令

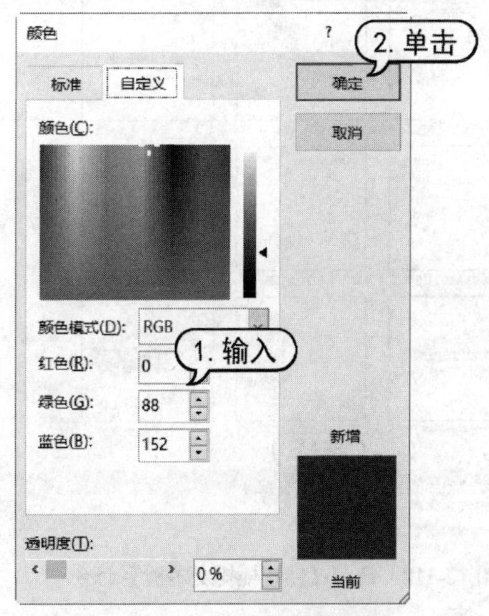

图 12-115　【颜色】对话框

(14) 关闭【设置形状格式】窗格。选择【插入】选项卡，在【插图】组中单击【图片】按钮，在弹出的【插入图片】对话框中选择一个图片文件后单击【插入】按钮，如图 12-116 所示。

(15) 在【格式】选项卡的【排列】组中单击【环绕文字】下拉按钮，在弹出的下拉菜单中选择【浮于文字上方】命令，如图 12-117 所示。

图 12-116 【插入图片】对话框

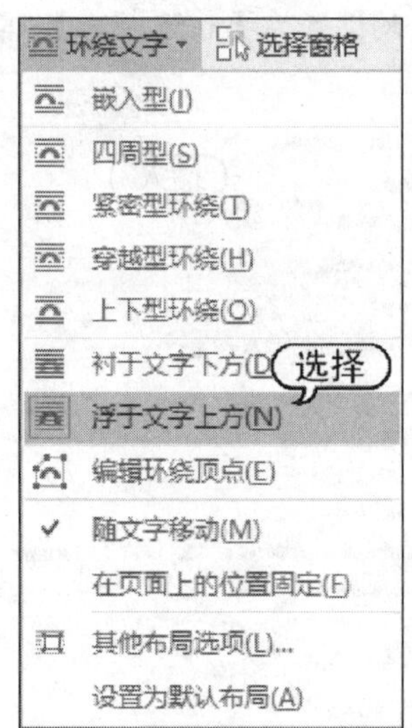

图 12-117 选择【浮于文字上方】命令

(16) 在文档中调整该图像的位置，完成后按 Esc 键取消图像的选择。选择【插入】选项卡，在【文本】组中单击【文本框】下拉按钮，在展开的下拉列表中选择【绘制横排文本框】命令，如图 12-118 所示。

(17) 按住鼠标在文档中绘制一个文本框并输入文本。选中输入的文本，选择【开始】选项卡，在【字体】组中设置文本的字体为【方正综艺简体】，字号为【五号】，如图 12-119 所示。

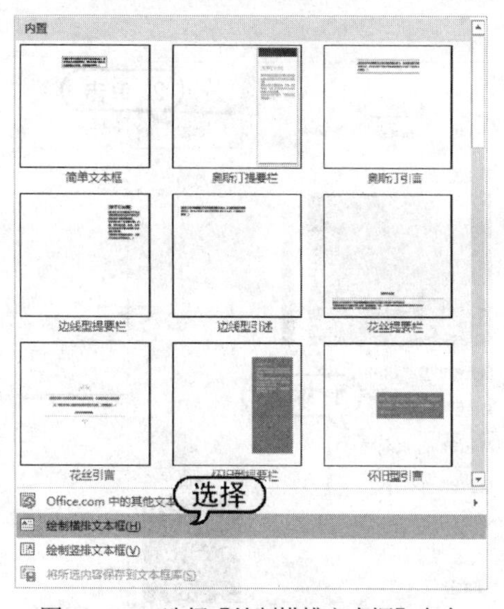

图 12-118 选择【绘制横排文本框】命令

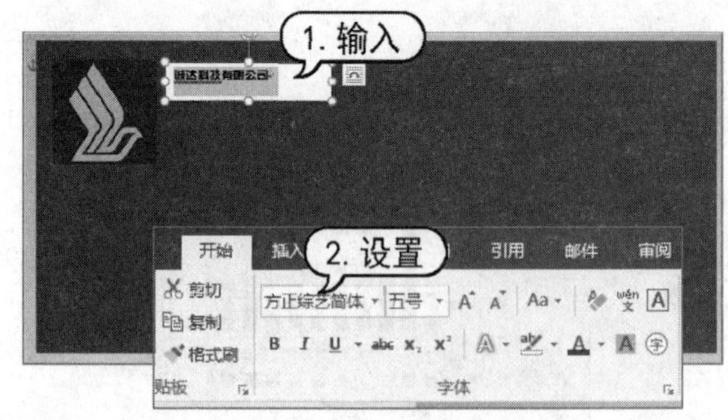

图 12-119 输入并设置文本

(18) 选择【格式】选项卡，在【形状格式】组中将【形状填充】设置为【无填充颜色】，将【形状轮廓】设置为【无轮廓】，在【艺术字样式】组中将【文本填充】设置为【白色】，并调整文本框和图片的大小和位置，效果如图 12-120 所示。

(19) 选中文档中的文本框，按下 Ctrl+C 组合键复制文本框，按下 Ctrl+V 组合键粘贴文本框，并调整复制后的文本框的位置，并将该文本框中的文字修改为“售后服务保障卡”，如图 12-121 所示。

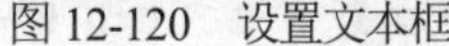

图 12-120　设置文本框

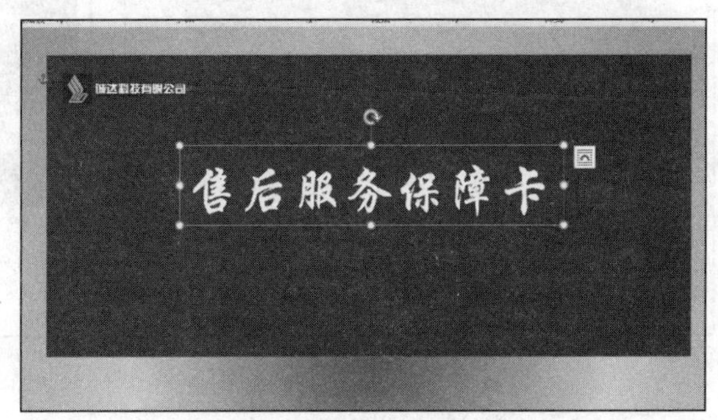

图 12-121　输入文本

(20) 重复步骤(19)的操作，复制更多的文本框，并在其中输入相应的文本内容，完成后的效果如图 12-122 所示。

(21) 选中并复制文档中的蓝色图形，使用键盘上的方向键调整图形在文档中的位置。选择【格式】选项卡，在【形状样式】组中将复制后的矩形样式设置为【彩色轮廓-蓝色 强调颜色 1】，如图 12-123 所示。

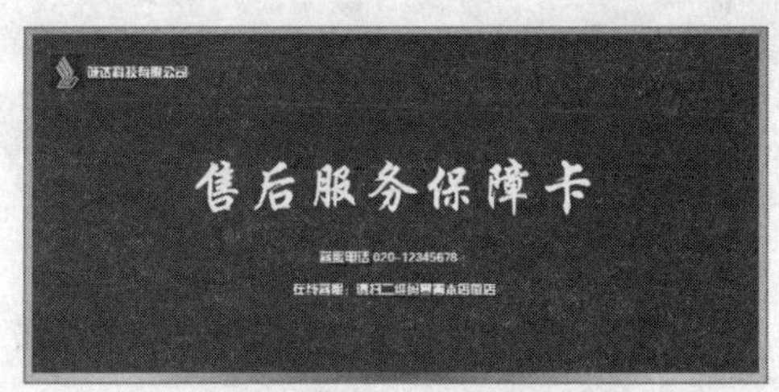

图 12-122　复制文本框并输入文本

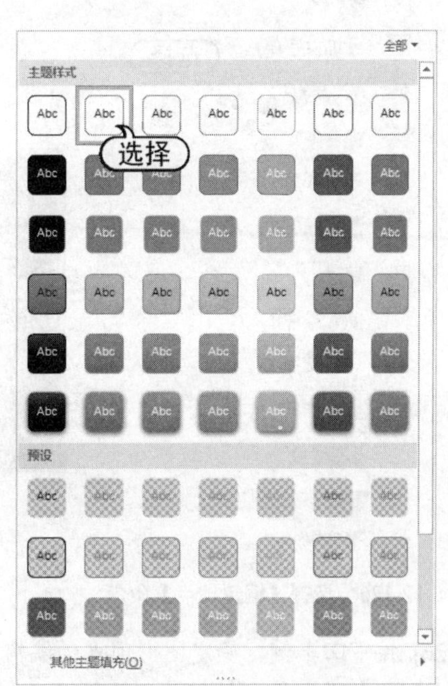

图 12-123　选择形状样式

(22) 此时矩形的效果如图 12-124 所示。

(23) 复制文档中的矩形并调整矩形的大小，如图 12-125 所示。

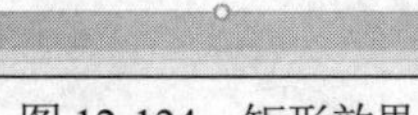

图 12-124　矩形效果

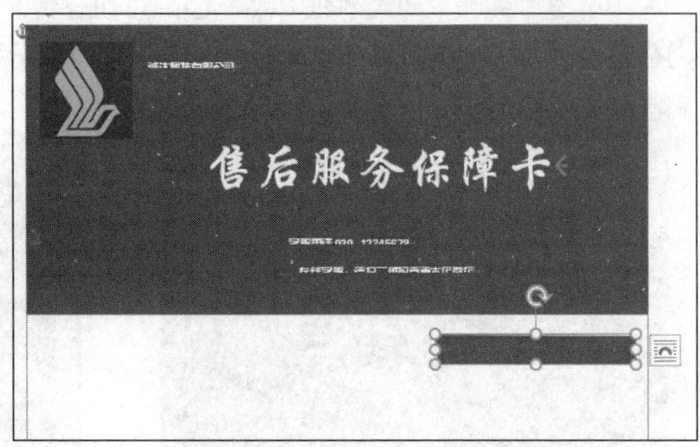

图 12-125　复制矩形并调整矩形大小

(24) 右击调整大小后的图形，在弹出的快捷菜单中选择【编辑顶点】命令，如图 12-126 所示。

(25) 编辑矩形图形的顶点，改变图形形状，如图 12-127 所示。

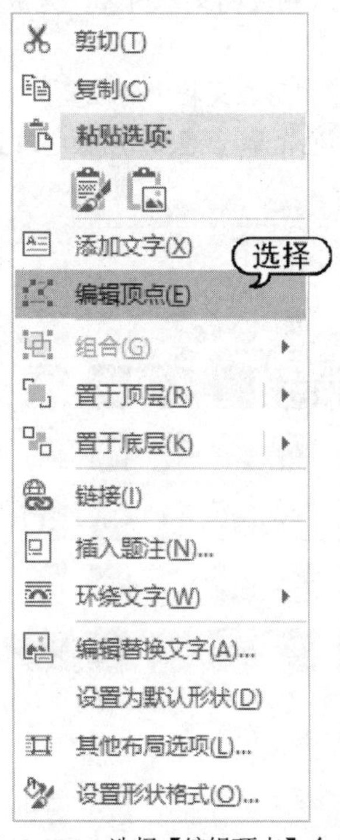

图 12-126　选择【编辑顶点】命令

图 12-127　改变图形形状

(26) 按下回车键，确定图形顶点的编辑。选择【插入】选项卡，在【文本】组中单击【文本框】下拉按钮，在弹出的下拉菜单中选择【绘制横排文本框】命令，如图 12-128 所示。

(27) 在文档中绘制一个文本框，并在其中输入文本，如图 12-129 所示。

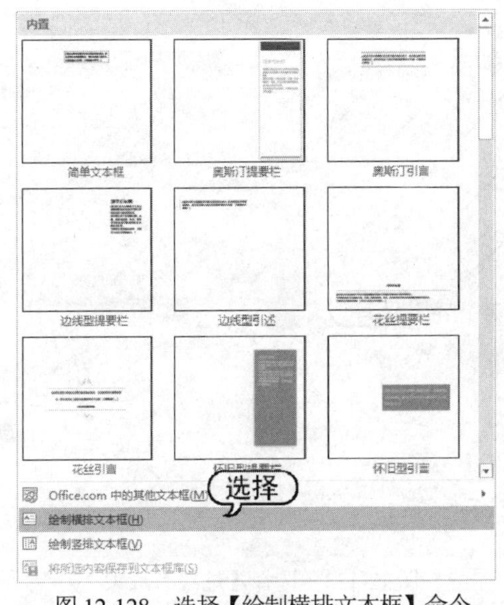

图 12-128　选择【绘制横排文本框】命令

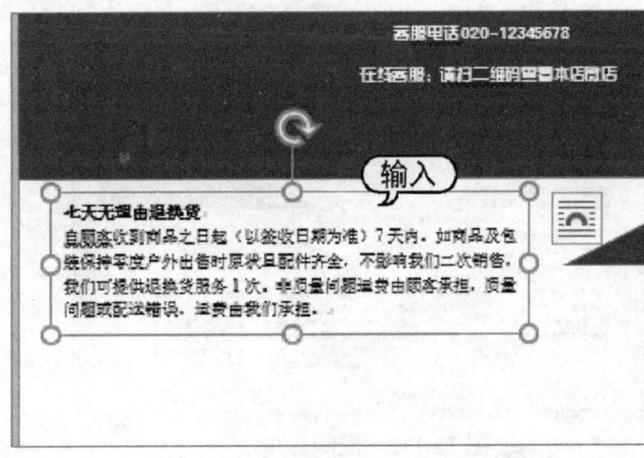

图 12-129　绘制文本框并输入文本

(28) 使用同样的方法，在文档中绘制其他文本框，并输入相应的文本，如图 12-130 所示。

(29) 在【插入】选项卡的【插图】组中单击【形状】下拉按钮，在弹出的下拉列表中选择【线条】区域中的【直线】选项，如图 12-131 所示。

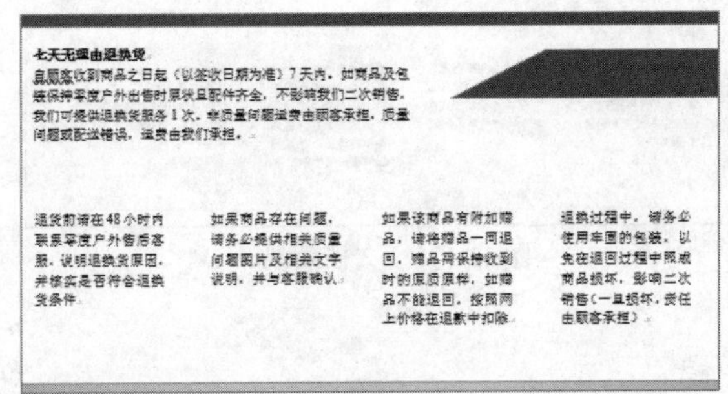

图 12-130　绘制其他文本框并输入文本

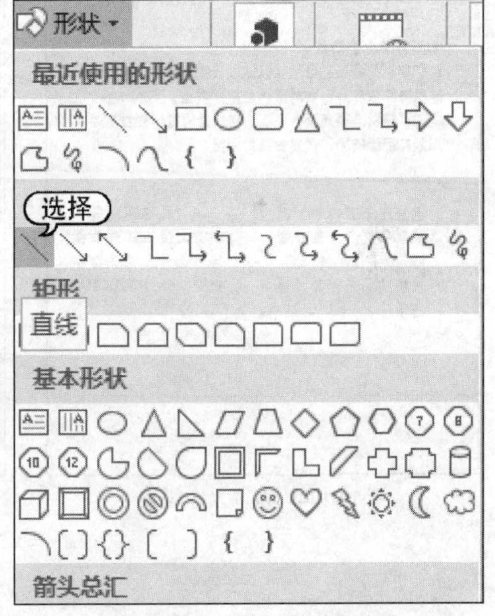

图 12-131　选择【直线】选项

(30) 按住 Shift 键在文档中绘制直线，如图 12-132 所示。

(31) 选择【格式】选项卡，在【形状样式】组中单击【其他】按钮，在弹出的下拉列表中选择【虚线】选项，如图 12-133 所示。

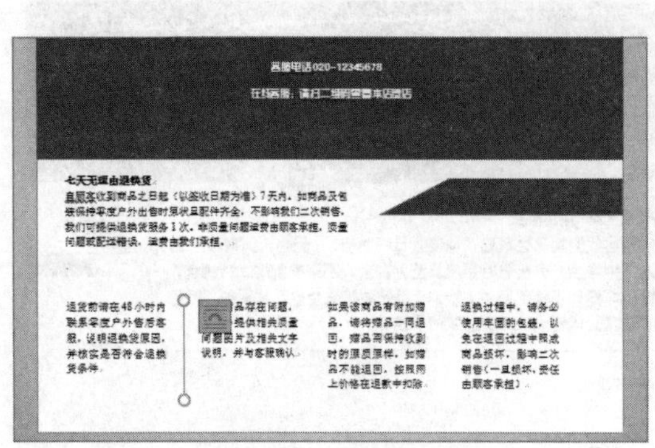

图 12-132　绘制直线

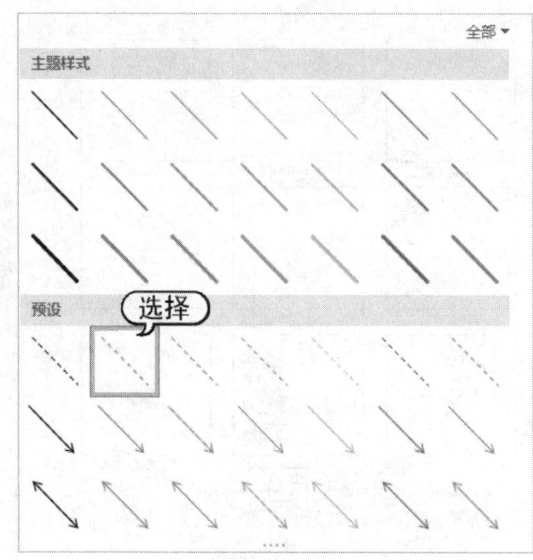

图 12-133　选择【虚线】选项

(32) 此时设置直线的形状样式为虚线，如图 12-134 所示。

(33) 复制文档中的直线，将其粘贴至文档中的其他位置，完成售后服务保障卡的制作，效果如图 12-135 所示。

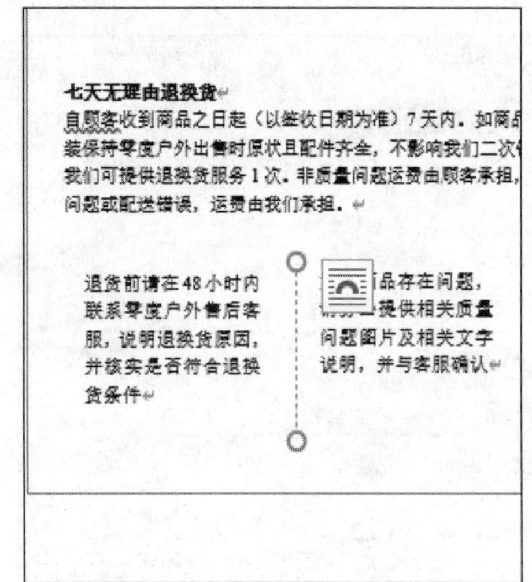

图 12-134　设置为虚线

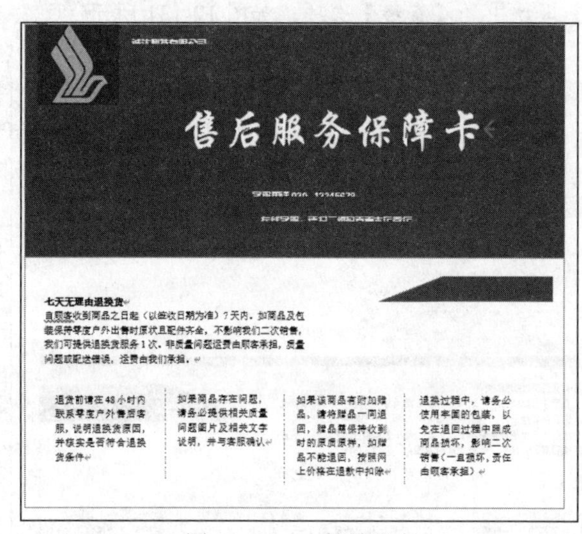

图 12-135　文档效果

丛书书目

本套教材涵盖了计算机各个应用领域，包括计算机硬件知识、操作系统、数据库、编程语言、文字录入和排版、办公软件、计算机网络、图形图像、三维动画、网页制作以及多媒体制作等。众多的图书品种可以满足各类院校相关课程设置的需要。已出版的图书书目如下表所示。

图 书 书 名	图 书 书 名
《中文版 Photoshop CC 2018 图像处理实用教程》	《中文版 Office 2016 实用教程》
《中文版 Animate CC 2018 动画制作实用教程》	《中文版 Word 2016 文档处理实用教程》
《中文版 Dreamweaver CC 2018 网页制作实用教程》	《中文版 Excel 2016 电子表格实用教程》
《中文版 Illustrator CC 2018 平面设计实用教程》	《中文版 PowerPoint 2016 幻灯片制作实用教程》
《中文版 InDesign CC 2018 实用教程》	《中文版 Access 2016 数据库应用实用教程》
《中文版 CorelDRAW X8 平面设计实用教程》	《中文版 Project 2016 项目管理实用教程》
《中文版 AutoCAD 2019 实用教程》	《中文版 AutoCAD 2018 实用教程》
《中文版 AutoCAD 2017 实用教程》	《中文版 AutoCAD 2016 实用教程》
《电脑入门实用教程(第三版)》	《电脑办公自动化实用教程(第三版)》
《计算机基础实用教程(第三版)》	《计算机组装与维护实用教程(第三版)》
《新编计算机基础教程(Windows 7+Office 2010 版)》	《中文版 After Effects CC 2017 影视特效实用教程》
《Excel 财务会计实战应用(第五版)》	《Excel 财务会计实战应用(第四版)》
《Photoshop CC 2018 基础教程》	《Access 2016 数据库应用基础教程》
《AutoCAD 2018 中文版基础教程》	《AutoCAD 2017 中文版基础教程》
《AutoCAD 2016 中文版基础教程》	《Excel 财务会计实战应用(第三版)》
《Photoshop CC 2015 基础教程》	《Office 2010 办公软件实用教程》
《Word+Excel+PowerPoint 2010 实用教程》	《AutoCAD 2015 中文版基础教程》
《Access 2013 数据库应用基础教程》	《Office 2013 办公软件实用教程》
《中文版 Photoshop CC 2015 图像处理实用教程》	《中文版 Office 2013 实用教程》
《中文版 Flash CC 2015 动画制作实用教程》	《中文版 Word 2013 文档处理实用教程》
《中文版 Dreamweaver CC 2015 网页制作实用教程》	《中文版 Excel 2013 电子表格实用教程》
《中文版 Illustrator CC 2015 平面设计实用教程》	《中文版 PowerPoint 2013 幻灯片制作实用教程》
《中文版 InDesign CC 2015 实用教程》	《中文版 Access 2013 数据库应用实用教程》
《中文版 CorelDRAW X7 平面设计实用教程》	《中文版 Project 2013 实用教程》
《电脑入门实用教程(第二版)》	《电脑办公自动化实用教程(第二版)》

(续表)

图 书 书 名	图 书 书 名
《计算机基础实用教程(第二版)》	《计算机组装与维护实用教程(第二版)》
《中文版 Photoshop CC 图像处理实用教程》	《中文版 Office 2010 实用教程》
《中文版 Flash CC 动画制作实用教程》	《中文版 Word 2010 文档处理实用教程》
《中文版 Dreamweaver CC 网页制作实用教程》	《中文版 Excel 2010 电子表格实用教程》
《中文版 Illustrator CC 平面设计实用教程》	《中文版 PowerPoint 2010 幻灯片制作实用教程》
《中文版 InDesign CC 实用教程》	《中文版 Access 2010 数据库应用实用教程》
《中文版 CorelDRAW X6 平面设计实用教程》	《中文版 Project 2010 实用教程》
《中文版 AutoCAD 2015 实用教程》	《中文版 AutoCAD 2014 实用教程》
《中文版 Premiere Pro CC 视频编辑实例教程》	《电脑入门实用教程(Windows 7+Office 2010)》
《Oracle Database 12c 实用教程》	《ASP.NET 4.5 动态网站开发实用教程》
《AutoCAD 2014 中文版基础教程》	《Windows 8 实用教程》
《Mastercam X6 实用教程》	《C＃程序设计实用教程》
《中文版 Photoshop CS6 图像处理实用教程》	《中文版 Office 2007 实用教程》
《中文版 Flash CS6 动画制作实用教程》	《中文版 Word 2007 文档处理实用教程》
《中文版 Dreamweaver CS6 网页制作实用教程》	《中文版 Excel 2007 电子表格实用教程》
《中文版 Illustrator CS6 平面设计实用教程》	《中文版 PowerPoint 2007 幻灯片制作实用教程》
《中文版 InDesign CS6 实用教程》	《中文版 Access 2007 数据库应用实用教程》
《中文版 Premiere Pro CS6 多媒体制作实用教程》	《中文版 Project 2007 实用教程》
《网页设计与制作(Dreamweaver+Flash+Photoshop)》	《AutoCAD 机械制图实用教程(2018 版)》
《Access 2010 数据库应用基础教程》	《计算机基础实用教程(Windows 7+Office 2010 版)》
《ASP.NET 4.0 动态网站开发实用教程》	《中文版 3ds Max 2012 三维动画创作实用教程》
《AutoCAD 机械制图实用教程(2012 版)》	《Windows 7 实用教程》
《多媒体技术及应用》	《Visual C# 2010 程序设计实用教程》
《AutoCAD 机械制图实用教程(2011 版)》	《AutoCAD 机械制图实用教程(2010 版)》